能源工程概论

刘百军　编著

Introduction to Energy Engineering

化学工业出版社
·北京·

内容简介

《能源工程概论》分为绪论、常规能源、非常规能源、新能源与可替代能源四个部分，向读者系统介绍了能源工程知识。本书在综述我国及全球能源现状的基础上，分别对煤炭、石油、天然气三种常规能源的形成、性质、勘探与开采、加工转换和利用技术等展开论述，对煤层气、页岩气、天然气水合物、油页岩和油砂等非常规油气资源的形成、资源量与资源分布、开发及处理加工技术进行了介绍，对氢能、燃料电池、核能及生物质能等新能源与可替代能源的原理、结构与技术、应用等进行了阐述。

本书可作为高等院校能源化学工程、化学工程与工艺、生物工程、应用化学等专业能源工程课程的教材，也可作为普及性的能源工程读物，供非能源专业的科技人员参考。

图书在版编目（CIP）数据

能源工程概论/刘百军编著.—北京：化学工业出版社，2023.1

ISBN 978-7-122-42345-0

Ⅰ.①能… Ⅱ.①刘… Ⅲ.①能源-概论 Ⅳ.①TK01

中国版本图书馆 CIP 数据核字（2022）第 190224 号

责任编辑：戴燕红　　文字编辑：王云霞

责任校对：刘曦阳　　装帧设计：张　辉

出版发行：化学工业出版社（北京市东城区青年湖南街 13 号　邮政编码 100011）

印　　装：北京天宇星印刷厂

787mm×1092mm　1/16　印张 19¾　字数 465 千字　　2023 年 2 月北京第 1 版第 1 次印刷

购书咨询：010-64518888　　售后服务：010-64518899

网　　址：http://www.cip.com.cn

凡购买本书，如有缺损质量问题，本社销售中心负责调换。

定　　价：85.00 元

前言

能源是人类社会赖以发展的重要物质基础，也是人类社会高度文明的重要条件。当人类以薪柴为主要能源时，生产和生活水平都极低，社会发展非常缓慢。蒸汽机是首次将煤的化学能转化为机械能的装置，起初被广泛用于煤炭的生产，后用于移动机械，造就了 18 世纪欧洲的蒸汽机工业文明。19 世纪，内燃机、发电机和电动机的发明让工业再次迎来了改革，虽然带动工业的动力表现形式没有改变，但工业的面貌已经发生了实质性变化。20 世纪 50 年代，由于大型油气田的相继开发，人类迎来了石油时代，世界上许多国家依靠石油和天然气创造了人类历史上空前的物质文明。而现在我们正经历的，是一个以电子和生物技术为基础的工业时代。

当今社会的主流能源依然是煤炭、石油和天然气等化石能源，随着人类的不断开采，化石能源的枯竭是不可避免的。同时，化石能源的大规模使用带来了环境的恶化，威胁全球的生态。因此，人类在寻求新能源的同时，化石能源的高效、清洁利用，依然是可持续发展的重要环节。

作为首批获准承办“能源化学工程”专业的教育部直属高校之一，中国石油大学（北京）于 2010 年 7 月成立了“能源化学工程”专业。“能源化学工程”专业立足于煤、天然气、石油及生物质等转化过程中所涉及的工业过程在能源物质转化中的应用。在专业设立之初，就将“能源工程概论”设置为专业基础课，形成了以常规能源为基础、非常规能源为补充、新能源与可替代能源为发展方向的知识构架。反映在本书中，即绪论、常规能源篇、非常规能源篇、新能源和可替代能源篇。

本书绪论部分介绍了能源的概念与分类、能量的基本形式和基本性质、能源现状。能源现状部分的数据为最新数据。

常规能源篇包括煤炭、石油和天然气。第一章介绍了煤炭在国际能源格局中的战略地位、煤炭的种类和特征、煤炭的形成、煤炭的结构与组成、洁净煤技术、煤的气化与间接液化、煤的直接液化和煤的综合利用。第二章介绍了石油的形成、石油的勘探与开采、石油的性质、石油炼制及石油产品。第三章介绍了天然气在能源结构中的地位、天然气的组成与分类、天然气的开采与运输、天然气净化技术、天然气凝液回收与提氦、天然气液化与储运、天然气应用。

非常规能源篇包括非常规天然气、非常规石油。第四章介绍了非常规天然气（煤层气、页岩气、天然气水合物）的成因、赋存状态、开采技术及后处理等。第五章介绍了非常规石油（油页岩、油砂）的资源现状、开采技术、加工工艺及设备等。

新能源与可替代能源篇包括氢能、燃料电池、核能及生物质能。第六章介绍了氢能，内容包括氢气的性质、氢气的制备、氢气的纯化、氢气的存储和运输。第七章介绍了燃料电池，内容包括燃料电池的基本原理和特点，以及碱性燃料电池、磷酸型燃料电池、质子交换膜燃料电池、熔融碳酸盐燃料电池和固体氧化物燃料电池的工作原理及电解质材料、电极材料、隔膜等的组成、性能和制备工艺；也介绍了固体氧化物燃料电池电池组的构造。第八章介绍了核能，内容包括原子核的基本性质、核裂变反应和核聚变反应、核反应堆的种类与基本结构、压水堆核电厂、核电厂的控制和运行、核事故与核安全。在谈核色变的今天，强调“核安全”的理念尤为重要。第九章介绍了生物质能，内容包括生物质直接燃烧、生物质压缩成型、生物质热裂解、生物质气化、燃料乙醇和生物柴油。

本书在编写过程中，得到了中国石油大学（北京）在本课程教学改革方面的大力支持。黄星亮教授对本书的架构提出了非常宝贵的意见和建议。葛佳琪博士、田宏宇硕士、周宜林硕士、赵春晓硕士等协助资料的收集工作，并绘制了部分图表。本书广泛参阅了国内外出版的相关书籍和文章，在此向这些资料的作者表示衷心感谢！

本书可作为高等院校能源化学工程、化学工程与工艺、生物工程、应用化学等专业能源工程课程的教材，也可作为普及性的能源工程读物，供非能源专业的科技人员参考。

能源和能源工程领域涉及面非常广泛，科学与技术的发展也非常快，加之编著者水平有限，书中难免有一些疏漏或不当之处，恳请广大读者批评指正，并提出宝贵意见。

刘百军
2022 年 6 月于北京

目录

第二篇　非常规能源

第三篇　新能源与可替代能源

绪　论

人类的进步发展史，是一部不断向自然界索取和利用能源的历史。在人类的历史长河中，技术的重大进步、经济的迅速发展，都与能源的利用息息相关。

从18世纪欧洲的蒸汽机工业文明，到19世纪内燃机驱动可移动机械，再到20世纪下半叶新能源和可再生能源的绿色风潮，每一次能源的变革都意味着人类文明大踏步地向前迈进。合理、高效地利用能源，使人类文明可持续发展，是我们共同追求的目标。

一、能源的概念与分类

1. 能源的概念

自然界中可以直接或通过转换提供某种形式能量的资源称为能源（energy sources）。能源是人类社会生产和赖以生存的重要物质基础，也是社会发展的物质基础。如煤炭、石油、天然气、水能、核能、电能、太阳能、生物质能、风能、海洋能、地热能、氢能等。

在长期的生产实践中，人类逐步建立了一门研究能源发展变化规律的科学——能源科学。能源科学以社会学、经济学、人口学、物理学、化学、数学、生物学、地质学、工程学等科学的理论为指导，研究能源技术中共性的理论问题，以揭示能源技术的一般规律。

2. 能源的分类

按照蕴藏部位、来源或利用方式的不同，能源有多种分类方式，简介如下。

（1）来自地球外部与内部的能源

① 来自地球外部天体的能源　地球外部天体的能源主要是指太阳能及宇宙射线。这里所指的太阳能，也称广义太阳能，泛指所有来自太阳的能源。除了太阳的直接辐射外，还有各种方式转换而形成的能源，包括生物质转化形成的各种生物质和化石能源，如煤炭、石油、天然气、油页岩等；经空气或水转化而成的风、流水、波浪等。广义太阳能是目前人类利用的主要能源。

② 地球本身蕴藏的能量　地球本身蕴藏的能量通常指地球内部的热能及与原子核反应有关的放射性热能，包括原子核能、地热能，还包括地震、火山爆发和温泉等自然呈现出的能量。

③ 地球和其他天体相互作用而产生的能量　这类能量主要指地球和太阳、月球等天体间的引力的规律作用所引发的潮汐能。地球是太阳（系）的八大行星之一，月球则是地球的

卫星。太阳和月球对地球产生的引力作用导致地球表面的水体出现规律涨落活动——潮汐。地球表面海潮的落差可达十几米，潮汐蕴藏着极大的机械能，可以成为丰富的发电原动力。

（2）一次能源与二次能源

一次能源指直接取自自然界，没有经过加工转换的各种天然能源，包括煤炭、石油、天然气、核能、太阳能、水能、风能、海洋能（潮汐能、海洋波浪能、海水盐差能、海水温差能）、地热能、生物质能等。

二次能源是人类对一次能源进行加工或转换而得到的产品，又称人工能源。如汽油和柴油等各类石油产品、电力、焦炭、煤气、水蒸气、燃料乙醇、人工沼气等。

由于能源终端（如汽车、电器等）通常无法直接利用一次能源（如煤炭、石油、核能等），因此二次能源就成为联系一次能源和能源终端的纽带。

（3）可再生能源与不可再生能源

凡是可以不断得到补充或能在较短周期内再产生的能源称为可再生能源。可再生能源在自然界可以循环再生，不会因长期使用而减少，包括太阳能、水能、风能、生物质能、海洋能（潮汐能、海洋波浪能、海水盐差能、海水温差能）等。

不可再生能源是形成需经历亿万年的漫长过程且短期内难以恢复的能源。不可再生能源包括煤炭、石油、天然气、核能等。煤炭、石油和天然气就是当今人类利用量最大的不可再生能源，它们多是动植物遗骸经过漫长的地质年代形成的，故又被称为化石能源。

（4）含能体型能源和过程型能源

含能体型能源是由储能物质释放的能量，如氢能、柴油、汽油等。过程型能源是由物质运动时所产生的能量，如电能、风能、太阳能、潮汐能等，其特点是不能直接储存。过程型能源广泛应用于固定的能源终端，如大型电器或家用电器。由于过程型能源尚不能大量地直接储存，如轮船、飞机等机动性强的运输工具只能使用像柴油、汽油等这一类含能体型能源。

（5）常规能源和非常规能源

常规能源是指人类对该能源的形成、分布等资源特征认识较为系统，已经大规模生产和广泛利用的、技术比较成熟的能源，如煤炭、石油、天然气、水力能等一次能源，以及煤气、焦炭、汽油、燃料乙醇、电力、蒸汽等二次能源都属于常规能源。

以当时科学技术水平为基础，非常规能源是相对常规能源而言的，通常指对该能源的形成、分布等资源特征认识尚不系统，对其开发和利用的技术尚不完善，或尚未大量生产与利用的能源，如太阳能、风能、地热、海洋能、生物质能、氢能等均是当今社会的非常规能源类型。非常规能源是一个具有显著时间界定的概念，随着历史时期和科技水平的进步，非常规能源将最终转换成常规能源。随着煤炭、石油、天然气等常规能源储量的不断减少，非常规能源将成为世界新技术革命的重要能源，成为未来世界持久能源系统的基础。

为了应用方便，工业中常常给出常规油气资源和非常规油气资源的具体定义。

常规油气资源是指用传统技术可以获得自然工业产量、可以直接进行经济开采的油气资源。常规油气资源对应的油气藏按圈闭类型，可以分为构造、岩性、地层等油气藏类型。

非常规油气资源指地质条件、成藏机理及分布规律有别于常规油气资源，现今常规技术无法经济开采，需要水平井、大型水力压裂等特殊开采方法的烃类。非常规油气资源可以分为非常规石油和非常规天然气。非常规石油包括页岩油、油砂油、致密储层油等；非常规天然气包括煤层气、页岩气、天然气水合物、致密储层气等。

3. 能源单位

能源的单位与能量的单位相同，即焦耳（J）、千瓦·时（kW·h）、卡（cal）和英热单位（Btu）。按照《中华人民共和国法定计量单位》的规定，J 和 kW·h 是法定单位，cal 和 Btu 是非法定单位。各种单位之间可以相互换算。表 0-1 给出了各种能源单位的换算关系。

表 0-1 能源单位换算表

千焦 kJ	千瓦·时 kW·h	千卡 kcal	马力·时 hp·h	千克力·米 kgf·m	英热单位 Btu	英尺·磅力 ft·bf
1	2.77778×10^{-4}	2.38846×10^{-1}	3.77673×10^{-4}	1.01927×10^{2}	9.47817×10^{-1}	7.37562×10^{2}
3600	1	8.59846×10^{2}	1.35962	3.67098×10^{5}	3.41214×10^{3}	2.65522×10^{6}
4.1868	1.16300×10^{-3}	1	1.58124×10^{-3}	4.26936×10^{2}	3.96832	3.08803×10^{3}
2.64780×10^{3}	7.35499×10^{-1}	6.32415×10^{2}	1	2.70000×10^{5}	9.29487×10^{-3}	1.95291×10^{6}
9.80665×10^{-3}	2.72407×10^{-6}	2.34228×10^{-3}	3.70370×10^{-6}	1	1.01927×10^{2}	7.23301
1.05506	2.93071×10^{-4}	2.51996×10^{-1}	3.98466×10^{-4}	1.07586×10^{2}	1	7.78169×10^{2}
1.35582×10^{-3}	3.76616×10^{-7}	3.23832×10^{-4}	5.12056×10^{-7}	1.38255×10^{-1}	1.28507×10^{-3}	1

能源的种类不同，计量单位也不同。为了求出不同热值、不同计量单位的能源总量，以便进行统计和比较，必须建立统一的单位。由于各种能源在一定条件下都可以转化为热，所以选用热量作为核算的统一单位。

在能源领域的实际工作中，习惯上使用煤当量（coal equivalent，ce）（亦称标准煤、标煤、标准煤当量）和油当量（oil equivalent，oe）（亦称标准油、标油、标准油当量）作为能源的计数基准。如何与热量换算迄今尚无国际公认的统一标准。在我国，1kg 标准煤的发热量为 29.30MJ（7000kcal，1kcal = 4.1868kJ）；1kg 标准油的发热量为 41.87MJ（10000kcal）。采用千克煤当量（kgce）、吨煤当量（tce）、百万吨煤当量（Mtce），千克油当量（kgoe）、吨油当量（toe）、百万吨油当量（Mtoe）等作为计量单位。在能源科学领域，常常会涉及数量非常巨大的能源，为了表示方便，常在能源单位（tce、toe）前加词头，见表 0-2。

表 0-2 能源领域常用的词头

幂	词头	国际代号	中文简称
10^{24}	尧它(yotta)	Y	尧
10^{21}	泽它(zetta)	Z	泽
10^{18}	艾可萨(exa)	E	艾
10^{15}	拍它(peta)	P	拍

续表

幂	词头	国际代号	中文简称
10^{12}	太拉(tera)	T	太
10^{9}	吉咖(giga)	G	吉
10^{6}	兆(mega)	M	兆
10^{3}	千(kilo)	k	千

2008年，我国公布了中华人民共和国国家标准《综合能耗计算通则》(GB/T 2589—2008)，2020年9月，国家市场监督管理总局和国家标准化管理委员会颁布标准GB/T 2589—2020，给出了各种能源折算标准煤系数（参考值），见表0-3。

表0-3　各种能源折标准煤系数（参考值）

能源名称	平均低位发热量	折标准煤系数
原煤	20934kJ/kg(5000kcal/kg)	0.7143kgce/kg
洗精煤	26377kJ/kg(6300kcal/kg)	0.9000kgce/kg
洗中煤	8374kJ/kg(2000kcal/kg)	0.2857kgce/kg
煤泥	8374～12560kJ/kg (2000～3000kcal/kg)	0.2857～0.4286kgce/kg
煤矸石(用作能源)	8374kJ/kg(2000kcal/kg)	0.2857kgce/kg
焦炭(干全焦)	28470kJ/kg(6800kcal/kg)	0.9714kgce/kg
煤焦油	33494kJ/kg(8000kcal/kg)	1.1429kgce/kg
原油	41868kJ/kg(10000kcal/kg)	1.4286kgce/kg
燃料油	41868kJ/kg(10000kcal/kg)	1.4286kgce/kg
汽油	43124kJ/kg(10300kcal/kg)	1.4714kgce/kg
煤油	43124kJ/kg(10300kcal/kg)	1.4714kgce/kg
柴油	42705kJ/kg(10200kcal/kg)	1.4571kgce/kg
天然气	32238～38979kJ/m^3 (7700～9310kcal/m^3)	1.1000～1.3300kgce/m^3
液化天然气	51498kJ/kg(12300kcal/kg)	1.7572kgce/kg
液化石油气	50242kJ/kg(12000kcal/kg)	1.7143kgce/kg
炼厂干气	46055kJ/kg(11000kcal/kg)	1.5714kgce/kg
焦炉煤气	16747～18003kJ/m^3 (4000～4300kcal/m^3)	0.5714～0.6143kgce/m^3
高炉煤气	3768kJ/m^3(900kcal/m^3)	0.1286kgce/m^3
发生炉煤气	5234kJ/m^3(1250kcal/m^3)	0.1786kgce/m^3
重油催化裂解煤气	19259kJ/m^3(4600kcal/m^3)	0.6571kgce/m^3
重油热裂解煤气	35588kJ/m^3(8500kcal/m^3)	1.2143kgce/m^3
焦炭制气	16329kJ/m^3(3900kcal/m^3)	0.5571kgce/m^3
压力气化煤气	15072kJ/m^3(3600kcal/m^3)	0.5143kgce/m^3

续表

能源名称	平均低位发热量	折标准煤系数
水煤气	$10467kJ/m^3$($2500kcal/m^3$)	$0.3571kgce/m^3$
粗苯	41868kJ/kg(10000kcal/kg)	1.4286kgce/kg
甲醇(用作燃料)	19913kJ/kg(4756kcal/kg)	0.6794kgce/kg
乙醇(用作燃料)	26800kJ/kg(6401kcal/kg)	0.9144kgce/kg
氢气(用作燃料,密度为 $0.082kg/m^3$)	$9756kJ/m^3$($2330kcal/m^3$)	$0.3329kgce/m^3$
沼气	$20934\sim24283kJ/m^3$ ($5000\sim5800kcal/m^3$)	$0.7143\sim0.8286kgce/m^3$

4. 能源的量与质

人类利用能源的本质是利用其能量做功。根据热力学第二定律，能量不但有数量上的大小，而且有质量的高低。如机械能、电能可以全部转变为功，而热能则只有部分做功能力。

做功能力强的能源被称为高品位能源，反之被称为低品位能源。如机械能、电能可以全部转变为功为高品位能源，接近环境状态的热能为低品位能源。同一种类而不同状态的热能其品位是不同的。

能量虽然在数量上守恒，但在传递、转换和使用过程中，由于存在各种不可逆因素，总会伴随能量的损失，即品位的降低，或者说做功能力的下降，最终达到与环境完全平衡的状态而失去做功的能力，成为废能。

二、能量

能量是量度物体做功能力或物质运动的物理量。根据物质运动的不同形式，能量可分为机械能、热能、电能、辐射能、化学能和核能等。

1. 能量的基本形式

(1) 机械能

机械能是与物体宏观机械运动或空间状态相关的能量，前者称为动能，后者称为势能。如果质量为 m 的物体的运动速度为 v，则该物体的动能 E_k 可以用下式计算：

$$E_k=\frac{1}{2}mv^2 \tag{0-1}$$

重力势能 E_p 可以用下式计算：

$$E_p=mgH \tag{0-2}$$

弹性势能 E_τ 可以用下式计算：

$$E_\tau=\frac{1}{2}kx^2 \tag{0-3}$$

式中，k 为弹性系数；x 为形变量。

表面能 E_S 可用下式计算：

$$E_S=\sigma S \tag{0-4}$$

式中，σ 为表面张力；S 为物相界面的面积。

(2) 热能

构成物质的微观分子运动的动能和势能总和称为热能。这种能量的宏观表现是温度的高低，它反映了分子运动的剧烈程度。通常热能 E_q 可表述成如下的形式：

$$E_q = \int T dS \tag{0-5}$$

(3) 电能

电能是和电子流动与积累有关的一种能量，通常由电池中的化学能转换而来，或是通过发电机由机械能转换得到。反之，电能也可以通过电动机转换为机械能，从而显示出电做功的本领。电能 E_e 可由下式计算：

$$E_e = UI \tag{0-6}$$

式中，U 为电压；I 为电流。

(4) 辐射能

辐射能是物体以电磁波形式发射的能量。物体的辐射能 E_r 可由下式计算：

$$E_r = \varepsilon c_0 \left(\frac{T}{1000}\right)^4 \tag{0-7}$$

式中，ε 为物体的发射率；c_0 为黑体辐射系数；T 为物体的热力学温度。

热辐射能是比较有意义的，如地球表面接受太阳能的热辐射。

(5) 化学能

化学能是物质结构能的一种，即原子核外进行化学变化时放出的能量。按化学热力学定义，物质或物系（系统）在化学反应过程中以热能形式释放的内能称为化学能。如燃烧碳和氢，碳和氢是煤炭、石油、天然气、薪柴等燃料中最主要的可燃元素。燃料燃烧时的化学能通常用燃料的发热值表示。

(6) 核能

核能是蕴藏在原子核内部的物质结构能。轻质量的原子核（氘、氚等）和重质量的原子核（铀等）核子之间的结合力比中等质量原子核的结合力小，这两类原子核在一定的条件下可以通过核聚变和核裂变转变为在自然界更稳定的中等质量原子核，同时释放出巨大的结合能。这种结合能就是核能。

由于原子核内部的运动非常复杂，目前还不能给出核力的完全描述。但在核裂变和核聚变反应中都有所谓的“质量亏损”，这种质量和能量之间的转换用爱因斯坦关系式（即质能方程式）表示：

$$E = mc^2 \tag{0-8}$$

式中，E 为能量；m 为质量；c 为光速。

2. 能量的基本性质

能量有 6 种基本性质，为状态性、可加性、转换性、传递性、做功性和贬值性。

(1) 状态性

能量取决于物质所处的状态，物质的状态不同，所具有的能量也不同（包括数量和质量）。对于热力学系统，其基本状态参数可分为两类，一类是强度量，另一类是广度量。能量利用中常用的工质，其状态参数为 T、p、V，因此它的能量 E 的状态可表示为：

$$E=f(p,T)\text{或}E=f(p,V) \tag{0-9}$$

(2) 可加性

物质的量不同，所具有的能量也不同，但可相加。不同物质所具有的能量亦可相加，即一个体系所获得的总能量为输入该体系多种能量之和，故能量的可加性可表示为：

$$E=E_1+E_2+\cdots+E_n=\sum E_i \tag{0-10}$$

(3) 转换性

不同形式的能量可以在一定条件下相互转换，转换过程服从能量守恒与转换定律。这就是能量的转换性。

各种形式的能可以互相转换，其转换方式、转换数量、难易程度均不尽相同，即它们之间的转换效率是不一样的。研究能量转换方式和规律的科学是热力学，其核心的任务就是如何提高能量转换的效率。能量转换设备或转换系统是实现能量转换的必要条件，如燃煤发电过程：通过锅炉的燃烧将煤的化学能转换为热能，通过汽轮机将热能转换为机械能，通过发电机将机械能转换为电能。

在这个过程中，燃烧器（如锅炉）、汽轮机和发电机为转换设备，由它们组成的燃煤发电机组称为转换系统。

(4) 传递性

能量可以从一个地方传递到另一个地方，也可以从一种物质传递到另一种物质，这就是能量的传递性。能量的利用通过能量传递得以实现。能量在“势差”的推动力下完成传递。如热量传递的推动力为温度差，流体流动的推动力为位差或压力差，电流推动力为电位差，物质扩散的推动力为浓度差等。

例如，对传热来说，能量的传递性可表示为：

$$Q=KA\Delta t \tag{0-11}$$

式中　Q——传递的热量，W；

K——传热系数，$W/(m^2 \cdot K)$；

A——传热面积，m^2；

Δt——传热的平均温差，K。

从生产的角度来说，能量传递性保证了各种工艺过程、运输过程和动力过程的实现，为其提供推动力。能量通过各种形式传递后，最终转移到产品中或消散于环境中。

(5) 做功性

利用能量来做功，是利用能量的基本手段和主要目的。这里所说的功是广义功，但通常我们主要是针对机械功而言的。各种能量转换为机械功的本领是不一样的，转换程度也不相同。

通常按其转换程度可以把能分为无限制转换（全部转换）能、有限制转换（部分转换）能和不转换（废）能，又分为高质能、低质能和废能。

能的做功性，通常也以能级 ε 来表示，即

$$\varepsilon=\frac{E_x}{E} \tag{0-12}$$

式中，E_x 称为“㶲”，又称有效能。

（6）贬值性

根据热力学第二定律，能量不仅有“量的多少”，还有“质的高低”之分。能量在传递与转换等过程中，由于多种不可逆因素的存在，总伴随着能量的损失，表现为能量质量和品位的降低，即做功能力的下降，直至达到与环境状态平衡而失去做功本领，成为废能，这就是能的贬值性。

例如，最常见的有温差的传热与有摩擦的做功，就是两个典型的不可逆过程，在这两个不可逆过程中，能量都会贬值。

能量的贬值性，即能的质量损失（或称内部损失、不可逆损失），其贬值程度可用参与能量交换的所有物体熵的变化（熵增）来反映。即能的贬值 E_0 可表示为：

$$E_0 = T_0 \Delta S \tag{0-13}$$

式中　T_0——环境的温度，K；

　　ΔS——系统的熵变，J/K。

在六种能量的基本属性中，转换性和传递性是能量利用中最重要的属性，这两个属性使得人类在不同的地点得到所需形式的能量成为可能。

三、能源现状

地球拥有十分丰富的能源资源，除了化石能源外，还有太阳能等充足的可再生能源。在可以预见的将来，不存在核发电所需铀资源短缺的问题。可再生能源数量巨大，利用前景非常广阔，随着技术的进步，其应用水平将不断提高，应用范围将不断扩大，将为人类提供充足的清洁能源。

化石能源是经过长时间地壳运动固定下来的太阳能，主要以煤炭、石油和天然气三种形式存在于地壳中，其蕴藏量是固定的。由于其不可再生性，最终会因人类的不断使用而枯竭。但随着勘探、开采和利用技术的进步，其探明可采储量会有所增加，利用水平也会不断提高。

（1）煤炭

截至2020年底，全球煤炭探明储量为 10741.1×10^8 t，主要分布在亚太、北美和俄罗斯地区，分别占42.8%、23.9%和15.1%，欧洲仅占12.8%。全球排名前10位国家占世界的90.6%。表0-4列出了排名前10国家的煤炭探明储量，排名第1的是美国，储量占世界总量的23.2%。中国煤炭剩余可采储量 1432.0×10^8 tce，占全球的13.3%，列世界第4位。

表0-4　世界排名前10国家的煤炭探明储量

国家	美国	俄罗斯	澳大利亚	中国	印度
储量/($\times10^8$ tce)	2489.4	1621.7	1502.3	1432.0	1110.5
占比/%	23.2	15.1	14.0	13.3	10.3
国家	德国	印度尼西亚	乌克兰	波兰	哈萨克斯坦
储量/($\times10^8$ tce)	359.0	348.7	343.8	284.0	256.1
占比/%	3.3	3.2	3.2	2.6	2.4

(2) 石油

截至 2020 年底，探明的世界石油剩余可采储量为 2444×10^{8}t，其中中东地区约为 1132×10^{8}t，占全球总量的 46.3%。储量前 10 的国家是委内瑞拉、沙特阿拉伯、加拿大、伊朗、伊拉克、俄罗斯、科威特、阿联酋、美国及哈萨克斯坦，具体见表 0-5。

这 10 个国家的石油剩余可采储量为 2112×10^{8}t，占全球储量的 86.4%。中国石油剩余可采储量为 35×10^{8}t，占全球的 1.4%。

表 0-5　世界排名前 10 和中国的石油剩余可采储量

国家	委内瑞拉	沙特阿拉伯	加拿大	伊朗	伊拉克	中国
储量/($\times10^{8}$t)	480	409	271	217	196	35
占比/%	19.6	16.7	11.1	8.9	8.0	1.4
国家	俄罗斯	科威特	阿联酋	美国	哈萨克斯坦	
储量/($\times10^{8}$t)	148	140	130	82	39	
占比/%	6.1	5.7	5.3	3.4	1.6	

(3) 天然气

截至 2020 年底，全球天然气探明储量为 $188.1\times10^{12}m^{3}$。表 0-6 给出了探明储量前 10 的国家，依次是俄罗斯、伊朗、卡塔尔、土库曼斯坦、美国、中国、委内瑞拉、沙特阿拉伯、阿联酋、尼日利亚，10 个国家的天然气探明储量为 $152.5\times10^{12}m^{3}$，占全球储量的 81.1%。中国天然气剩余可采储量 $8.4\times10^{12}m^{3}$，占世界的 4.5%。

表 0-6　世界排名前 10 国家的天然气探明储量

国家	俄罗斯	伊朗	卡塔尔	土库曼斯坦	美国
储量/($\times10^{12}m^{3}$)	37.4	32.1	24.7	13.6	12.6
占比/%	19.9	17.1	13.1	7.2	6.7
国家	中国	委内瑞拉	沙特阿拉伯	阿联酋	尼日利亚
储量/($\times10^{12}m^{3}$)	8.4	6.3	6.0	5.9	5.5
占比/%	4.5	3.3	3.2	3.2	2.9

各种能源的分布极不平衡。石油主要分布在中东地区，天然气主要分布在中东和俄罗斯及周边，煤炭则主要分布在亚太、北美和欧洲地区。

(4) 核能

2020 年 12 月 23 日，经合组织核能机构和国际原子能机构联合发布《2020 年铀：资源、生产和需求》新版铀红皮书，展示了世界铀市场基本面的最新评审结果和最新统计数据。截至 2019 年 1 月 1 日，全球已查明可开采铀资源总量即开采成本低于 260 美元/kg 的资源总量达到 807.04×10^{4}t，开采成本低于 130 美元/kg 的资源总量为 614.78×10^{4}t，开采成本低于 80 美元/kg 的资源总量为 200.76×10^{4}t，开采成本低于 40 美元/kg 的资源总量为 108.05×10^{4}t。

(5) 水能资源

全世界江河的理论水能资源为 48.2×10^{12}kW/a，技术上可开发的水能资源为 19.3×

10^{12} kW。我国江河的水能理论资源为 6.91×10^{8} kW，每年可发电超过 6×10^{8} kW，可开发的水能资源为 3.82×10^{8} kW。水能是清洁的可再生能源，但与全世界能源需求量相比，水能资源仍很有限，即使把全世界的水能资源全部利用，也不能满足其需求量的10%。

（6）太阳能

太阳的能量是以电磁波的形式向外辐射的，其辐射功率为 3.8×10^{23} kW，地球接收到太阳总辐射的22亿分之一，即有约 1.73×10^{14} kW 到达地球大气层的上缘，最后约有一半即 8.65×10^{13} kW 到达地球表面，相当于目前全世界发电总量的几十万倍。到达我国的太阳辐射约为 1.8×10^{12} kW。

（7）生物质能

地球上每年通过光合作用固定的碳约为 2×10^{11} t，含能量 3×10^{18} kJ，相当于目前全世界总能耗的10倍以上。

（8）风能

据估计，全球的风能总量约为 2.74×10^{12} kW，其中可利用的风能约为 1.46×10^{11} kW，比地球上可开发利用的水能总量还要大10倍。我国风能总量约为 3.2×10^{9} kW，可利用的风能约为 2.53×10^{8} kW。

（9）地热能

地球内部蕴藏的热量约为 1.25×10^{28} kJ，从地球内部传到地面的地热总资源约为 1.45×10^{23} kJ，相当于 4.95×10^{15} t 标准煤燃烧时所放出的热量。地热能的总储量则为煤炭的 1.7×10^{8} 倍。

（10）海洋能

海洋能通常是指海洋本身所蕴藏的能量，包括潮汐能、潮流能、波浪能、温差能、盐差能和海流能等形式的能量，不包括海底储存的煤、石油、天然气和天然气水合物，也不含溶解于海水中的铀、锂等化学能源。海洋是一个巨大的能源转换场，据估计，海洋能中可供利用的能量约为 70×10^{12} kW，是目前全世界发电能力的十几倍。

第一篇
常规能源

第一章
煤　炭

第一节　煤炭在国际能源格局中的战略地位

一、煤炭在世界能源结构中占有重要地位

煤炭是世界上储量最丰富的化石能源，全球约有80个国家拥有煤炭资源，聚煤盆地达到2900余个，主要集中在北半球北纬30°～70°，特别是北半球的中温带和亚寒带地区，煤炭资源占比高达70%。全球煤炭资源主要分布在三大聚煤带中：①欧亚大陆聚煤带，由西向东分别为英国—德国—波兰—俄罗斯—我国华北地区；②南北美洲聚煤带，北美洲中部至南美洲；③环澳大利亚聚煤带。全球煤炭资源分布比较集中，主要分布在亚太地区（占全球总储量的42.2%）、北美洲（占全球总储量的24.5%）、欧亚及欧亚大陆（占全球总储量的17.9%）。

煤炭作为全球分布地域最广、储量最为丰富的化石燃料，是全球经济的主要动力能源。煤炭资源作为全球经济的主要动力，在全球的经济发展中发挥了巨大作用。英国石油集团公司（British Petroleum，BP）发布的《BP世界能源统计年鉴（2021年版）》的研究数据表明，2020年能源消费结构中，煤炭、石油、天然气分别占27.2%、31.2%、27.7%，其他能源仅占13.9%，煤炭的生产和消费比例仅次于石油，与天然气基本持平，地位依然非常突出。虽然新能源与可再生能源也得到了快速发展，但受核心技术、成本及安全等因素的多重制约，大规模推广应用还需要较长时间，只能作为常规能源的少量补充。

二、我国煤炭生产和消费对稳定世界能源安全具有重要作用

我国煤炭资源在全球煤炭资源中占有举足轻重的地位。煤炭资源量和探明储量均位居世界前列。近10年来，与经济高速发展相适应，我国煤炭的生产和消费量呈持续快速增长趋势，成为世界第一煤炭生产和消费大国。2020年我国煤炭产量为27.61×10^8tce（中国国家统计局数据为原煤产量39×10^8t，折合27.86×10^8tce），约占世界煤炭产量的50.69%。煤炭消费量为28.08×10^8tce，占世界煤炭消费量的54.33%（见表1-1和表1-2）。

中国以煤炭为主的能源消费格局有助于降低其对进口石油的高依赖度，有助于维持世界能源供需平衡，保障世界能源安全。中国煤炭产业的可持续健康发展对稳定世界能源安全的作用日益突显，国际战略地位日益重要。

表 1-1　近十年主要产煤大国的煤炭产量[①]　　单位：$\times10^8$ tce

国家	年度											
	2011	2012	2013	2014	2015	2016	2017	2018	2019	2020	年均增长率/%	2020年占比/%
美国	7.60	7.07	6.84	6.94	6.14	5.02	5.34	5.25	4.88	3.65	−25.2	6.7
俄罗斯	2.25	2.41	2.47	2.52	2.66	2.77	2.94	3.15	3.15	2.86	−9.6	5.2
澳大利亚	3.50	3.80	4.08	4.37	4.37	4.38	4.27	4.47	4.51	4.24	−6.2	7.8
印度	3.58	3.64	3.65	3.85	4.02	4.06	4.09	4.37	4.30	4.33	0.4	7.9
印度尼西亚	2.98	3.25	4.00	3.86	3.89	3.84	3.88	4.70	5.19	4.74	−9.0	8.7
中国	26.45	26.76	27.06	26.63	26.13	24.16	24.97	26.23	27.21	27.61	1.2	50.7

① 根据《BP世界能源统计年鉴（2021版）》数据整理得出。

表 1-2　主要产煤大国一次能源消费构成（2019—2020年）　　单位：$\times10^8$ tce

国家	年度	石油	天然气	煤炭	核能	水电	可再生能源	总计	煤炭消费所占比例/%
美国	2019	12.67	10.43	3.87	2.59	0.87	1.95	32.38	11.95
	2020	11.11	10.22	3.14	2.52	0.87	2.10	29.96	10.48
俄罗斯	2019	2.29	5.46	1.22	0.63	0.59	0.01	10.20	11.96
	2020	2.18	5.05	1.12	0.66	0.65	0.01	9.67	11.58
印度	2019	3.41	0.73	6.35	0.14	0.49	0.45	11.57	54.88
	2020	3.08	0.73	5.99	0.14	0.49	0.49	10.92	54.85
澳大利亚	2019	0.72	0.52	0.60	—	0.04	0.13	2.01	29.85
	2020	0.62	0.50	0.58	—	0.04	0.15	1.89	30.69
中国	2019	9.54	3.79	27.91	1.06	3.87	2.30	48.47	57.58
	2020	9.73	4.06	28.08	1.11	4.01	2.66	49.65	56.56

三、煤炭在我国能源结构中的战略地位

煤炭是我国国民经济的支柱产业，是关系国计民生的基础性行业，在国民经济中占有重要的战略地位。作为中国工业化进程的主要基础能源，煤炭对全国经济发展具有举足轻重的作用。

我国的能源资源特点决定了煤炭在我国能源结构中的主导地位。中国煤炭储量居世界第四位，2020年探明储量为1431.97×10^8t，占世界总探明储量的13.3%，而石油和天然气仅占全球探明储量的1.4%和4.5%，此先决条件决定了中国以煤炭为主的一次能源生产和消费结构在未来很长时间内难以改变。2019年和2020年，我国一次能源消费量分别为48.47×10^8tce和49.65×10^8tce，其中煤炭消费量分别占全国一次能源消费量的57.58%和56.56%，均超过了50%。可见煤炭在我国能源结构中的主导地位。

《中国能源发展报告2020》提出，“十四五”期间，应重点做好七方面工作。一是继续做好能源消费总量、消费强度的“双控”，形成资源节约、环境友好的生产方式和消费模式。二是多措并举保障能源安全，加大国内油气勘探开发力度，建设多轮驱动的能源安全体系，

发挥煤炭的兜底保障作用。三是大力提升能源绿色清洁程度，促进煤炭消费比重进一步降低，稳步提升天然气和非化石能源的消费比重，充分释放可再生能源消纳空间。四是优化能源开发布局，大力发展西部清洁能源基地，加强中东部地区分布式光伏、核电和海上风电布局，优化跨省区能源输送。五是推进能源创新发展，推进信息通信与能源技术加速融合，构建智慧能源系统，推进储能、氢能等新模式新业态应用示范和产业化发展。六是提高能源民生服务水平，继续扩大清洁取暖范围，推动电动汽车及配套基础设施快速发展，开展民生综合能源服务。七是完善能源体制机制，建设全国用能权、碳排放权交易市场，健全清洁能源消纳长效机制，完善储能、氢能等发展的相关支持政策。

随着能源结构的调整，煤炭在能源中所占的比例会有所下降，但以煤炭为主的能源格局在相当长的一段时间内不会改变。在今后相当长的时期内，煤炭仍将是中国最可靠、最有保障的能源，具有不可替代性。

第二节　煤炭的种类和特征

根据成煤植物种类的不同，煤主要可分为“腐殖煤”和“腐泥煤”两大类，由高等植物生成的煤称为腐殖煤，由低等植物生成的煤称为腐泥煤。我国乃至世界上储量大、分布广的煤主要是腐殖煤，一般所说的煤主要也指腐殖煤。

一、煤炭的分类

煤炭是世界上分布最广阔的化石能资源，主要分为烟煤和无烟煤、次烟煤和褐煤四类。中国把煤分为四大类，即泥炭、褐煤、烟煤、无烟煤。

1. 泥炭

泥炭是植物向煤转变的过渡产物，外观呈不均匀的棕褐色或黑褐色。它含有大量未分解的植物组织，如根、茎、叶等残留物，有时肉眼就能看出。泥炭含水量很高，一般为75%～95%。开采出的泥炭经自然风干后，水分可降至25%～35%。干泥炭为棕黑色或黑褐色土状碎块。

世界上泥炭储量丰富的国家有俄罗斯、芬兰、爱尔兰、瑞典、加拿大和美国等国。我国泥炭储量约270×10^{8}t，80%属裸露型，20%属埋藏型。主要分布在大小兴安岭、三江平原、长白山、青藏高原东部以及燕山、太行山等山前洼地和长江冲积平原等地。

泥炭有广泛的用途。泥炭的硫含量平均为0.3%（质量分数），属于低硫燃料，经气化可制成气体燃料或工业原料气，经液化可制成人造液体洁净燃料；泥炭焦化所得泥炭焦是制造优质活性炭的原料；用泥炭可以制造甲醇等多种化工原料；泥炭还是制造泥炭纤维板等建材和木材替代品的原料；泥炭还可以直接用作土壤改良剂和高质量的腐殖酸肥料。泥炭的开发和利用已引起国内外的广泛重视，近些年来发展十分迅速。

2. 褐煤

褐煤，又名柴煤，是泥炭沉积后经脱水、压实转变为有机生物岩的初期产物，因外表呈褐色或暗褐色而得名。与泥炭相比，褐煤中腐殖酸的芳香核缩合程度有所增加，含氧官能团有所减少，侧链较短，侧链的数量也较少。由于腐殖酸的相互作用，腐殖酸开始转变为中性腐殖质。褐煤大多数无光泽，真密度 1.10～1.40g/cm^3。褐煤含水较多，达 30%～60%，空气干燥后仍有 10%～30%的水分，易风化破裂。在外观上，褐煤与泥炭的最大区别在于褐煤不含未分解的植物组织残骸，且呈现成层分布状态。

德国、澳大利亚等国有丰富的褐煤资源。我国褐煤资源也较丰富，已探明的保有储量约 1400×10^{8}t，占全国煤炭储量的 17%，在我国煤炭资源中占有重要地位。其中以内蒙古东北部地区最多，约占全国褐煤保有储量的 3/4；以云南省为主的西南地区的褐煤储量约占全国的 1/5；东北、华东和中南地区的褐煤储量仅占全国的 5%左右。褐煤适宜成型作气化原料，其低温干馏煤气可用作燃料气或制氢的原料气，低温干馏的堆焦油经加氢处理可制取液体燃料和化工原料。

3. 烟煤

烟煤的煤化度低于无烟煤而高于褐煤，因燃烧时烟多而得名。烟煤中已不含有游离腐殖酸，腐殖酸已全部转变为更复杂的中性腐殖质了。因此，烟煤不能使酸、碱溶液染色。一般烟煤具有不同程度的光泽，绝大多数呈明暗交替条带状。所有的烟煤都是比较致密的，真密度较高（1.20～1.45g/cm^3），硬度亦较大。

烟煤是自然界最重要，分布最广，储量最大，品种最多的煤种。根据煤化度的不同，我国将其划分为长焰煤、不黏煤、弱黏煤、1/2 中黏煤、气煤、气肥煤、1/3 焦煤、肥煤、焦煤、瘦煤、贫瘦煤和贫煤等。

在烟煤中，气煤、气肥煤、1/3 焦煤、肥煤、焦煤和瘦煤都具有不同程度的黏结性。它们被粉碎后高温干馏时，能不同程度地“软化”和“熔融”成为塑性体，然后再固化为块状的焦炭。传统观念认为这些煤是炼焦的主要原料煤，故称之为炼焦煤；除此以外的其他煤没有或基本没有黏结性，只能用于低温干馏、造气或动力燃料等，故称之为非炼焦用煤。随着炼焦煤制备与炼焦工艺的发展，扩大了炼焦用煤的资源。新的炼焦技术已能使用所有的烟煤，甚至无烟煤作为原料成分，不再仅仅局限于这些传统炼焦煤。

4. 无烟煤

无烟煤是煤化度最高的一种腐殖煤，因燃烧时无烟而得名。无烟煤外观呈灰黑色，带有金属光泽，无明显条带。在各种煤中，它的含碳量最高，挥发分最低，真密度最大（1.35～1.90g/cm^3），硬度最高，化学反应性弱，燃点高达 360～410℃，甚至更高，无黏结性。

无烟煤主要应用于化肥（氮肥、合成氨）、陶瓷、锻造等行业，在冶金行业中用于高炉喷吹（高炉喷吹煤主要包括无烟煤、贫煤、瘦煤和气煤），还可用于生活给水及工业给水的过滤净化处理等。

5. 中国煤炭的分类（GB/T 5751—2009）

（1）煤类划分及代号

在《中国煤炭分类》（GB/T 5751—2009）体系中，先根据干燥无灰基挥发分（V_{daf}）等指标，将煤炭分为无烟煤、烟煤和褐煤；再根据干燥无灰基挥发分及黏结指数等指标，将烟煤划分为贫煤、贫瘦煤、瘦煤、焦煤、肥煤、1/3 焦煤、气肥煤、气煤、1/2 中黏煤、弱黏煤、不黏煤及长焰煤。各类煤的名称可用下列汉语拼音字母为代号表示：WY——无烟煤；YM——烟煤；HM——褐煤；PM——贫煤；PS——贫瘦煤；SM——瘦煤；JM——焦煤；

FM——肥煤；1/3JM——1/3 焦煤；QF——气肥煤；QM——气煤；1/2ZN——1/2 中黏煤；RN——弱黏煤；BN——不黏煤；CY——长焰煤。

（2）编码

各类煤用两位阿拉伯数字编码表示。编码的十位上数字系按煤的挥发分分组，数字越小煤化程度越高：无烟煤为 0（$V_{daf}\leqslant 10.0\%$），烟煤为 1～4（即 $V_{daf}>10.0\%\sim20.0\%$、$>20.0\%\sim28.0\%$、$>28.0\%\sim37.0\%$和$>37.0\%$），褐煤为 5（$V_{daf}>37.0\%$）。编码的个位上数字：无烟煤类为 1～3，表示煤化程度，数字越小煤化程度越高；烟煤类为 1～6，表示黏结性，数字越大黏结性越强；褐煤类为 1～2，表示煤化程度，数字越大煤化程度越高。

（3）中国煤炭分类简表

根据 GB/T 5751—2009，无烟煤、烟煤和褐煤三大类中共分为 29 个小类。其中，无烟煤分为 3 个小类，编码为 01、02、03；烟煤分为 24 个小类；褐煤分为 2 个小类，编码为 51、52。

表 1-3 是中国煤炭分类简表。

表 1-3　中国煤炭分类简表

<table>
<tr><th rowspan="2">类别</th><th rowspan="2">代号</th><th rowspan="2">编码</th><th colspan="6">分类指标</th></tr>
<tr><th>V_{daf}/%</th><th>G</th><th>Y/mm</th><th>b/%</th><th>P_M/%②</th><th>$Q_{gr,maf}$③/(MJ/kg)</th></tr>
<tr><td>无烟煤</td><td>WY</td><td>01,02,03</td><td>≤10.0</td><td></td><td></td><td></td><td></td><td></td></tr>
<tr><td>贫煤</td><td>PM</td><td>11</td><td>>10.0～20.0</td><td>≤5</td><td></td><td></td><td></td><td></td></tr>
<tr><td>贫瘦煤</td><td>PS</td><td>12</td><td>>10.0～20.0</td><td>>5～20</td><td></td><td></td><td></td><td></td></tr>
<tr><td>瘦煤</td><td>SM</td><td>13,14</td><td>>10.0～20.0</td><td>>20～65</td><td></td><td></td><td></td><td></td></tr>
<tr><td rowspan="2">焦煤</td><td rowspan="2">JM</td><td>24</td><td>>20.0～28.0</td><td>>50～65</td><td rowspan="2">≤25.0</td><td rowspan="2">≤150</td><td rowspan="2"></td><td rowspan="2"></td></tr>
<tr><td>15,25</td><td>>10.0～28.0</td><td>>65①</td></tr>
<tr><td>肥煤</td><td>FM</td><td>16,26,36</td><td>>10.0～37.0</td><td>(>85)①</td><td>>25.0</td><td></td><td></td><td></td></tr>
<tr><td>1/3 焦煤</td><td>1/3JM</td><td>35</td><td>>28.0～37.0</td><td>>65①</td><td>≤25.0</td><td>≤220</td><td></td><td></td></tr>
<tr><td>气肥煤</td><td>QF</td><td>46</td><td>>37.0</td><td>(>85)①</td><td>>25.0</td><td>>220</td><td></td><td></td></tr>
<tr><td rowspan="2">气煤</td><td rowspan="2">QM</td><td>34</td><td>>28.0～37.0</td><td>>50～65</td><td rowspan="2">≤25.0</td><td rowspan="2">≤220</td><td rowspan="2"></td><td rowspan="2"></td></tr>
<tr><td>43,44,45</td><td>>37.0</td><td>>35</td></tr>
<tr><td>1/2 中黏煤</td><td>1/2ZN</td><td>23,33</td><td>>20.0～37.0</td><td>>30～50</td><td></td><td></td><td></td><td></td></tr>
<tr><td>弱黏煤</td><td>RN</td><td>22,32</td><td>>20.0～37.0</td><td>>5～30</td><td></td><td></td><td></td><td></td></tr>
<tr><td>不黏煤</td><td>BN</td><td>21,31</td><td>>20.0～37.0</td><td>≤5</td><td></td><td></td><td></td><td></td></tr>
<tr><td>长焰煤</td><td>CY</td><td>41,42</td><td>>37.0</td><td>≤35</td><td></td><td></td><td>>50</td><td></td></tr>
<tr><td rowspan="2">褐煤</td><td rowspan="2">HM</td><td>51</td><td>>37.0</td><td rowspan="2"></td><td rowspan="2"></td><td rowspan="2"></td><td>≤30</td><td rowspan="2">≤24</td></tr>
<tr><td>52</td><td>>37.0</td><td>>30～50</td></tr>
</table>

① 在 $G>85$ 的情况下，用 Y 值或 b 值来区分肥煤、气肥煤与其他煤类。当 $Y>25.0$mm 时，根据 V_{daf} 的大小可划分为肥煤或气肥煤；当 $Y\leqslant 25.0$mm 时，则根据 V_{daf} 的大小可划分为焦煤、1/3 焦煤或气煤。如按 b 值划分类别：当 $V_{daf}\leqslant 28.0\%$时，$b>150\%$的为肥煤；当 $V_{daf}>28.0\%$时，$b>220\%$的为肥煤或气肥煤。如按 b 值和 Y 值划分的类别有矛盾时，以 Y 值划分的类别为准。

② 对 $V_{daf}>37.0\%$，$G\leqslant 5$ 的煤，再以透光率 P_M 来区分其为长焰煤或褐煤。

③ 对 $V_{daf}>37.0\%$，$P_M>30\%\sim50\%$的煤，再测 $Q_{gr,maf}$，如其值大于 24MJ/kg，应划分为长焰煤，否则为褐煤。

注：V_{daf}—干燥无灰基挥发分，%；G—烟煤的黏结指数；Y—烟煤的胶质层最大厚度，mm；b—烟煤的奥阿膨胀度，%；P_M—煤样的透光率，%；$Q_{gr,maf}$—恒湿无灰基高位发热量，MJ/kg。

二、煤炭的特征

泥炭、褐煤、烟煤、无烟煤这四类腐殖煤的主要特征与区分标志如表1-4所示。

表1-4　四类腐殖煤的主要特征与区分标志

特征与标志	泥炭	褐煤	烟煤	无烟煤
颜色	棕褐色	褐色、黑褐色	黑色	灰黑色
光泽	无	大多数无光泽	有一定光泽	金属光泽
外观	有原始植物残体，土状	无原始植物残体，无明显条带	呈条带状	无明显条带
在沸腾的KOH中	棕红—棕黑	褐色	无色	无色
在稀HNO_3中	棕红	红色	无色	无色
自然水分	多	较多	较少	少
密度/(g/cm^3)		1.10～1.40	1.20～1.45	1.35～1.90
硬度	很低	低	较高	高
燃烧现象	有烟	有烟	多烟	无烟

第三节　煤的形成

从煤的生成过程来说，煤是由远古植物残骸没入水中经过生物化学作用，然后被地层覆盖并经过复杂的生物化学、物理化学和地球化学作用转变而成的有机生物岩。成煤过程包括泥炭化阶段和煤化作用阶段，后者又可分为成岩和变质两个分阶段。已形成共识的成煤理论认为：成煤植物首先转变为泥炭，进而可依次转变为褐煤、次烟煤、烟煤和无烟煤（或者暂停在某一阶段），整个过程可称为煤化作用阶段。由褐煤开始的变质程度称为“煤化程度”。

一、煤的形成阶段

1. 泥炭化阶段

在古生代泥盆纪（距今约4亿年）以前，地球上只生长菌藻类低等植物，菌藻类植物死亡以后，在缺氧的环境中经厌氧菌的作用逐渐变成富含腐殖酸和沥青质的凝胶化物质，并与泥沙混合成为腐泥。地壳运动过程中，腐泥受其上部泥沙堆积层的压力和地下温度升高的作用，碳含量和氢含量不断增加，氧含量减少，形成不同变质阶段的腐泥煤。

到了古生代石炭纪（约3亿年前）以后，陆地面积增大，干旱气候带扩大，菌藻类植物减少，高等植物发育繁茂。高等植物是由纤维素、半纤维素、木质素、蛋白质和脂肪等组成的。高等植物死亡后，残骸堆积在泥炭沼泽带，被积水淹没，各种厌氧菌不断地分解破坏植物残骸，其中的有机质逐渐分解，产生硫化氢、二氧化碳和甲烷等气态产物，植物残骸中氧含量越来越少，碳含量逐渐增加，变成泥炭类物质。泥炭经受进一步的地质作用而转变成腐殖煤。

泥炭质地疏松、褐色、无光泽、密度小，可看出有机质的残体，用火种可以引燃，烟浓灰多。

2. 煤化作用阶段

以泥炭被无机沉积物覆盖为标志，泥炭化阶段结束，生物化学作用逐渐减弱以至停止。在物理化学和化学作用下，泥炭开始向褐煤、烟煤和无烟煤转变的过程称为煤化作用阶段。由于作用因素和结果的不同，煤化作用阶段可以划分为成岩阶段和变质阶段。

（1）成岩阶段（褐煤阶段）

随着地壳下沉，泥炭层的表面被黏土、泥沙等覆盖，逐渐形成上覆岩层。当泥炭层被其他沉积物覆盖时，泥炭化作用阶段结束。泥炭层在上覆岩层的压力下，原来疏松多水的泥炭受到压实、脱水、胶结、增碳、聚合等作用，孔隙度减小而变得致密，细菌的生物化学作用消失，碳含量进一步增加，氧和腐殖酸含量逐渐降低，从而变成水分较少、密度较大的褐煤。由泥炭变成褐煤的过程称为成岩作用。褐煤层一般离地表不深，厚度较大，适于露天开采。

褐煤颜色为褐色或近于黑色，光泽暗淡，基本上不见有机物残体，质地较泥炭致密，由于能将热碱水染成褐色而得名，用火种可以引燃，有烟。

（2）变质阶段（烟煤及无烟煤阶段）

随着地壳的继续下沉及上覆岩层的不断加厚，褐煤在地壳深部受到高温、高压的作用，进入了变质阶段，褐煤中的有机物分子进一步积聚，含氧量进一步降低，碳含量继续增高，外观色泽和硬度也发生了较大变化，褐煤变成烟煤。烟煤由于燃烧时有烟而得名，由于已无游离的腐殖酸，全部转化为腐黑物，所以颜色一般呈黑色。由于更强烈的地壳运动或岩浆活动，煤层受到更高温度和压力的影响，烟煤还可以进一步变成无烟煤，甚至变成半石墨和石墨。

从植物到无烟煤的转变过程如表1-5所示。

表 1-5 从植物到无烟煤的转变过程

转化顺序	植物→泥炭	→褐煤	→烟煤→无烟煤
转变条件	作用地点：水中 作用时间：数千万到数万年 主要因素：生化作用	地下 ←数百万年 物化作用 （加压失水）	地下 数千万年→ 物化作用 温度（需要从外部供应能量）
转变阶段	←第一阶段→ ←泥炭化阶段→	←第二阶段 ←成岩阶段→	第二阶段→ ←变质阶段→
化学示性式	植物 $\xrightarrow{-3H_2O,-CO_2}$ 泥炭 $C_{17}H_{24}O_{10}$ → $C_{16}H_{18}O_5$	$\xrightarrow{-2H_2O}$ 褐煤 $C_{16}H_{14}O_3$	$\xrightarrow{-CO_2}$ 烟煤 $\xrightarrow{-CH_4,-H_2O}$ 无烟煤 $C_{15}H_{14}O$ → $C_{13}H_4$

二、主要成煤期和主要煤田

1. 影响成煤期的主要因素

地球上出现植物是成煤的物质基础。世界范围内最主要的成煤期都仅发生在某些地质年代，这是因为聚煤作用的发生是古植物、古气候、古地理及古构造诸因素共同作用的结果。

① 古植物因素。当植物演化发展到有高大的木本植物广泛且大量繁殖堆积时，才能形成有工业意义的煤层。高等植物中如石松纲、银杏纲、科达纲等，树木粗壮高大，树高可达三四十米，因此它们繁盛发育的石炭纪、二叠纪、白垩纪、古近纪及新近纪等都是重要的成煤期。

② 古气候因素。温暖潮湿的气候适于植物大量繁殖生长，即最适于聚煤作用的发生。根据现代聚煤作用发生的气候条件来看，只要有足够的湿度，热带、温带和寒带都可形成泥炭层。但在同样长的时间里，温暖潮湿气候下更易形成厚的泥炭层。因此，湿度对聚煤作用的影响更大。

③ 古地理因素。一般最适于形成泥炭沼泽的古地理环境是广阔的泻湖海湾、滨海平原、河流的冲积平原、山间或内陆盆地等。在这些地区，聚煤作用可以在几万至几十万平方千米范围内广泛而连续地发生。

④ 古构造因素。古地壳构造运动是影响成煤期的主导因素。它不仅影响古气候和古地理条件，而且直接影响聚煤作用，主要表现在：a. 泥炭层的堆积要求地壳下降的速度最好与植物残骸堆积的速度大致平衡，这种平衡持续的时间越长，形成的煤层就越厚。b. 当地壳的陷落速度大于植物残骸的堆积速度，但泥炭沼泽上面的水层厚度仍小于 2m 时，水层下的植物残骸可作为养料，滋养新一代植物的生长，泥炭层可继续堆积增厚。同时，水流和风带来的泥沙会分散掺混于泥炭中。c. 当泥炭沼泽的覆水厚度大于 2m 时，光线难以透过水层，植物因光合作用受阻不能生长，泥炭层的堆积过程亦随之停止。此时，从相邻陆地被水冲下来的泥沙在陷落地区成层堆积，将泥炭层覆盖起来，使成煤过程转入成岩作用阶段。成煤后，与煤层相间的泥沙形成碳质页岩的夹层（夹矸），而位于煤层上方者则形成矿物岩层（煤层顶板）。如果地壳在总的下降趋势中发生多次小幅度升降，则同一地区可能形成较多煤层。

总之，在地史学中，只要某地区同时具备聚煤所要求的气候、植物、地理和构造运动条件，并且持续的时间也较长，就能形成煤层多、储量大的重要煤田；反之，则煤层少而薄，甚至根本没有煤。

根据成煤过程中量的变化，估计 10m 高的植物堆积层可形成 1m 厚的泥炭，进而转变为 0.5m 厚的褐煤或 0.17m 厚的烟煤，即 10∶1∶0.5 或 10∶1∶0.17。我国云南昭通和小龙潭褐煤煤层达 100m，甚至 200m 以上。

2. 主要聚煤期

煤层的形成必须有植物残骸的堆积，同时要有气候、生物和地质条件的配合。从陆地上出现植物的时候起（略早于 3 亿年前），生物大量繁殖、生长的条件就已经具备了，因此在以后的所有地质年代的沉积中，原则上都应该能找到煤。但事实上，大多数煤层的堆积，都仅发生在某些地质年代。这是因为在当时广大地区的地壳升降运动中，上升过程与下降过程相比占优势。在地壳内层中，因为地热作用，熔融物质受到不均匀加热而流动，从而导致地壳处于经常性的升降运动之中。地壳的这种升降运动对成煤有重大的影响。在整个地质年代中，有三个主要的成煤期（见表 1-6）。

表 1-6　地层系统、地质年代、成煤植物与主要煤种

<table>
<tr><th rowspan="2">代(界)</th><th rowspan="2">纪(系)</th><th rowspan="2">距今年代/(×10^{6}a)</th><th rowspan="2">中国主要成煤期▲</th><th colspan="2">生物演化</th><th rowspan="2">煤种</th></tr>
<tr><th>植物</th><th>动物</th></tr>
<tr><td rowspan="3">新生代(界)</td><td>第四纪(系)</td><td>1.6</td><td></td><td rowspan="3">被子植物</td><td>出现古人类</td><td>泥炭</td></tr>
<tr><td>新近纪(系)</td><td>23</td><td rowspan="2">▲</td><td rowspan="2">哺乳动物</td><td rowspan="2">褐煤为主，少量烟煤</td></tr>
<tr><td>古近纪(系)</td><td>65</td></tr>
<tr><td rowspan="3">中生代(界)</td><td>白垩纪(系)</td><td>135</td><td rowspan="3">▲</td><td rowspan="3">裸子植物</td><td rowspan="3">爬行动物</td><td rowspan="3">褐煤、烟煤、少量无烟煤</td></tr>
<tr><td>侏罗纪(系)</td><td>205</td></tr>
<tr><td>三叠纪(系)</td><td>250</td></tr>
<tr><td rowspan="6">古生代(界)</td><td>二叠纪(系)</td><td>290</td><td rowspan="2">▲</td><td rowspan="2">蕨类植物</td><td rowspan="3">两栖动物</td><td rowspan="3">烟煤、无烟煤</td></tr>
<tr><td>石炭纪(系)</td><td>355</td></tr>
<tr><td>泥盆纪(系)</td><td>410</td><td></td><td>裸蕨植物</td></tr>
<tr><td>志留纪(系)</td><td>438</td><td></td><td rowspan="3">菌藻植物</td><td>鱼类</td><td rowspan="3">石煤</td></tr>
<tr><td>奥陶纪(系)</td><td>510</td><td></td><td rowspan="2">无脊椎动物</td></tr>
<tr><td>寒武纪(系)</td><td>570</td><td></td></tr>
<tr><td>新元古代</td><td rowspan="3"></td><td>1000</td><td rowspan="3"></td><td rowspan="3"></td><td rowspan="3"></td><td rowspan="3"></td></tr>
<tr><td>中元古代</td><td>1600</td></tr>
<tr><td>古元古代</td><td>2500</td></tr>
<tr><td>太古代(界)</td><td></td><td>4000</td><td></td><td></td><td></td><td></td></tr>
</table>

我国煤炭资源成煤期的特点是：①成煤期多。从泥盆纪前就开始形成石煤，到古近纪和新近纪至第四纪的泥炭，持续时间达六亿年，其中有十几次成煤期，以侏罗纪和石炭二叠纪成煤最为丰富。②分布广泛，类型复杂。阴山以北，主要为晚侏罗纪及古近纪和新近纪煤；阴山至昆仑-秦岭之间，主要是石炭二叠纪煤及早、中侏罗纪煤；昆仑-秦岭以南，以晚二叠纪煤为主，还有早古生代煤、早石炭纪煤、晚三叠纪煤及古近纪和新近纪煤。

3. 主要煤田

世界煤炭储量较多的国家有中国、俄罗斯、美国、澳大利亚、印度、德国、南非、加拿大和波兰等，多集中在欧亚大陆、北美洲和大洋洲，南美洲和非洲储量很少。

除中国以外的世界主要煤田有：美国阿帕拉契亚（石炭纪），炼焦煤储量占美国的92%；德国鲁尔（石炭纪），储量超过 2000×10^8t；俄罗斯的通古斯（二叠纪）、坎斯克-阿钦斯克（侏罗纪），煤炭储量均达数千亿吨。

我国石炭二叠纪著名煤田有大同、开滦、本溪、淮北、豫西和水城等。晚三叠纪较重要的煤田有达县、广元、攀枝花、萍乡、资兴等。侏罗纪最重要的煤田集中分布在新疆北部、甘肃中部-青海北部、陕甘宁盆地和晋北燕山等地区。晚侏罗纪—早白垩纪重要的煤田有鸡西、双鸭山、阜新、铁法和元宝山等。古近纪和新近纪重要煤田有抚顺、沈北、梅河、黄县、昭通、小龙潭和台湾等。

第四节　煤的结构与组成

煤炭不同于一般的高分子有机化合物或聚合物，它具有特别的复杂性、多样性和非均一性。即使在同一小块煤中，也不存在一个统一的化学结构。迄今为止尚无法分离或鉴定出构成煤的全部化合物。人们对煤结构的研究，还只限于定性地认识其整体的统计平均结构，定量地确定一系列“结构参数”，如煤的芳香度，以此来表征其平均结构特征。迄今为止，全世界研究者已经提出了130多种煤的化学结构模型，比较典型的有Wender模型、Given模型、Wiser模型、Shinn模型等。这些模型从不同角度反映了煤的特征，为研究分子层次上的煤炭起到了重要作用。但距完全揭示煤的真实有机化学结构仍然存在相当大的距离。

一、煤的化学结构模型

20世纪70年代，Wiser提出的化学结构模型比较全面、合理地反映了煤分子结构的现代概念，可以解释煤的热解、加氢、氧化以及其他化学反应性质，也为煤化工的发展提供了理论上的依据。如图1-1所示，从图中可以看出，平均3～5个芳环或氢化芳环单位由较短的脂肪链和醚键相连，形成大分子的聚集体，小分子镶嵌于聚集体孔洞或空穴中，可以通过溶剂抽提溶解出来。箭头所指处为结合薄弱的桥键，随着变质程度的增加，碳原子同芳香单元的键力增强，同时氢和氧的含量下降，芳香单元尺寸不断增大。这一特性到低挥发烟煤后出现较大突变，而在无烟煤阶段迅速增长。

经过科学家的大量研究，虽然还没有彻底了解煤分子结构的全貌，但对煤的分子结构也有了基本的和较深入的认识。以下是科学界公认的几个基本观点。

① 煤是三维空间高度交联的非晶质的高分子缩聚物。煤不是由均一的单体聚合而成，而是由许多结构相似但又不完全相同的基本结构单元通过桥键连接而成。结构单元由规则的缩合芳香核与不规则的、连接在核上的侧链和官能团两部分构成。煤分子到底有多大，至今尚无定论，有不少人认为基本结构单元数在200～400范围，分子量在数千范围。

② 煤分子基本结构单元核心是缩合芳香核。缩合芳香核为缩聚的芳环、氢化芳环或各种杂环，环数随煤化程度的提高而增加。碳含量为70%～83%时，平均环数为2；碳含量为83%～90%时，平均环数为3～5；碳含量大于90%时，环数急剧增加；碳含量大于95%时，平均环数大于40。煤的芳碳率，烟煤一般小于0.8，无烟煤则趋近于1。

③ 基本结构单元的不规则部分。连接在缩合芳香核上的不规则部分包括烷基侧链和官能团。烷基侧链的长度随煤化程度的提高而缩短；官能团主要是含氧官能团，包括羟基（—OH）、羧基（—COOH）、羰基（C═O）、甲氧基（$—OCH_3$）等，随煤化程度的提高，甲氧基、羧基很快消失，其他含氧基团在各种煤化程度的煤中均有存在；另外，煤分子上还有少量的含硫官能团和含氮官能团。

④ 连接基本结构单元的桥键。连接基本结构单元之间的桥键主要是次甲基键、醚键、

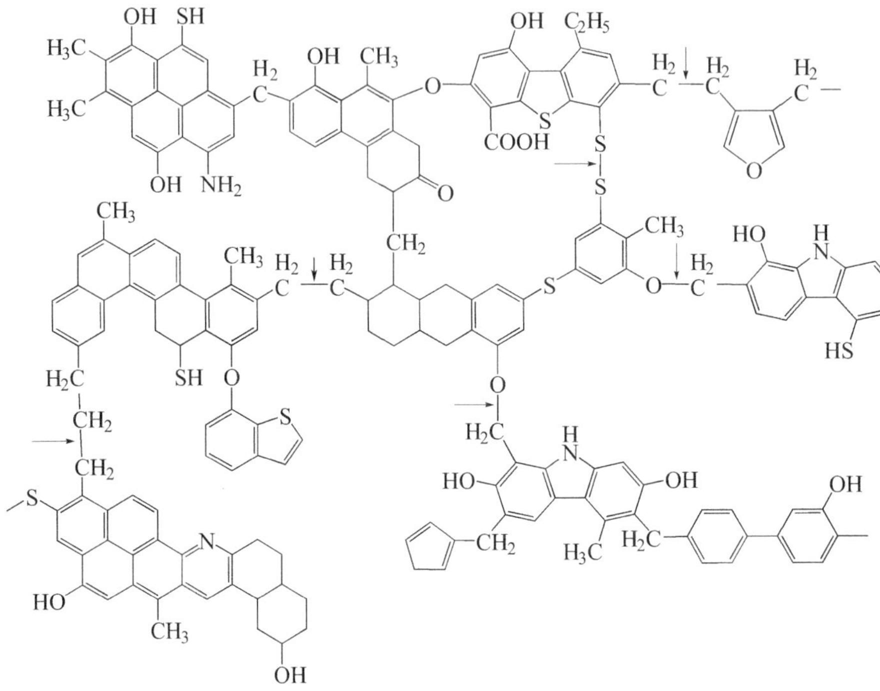

图 1-1　Wiser 提出的煤化学结构模型

次甲基醚键、硫醚键以及芳香碳-碳键等。在低煤化程度的煤中桥键最多，主要形式是前三种。

⑤ 氧、氮、硫的存在形式。氧的存在形式除了官能团外，还有醚键和杂环；硫的存在形式有巯基、硫醚和噻吩等；氮的存在形式有吡咯环、氨基和亚氨基等。

⑥ 低分子化合物。在煤的高分子化合物的缝隙中还独立存在着具有非芳香结构的低分子化合物，其分子量在 500 左右及 500 以下。它们主要是脂肪族化合物，如褐煤、泥炭中广泛存在的树脂、蜡等。它们的存在对煤的性质，尤其对低分子化合物含量较多的低煤化度煤的性质有不可忽视的影响。

⑦ 煤化程度对煤结构的影响。低煤化程度的煤含有较多非芳香结构和含氧基团，芳香核的环数较少。除化学键外，分子内和分子间的氢键力对煤的性质也有较大的影响。由于年轻煤的规则部分小，侧链长而多，官能团也多，因此形成比较疏松的空间结构，具有较大的孔隙率和较高的比表面积。中等煤化程度的煤（肥煤和焦煤）侧链、官能团减少到几乎不再变化；另一方面芳香核却没有明显的增大，大分子的排列仍然是无序的或者有序化程度较低；此后，煤大分子的芳香核急剧增大，使大分子排列的有序化程度迅速增强，故煤的物化性质和工艺性质在碳含量 87%～90%时出现极大值或极小值。年老煤的缩合环显著增大，大分子排列的有序化增强，形成大量的类似石墨结构的芳香层片，同时由于有序化增强，使得芳香层片排列得更加紧密，产生了收缩应力，以致形成了新的裂隙，这是无烟煤阶段孔隙率和比表面积增大的主要原因。

通过对煤炭结构的研究认识，在煤燃烧之前利用物理、化学或生物方法对其脱硫、脱硝、脱灰，对于合理利用煤炭资源具有重要意义。

二、煤的工业分析

煤的工业分析又叫煤的技术分析或实用分析，是评价煤质的基本依据，是工业上经常使用的方法。通过工业分析可以初步了解煤的性质，大致判断煤的种类和用途。工业分析项目包括煤的水分、灰分、挥发分和固定碳。

1. 水分

水分是煤中重要的组成部分，是煤炭质量的重要标准。

煤中水分的来源是多方面的。首先，在成煤过程中成煤植物遗体堆积在沼泽或湖泊中，水因此进入煤中；其次，在煤层形成后，地下水进入煤层的缝隙中。此外，在水力开采、洗选和运输过程中，煤接触水体、雨、雪或潮湿的空气均可使水分增加。

煤中水分根据水分的结合状态可分为游离水和化合水，其中，游离水又分为外在水分和内在水分两种，化合水又分为结晶水和热解水。

煤中游离水是指与煤呈物理态结合的水，它吸附在煤的外表面和内部孔隙中。因此，煤的颗粒越细、内部孔隙越发达，煤中吸附的水分就越多。煤中的游离水分可分为两类，即在常温的大气中易失去的水分和不易失去的水分。

外在水分，又称自由水分或表面水分，是指附着于煤粒表面的水膜和存在于直径＞10^{-5}cm 的毛细孔中的水分，故称外在水分。

煤的内在水分是指煤在一定条件下达到空气干燥状态时所保持的水分，内在水分以物理化学方式与煤相结合，即以吸附或凝聚方式存在于煤粒内部直径小于 10^{-5}cm 的小毛细孔中，蒸气压小于纯水的蒸气压，较难蒸发，加热至 105～110℃时才能蒸发。因此，将空气干燥煤样加热至 105～110℃时所失去的水分即为内在水分。失去内在水分的煤样称为干燥基煤样。

煤的外在水分与内在水分的总和称为煤的全水分（即收到基全水分）。

煤的化合水包括结晶水和热解水。结晶水是指煤中含结晶水的矿物质所具有的，如石膏（$CaSO_4 \cdot 2H_2O$）、高岭石（$2Al_2O_3 \cdot 4SiO_2 \cdot 4H_2O$）中的结晶水，煤中结晶水含量不大；热解水是煤炭在高温热解条件下，煤中的氧和氢结合生成的水，它取决于热解的条件和煤中的氧含量。

2. 灰分

煤样在规定条件下完全燃烧后的残留物称为煤的灰分。矿物质是煤中的固有成分，其含量是在煤本身不受破坏的前提下测定而来；而灰分是煤中矿物质在一定温度下经一系列分解、化合等复杂反应后的产物，其产率由加热温度、加热时间、通风条件等因素决定。灰分来自矿物质，但组成和质量又不同于矿物质。

灰分按其来源可以分为内在灰分和外来灰分。内在灰分是由成煤植物中的矿物质以及成煤过程中进入煤层的矿物质，即内在矿物质所形成的；外来灰分是由煤炭生产过程中混入煤中的矿物质，即外来矿物质形成的。

煤在高温燃烧或灰化过程中，大部分矿物质发生多种化学反应，与未发生变化的那部分矿物质一起转变为灰分。

3. 挥发分

煤在规定条件下隔绝空气加热后挥发性有机物的产率称为挥发分。

挥发分是煤中有机质可燃体的一部分，主要成分是甲烷、氢及其他碳氢化合物。因为挥发分不是煤中固有的，而是在特定温度下热解的产物，所以确切地说应称为挥发分产率。挥发分是煤分类的重要指标。我国和世界上许多国家都以挥发分产率作为煤的第一分类指标，以表征煤的煤化度。煤的挥发分反映了煤的变质程度，煤的变质程度越小则挥发分越多，如泥炭的挥发分高达70%，褐煤一般为40%～60%，烟煤为10%～50%，高变质的烟煤则小于10%。煤的变质程度越高，挥发分含量就越少。

根据挥发分产率和焦砟特征，可以初步评价各种煤的加工工艺适宜性。

利用挥发分产率并配合其他指标可以预测并估算煤干馏时各主要产物的产率，亦可计算煤燃烧时的发热量。

4. 固定碳

固定碳是从测定煤样挥发分后的焦砟中减去灰分后的残留物。固定碳实际上是煤中的有机质在一定加热条件下产生的热解固体产物，属于焦砟的一部分。在元素组成上，固定碳不仅含有碳元素，还含有氢、氧、氮等元素。因此固定碳含量与煤中有机质的碳元素含量是不同的两个概念。一般说来，煤中固定碳含量小于煤中有机质的碳含量，只有在高煤化度的煤中两者才趋于接近。

固定碳的计算是以固定碳的概念和煤的工业分析为基础，煤的固定碳应为除去水分、挥发分和灰分后的残余物，其产率可采用减量法计算，即

$$FC_{ad}=100-(M_{ad}+A_{ad}+V_{ad}) \tag{1-1}$$

式中　FC_{ad}——空气干燥基固定碳的质量分数，%；

M_{ad}——一般分析试验煤样水分的质量分数，%；

A_{ad}——空气干燥基灰分产率，%；

V_{ad}——空气干燥基挥发分产率，%。

煤中固定碳与挥发分之比称为燃料比，即 FC_{ad}/V_{ad}。各种煤的燃料比大致为：褐煤0.6～1.5，长焰煤1.0～1.7，气煤1.0～2.3，焦煤2.0～4.6，瘦煤4.0～6.2，贫煤4～9，无烟煤9～29。无烟煤燃料比变化很大，因此可作为划分无烟煤小类的指标。此外，燃料比还可用来评价煤的燃烧性质。

三、煤的元素组成

煤的元素组成是研究煤的变质程度、计算煤的发热量、估算煤的干馏产物的重要指标，也是工业中以煤作燃料时进行热量计算的基础。

煤作为有机物和无机物的混合体，其元素组成极其复杂，几乎包含了地壳中有质量分数统计的所有88种元素。根据元素在煤中的浓度或含量，煤中元素可分为常量元素（>0.1%）和微量元素（≤0.1%）两大范畴。常量元素在煤中主要为碳、氢、氧、氮、硫、铝、硅、铁、镁、钠、钾、钙等，其他大多数元素以微量级浓度存在于煤中。

1. 碳元素

碳和氢是煤有机质的主要组成元素。碳元素是组成煤有机质大分子的骨架，是炼焦时形成焦炭的主要物质基础，也是燃烧时产生热量的主要来源。碳含量随着煤化度升高而有规律地增加。碳含量与挥发分之间存在负相关关系，因此碳含量也可以作为表征煤化度的分类指标。在某些情况下，碳含量对煤化度的表征比挥发分更准确。

碳含量随煤化度的升高而增加，泥炭的（干燥无灰基）碳含量为55%～62%，褐煤的碳含量增加到60%～77%，烟煤的碳含量为77%～93%；一直到高变质的无烟煤，碳含量可高达88%～98%。因此整个成煤过程，也是增碳过程。

2. 氢元素

氢是煤中第二个重要元素，主要存在于煤分子的侧链和官能团上，有机质中的含量为1.0%～6.5%。虽然其质量分数远低于碳元素，但由于原子量仅为碳元素的1/12，如果用元素的原子比例来表示煤的元素组成，对某些泥炭和年轻的褐煤来说，其氢元素的原子比例可能比碳元素还要高，所以氢元素也是组成煤大分子骨架及侧链基团不可缺少的重要元素。氢元素的发热量约为碳元素的4倍，虽然含量远低于碳元素，但氢元素的变化对煤的发热量影响很大。在煤的整个变质过程中，随着煤化度的加深，氢含量逐渐减少。煤化度低的煤，氢含量多，煤化度高的煤则氢含量少。

3. 氧元素

氧是煤中第三个重要的组成元素，以有机氧和无机氧两种状态存在。有机氧主要存在于煤大分子结构的含氧官能团中，如羧基（—COOH）、羟基（—OH）、羰基（C═O）、甲氧基（$—OCH_3$）和醚键（R—O—R）等，也有些氧存在于碳骨架之中，以杂环的形式存在。无机氧主要存在于煤中的水分、硅酸盐、碳酸盐、硫酸盐和其他氧化物中。随煤化程度的提高，煤中的氧元素迅速减少，从褐煤的23%左右下降到中等变质程度肥煤的6%左右，此后氧含量下降速度趋缓，到无烟煤时大约只有2%。氧在煤中存在的总量和形态直接影响着煤的性质和加工利用性能。氧元素在煤燃烧时不产生热量，在煤液化时要无谓地消耗氢气，对煤的利用不利。

4. 氮元素

煤中的氮元素含量比较少，一般为0.5%～1.8%。氮是煤中唯一的完全以有机物状态存在的元素。煤中有机氮化物是比较稳定的杂环和复杂的非环结构的化合物，其原生物可能是动植物脂肪、植物中的植物碱和叶绿素及其他组织的环状结构，而且相当稳定，在煤化过程中不发生变化，成为煤中保留的氮化物。以蛋白质形态存在的氮，仅在泥炭和褐煤中有发现，在烟煤中很少，无烟煤中几乎没有发现，这表明煤中氮含量随煤的变质程度的加深而减少。

5. 硫元素

煤中的硫是有害杂质，它能使钢铁产生热脆，腐蚀设备，燃烧时生成的二氧化硫污染大气，危害动、植物生长及人类健康。所以硫含量是评价煤质的重要指标之一。

根据煤中硫的赋存状态，可将其分为有机硫和无机硫两大类。

有机硫主要来自成煤植物和微生物的蛋白质，均匀地分布在煤的有机质结构中，通常以巯基、噻吩、硫茚、硫醚、硫蒽、二硫蒽和硫醌等结构存在。

无机硫又可分为硫化物硫和硫酸盐硫两类，主要来自矿物质中的各种含硫化合物。硫化物硫绝大多数以黄铁矿形态存在，所以习惯上将硫化物硫称为黄铁矿硫。在某些特殊矿床中还存在闪锌矿（ZnS）、方铅矿（PbS）、黄铜矿（$CuFeS_2$）以及砷黄铁矿（$FeS_2 \cdot FeAs_2$）等。硫酸盐硫主要以石膏（$CaSO_4 \cdot 2H_2O$）形式存在，也有少数以绿矾（$FeSO_4 \cdot 7H_2O$）以及其他硫酸盐形式存在。

有的煤中还含有少量的元素硫。煤中各种形态硫的总和，称为全硫。有时还按照煤中硫的燃烧性能，将硫化物硫、有机硫和元素硫称为可燃硫，硫酸盐硫因其不可燃则称为不可燃硫。

煤中硫的来源有两种：一种是成煤植物本身所含有的硫——原生硫；另一种是成煤环境及成岩变质过程中加入的硫——次生硫。对于绝大多数煤来说，其中的硫主要是次生硫。成煤植物中的含硫物质，如蛋白质在泥炭沼泽中分解或转变为氨基酸等化合物参与成煤作用，从而使植物中的硫部分转入煤中，显然成煤植物是煤中硫的一个来源。迄今为止，大家的共识是低硫煤中的硫主要来自淡水硫酸盐和成煤植物，高硫煤中的硫主要来自蒸发海水硫酸盐，也不排除少数高硫煤中的硫来自蒸发盐岩和卤水。在次生硫的生成过程中，硫盐还原菌起到了非常重要的作用。

第五节　洁净煤技术

煤直接作燃料时的低效率、高污染引起了人们的广泛重视，主要在生态学的推动下，提出了洁净煤技术。

“洁净煤技术”（clean coal technology，CCT）这一术语最早出现于1980年美国出版的《能源词典》中。其定义为：目的在于减少污染，同时提高利用效率的煤炭加工、燃烧、转化和污染控制等一系列燃烧用煤新技术的总称。洁净煤技术的意义在于可以大幅度减少大气污染物的排放，在生态环境允许的条件下扩大煤炭的利用；可以大幅度提高煤炭利用效率与经济效益，降低煤炭需求的增长速度；可以促进能源供应向多元化方向发展，以平稳过渡到后石油时代。

中国已将发展洁净煤技术列入《中国21世纪议程》，提出了符合中国国情、具有中国特色的洁净煤技术框架体系，涉及煤炭加工、煤炭高效洁净燃烧、煤炭转化、污染排放控制与废弃物处理四个领域共十四项技术。具体为：

① 煤炭加工领域。包括选煤、型煤、配煤、水煤浆技术。

② 煤炭高效洁净燃烧领域。包括先进的燃烧器、流化床燃烧（FBC）技术、整体煤气化联合循环发电技术。

③ 煤炭转化领域。包括煤炭液化、煤炭气化、燃料电池。

④ 污染排放控制与废弃物处理领域。包括烟气净化、煤层气的开发利用、煤矸石与粉煤灰及煤泥的综合利用、工业锅炉和窑炉等技术。

一、煤炭加工

开发洁净煤技术，人们首先想到的是在煤被开采出来后将其中对环境有害的物质通过某种方法分离出去，如将煤中的灰分、含硫化合物、含氮化合物分离出去，降低燃烧过程灰分、SO_x、NO_x 的排放。

1. 煤炭洗选技术

洗选煤是洁净煤技术的源头，是促进煤炭清洁高效利用最经济有效的途径，提高煤炭洗选比例是加快能源结构调整、增加清洁能源供应的重要手段。发达国家原煤洗选率在 95%以上，我国原煤洗选率也超过了 66%。选煤技术主要有物理选煤技术、化学选煤技术和微生物选煤技术。

煤炭洗选是一种燃烧前的污染控制技术，它不但可以减小锅炉入炉煤含硫量的变化幅度，同时可以减少煤的平均硫含量，不过到目前为止，其脱硫脱灰能力是有限的，不能与燃烧后的净化方法相比。因此如果工业上要求达到 90%的脱除率，物理选煤技术作为唯一的控制方法是做不到的，但可给后续的控制工艺减轻压力，因此仍是十分有效的控制技术，也得到了广泛应用。采用化学选煤技术或者微生物选煤技术，不仅黄铁矿硫可以脱除 95%以上，对有机硫也可以达到 40%以上的脱除率，有可能成为未来煤炭洗选技术中最佳的工业方法。

物理选煤技术主要是根据煤炭和杂质的物理性质（如粒度、密度、硬度、磁性及电性等）的差异进行分选。迄今为止，物理选煤技术是唯一工业化的煤炭洗选技术，我国广泛采用的重介质选煤、跳汰法和浮选法都属于物理选煤技术。把产品与废渣分离的分选过程是煤炭物理洗选系统的中心环节，主要包括三个过程，即煤的预处理、煤炭的分选、产品的脱水，当然还必须包括煤的装运、水处理和废渣的处置过程。值得注意的是，所有这些工艺过程，均仍有排放各种污染物的可能性。图 1-2 概略地表示了煤炭物理洗选的各种过程。

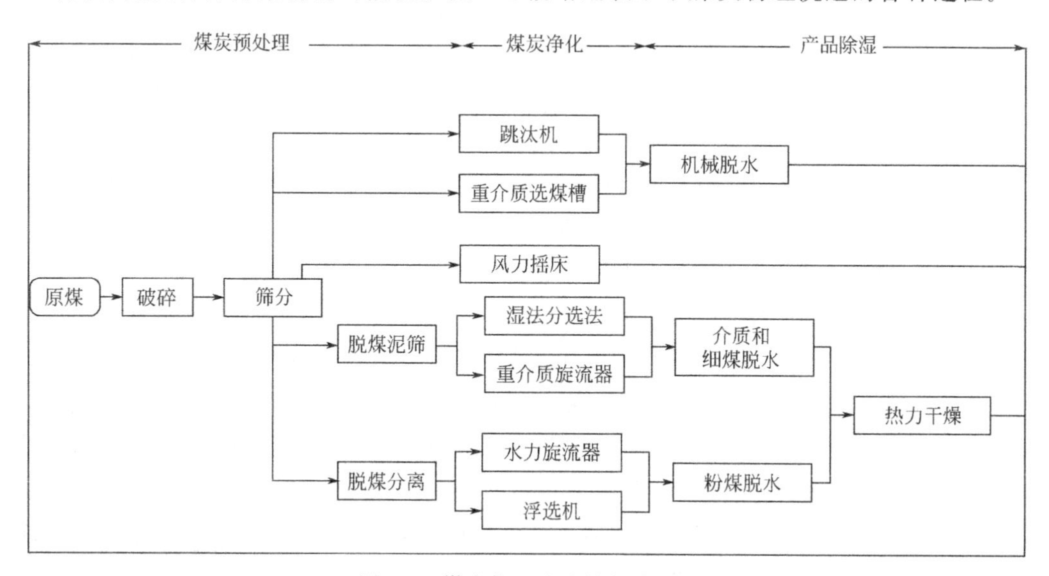

图 1-2 煤炭物理洗选的各种过程

煤炭物理洗选系统的洗选效率是系统脱除杂质的效率和原煤热能回收率的函数。通常这两者之间是难于同时达到的。目前，洗选主要以产品的标准化和脱灰为目的，但脱硫也越来越受到重视，煤炭洗选技术按工艺可以分为五个等级。

一级：破碎与筛分。用滚筒碎选机、破碎机、筛子以控制上限粒度和脱除大块矸石。

二级：粗粒煤的洗选。把煤破碎并筛分，然后用 9.5mm 筛子进行筛选，大于 9.5mm 的煤用跳汰机或重介质分选槽进行湿法分选；小于 9.5mm 的煤粒不经洗选，直接与粗粒产品混合。

三级：粗粒煤及中粒煤的分选。将煤破碎，用湿法筛分把煤分成三种粒度级。大于 9.5mm 的煤，按粗粒煤洗选流程进行分选；9.5～0.63mm 的煤用水力旋流器、风力摇床或重介质旋流器进行分选；小于等于 0.63mm 的煤经过脱水，然后和净煤一起发运，或者作为废渣排出。

四级：粗粒、中粒和细粒煤的分选。将煤破碎，然后采用湿法筛分把煤分成三种或更多的粒度级，各级粒度的煤按各自流程进行分选；小于 6.4mm 的煤需进行热力干燥以控制产品的水分。

五级：其工艺与四级相同，不同之处是，为了满足市场对产品的不同要求，生产两种或三种不同性质的净化煤。

目前这五级洗选技术均已在工业上得到应用，不管是炼焦锅炉、供暖和工业锅炉、发电锅炉，还是煤炭气化或液化，都是物理洗选技术的市场。煤炭洗选技术的确定主要取决于煤的可选性和产品质量要求，也要考虑煤的种类、粒度、地区水资源条件、能够获取的设备技术水平以及技术经济上的合理性等。下面介绍几种典型的选煤方法。

（1）重介质选煤

重介质选煤是以密度介于煤与矸石之间的重液或悬浮液作为分选介质的选煤技术。目前国内外普遍采用磁铁矿粉与水配制的悬浮液作为选煤的分选介质。作为主导选煤方法的重介质选煤技术以其对煤质适应能力强、入选粒度范围宽、分选效率高、易于实现自动控制、单机处理能力大等优点，近年来得到了大力推广应用。重介质选煤主要应用于排矸、分选难选和极难选煤，其用于高硫煤脱硫是最有效的。重介质选煤还是当前对难选和极难选煤进行分选的最合适、最先进的选煤技术。

重介质选煤的基本原理是阿基米德原理，即浸没在液体中的颗粒所受到的浮力等于颗粒所排开的同体积的液体的质量。因此，如果颗粒的密度 δ 大于悬浮液的密度 ρ，则颗粒下沉；δ 小于 ρ，颗粒上浮；δ 等于 ρ，颗粒处于悬浮状态。当颗粒在悬浮液中运动时，除受重力和浮力作用外，还将受到悬浮液的阻力作用。最初相对悬浮液做加速运动的颗粒，最终将以其末速相对悬浮液运动。颗粒越大，相对末速越大，分选速度越快，分选效率越高。可见重介质选煤是严格按密度分选的，颗粒粒度和形状只影响分选的速度，这也是重介质选煤之所以是所有重力选煤方法中效率最高的原因。块煤重介质分选机分选效率可达 95%，重介质旋流器分选效率约 90%。目前，在重力场中分选时，块煤重介质分选粒度上限一般为 300mm，最大可达 1000mm，下限为 3～6mm。我国选煤厂多采用重介质选难选煤，在联合流程中用重介质选块煤、末煤或进行中煤再选。

重介质旋流器选煤是在离心力场中完成的，此时重力的作用相对惯性力可忽略。在重介质旋流器中，颗粒一方面受到离心力的作用；另一方面受到悬浮液对颗粒的推力作用，同样可以达到上述目的。重介质旋流器分选不脱泥原煤或煤泥时，分选深度可达0.15mm，对于0.2mm的煤泥，其分选精度优于跳汰法；对于0.1～0.2mm的煤泥，重介质旋流器分选与浮选相近。

(2) 化学选煤技术

化学选煤技术是借助化学反应使煤中有用成分富集，除去杂质和有害成分的工艺过程。根据常用的化学药剂种类和反应原理的不同，目前在实验室常用的化学脱硫方法，分为碱处理法、氧化法和溶剂萃取法等。化学选煤技术可以脱除煤中大部分的黄铁矿硫，此外，化学选煤技术还可以脱除煤中的有机硫，这是物理方法无法做到的。

(3) 微生物选煤技术

微生物选煤技术在国内外引起广泛的关注，是因为它可以同时脱除其中的硫化物和氮化物，与物理选煤技术和化学选煤技术相比，该选煤技术还具有投资少，运转成本低，能耗少，可专一性地除去极细微分布于煤中的硫化物和氮化物，减少环境污染等优点。这一选煤技术是由生物湿法冶金技术发展而来的。它是在常温常压下，利用微生物代谢过程的氧化还原反应达到脱硫的目的。

2. 动力配煤技术

煤炭的消费中，绝大部分用于各种类型的锅炉和窑炉，在现有条件下，提高锅炉热效率，保证锅炉正常高效运行，是节省能源、减少污染的一个重要措施。动力配煤技术就是以煤化学、煤的燃烧动力学和煤质测试等学科和技术为基础，将不同类别、不同质量的单种煤通过筛选、破碎，按不同比例混合和配入添加剂等过程，提供可满足不同燃煤设备要求的煤炭产品的一种成本较低、易工业化实施的技术。通过动力配煤，可充分发挥单种煤的煤质优点，克服单种煤的煤质缺点，生产出与单种动力用煤的化学组成、物理性质和燃烧特性完全不同的“新煤种”，达到提高效率、节约煤炭和减少污染物排放的目的。

采用动力配煤技术可以最大限度地利用低值煤或当地现有煤炭资源；使燃煤特性与锅炉的设计参数相匹配，提高设备热效率，节省煤炭；将不同品质的煤相互配合，可以调节煤炭中的硫、氮及其他矿物质组分的含量，减少有害元素的排放，满足环境保护的要求。

3. 型煤技术

型煤是用一种或数种煤粉与一定比例的黏结剂或固硫剂在一定压力下加工形成的，具有一定形状和一定物理化学性能的煤炭产品。高硫煤成型时可加入适量固硫剂，大大减少二氧化硫的排放。工业层燃锅炉和工业窑炉燃用型煤和燃用原煤相比，能显著提高热效率，减少燃煤污染物排放。我国民用燃煤一般都用型煤。我国民用型煤比烧散煤热效率高1倍，一般可节煤20%～30%，烟尘和二氧化硫减少40%～60%，一氧化碳减少80%。在工业窑炉中使用型煤可节煤15%，烟尘减少50%～60%，二氧化硫减少40%～50%，氮氧化物减少20%～30%。所以型煤技术是适合中国国情的、应该鼓励推广应用的洁净煤技术之一。

一般要求固硫剂原料来源广、价格便宜等。具有固硫能力的矿石（如石灰石、白云石）、生石灰、矿渣和工业废渣都是固硫剂的原料。

① 钙基固硫剂。主要是$Ca(OH)_2$、CaO、$CaCO_3$。经过一系列复杂化学反应，最后的产物是$CaSO_4 \cdot 2H_2O$（石膏），石膏不溶于水，可用于建筑材料和作为生产水泥的原料。

② 钠基固硫剂。主要是 NaOH、Na_2CO_3、$NaHCO_3$。

基本反应为：

$$2NaOH + SO_2 = Na_2SO_3 + H_2O \tag{1-2}$$

$$Na_2CO_3 + SO_2 = Na_2SO_3 + CO_2 \tag{1-3}$$

NaOH 和 Na_2CO_3 的价格比较高，且腐蚀性也比较强，在当前世界上使用不是很普遍，在钠法的基础上，在后期加入石灰石可以节省部分的 NaOH、Na_2CO_3，这就是双碱法。

③ 氨法固硫。利用氨水与二氧化硫和氮氧化物反应，起到脱硫、脱硝的作用。氨法的优势是用量少、二次污染少、副产品用途广泛（可以作为氨肥），也可以实现循环再生使用，脱硫、脱硝一次完成，但是氨水的价格高，为 1200～1500 元/t，配套设备要求高，一次性投资大。

④ 海水/电石渣/工业废水/锅炉废水脱硫。海水中过量的碳酸盐（钠、钙）、电石渣中的碳酸钙、工业废水与锅炉废水中的碱性物质，都可以与酸性的二氧化硫反应而起到脱硫作用，是可以综合利用的资源。但是在实际应用时存在着不易控制浓度、脱硫效果不稳定、脱硫效果差等缺点，而且要因地制宜。

此外，还有镁基固硫剂、炭法脱硫剂、柠檬酸脱硫剂、金属氧化物脱硫剂等。

4. 水煤浆技术

水煤浆是 20 世纪 70 年代兴起的煤基液态燃料，可作为炉窑燃料或合成气原料，具有燃烧稳定、污染排放少等优点。

将 65%～70%的煤粉、30%～35%的水及 0.5%～1.0%的分散剂和 0.02%～0.1%的稳定剂加入磨机中，经磨碎后成为一种类似石油的可以流动的煤基流体燃料。水煤浆具有较好的流动性和稳定性，可以像石油产品一样储存、运输，并且具有不易燃、不污染的优良特性，是比较经济和实际的清洁煤代油燃料。

水煤浆一般燃烧率可达 96%～98%，综合燃烧效率相当于或略低于燃煤粉锅炉的效率。但其单位热强度和燃烧负荷范围（50%～120%）都优于燃煤粉锅炉，启动点火温度比燃煤粉锅炉低 100℃。由于水煤浆是采用洗选煤制备的，其灰分、硫分含量较低，在燃烧过程中，水分的存在可降低燃烧火焰中心温度，抑制氮氧化物的产生量。另外，水煤浆自煤炭进入磨机后即可以采用管道、罐车输送，不会造成煤炭运输和储存污染，具有较好的环保效果。

桂林钢厂以水煤浆代煤粉燃烧，折合标准煤约为 90kg/t 钢材，节煤 33%，烟尘排放由 732 降至 240mg/m^3，NO_x 含量由 280mg/m^3 降至 44mg/m^3，使环境和劳动条件得到明显改善。此外，由于燃烧水煤浆工艺性能好，使钢材的烧损率由 1.8%下降至 1.5%，企业获得较好的经济效益。所以水煤浆技术不仅可用于代油，用于代煤也有节能和环保效益。

二、煤的高效燃烧技术

煤炭作为能源的主要作用是燃烧产生热量，每年有大量的煤被送入各种燃烧炉，用于供热和发电。

煤的燃烧过程包括干燥脱水、热解脱挥发分、挥发分和焦炭燃烧等步骤。干燥和析出挥发分大约占总燃烧时间的 1/10，焦炭燃烧占 9/10。这里主要简述一下焦炭的燃烧过程。

焦炭燃烧反应是一个复杂的物理、化学过程，是发生在焦炭表面和空气中的氧气之间的气固两相反应。一般分为一次反应和二次反应两种。

一次反应为：

$$C(s)+O_2(g)=CO_2(g)+409.15kJ/mol \tag{1-4}$$

$$C(s)+1/2O_2(g)=CO(g)+110.52kJ/mol \tag{1-5}$$

二次反应为：

$$C(s)+CO_2(g)=2CO(g)-162.63kJ/mol \tag{1-6}$$

$$2CO(g)+O_2(g)=2CO_2(g)+571.68kJ/mol \tag{1-7}$$

总反应为：

$$(m+n)C(s)+(m+\frac{n}{2})O_2(g)=mCO_2(g)+nCO(g)+\Delta H \tag{1-8}$$

煤的燃烧看似简单，实际是一项对社会经济发展有重大意义的技术，传统的燃烧方法已不能适应现代化的要求，需要开发和应用新的燃烧技术。

1. 燃煤锅炉的低 NO_x 排放燃烧技术

煤燃烧排放的 NO_x 主要有两个来源：由燃烧空气中游离的氮和氧在高温下反应形成的燃烧型 NO_x，煤炭中挥发分带来的有机氮化物在燃烧中形成的挥发型 NO_x。

低 NO_x 燃烧技术就是根据 NO_x 的生成机理，在煤的燃烧过程中通过改变燃烧条件或合理组织燃烧方式等技术来抑制 NO_x 生成的燃烧技术。

低过量空气燃烧是其中最简单的技术。使燃烧过程尽可能在接近理论空气量的条件下进行，随着烟气中过量氧的减少，可以抑制 NO_x 的生成，一般可以降低 NO_x 排放 15%～20%。还有空气分级燃烧、再燃技术、烟气再循环、低 NO_x 燃烧器等技术都可以抑制 NO_x 的生成。

2. 循环流化床燃烧技术

循环流化床（CFB）锅炉燃烧技术系指小颗粒的煤与空气在炉膛内处于沸腾状态下，即高速气流与所携带的稠密悬浮煤颗粒充分接触燃烧的技术，如图 1-3 所示。具有氮氧化物排放低、可实现在燃烧过程中直接脱硫、燃料适应性广、燃烧效率高和负荷调节范围大等优势，已成为当前煤炭洁净燃烧的首选。CFB 锅炉炉膛温度远低于煤粉炉，固体浓度和传热系数在炉膛底部最大，温度随炉膛高度分布均匀。

CFB 燃烧系统一般由给料系统、燃烧室、分离装置、循环物料回送装置等组成。燃料和脱硫剂一起进入锅炉，固体颗粒在炉膛内，在由底部吹来具有一定风速的气流的鼓动下，以一种特殊的气固流动方式运动，高速气流与所携带的稠密悬浮煤颗粒充分接触，进行流化燃烧。燃煤烟气中的 SO_2 与氧化钙接触发生化学反应被脱除，大部分已燃尽或未燃尽的燃料升至炉膛顶部出口，经过旋风分离器将大颗粒燃料再返回床内燃烧。通过旋风分离器的烟气及微粒则经烟道排至烟囱。

超临界 CFB 燃烧是下一代 CFB 燃烧技术，超临界锅炉的高压蒸汽压力最低为 23MPa，最高为 35MPa。由于运行时的压力和温度超过了水/汽的临界点，并没有由液态水到饱和蒸汽，然后到过热蒸汽的变化过程。在临界点以上，水以超临界流体形式存在，液态水和饱和蒸汽没有什么区别。当水在 23MPa 的压力下加热时，液态水的焓值从 1977kJ/kg

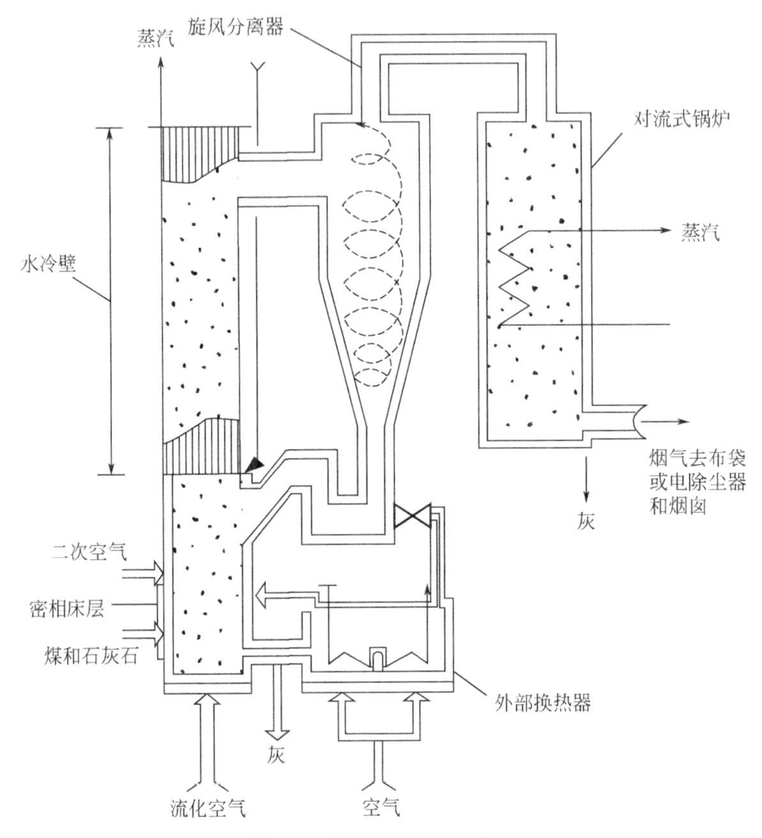

图 1-3　循环流化床示意图

增加到 2442kJ/kg，它的物理性质从液态连续变化到气态，超临界 CFB 锅炉一般用于大型火力发电，其生产规模达 200MW 以上，在锅炉蒸汽温度达到 600℃、压力在 25MPa 以上的超临界操作条件下运行，机组的净效率可以达到 40%～41%，是一种具有明显优势的适宜在中国大量推广的高效洁净煤发电技术。

三、燃煤烟气净化技术

烟气净化是指从燃煤烟气混合物中除去颗粒物、气态污染物、有机污染物、痕量重金属这四类主要污染物，将其转化为无污染或是易回收的产物的过程。属于燃烧后的净化措施，包括烟气脱硫、烟气除尘和烟气脱硝三大类技术。

1. 烟气脱硫

煤中硫的转化与燃烧过程有关。煤中的硫无论其存在形态如何，在燃烧过程中都转化为 SO_2，少部分 SO_2 与碱性物质反应，以硫酸盐的形式留存在灰渣中，还有极少的 SO_2 转化为 SO_3。当煤燃烧不充分时，会发生气化过程。在气化过程中，煤中各种形态的硫被大部分释放出来，主要释放形式是 H_2S，同时还有一些 CS_2、COS 等。而在煤的热解过程中，有机硫根据其热稳定性，一部分硫转移到气相中，生成大量的 H_2S 及少量的 COS、CH_3SH、CS_2 及噻吩等含硫气体。

煤中的硫燃烧时的主要化学反应如下：

$$3S+4O_2 = SO_2+2SO_3 \quad (1\text{-}9)$$

$$4FeS_2+11O_2 = 8SO_2+2Fe_2O_3 \quad (1\text{-}10)$$

$$FeS_2+H_2 = FeS+H_2S \quad (1\text{-}11)$$

$$FeS_2+CO = FeS+COS \quad (1\text{-}12)$$

烟气脱硫一般分为干法和湿法两类：

① 石灰石-石膏湿法。烟气中的 SO_2 与 $CaCO_3$ 反应，脱硫效率可达到95%以上，适合于任何含硫煤质的烟气脱硫。

② 喷雾干燥法。将石灰加水制成消石灰乳作为吸收剂，在吸收塔内，吸收剂雾状喷洒，与烟气混合接触，将烟气中的 SO_2 与 $CaCO_3$ 反应生成 $CaSO_3$。喷雾干燥法脱硫工艺技术成熟，系统的可靠性高。脱硫效率可达85%以上。

③ 电子束法。烟气经过除尘器粗滤并冷却到70℃后进入反应器，在反应器入口处喷入氨水、压缩空气混合物，经过电子束照射后，SO_x 和 NO_x 在自由基作用下生成硫酸和硝酸，再与共存的氨中和反应，最终生成粉状的硫酸铵和硝酸铵的混合粉体，从反应器底部排出。净化后的烟气排向大气。

④ 活性炭吸附法。含 SO_2 的烟气通过内置活性炭吸附剂的吸收塔，SO_2 被活性炭吸附而达到脱除的目的，脱硫效率可达98%以上。吸附了硫的活性炭通过水蒸气再生可以反复使用。

2. 烟气除尘

① 旋风分离。旋风分离器是利用旋转的气流对其中的粉尘产生的离心力，将粉尘从气流中分离出来的除尘装置。一般可用来捕集5～15μm及以上的颗粒物，除尘效率可达80%以上。其优点是设备结构简单，投资少，操作维修费用低，能应用于高温、高压以及有腐蚀性气体的场合。但对5μm以下的细小颗粒的捕集效率不高。

② 布袋除尘。利用织物制作的袋状过滤元件来捕集含尘气体中的固体颗粒物，捕集了颗粒后的烟气排出。这种方法除尘效率高，可以达到99%，处理能力大，设备结构简单，造价低，操作维护费用低。缺点是设备体积大，压力损失大，滤袋破损率高，使用寿命短。

③ 电除尘。在电除尘设备中，使浮游在气体中的粉尘颗粒在电场力的驱动下，做定向运动，从气体中分离出来。其优点是可以捕集一切细微的粉尘颗粒及雾状液滴，适用范围广，压降小，能耗低。但其缺点是设备体积大，对制造、安装和运行的要求高，对粉尘的特性较为敏感。

3. 烟气脱硝

氮在煤中基本以有机态的形式存在，来源于成煤植物中的蛋白质、氨基酸、树脂等，煤的含氮量一般为0.5%～1.8%。

煤燃烧过程中最受关注的是氮氧化物的生成，氮氧化物（NO_x）主要包括NO和 NO_2，其中NO占90%～95%，NO_2 是NO被 O_2 在低温下氧化而生成的。

燃烧过程中煤将首先热解脱挥发分，释放出低分子量的含氮化合物和含氮自由基，生成NO。在气化过程中，氮的氧化物可以先在燃烧区形成，在随后的还原区再反应生成 NH_3、HCN等，在还原区的气氛中，残留的氮也可直接与氢气发生反应，生成 NH_3，同时 NH_3

也可能与碳发生反应生成 HCN。此外，煤燃烧过程中空气带进来的氮，在燃烧室的高温下被氧化成 NO。气体中的 NO_x 统称为“硝”，去除烟气中 NO_x 的过程称为“烟气脱硝”。

烟气脱硝技术主要有干法（选择性催化还原法烟气脱硝、选择性非催化还原法烟气脱硝）和湿法两种。与湿法烟气脱硝技术相比，干法烟气脱硝技术的主要优点是：基本投资低，设备及工艺过程简单，脱除 NO_x 的效率也较高，无废水和废弃物处理，不易造成二次污染。

（1）选择性催化还原法（SCR）

烟气在含有镍、钒等金属元素的催化剂作用下，在 300～400℃的条件下，NO_x 与加入的 NH_3 发生还原反应，生成 N_2。当 NH_3/NO_x 控制在 0.9 时，NO_x 脱除效率可达 85%以上。

选择性催化还原法脱硝的原理是在催化剂存在的条件下，采用氨、CO 或碳氢化合物等作为还原剂，在氧气存在的条件下将烟气中的 NO 还原为 N_2。可以作为 SCR 反应还原剂的有 NH_3、CO、H_2，还有甲烷、乙烯、丙烷、丙烯等。以氨作为还原剂时能够得到最高的 NO 脱除效率。SCR 反应是氧化还原反应，因此遵循氧化还原机理或 Mars-van Krevelen 机理。目前，国外学者普遍认为 SCR 反应的反应物是 NO，而不是 NO_2，并且 O_2 参与了反应。

SCR 的催化剂种类包括以下三类：

第一类是 Pt-Rh 和 Pd 等贵金属类催化剂，通常以氧化铝整体式陶瓷作为载体，最早布置的 SCR 系统中多采用这类催化剂，其对 SCR 反应有较高的活性且反应温度较低，但缺点是对 NH_3 有一定的氧化作用。因此在 20 世纪 80～90 年代以后逐渐被金属氧化物类催化剂所取代，目前仅应用于低温条件下以及天然气燃烧后尾气中 NO_x 的脱除。

第二类是金属氧化物类催化剂，主要包括 V_2O_5、Fe_2O_3、CuO、CrO_x、MnO_x、MgO、MoO_3、NiO 等金属氧化物或其联合作用的混合物，通常以 TiO_2、Al_2O_3、ZrO_2、SiO_2、活性炭（AC）等作为载体，这些载体的主要作用是提供大的比表面积和微孔结构，在 SCR 反应中活性极小。当采用这一类催化剂时，通常以氨或尿素作为还原剂。反应机理是氨吸附在催化剂的表面，而 NO 的吸附作用很小。

第三类是沸石分子筛，主要是采用离子交换方法制成的金属离子交换沸石。通常采用碳氢化合物作为还原剂。所采用的沸石主要包括 Y 沸石、ZSM 系列、MFI、MOR 等，特别是 Cu/ZSM-5，国外学者的研究工作较多。这一类催化剂的特点是具有活性的温度区间较高，最高可以达到 600℃。同时，这类催化剂也是目前国外学者研究的重点，但是工业应用方面还不多。

（2）选择性非催化还原法（SNCR）

该方法与上面的 SCR 法类似，但不使用催化剂，在 850～1100℃的温度范围内，将 NO_x 还原，其平均脱除率为 30%～60%。

SNCR 是选择性非催化还原，是一种成熟的低成本脱硝技术。该技术以炉膛或者水泥行业的预分解炉为反应器，将含有氨基的还原剂喷入炉膛，还原剂与烟气中的 NO_x 反应，生成氮和水。

在选择性非催化还原法脱硝工艺中，尿素或氨基化合物在较高的反应温度（930～1090℃）注入烟气中，将 NO_x 还原为 N_2。还原剂通常注入炉膛或者紧靠炉膛出口的烟道。

SNCR 工艺的 NO_x 的脱除率主要取决于反应温度、NH_3 与 NO_x 的化学计量比、混合程度和反应时间等。研究表明，SNCR 工艺的温度控制至关重要。若温度过低，NH_3 的反应不完全，容易造成 NH_3 泄漏；而温度过高，NH_3 则容易被氧化为 NO_x 抵消了 NH_3 的脱除效果。温度过高或过低都会导致还原剂损失和 NO_x 脱除率下降。通常，设计合理的 SNCR 工艺能达到 30%～50%的 NO_x 脱除率。

（3）湿法烟气脱硝技术

湿法烟气脱硝是利用液体吸收剂将 NO_x 溶解的原理来净化燃煤烟气。其最大的障碍是 NO 很难溶于水，往往要求将 NO 首先氧化为 NO_2。为此一般先将 NO 通过与氧化剂 O_3、ClO_2 或 $KMnO_4$ 反应，氧化生成 NO_2，然后 NO_2 被水或碱性溶液吸收，实现烟气脱硝。

（4）稀硝酸吸收技术

由于 NO 和 NO_2 在硝酸中的溶解度比在水中的溶解度大得多（例如，NO 在浓度为 12%的硝酸中的溶解度比在水中的溶解度大 12 倍），故采用稀硝酸吸收以提高 NO_x 脱除率的技术得到广泛应用。随着硝酸浓度的增加，其吸收率显著提高，但考虑工业实际应用及成本等因素，实际操作中所用的硝酸浓度一般控制在 15%～20%的范围内。稀硝酸吸收 NO_x 的效率除了与本身的浓度有关外，还与吸收温度和压力有关，低温高压有利于 NO_x 的吸收。

（5）碱性溶液吸收技术

该技术是采用 NaOH、KOH、Na_2CO_3、$NH_3 \cdot H_2O$ 等碱性溶液作为吸收剂对 NO_x 进行化学吸收，其中氨（$NH_3 \cdot H_2O$）的吸收率最高。为进一步提高对 NO_x 的吸收率，又开发了氨-碱溶液两级吸收技术：首先氨与 NO_x 和水蒸气进行完全气相反应，生成硝酸铵烟雾；然后用碱性溶液进一步吸收未反应的 NO_x。生成硝酸盐和亚硝酸盐，NH_4NO_3、NH_4NO_2 也将溶解于碱性溶液中。吸收液经过多次循环，碱液耗尽之后，将含有硝酸盐和亚硝酸盐的溶液浓缩结晶，可作肥料使用。

第六节 煤的气化与间接液化

煤气化是煤炭清洁高效利用的核心技术，是发展煤基大宗化学品和液体燃料合成、先进的整体煤气化联合循环（integrated gasification combined cycle，IGCC）发电系统、多联产系统、制氢、燃料电池、直接还原炼铁等过程工业的基础，是这些行业发展的关键技术、核心技术和龙头技术。发展以煤气化为核心的多联产技术成为各国高效清洁利用煤炭的热点技术和重要发展方向，如图 1-4 所示。

煤气化的过程实质是将难以加工处理、难以脱除无用组分的固体煤，转化为易于净化、易于应用的气体的过程，简言之，是将煤中的 C、H 转化为清洁燃料气或合成气（$CO+H_2$）的过程。与煤的直接燃烧相比，气化是对煤中所蕴含的化学能的梯级利用，或者说直接燃烧以热量利用为主时，产生的污染物比较多，而气化以生产合成气（$CO+H_2$）为主时，可充分利用煤中的有效 C、H 元素，产生的污染物比较容易脱除，例如可通过后续成熟技术将硫转化为产品硫黄。

煤炭气化技术主要用于化工合成原料气、工业燃气、民用煤气、冶金还原气、联合循环发电燃气、燃料油合成原料气和煤炭液化气源、煤炭气化制氢以及煤炭气化燃料电池领域。

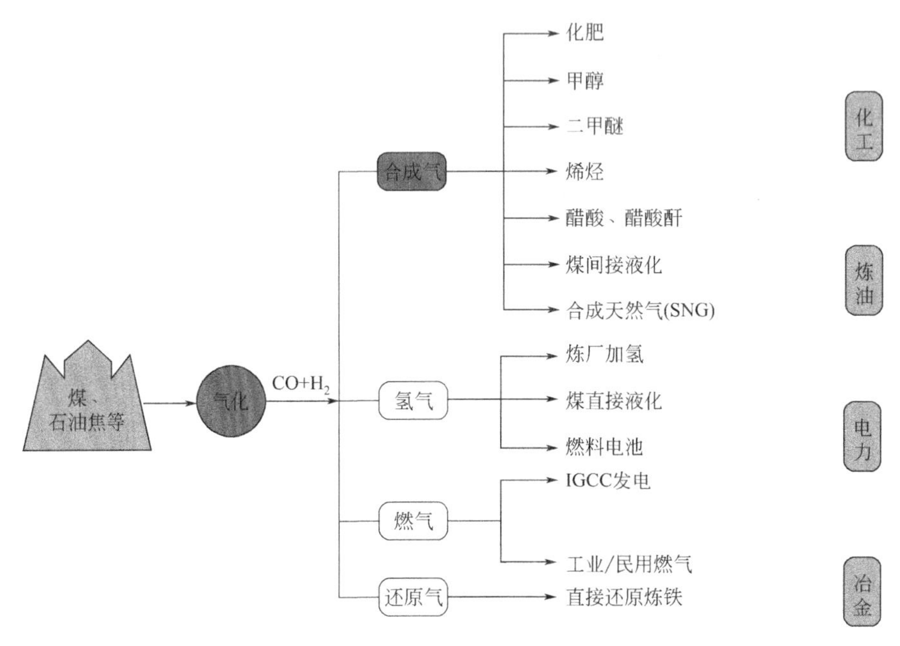

图 1-4　煤气化过程及产品

一、煤气化基本原理

煤的气化过程是一个热化学过程。它是以煤或煤焦（半焦）为原料，以氧气（空气、富氧或纯氧）、水蒸气或氢气等作气化剂（或称气化介质），在高温条件下通过化学反应把煤或煤焦中的可燃部分转化为 CO、H_2、CH_4 等气体的过程。煤的气化包括煤炭干燥脱水、热解脱挥发分、挥发分和残余炭或半焦炭的气化反应。

煤的气化过程是在煤气发生炉（又称气化炉）中进行的。发生炉由炉体、加煤装置和排灰渣装置三大部分构成，原料煤和气化剂逆向流动，气化原料煤由上部加料装置装入炉膛，依次下行，灰渣炉渣由下部的灰盘排出。气化剂由炉栅缝隙进入灰渣层，与热灰渣换热后被预热，然后进入灰渣层上部的氧化层；在氧化层中气化剂中的氧与原料中的碳反应，生成二氧化碳，生成的气体和未反应的气化剂一起上升，与上面炽热的原料接触，二氧化碳和水蒸气分别与碳反应生成 CO 和 H_2，此层称为还原层；还原层生成的气体和剩余未分解的水蒸气一起继续上升，加热上面的原料层，使原料干馏，该层称为干馏层；干馏气与上升热气体的混合物即为发生炉煤气，热煤气将上部原料预热干燥，进入发生炉上部空间，由煤气出口引出。发生炉用水夹套回收炉体散热，煤在煤气发生炉中高温条件下受热分解，放出低分子的碳氢化合物，煤本身逐渐焦化，可以近似地看成是炭。炭再与气化剂发生一系列的化学反应，生成气体产物。

二、煤气化工艺

煤气化工艺主要有固定床气化工艺、流化床气化工艺和气流床气化工艺。

① 固定床气化。在气化过程中，煤由气化炉顶部加入，空气由气化炉底部加入，煤

与空气逆流接触，反应生成煤气。

② 流化床气化。以粒径为0.1～10mm的煤炭颗粒为气化原料，从上部加入。从流化床底部吹入一定速度的气流，该气流速度以维持煤炭颗粒在流化床内呈沸腾状态而悬浮在气流中为准，煤炭颗粒在沸腾状态下进行气化反应。流化床气化过程使得煤层内温度均匀，气化效率高。

③ 气流床气化。又称喷流床气化，用气化剂将粒度为100μm以下的煤粉带入气化炉内，煤在高温下与气化剂发生燃烧反应和气化反应。

自煤气化技术工业应用以来，制取不含氮气或氮含量低于1%的合成气，一直是人们努力的方向，同时工程界也在不断地探索，以形成可以在加压下连续生产的气化技术，以提高气化炉的生产能力。Lurgi气化技术就是这一探索过程的产物。该技术自1936年形成以来，开发者Lurgi Kohle等一直对其进行不断的优化改进，实现了加压（气化压力3.0MPa）、纯氧、水蒸气连续气化，并成功应用于工业生产。其中最典型的是1954年应用于南非Sasolburg煤制油装置。截至目前，Sasol公司共有97台Lurgi气化炉在运行，用于间接合成油装置。

图1-5为Lurgi加压气化炉示意图，图1-6为Lurgi气化工艺流程简图。筛选过的煤通过加压密封锁斗加入分布器，通过分布器均匀分布到气化炉燃料床层上部。为了防止黏结性强的煤在煤的脱挥发分过程中形成的黏聚物影响气化炉连续稳定操作，通常在分布器上安装一个搅拌器，以破碎在脱挥发分区形成的黏聚物。燃料床层用旋转炉箅支撑，通过炉箅使气化剂均匀进入气化床层并连续排灰。气化剂一边沿床层上升，一边与煤逆流进行热量、质量传递，并不断进行气化反应。

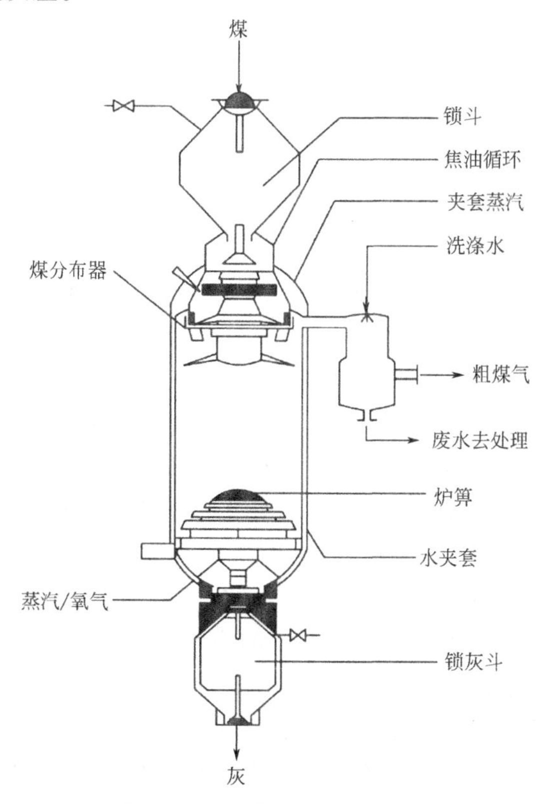

图1-5　Lurgi加压气化炉示意图

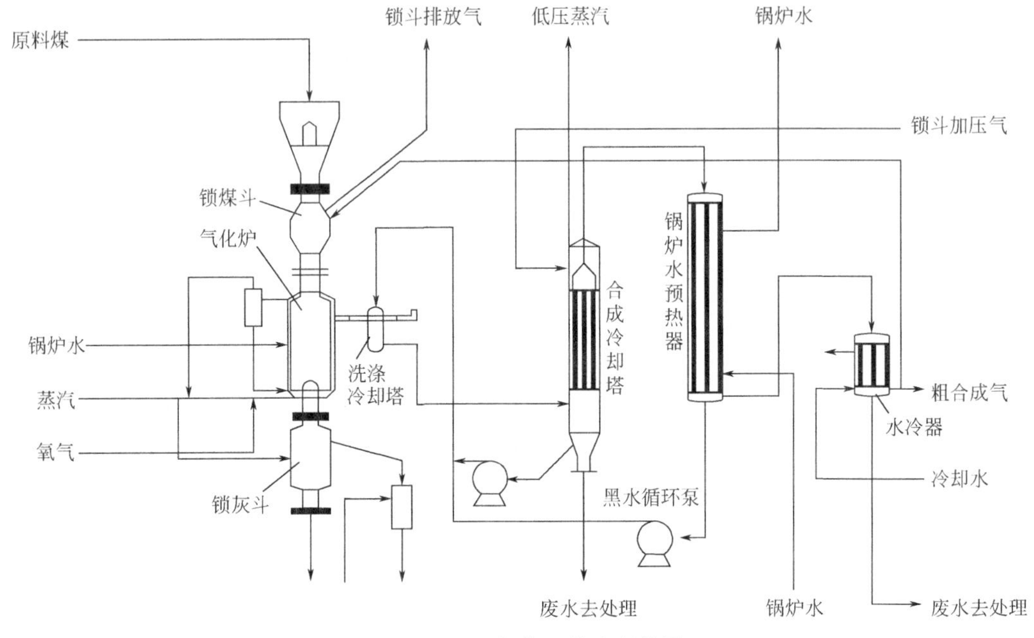

图 1-6 Lurgi 气化工艺流程简图

三、煤炭地下气化

煤炭地下气化是将处于地下的煤炭进行有控制的燃烧，通过对煤的热作用及化学作用产生可燃气体，综合开发清洁能源与生产化工原料的新技术。其实质是仅仅提取煤中的含能组分，而将灰渣等污染物留在井下。煤炭地下气化技术集建井、采煤、转化等多种工艺于一体，大大提高了煤炭资源的利用率和利用水平，深受世界各国的重视，被誉为新一代采煤技术。早在 1979 年联合国“世界煤炭远景会议”就曾明确指出，煤炭地下气化是从根本上解决传统煤炭开采和使用方法存在的一系列技术和环境问题的重要途径。目前煤炭地下气化在国内外工业化试验均已取得初步成果，在俄罗斯、美国及我国山东、河北等地进行了工业化地下气化煤气的生产。进入 21 世纪，能源短缺将是影响我国国民经济的重要因素。我国蕴藏着丰富的煤炭资源，通过煤炭地下气化将地下煤炭资源转变成可利用的煤气及其他产品是解决能源问题的重要途径之一。

煤炭地下气化与地面气化的原理相同，煤气成分也基本相同，但其工艺不同，地面气化过程在气化炉内的煤颗粒中进行，而地下气化则在煤层中的气化通道中进行。将气化通道的进气孔一端煤层点燃，从进气孔鼓入气化剂（空气、氧气、水蒸气等）。煤层燃烧后，则按温度和化学反应的不同，在气化通道中形成三个带，即氧化带、还原带、干馏干燥带。经过这三个反应带后，就形成了主要含有可燃组分 CO、H_2、CH_4 的煤气。这三个反应带沿气流方向逐渐向出气口移动，因而保持气化反应的不断进行。地下气化炉的主要建设是进气孔、排气孔的施工和气化通道的贯通。根据气化通道的建设方式，把煤炭地下气化分为有井式和无井式，前者以人工开采的巷道为气化通道，后者以钻孔作为气化通道。

虽然煤炭地下气化具有一定的经济效益，但就目前而言，相同热值条件下煤炭气化生产成本比常规天然气要高。随着气化工艺技术的不断改进而使成本降低，大规模的煤炭气化将显示出更大的经济效益。此外，随着我国煤层气产业的发展，煤层气与煤炭地下气化的综合开发和利用也必将降低成本，提高煤炭地下气化的经济效益。

需要指出的是，煤炭地下气化的意义不仅在于经济效益，同时还改善了能源结构，增强了煤矿生产的安全性。煤炭气化后灰渣留在原地，避免造成废气、废水、废渣污染，并可减少因煤炭采空造成的地面下沉。此技术可大大提高资源回收率，使传统工艺难以开采的边角煤、深部煤、“三下”压煤和已经或即将报废的矿井遗留的保护性煤柱得到开采，同时深部开采条件极其恶劣的煤炭资源也可得到很好的利用。

四、煤气化新技术

煤气化时，60%以上的热能可转化为煤气的燃烧热值，最高可达90%以上。高热值的煤气不仅可以作为气体燃料，也是重要的化工原料。另外，煤气可以通过管道输送，方便且干净。煤气化的优越性是显而易见的。除了对现有的煤气化技术进行改进完善之外，新的、低成本的煤气化技术也正在研究开发之中。

1. 煤气化联合循环发电

整体煤气化联合循环（integrated gasification combined cycle，IGCC）发电是把煤气化和燃气-蒸汽联合循环发电系统有机集成的一种洁净煤发电技术。IGCC系统包括两大部分，即煤的气化与净化部分和燃气-蒸汽联合循环发电部分。第一部分的主要设备有气化炉、空分装置、煤气净化设备（包括硫的回收装置），第二部分的主要设备有燃气轮机发电系统、余热锅炉、蒸汽轮机发电系统。

IGCC的工艺过程如下：煤经气化成为中低热值煤气，经过净化，除去煤气中的硫化物、氮化物、粉尘等污染物，变为清洁的气体燃料，然后送入燃气轮机的燃烧室燃烧，加热气体工质以驱动燃气透平做功，燃气轮机排气进入余热锅炉加热给水，产生过热蒸汽驱动蒸汽轮机做功。

IGCC发电技术的特点：①发电热效率高；②环保性能好；③负荷适用性好，调峰能力强；④燃料适用性广；⑤可实现多联产，提高经济效益。

世界上IGCC发电技术正处于第二代技术的成熟阶段，世界各国越来越重视IGCC发电技术，IGCC电站的性能试验规程也正在制定。

我国发展IGCC技术的条件正日趋成熟，煤气化技术在我国化工和石化行业已有较长时间的引进和使用业绩，燃机联合循环发电技术国产化率也在不断提高。

尽管以煤为原料的IGCC发电技术目前还处于成熟和完善期，它的投资还较高，设备利用率还比较低，上网电价还缺乏竞争力。但随着原有技术的不断完善，新技术的不断发展，项目规模的逐步扩大，这些问题都已经或即将得到解决。IGCC发电技术以其高效、节水、节约空间及综合利用好等优势受到广泛关注。

21世纪大力发展IGCC技术，无论从技术、经济、市场和环境保护等方面都已成熟，并且潜力巨大。

2. 燃煤磁流体发电技术

磁流体（又称磁性液体、铁磁流体或磁液）是由强磁性粒子、基液（也叫媒体）以及表面活性剂三者混合而成的一种稳定的胶状体。该流体在静态时无磁性吸引力，当外加磁场作用时，才表现出磁性。

磁流体发电是一种新型的高效发电方式，其定义为当带有磁流体的等离子体横切穿过磁场时，按电磁感应定律，由磁力线切割产生电；在磁流体流经的通道上安装电极和有外部负荷连接时，则可发电。

为了使磁流体具有足够的电导率，需在高温和高速下，加上钾、铯等碱金属和加入微量碱金属的惰性气体（如氦、氩等）作为工质，以利用非平衡电离原理来提高电离度。前者直接利用燃烧气体穿过磁场的方式叫开环磁流体发电，后者通过换热器将工质加热后再穿过磁场的方式叫闭环磁流体发电。

燃煤磁流体（magnets hydrodynamics，MHD）发电技术亦称等离子体发电，是磁流体发电的典型应用。燃烧煤而得到的 2.6×10^6℃以上的高温等离子体以高速流过强磁场时，气体中的电子受磁力作用，沿着与磁力线垂直的方向流向电极，发出直流电，经直流逆变为交流送入交流电网。磁流体发电本身的效率仅为 20%左右，但由于其排烟温度很高，从磁流体排出的气体可送往一般锅炉继续燃烧加热蒸汽，驱动汽轮机发电，组成高效的联合循环发电，总的热效率可达 50%～60%，是目前正在开发的发电技术效率最高的。同样，它可有效地脱硫及控制 NO_x 的产生，也是一种低污染的煤气化联合循环发电技术。

在磁流体发电技术中，高温陶瓷不仅关系到在 2000～3000K 磁流体温度下能否正常工作，且涉及通道的寿命，亦即燃煤磁流体发电系统能否正常工作的关键，目前高温陶瓷的耐受温度最高已可达到 3090K。

3. 煤的热核气化技术

目前的煤气化方法，只能使部分煤转化成煤气，有相当一部分的煤要作为热源或动力源。如发生炉所需的热量需要燃烧煤来提供，而煤燃烧时必须有空气，导致大量氮气掺入煤气中，从而降低了煤气的热值。如果用纯氧替代空气，虽然能提高煤气的热值，但成本较高。此外，蒸汽动力厂提供煤气发生过程中所需的蒸汽，也要消耗煤或其他燃料。而热核煤气化技术是用核反应器放出来的热量替代煤作为热源，使煤完全用于气化生产，并可组成核反应器-气化设备-蒸气动力联合装置，是一种很有希望的煤气化方法。

五、煤的间接液化

煤间接液化是相对于煤直接液化而言的，是指将煤全部气化产生合成气（$CO+H_2$），再以合成气为原料，在一定温度、压力和催化剂作用下合成液体燃料或其他化学品的过程。该工艺是由德国科学家 Fischer 和 Tropsch 等人研制并开发的，因此又被称为 Fischer-Tropsch（F-T）合成或费-托合成技术，它属于最早的碳一化工技术。费-托合成可得到的产品包括气体和液体燃料，以及石蜡、乙醇、二甲醚和基本有机化工原料，如乙烯、丙烯、丁烯和高级烯烃等。煤间接液化技术包括煤气化制合成气、催化合成烃类产品及产品分离和改质加工等过程，费-托合成反应作为煤炭间接液化过程中的主要反应，目前已成为煤间接液化制取各种烃类及含氧化合物的重要方法之一，受到各国的广泛重视。

1. 费-托合成过程及反应

煤间接液化技术包括煤气化单元、费-托合成单元、分离单元、后加工提质单元等，其工艺流程如图 1-7 所示。

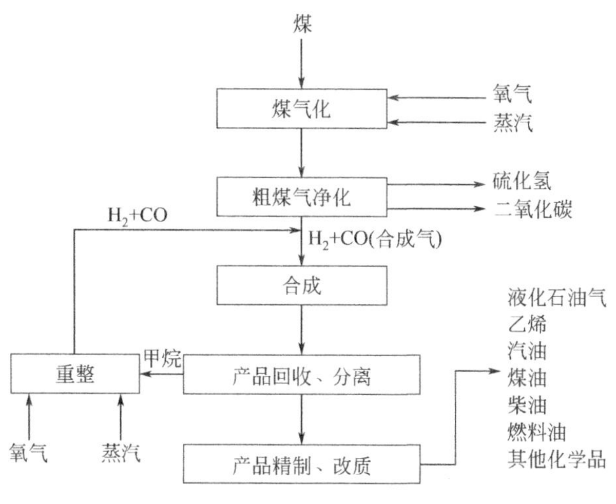

图 1-7 煤间接液化流程图

煤气化在前面已有介绍，本节只讨论其核心催化合成部分。费-托合成是很复杂的反应，主要化学反应如下。

生成甲烷及长链烷烃的反应

$$nCO+(2n+1)H_2 \longrightarrow C_nH_{2n+2}+nH_2O \tag{1-13}$$

生成烯烃的反应

$$nCO+2nH_2 \longrightarrow C_nH_{2n}+nH_2O \tag{1-14}$$

生成醇类的反应

$$nCO+2nH_2 \longrightarrow C_nH_{2n+1}OH+(n-1)H_2O \tag{1-15}$$

生成酸类的反应

$$nCO+(2n-2)H_2 \longrightarrow C_nH_{2n}O_2+(n-2)H_2O \tag{1-16}$$

生成醛类的反应

$$(n+1)CO+(2n+1)H_2 \longrightarrow C_nH_{2n+1}CHO+nH_2O \tag{1-17}$$

生成酮类的反应

$$(n+1)CO+(2n+1)H_2 \longrightarrow C_nH_{2n+1}CHO+nH_2O \tag{1-18}$$

生成酯类的反应

$$nCO+(2n-2)H_2 \longrightarrow C_nH_{2n}O_2+(n-2)H_2O \tag{1-19}$$

积炭反应

$$CO+H_2 \longrightarrow C+H_2O \tag{1-20}$$

歧化反应

$$2CO \longrightarrow CO_2+C \tag{1-21}$$

变换反应

$$CO+H_2O \longrightarrow CO_2+H_2 \tag{1-22}$$

上述反应在合成过程中都有可能发生，不同的反应条件及不同的催化剂条件下合成反应会得到不同组成的产物，产物分布很宽（C_1～C_{200} 不同烷烃、烯烃的混合物及含氧化合物等)，单一产物的选择性低。产物中不同碳数的正构烷烃的生成概率随链的长度增加而减小，正构烯烃则相反。产物中异构烃类很少。提高反应压力，导致反应向体积减小的大分子量长链烃方向进行，但压力过高则有利于含氧化合物的生成。升高反应温度有利于短链烃的生成。合成气中 H_2 含量增加有利于生成烷烃，CO 含量增加则将增加烯烃和含氧化合物的生成。因此，控制合成过程中的反应条件并选择合适的催化剂，才能得到以烷烃或烯烃为主的产物。

从费-托合成得到的主要产品看，低温条件下的费-托合成工艺产品种类相对单一，以柴油为主，占 75%左右，其余为石脑油、液化气，也可根据市场需要生产高品质石蜡。低温费-托合成还能生产食品级蜡，不含硫和其他杂质，也不含苯等芳香类化合物。高温条件下的费-托合成工艺产品种类则呈现多样化，既有汽油、柴油、溶剂油，也有高附加值的烯烃、烷烃、含氧化合物等化学品，其中烯烃含量可达 40%左右，并且大部分是直链烯烃。

2. 费-托合成催化剂

F-T 合成催化剂主要由 Co、Fe、Ni、Ru 等周期表第ⅧB 族金属制成，为了提高催化剂的活性、稳定性和选择性，除主成分外还要加入一些辅助成分，如金属氧化物或盐类。大部分催化剂都需要载体，如氧化铝、二氧化硅、高岭土或硅藻土等。催化剂制备后只有经 $CO+H_2$ 或 H_2 还原活化后才具有活性。世界上使用较成熟的间接液化催化剂主要有铁系和钴系两大类，Sasol 公司使用的主要是铁系催化剂。在 Sasol 固定床和浆态床反应器中使用的是沉淀铁催化剂，在流化床反应器中使用的是熔铁催化剂。各种费-托合成催化剂的组成与功能列于表 1-7。

表 1-7　费-托合成催化剂的组成与功能

组成名称		主要成分	功能
主催化剂		Co、Fe、Ni、Ru、Rh 和 Ir 等	费-托合成的主要活性组分，有加氢作用、吸附 CO 并使碳氧键削弱和聚合作用
助催化剂	结构性	难还原的金属氧化物 ThO_2、MgO 和 Al_2O_3 等	增加催化剂的结构稳定性
	调变性	K、Cu、Zn、Mn、Cr 等	调节催化剂的选择性和增加活性
载体(负载)		硅藻土、Al_2O_3、SiO_2、ThO_2、TiO_2 等	催化剂活性成分的骨架或支撑体，主要从物理方面提高催化剂的性能

目前，用于工业合成中的催化剂主要是钴系和铁系（表 1-8）。由表 1-8 可见，钴系和铁系催化剂产物分布明显不同。钴系催化剂具有高的加氢活性和高的费-托合成链增长能力，反应稳定且不易积炭和中毒，产物中含氧化合物极少，对水煤气变换反应不敏感，甲烷产率较高；铁系催化剂可以高选择性地得到低碳烯烃，制备高辛烷值汽油，但铁系催化剂对水煤气变换反应具有高活性，高温时催化剂易积炭和中毒，而且链增长能力较差，不利于合成长链产物。

表 1-8　铁系和钴系催化剂操作条件

项目	钴系催化剂	铁系催化剂	项目	钴系催化剂	铁系催化剂
H_2/CO	约 2	<1～2	发生水煤气变换反应	否	是
温度	160～200℃	220～330℃	石蜡产率	较高	较低
压力	0.1～1.0MPa	2～2.5MPa	甲烷产率	较高	较低
烯烃/烷烃	较低	较高	CO_2 产率	很低	高

3. 间接液化工艺

间接液化工艺包括 Sasol 工艺、Shell 公司的 SMDS 合成工艺、中科院山西煤化所浆态床合成油工艺。F-T 合成反应器主要有固定床反应器、浆态床反应器、循环流化床反应器、固定流化床反应器。

（1）Sasol 工艺

萨索尔（Sasol）是南非煤炭、石油和天然气股份有限公司（South African Coal，Oil and Gas Corp.）的简称。南非缺乏石油资源但却蕴藏有大量煤炭资源。为了解决当地石油的需求问题，于 1951 年筹建了 Sasol 公司。1955 年建成了第一座由煤生产液体运输燃料的 Sasol-Ⅰ厂，之后又建设了 Sasol-Ⅱ厂、Sasol-Ⅲ厂，三个厂年用煤 4590×10^4 t。主要产品是汽油、柴油、蜡、氨、烯烃、聚合物、醇、醛等 113 种，总产量达 760×10^4 t，其中油品大约占 60%。

（2）SMDS 合成工艺

SMDS 合成工艺由一氧化碳加氢合成高分子石蜡烃过程和石蜡烃加氢裂化或加氢异构化制取发动机燃料两段构成。采用 SMDS 工艺制取汽油、煤油和柴油产品，其热效率可达 60%，而且经济上优于其他 F-T 合成技术。

（3）中科院山西煤化所浆态床合成油工艺

20 世纪 80 年代初提出了将传统的 F-T 合成与沸石分子筛择形作用相结合的两段法（简称 MFT）合成工艺，90 年代完成了 2000t/a 工业性试验，同时开发了浆态床-固定床两段法工艺，简称 SMFT 合成。2000 年建设了千吨级浆态床合成油中试装置，实现了长周期稳定运转。从 2005 年底开始，共建设了 3 套年产 16×10^4 t 规模的铁基浆态床工业示范装置。

MFT 合成的基本过程是采用两个串联的固定床反应器，反应分两步进行。合成气经净化后，首先在一段反应器中经费-托合成铁基催化剂作用进行费-托合成烃类的反应，生成的 $C_1\sim C_{40}$ 宽馏分烃类和水以及少量含氧化合物连同未反应的合成气进入装有择形分子筛催化剂的二段反应器，进行烃类改质的催化转化反应，产物分布由原来的 $C_1\sim C_{40}$ 缩小到 $C_5\sim C_{11}$，选择性得到更好的改善。

MFT 合成工艺流程如图 1-8 所示。水煤气经压缩、低温甲醇洗、水洗、预热至 250℃，经 ZnO 脱硫和脱氧成为合格原料气，与循环气以 1∶3（体积）的比例混合后进入加热炉对流段，预热至 240～255℃，送入一段反应器。一段反应器内温度 250～270℃、压力 2.5MPa，在铁催化剂存在下发生合成气合成烃类的反应。由于生成的烃类分子量分布较宽，需进行改质，故一段反应产物进入一段换热器，与二段尾气换热，温度从 245℃升至 295℃，再进加热炉辐射段进一步升温至 350℃，然后送至二段反应器进行烃类改质反应，生成汽油。

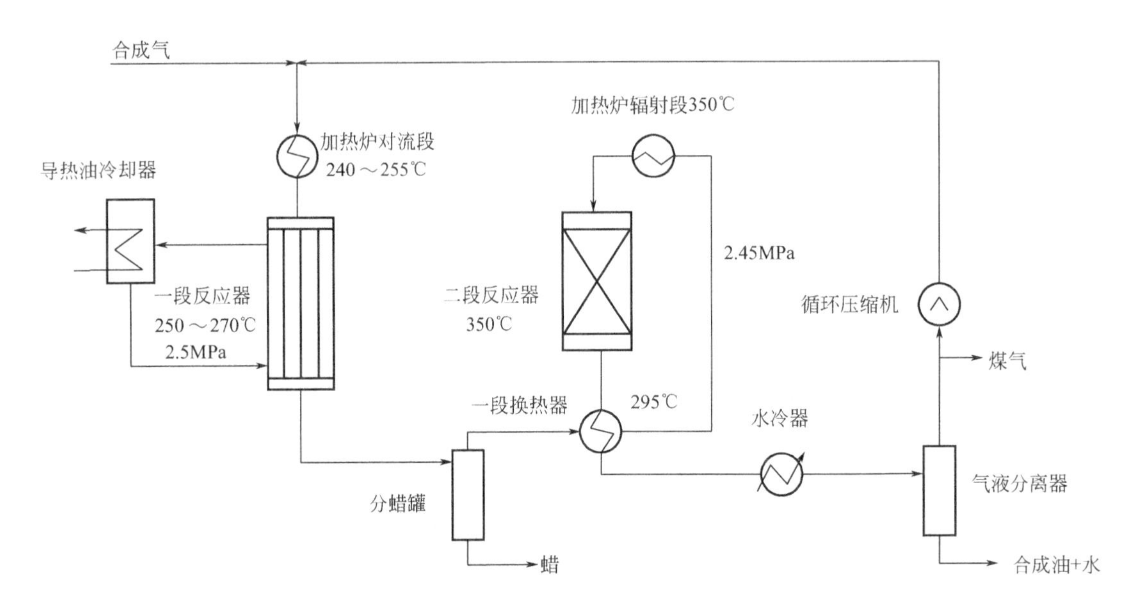

图 1-8　MFT 合成工艺流程

为了从气相产物中回收汽油和热量，二段反应物首先进一段换热器，与一段产物换热后降温至 280℃，再进入循环气换热器，与循环气换热至 110℃后，入水冷器冷却至 40℃。至此，绝大多数烃类产品和水被冷凝下来，经气液分离器分离，冷凝液靠静压送入油水分离器，将粗汽油与水分开。水计量后送水处理系统，粗汽油计量后送精制工段蒸馏切割。分离粗汽油和水后，尾气中仍有少量汽油馏分，故进入换冷器与冷尾气换冷至 20℃，进入氨冷器进而冷至 1℃，经气液分离器分出汽油馏分，该馏分直接送精制二段汽油储槽。分离后的冷尾气进换冷器，与气液分离器来的尾气换冷到 27℃，回收冷量。此尾气的大部分作为循环气送压缩二段，由循环压缩机增压，小部分供作加热炉的燃料气，其余作为城市煤气送出界区。增压后的尾气进入循环气换热器，与二段尾气换热后，再与净化、压缩后的合成原料气混合，重新进入反应系统。

第七节　煤的直接液化

煤炭直接液化就是在催化剂的作用下煤炭在反应器中直接加氢，产品中的氢碳原子比（H/C）大幅度提高变成液态产品的过程。在煤炭直接液化的加工过程中煤炭中含有的氮、硫等杂元素及无机矿物质均可脱除。

德国是最早研究和开发煤炭直接液化工艺的国家，最初的工艺称为 IG 工艺。其后不断改进，开发出被认为是世界上最先进的 IGOR 工艺。其后美国也在煤炭液化工艺的开发上做了大量的工作，开发出供氢溶剂（EDS）、氢煤（H-Coal）、催化两段液化（CTSIJ-HTI）工艺和煤油共炼等代表工艺。此外，日本的 NEDOL 工艺也有相当不错的液化性能。

我国的科研院所和企业自20世纪80年代初就开始了煤炭直接液化工艺和催化剂的研究开发工作，对适合直接液化的煤种进行了筛选和评价，并对有应用前景的煤直接液化项目开展了大量的应用基础研究和可行性研究工作，通过30多年的努力，建设了功能齐全的研发平台，开发出了高效的催化剂和独具特色的工艺技术，为煤炭直接液化产业化发展奠定了坚实的基础。

20世纪90年代，神华集团开展了煤炭直接液化实验室研究、工艺开发、工程开发和产业化的工作，对鄂尔多斯盆地的神华煤（鄂尔多斯神东煤田煤样）的直接液化性能开展了大量卓有成效的研究，开发出具有自主知识产权的煤炭直接液化新工艺。神华煤炭直接液化示范项目于2008年12月竣工投产，在全世界开辟了一条全新的通过煤炭生产车用运输燃料的生产路线。

该示范项目以煤炭为原料，通过干煤粉气化生产煤液化所需要的氢气原料，煤液化原料煤与循环溶剂制备成油煤浆后，在高温、高压及催化剂的作用下与氢气在反应器内生成煤液化油；煤液化油通过加氢稳定装置制备合格的煤炭直接液化循环溶剂的同时，对煤液化轻质油进行了初步的加氢精制；加氢稳定处理的煤液化油在加氢改质装置中进一步深度处理得到合格的石脑油和柴油产品；通过轻烃回收装置回收煤液化各工段生产的液化气组分；石脑油组分通过催化重整生产车用汽油产品；为了减少“三废”排放，神华煤炭直接液化示范项目还设置了气体脱硫、脱硫醇、含硫污水汽提、酚回收及污水处理装置。为了最大限度地降低水消耗及减少污染物的排放，神华煤炭直接液化示范工程设置了膜分离除盐、含盐废水蒸发器和结晶器等设施，实现了煤液化生产废水零排放。该示范工程自投产以来，已平稳运行了五年多的时间，各工艺单元均达到了设计能力并取得了良好的经济效益和社会效益。

表1-9给出国际上煤直接液化工艺、反应器形式、催化剂及规模。

表1-9 不同煤直接液化工艺、反应器形式、催化剂及规模

国家	工艺	反应器形式	催化剂	规模/(t/d)	年份
美国	SCR-Ⅰ	煤浆溶解反应器	无	6	1974
	SCR-Ⅱ	煤浆溶解反应器	无	50/25	1974—1981
	EDS	气流床	无	250	1979—1983
	H-Coal	流化床	Co-Mo/Al_2O_3	600	1979—1982
	CTSL	流化床	Ni/Mo	2	1985—1992
	HTI	悬浮床	GelCat^{TM}	3	1990
德国	IGOR$^+$	固定床	赤泥	200	1981—1987
日本	BCL	固定床	铁系催化剂	50	1981—2002
	NEDOL	流化床	天然黄铁矿	150	1983—2000
英国	LSE	一段搅拌式反应器二段流化床	无	2.5	1996—1998
苏联	CT-5	流化床反应器	Mo	7	1986—1990
中国	神华Ⅰ	悬浮床	铁系催化剂	6	2002—
	神华Ⅱ	悬浮床	铁系催化剂	3000	2004—

一、煤化程度与液化特性的关系

煤是由若干结构相似又不相同的基本结构单元通过桥键连接在一起的大分子，其基本结构单元是稠环芳香烃。煤化程度不同，基本结构单元稠环芳香烃的平均环数不同，煤化程度高则稠环芳香烃环数多，煤化程度最高的无烟煤的基本结构单元接近于石墨化；煤化程度不同，大分子结构中桥键的数目不同。煤化程度高，桥键数目少；煤化程度不同，含氧官能团的含量也有较大差别，煤化程度低的煤种氧含量高。

煤的分子结构对煤的直接液化有直接的影响。一般说来，除接近于石墨化的无烟煤不能液化外，其他煤均可不同程度地液化。煤直接液化的难度随煤的变质程度的增加而增加，即泥炭＜年轻褐煤＜褐煤＜高挥发分烟煤＜低挥发分烟煤。

二、原料煤前处理与液化特性的关系

煤直接液化的原料煤前处理一般包括两个步骤，即洗选和粉碎干燥。

洗选对液化性能的影响主要是煤质的稳定性对煤直接液化带来的一系列影响。由于采用大型机械化采煤，并且绝大多数煤层的厚度、煤质随煤层走向都是变化的，导致原煤的性质随着煤层的不断开采而有所变化，特别是矿物质含量波动较大，为了稳定操作需要液化原料煤有相对稳定的煤质，因此要将原料煤进行洗选。受目前洗选技术和洗选成本的约束，通过洗选只对液化原料煤的矿物质含量进行控制，一般控制在4.5%～5.5%（质量分数，干基)。随着技术的进步，未来通过洗选可以对煤的岩相组分进行控制，对直接液化的活性组分进行富集，将惰性组分作为气化原料或用于其他用途。

原料煤的粉碎和干燥一般是同时进行的，是作为煤直接液化原料煤必须进行的一个前处理工艺。

煤直接液化原料煤最终是被制备成一定浓度的煤浆来进行加氢液化的，因此，必须将原料煤粉碎加工成一定颗粒大小的煤粉。煤粉颗粒的大小对煤浆的成浆性、煤的加氢性能将产生较大的影响，在实验室的小型煤直接液化试验装置一般要求将煤粉碎至全部过100目（150μm）筛。工业性生产装置控制煤粉中粒度大于200目的占80%（质量分数)。

煤粉的含水量对液化性能没有大的影响，但从综合能耗考虑，煤粉的含水量应尽可能低，一般控制在4.0%（质量分数）以下。

三、煤炭直接液化催化剂

煤炭直接液化催化剂按活性元素主要分为三类，一是铁系催化剂，包括各种含硫的天然铁矿石、合成的铁硫化物、合成的铁氧化物和铁的氢氧化物以及含铁的化合物；二是Ni、Mo系石油加氢催化剂，包括各种Ni、Mo氧化物和硫化物，含Ni、Mo的盐和有机络合物；三是Zn、Sn等的熔融氯化物。

Zn、Sn等熔融氯化物催化剂属酸性催化剂，裂解能力强，反应速率快，一步可直接得到高产率且辛烷值大于90的汽油产品，煤液化效率较高，但对设备具有极强腐蚀性且难于从产物中分离，因此卤化物催化剂在工业上很少应用。Mo、Ni、Fe等化合物是有效的加氢催化剂，被广泛用于煤直接加氢液化反应中。其中，铁系催化剂对烯烃与自由基的加氢活性高且成本相对较低，是最受重视的煤加氢液化催化剂。但是，铁系催化剂对芳环亚甲基桥键及烷基C—C的裂解及脱S、N、O等杂原子的催化活性一般。Mo、Ni等过渡金属不仅具有较高的加氢活性，而且具有较高的脱杂原子能力，但成本相对较高，主要应用于溶剂加氢和煤液化产品的加氢反应。应用于煤炭直接液化的催化剂按形态和加入方式可分为分散型催化剂、负载型催化剂及均相催化剂。通常使用负载型催化剂以抑制可逆反应和油品的提质加工，但在液化反应体系中催化剂仅与液化溶剂接触而难于与煤本身充分接触。它们的作用主要是将氢转移到液化溶剂，因大分子不能到达催化剂表面，负载型催化剂会快速失活。分散型催化剂则较易与煤分子充分接触，能保持催化活性，抑制不利的可逆反应，从而有效控制煤液化产品的质量。因此，近年来，人们越发关注分散型催化剂的制备及在初级煤液化阶段的应用，通常采用的方法是将水溶性或油溶性催化剂前驱体引入煤或油煤浆中以达到有效分散活性相的目的；另一种方法是向煤浆中直接添加超细催化剂粉末，直接液化反应的催化剂可以是预先硫化的形式，也可以是在反应体系中在线硫化。

“十五”期间，在国家高技术研究发展计划（简称863计划）支持下，神华集团与煤炭科学研究总院完成了“863”催化剂的开发和应用试验，并处于国际领先水平。该催化剂主要是γ-FeOOH晶相物种，其特点是：①价格低廉；②制备方法易于操作、重复性好；③活性高。该“863”催化剂添加量为干煤的0.5%～10%（质量分数），煤的转化率（干燥无灰基煤）大于90%（质量分数），油收率大于60%（质量分数）。

四、煤炭直接液化机理

煤的直接液化一般要经历煤的热解、加氢和进一步分解等过程，最终成为稳定的可蒸馏的液体分子。

1. 煤的热解

要将煤转化为液体，必须破坏煤的大分子结构，使其分解为适合进一步加工的尺寸。所以，煤直接液化的第一步就是破坏煤的大分子结构。由于直接液化原料煤的大分子结构中连接基本结构单元的桥键强度较弱，当施加外作用力超过桥键的强度时，连接基本结构单元的桥键会发生断裂分解为自由基碎片，由于这一过程一般是通过提高温度来实现的，通常称作煤的热解。在热解过程中煤是被加在循环溶剂中制成煤浆后来参与反应的，所以煤在热解的同时，也会发生溶解等物理过程。不同的工艺可能将氢气与溶剂一起使用，有的可能使用催化剂。这一步的工艺条件可相差很大，温度在370～470℃、压力在15～30MPa间变动。

煤的热解过程虽然伴随着煤的溶解，但煤的热解还是此阶段的主要反应。煤与溶剂加热到250℃左右时煤中就有一些弱键发生断裂，可产生小分子产物。当加热温度超过250℃进入煤液化温度范围时，发生多种形式的热解反应，煤中一些不稳定的键开始断裂。

2. 加氢裂化

加氢裂化包含两个含义，一是热解产生的亚稳定自由基碎片通过加氢变成稳定分子，二是将裂化产生的大分子产物进一步加氢裂化成小分子。热解反应过程中产生的物质仍含有大分子。如果把可蒸馏液体作为最终产品，这些分子必须通过加氢裂化来减小分子尺寸。加氢裂化还有另外一个作用，即脱除硫和氮。

加氢裂化可以与煤的热解反应在同一反应器中进行，或者作为完全独立的操作步骤。在第一种情况下，可以使用价廉的可弃性铁系催化剂或金属负载型催化剂。第二种情况通常使用负载在氧化铝上的金属催化剂，因为它们的活性更高。这种类型的负载型催化剂通常与石油工业中重油加氢脱硫使用的催化剂相似或相同，这些催化剂通常含 Ni、Mo，操作温度为 370～450℃，操作压力为 14～25MPa。这些条件远比石油工业苛刻，因此催化剂寿命较短。基于此原因，一些工艺用流化床或沸腾床替代了传统固定床，这样在替换催化剂时不用停车。

五、煤炭直接液化工艺过程

煤直接液化工艺的主要过程是把煤先磨成粉，再和自身产生的液化重油（循环溶剂）配成煤浆，在高温（430～470℃）和高压（15～30MPa）下直接加氢，将煤转化成液体产品。整个过程可分成三个主要工艺单元。①煤浆制备单元：将煤破碎至 0.2mm 以下，与溶剂、催化剂一起制成煤浆。②反应单元：在高温高压条件下，在反应器内进行加氢反应，生成液体物。③分离单元：将反应生成的残渣、液化油、反应气分离，重油作为循环溶剂配煤浆用。工艺流程如图 1-9 所示。

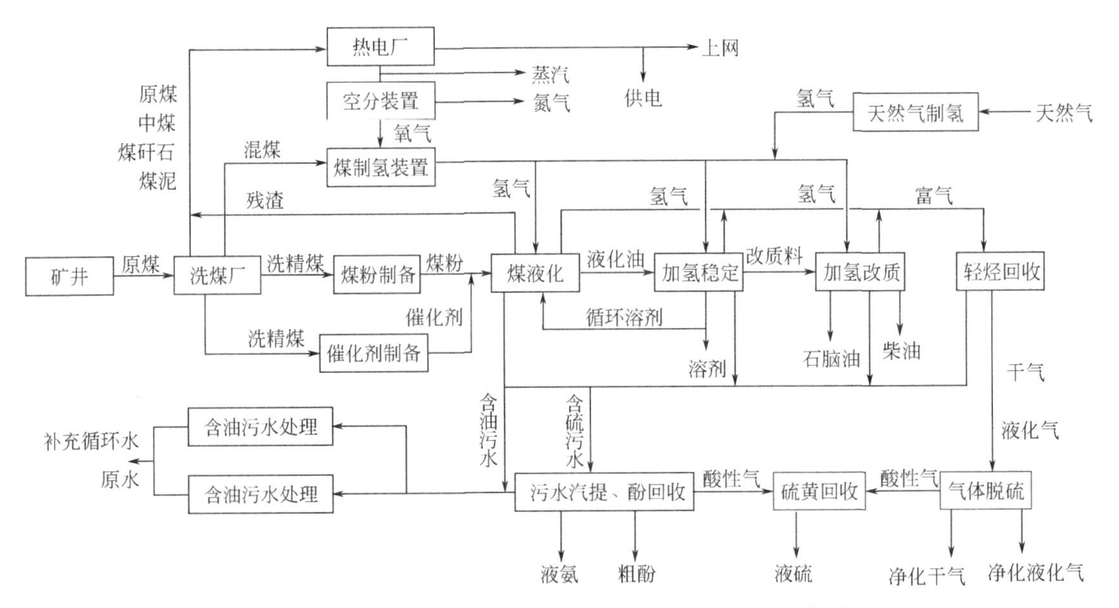

图 1-9 神华集团煤炭直接液化示范工程工艺流程示意图

根据煤是一步转化为可蒸馏的液体产品，还是分两步转化为可蒸馏的液体产品，可将煤炭直接液化工艺简单地分为单段和两段两种。

① 单段液化工艺，通过一个主反应器或一系列反应器生产液体产品。这种工艺可能包含一个合在一起的在线加氢反应器，对液体产品提质而不能直接提高总转化率。

② 两段液化工艺，通过两个反应器或两系列反应器生产液体产品。第一段的主要功能是煤的热解，在此段中不加催化剂或加入低活性可弃性催化剂。第一段的产物在第二段反应器中在高活性催化剂存在下加氢再生产出液体产品。

六、煤炭直接液化产品及精制

煤直接液化主要产品为液化轻油和液化重油。液化轻油由常压塔顶油和减压塔顶油组成；液化重油由常压塔和减压塔侧线产品组成。副产品为液化残渣，液化残渣为减压塔塔底物冷却成型后产生。

1. 加氢稳定

煤炭直接液化粗油一般是指煤炭直接液化过程生成的可蒸馏馏分。不同的煤炭直接液化工艺生产出的煤液化粗油的组成和性质也不会相同，但煤直接液化粗油中芳烃含量高，含有较多的硫、氮、氧等杂原子化合物而使煤液化粗油的安定性差，柴油馏分的十六烷值极低等特点。如果将煤液化粗油直接进行切割，将重质组分直接作为煤液化的溶剂使用，其密度偏大，所制备的油煤浆的黏度不大，利于油煤浆的输送；而且粗溶剂油的供氢性差致使煤液化的煤炭转化率低、煤液化油收率低，会严重影响煤直接液化的经济性，因此需要对其进行加氢稳定处理。

加氢稳定处理的首要目的是为煤炭直接液化单元制备合格的溶剂油，同时对轻质液化油组分进行加氢精制处理，脱除大部分 S、N、O 等杂原子，为下游的加氢改质提供稳定的原料。

2. 煤液化轻油的加氢改质

煤液化油经加氢稳定处理后石脑油馏分的 S、N、O 等杂原子含量都还比较高，不能直接作为催化重整的进料；柴油馏分的稳定性差，十六烷值也很低，也不能作为柴油产品供柴油车使用，因此需要进一步加氢改质以提高油品的品质。研究结果表明，对煤液化油进行两段加氢更容易最大限度地脱除油品中的 N 和 S，同时芳香烃含量大大减少。

对石脑油馏分而言，改质的关键是降低 S、N、O 等杂原子的含量，采用普通的加氢精制就可以实现，难度不是很大。

煤液化喷气燃料馏分具有高密度、高闪点、低冰点等突出优点，而且富含环烷烃和氢化芳烃，使其凸显高性能喷气燃料的特征，但粗喷气燃料馏分酸值等指标不符合规范要求，另外煤液化粗喷气燃料馏分含有大量的烷基酚类化合物，也严重影响油品的安定性，因此也需要对其进一步加氢改质。

由于煤液化粗柴油芳烃含量高，其燃油耗率、排烟都不如石油基柴油，爆压和 NO_x 排放均增大，因此需要对煤液化粗柴油进行精制以提高其品质。

对于煤炭直接液化柴油馏分的改质，其关键是降低芳香烃含量并增加链烷烃含量以提高柴油的十六烷值。目前应用较为广泛的提高柴油十六烷值的方法有两种，一种是加入可提高十六烷值的添加剂，另外一种就是对柴油进行加氢改质。两者相比，采用加氢技术对煤炭直接液化柴油馏分进行加工，可以在更有效地提高其十六烷值的同时降低其密度，而且可以有效地脱除煤直接液化柴油馏分中的硫、氮、氧等杂质，生产符合环保要求的清洁柴油。

3. 煤炭直接液化的轻烃回收

煤炭直接液化装置的常压塔塔顶气、加氢稳定装置的分馏塔塔顶气、加氢改质装置的分馏塔塔顶气、石脑油稳定塔塔顶气及经 PSA 回收氢气后的中压气中含有一定量的 C_3、C_4 等液化气组分。轻烃回收装置的主要作用就是采用吸收-解吸的原理，利用加氢稳定装置生产的石脑油馏分作为吸收油，将各装置生产的气体中的 C_3 及 C_3 以上组分尽可能地吸收分离、回收生产液化气粗产品，同时使石脑油中的 C_3 和 C_4 轻组分降至合理含量，以防这些组分在轻烃回收和加氢改质装置循环增加工厂的加工能耗。

第八节　煤的各种用途

煤炭除了作为一次能源直接燃烧供热和发电或转换为洁净的二次能源外，在低温缺氧的条件下，可热解分离出气体产物、液体产物和固体产物，这些产物可以制取各种高附加值的化工产品，表 1-10 列出了煤炭的各种用途。

表 1-10　煤炭的各种用途

煤炭	用作动力原料(能源)	燃烧——生产热能、电能，副产品煤渣、煤灰可生产煤渣砖、水泥、过滤材料等	
	各种转化过程	固体利用	干馏——焦炭、炼铁、铸造、电石、合成氨、有色冶金、发电等 活化——活性炭、活化煤(各种吸附剂) 碳化、石墨化——各种再生腐殖类物质(包括肥煤)、芳香羧酸 磺化——磺化煤(离子交换剂) 喷吹——焦粉、无烟煤粉、烟煤粉可做喷吹燃料 酸解、生化处理(泥炭)——饲料
		气体利用	干馏气化——合成气，用于生产合成氨、甲醇、人造液体燃料、城市煤气、一般燃料气；低热值煤气，用于燃气轮机发电供热；还原性气，用于铁矿石等直接还原
		液体利用	干馏——煤焦油、粗苯、粗吡啶，精制后作化工原料，用于生产染料、药物、炸药、合成纤维、黏结剂、木材防腐剂、塑料、涂料、香料和防水材料等 加氢——液体燃料、溶剂精制煤、芳香族化工产品 卤化——润滑油、有机氯化物等 溶剂处理——膨胀剂、黏结剂、防水涂料
	直接利用	还原剂、过滤材料、吸附剂、塑料组合物等	

一、煤的干馏过程

煤的干馏根据目的产物不同分为两种：低温干馏和高温炼焦。两者的热解温度不同，但过程类似，主要产物的含量不同。高温炼焦主要为获取焦炭，副产煤气和焦油。低温干馏是为获取煤气和焦油，副产焦炭。煤的干馏过程如图 1-10 所示。

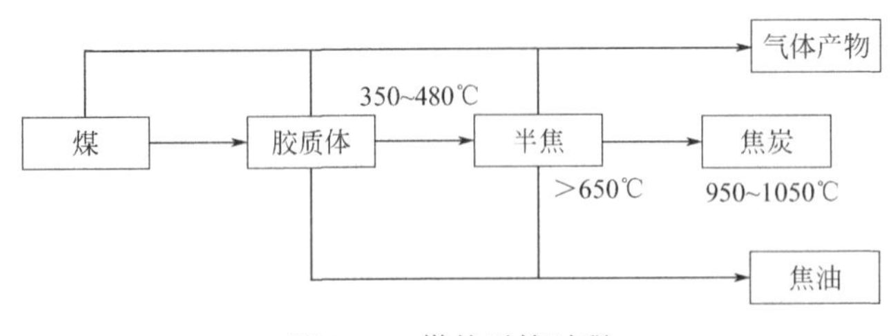

图 1-10　煤的干馏过程

低温干馏过程煤由常温开始受热，温度逐渐上升，煤料中水分首先析出，然后煤开始发生热分解，当煤受热温度为350～480℃时，出现胶质体。由于胶质体透气性不好，气体析出不易，产生了对胶质体团块的膨胀压力。当超过胶质体固化温度时，则发生黏结现象，产生半焦。从半焦到焦炭的阶段有大量气体生成而逸出，半焦收缩出现裂纹。当温度超过650℃时，半焦阶段结束，开始形成焦炭，到950～1050℃时，焦炭成熟，结焦过程结束。

二、煤的干馏产物

无论是低温干馏还是高温炼焦，均获得气体产物、液体产物和固体产物。液体产物为黑色或黑褐色的黏稠状液体，又称为焦油。

1. 气体产物

低温干馏时煤气产量占干煤的6%～8%，高温炼焦时可获得13%～15%的煤气。干馏过程析出的挥发性产物，简称为粗煤气。粗煤气中含有许多化合物，包括常温下的气态物质，如氢气、甲烷、一氧化碳和二氧化碳等；烃类含氧化合物，如酚类；含氮化合物，如氨、氰化氢、吡啶类和喹啉类等；含硫化合物，如硫化氢、二硫化碳和噻吩等。

2. 焦油产物

低温干馏条件下可以得到6%～25%的焦油，而高温炼焦时仅获得3%～5%的焦油。煤焦油几乎完全是由芳香族化合物组成的复杂混合物，估计组分的总数在10000种左右。从中分离并已认定的单种化合物约500种，其量约占焦油总量的55%。到目前为止，煤焦油仍是很多稠环化合物和含氧、氮及硫的杂环化合物的唯一来源。

（1）焦油连续蒸馏切取的馏分

一般有下述几种。

① 轻油馏分。170℃前的馏分，产率为0.4%～0.8%，密度为0.88～0.90g/cm^3。主要含有苯族烃，酚含量小于5%。

② 酚油馏分。170～210℃的馏分，产率为2.0%～2.5%，密度为0.98～1.01g/cm^3。含有酚和甲酚20%～30%，萘5%～20%，吡啶碱4%～6%，其余为酚油。

③ 萘油馏分。210℃～230℃的馏分，产率为2.0%～2.5%，密度为1.01～1.04g/cm^3，主要含萘70%～80%，酚、甲基酚和二甲酚4%～6%，重吡啶碱3%～4%，其余为萘油。

④ 汽油馏分。230℃～300℃的馏分，产率为4.5%～7.0%，密度为1.04～1.06g/cm^3。含甲基酚、二甲酚及高沸点酚类3%～5%，重吡啶碱4%～5%，萘含量低于15%，还含有甲基萘等，其余为汽油。

（2）提取的主要产品

上述焦油各馏分进一步加工，可分离制取多种产品，目前提取的主要产品有下列几种。

① 萘。萘是焦油加工的重要产品。国内生产的工业萘多用来制取邻苯二甲酸酐，供生产树脂、工程塑料、涂料及医药等用。萘也可以用于生产农药、炸药、植物生长激素、橡胶及塑料的防老剂等。

② 酚及其同系物。酚可用于生产合成纤维、工程塑料，以及用于农药、医药、染料中间体及炸药等。甲酚可用于生产合成树脂、增塑剂、防腐剂、炸药、医药及香料等。

③ 蒽。蒽主要用于制蒽醌染料，还可以用于制合成塑料及涂料。

④ 咔唑。咔唑又称 9-氮杂芴，是煤焦油中经济价值最高的成分之一，世界上 90%的咔唑是从煤焦油中得到的，咔唑可用于生产染料、颜料、光电导体、感光材料、特种油墨等，用它生产的颜料永固紫 RL，广泛用于汽车面漆和耐高温塑料的着色，具有耐高温、耐紫外光的优点。此外，咔唑在新兴的光电新材料开发领域得到了越来越多的应用，利用咔唑可以制备有机非线性光学（NLO）材料、有机电致发光（OEL）材料、光折变材料、含咔唑生色团的双功能体系、含咔唑光折变小分子玻璃等。

以上是焦油中提取的单组分产品，加工焦油时还可得到沥青等产品。沥青是焦油蒸馏残液，为多种多环高分子化合物的混合物。根据生产条件不同，沥青软化点可介于 70～150℃之间。目前，我国生产的电极沥青和中温沥青的软化点为 75～90℃。沥青有多种用途，可用于制造屋顶涂料、防潮层及用于筑路、生产沥青焦和电炉电极等。

3. 煤的碳素制品

煤的固体产物除了最大宗的用于冶炼的焦炭外，还有多种碳素产品。碳素制品一般又称碳素材料，它们具有许多不同于金属和其他非金属材料的特性。

① 耐热性好。在非氧化性气氛中，碳素材料是耐热性最强的材料。在大气压力下，碳的升华温度高达 (3350±25)℃。它的机械强度随温度的增加而不断提高，如室温时平均抗拉强度约为 196kPa，2500℃时则增加到 392kPa，直到 2800℃以上才失去强度。

② 具有良好的热传导性。石墨在平行于层面方向的热导率可和铝相比，而在垂直方向的热导率可与黄铜相比。

③ 能耐急热急冷。热膨胀系数为 2×10^{-5}℃$^{-1}$，有的甚至只有（1～3）$\times10^{-6}$℃$^{-1}$。

④ 电性能好。人造石墨的电阻介于金属和半导体之间，电阻的各向异性很明显。

碳素制品的种类很多，应用甚广，其中产量最大的是电极炭。碳素电极可用于电炉炼钢、熔炼有色金属、生产电石和碳化硅等，制碱工业中电解食盐所用的电极，电动机和发电机用的电刷，电气机车、无轨电车取用电流的滑板和滑块，电子工业中的碳质电阻，炭棒和电真空器件等。

碳素制品还用于高炉和炼钢炉用作炉衬的炭砖和炭块，石墨制坩埚等；作为耐腐蚀材料，加工制造热交换器、反应器、吸收塔、泵和管道等；高纯石墨材料制成的中子减速和反射的构件用于核反应堆；煤制活性炭、炭分子筛可用于化工和环保行业；生物炭制成的人造心脏瓣膜、人工骨、人工关节、人造鼻梁骨和牙齿已进入临床应用阶段。

由上可见，碳素制品种类繁多，应用广泛，从传统工业到新兴工业，从日常生活到尖端科技都少不了它们。

第二章 石　油

石油工业是 19 世纪的产物、20 世纪的奇迹、当代经济的“发动机”。石油在国民经济和社会生活中的地位和作用极为重要，构成现代生活方式和社会文明的基础。人们衣食住行的各个方面，现代人们的生活、工作处处都离不开石油。我们日常生活中到处都可以见到石油或其附属品的身影，如汽油、柴油、润滑油、塑料、化学纤维等，这些都是从石油中提炼出来的，目前以石油为原料的石化产品达 7 万多种。

第一节　石油的形成

最早提出“石油”一词的是公元 977 年中国北宋时期编著的《太平广记》。正式命名为“石油”是根据中国北宋杰出科学家沈括在其所著《梦溪笔谈》中“生于水际，沙石与泉水相杂，惘惘而出”的描述。

石油又称原油，是从地下深处开采出的棕黑色可燃黏稠液体，主要是各种烷烃、环烷烃、芳香烃的混合物。它是古代海洋或湖泊中的生物经过漫长的演化形成的混合物，与煤一样属于化石燃料。

根据生油原始物质的不同，石油成因假说可分为无机生成和有机生成两大学派。无机成因认为石油由自然界中的无机物质形成；有机成因认为石油由地质时期中的生物有机质形成。

国际上对石油的成因存在着不同的观点，科学界人士也进行过长期的争论，至今尚未完全平息。当前，石油地质学界普遍认为，石油和天然气的生源物是生物，特别是低等的动物和植物。它们死后聚集于海洋或湖沼的黏土基质之中，如果生源物的来源主要是在海洋中生活的生物，就称为海相生油。若生源物的来源主要是生活于湖沼中的生物，就称为陆相生油。中国绝大部分石油属于陆相生油的范围，我国最早的玉门油矿就是在陆相沉积盆地中开发的，现在松辽盆地的大庆等油气田也是陆相生油所致。海相和陆相都具有大量生成油气的适宜环境和条件，都能形成良好的生油区。但是，由于地质条件的差异，它们的生油条件也有较大的不同。海相沉积和陆相沉积均可生成石油，特别是陆相沉积生油由我国著名科学家李四光首先提出，这对我国的石油开发具有极为重要的意义。

在远古，在浅海、内海、湖泊等水域，生长着大量的动植物，尤其是大量浮游微生物生长繁殖得极快。这些水生和陆生生物死后的尸骸随同泥沙一起沉向湖海盆地，成为有机淤泥。沉积物一层一层地加厚，使有机淤泥与空气隔绝，所承受的压力和温度不断地增大，同时在细菌、压力、温度和其他因素的作用下，处在还原环境中的有机淤泥经过压实和固结作用而变成沉积岩石，形成生油岩层。沉积物中的有机物在成岩阶段中经历了复杂的生物化学变化及化学变化，逐渐失去 CO_2、H_2O、NH_3 等，余下的有机质在缩合作用和聚合作用下通过腐泥化和腐殖化过程形成“干酪根”，即生成大量石油和天然气的前驱物。这就是现今普遍为人们所接受的石油有机成因晚期成油说（或称干酪根说），如图 2-1 所示。

结构Ⅰ-a:　H/C=1.64　　O/C=0.06　　分子量(MW)=21187

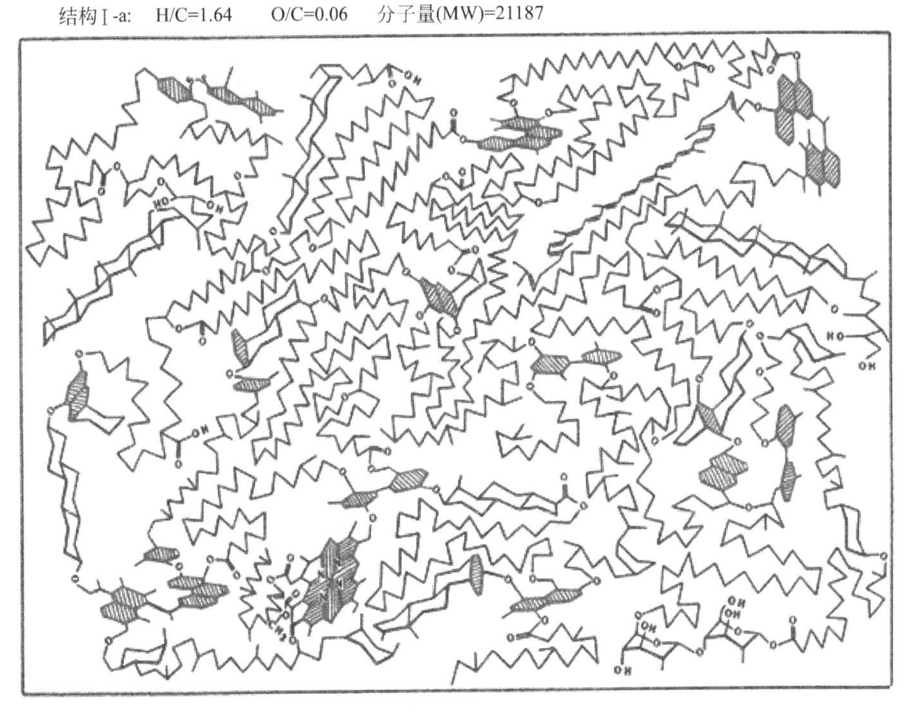

图 2-1　干酪根的结构图

干酪根的结构类型共分四种：Ⅰ型、Ⅱ型、Ⅲ型和Ⅳ型。其中Ⅰ型又分为 a、b、c 等具体类型。该图表示的是结构Ⅰ型中的 a 结构

干酪根是一种高分子聚合物，没有固定的化学成分，主要由 C、H、O 和少量 S、N 组分，C、H 和 O 约占 93.8%。干酪根是地壳中有机碳最重要的存在形式，是沉积有机质中分布最普遍、最重要的一类，约占地质体总有机质的 95%。估计沉积岩中含干酪根 0.3%，推测地壳中干酪根总量约 10^{16} t。

干酪根在成岩阶段中，由于温度的升高，有机质发生热催化作用，大量地转化成石油和天然气，通常情况下，石油和天然气是伴生的。在后生阶段中，温度进一步升高，于是发生裂解作用，使得干酪根主要转化为天然气，或已生成的石油在裂解作用下逐渐变轻，也大量地转变为天然气。到后生阶段的后期，绝大部分石油都将转化为天然气而缺失原油。

生成的石油还需要漫长的运移和聚集过程才能形成油田。开始生成的石油是微小的油滴，分散在生油层泥质岩的孔隙中。泥质岩在一定压力下比砂质岩易于压缩，孔隙度变小，渗透性也变差，没有储集油气的基本条件。因此，生油岩中的油气在外力作用下运移到砂质岩（储集层）中集中，形成有工业价值的油气藏，人们把这一过程叫作“油

气运移”。油气从生成到形成矿藏一般要经过两次大的运移才能完成：第一次是从生油层向储集层的运移，叫作“初次运移”；第二次是在储集层内的运移，叫作“二次运移”。集中储存油气的地方叫作“储油构造”。图 2-2 为储油构造示意图。它由三部分组成：一是有油气储藏的空间，叫储油层；二是覆盖在储油层之上的不渗透层，叫盖层；三是由储集岩构成的封堵条件，叫圈闭。储油构造的形成，主要是地壳运动的结果。由于地壳变化，具有孔隙或裂缝的储集岩层发生倾斜或产生曲折，石油因为比水轻，在地下水的压力和毛细管的作用下，由低处向高处运动，终于到达最高区域，进入储油层，形成了具有一定压力的油气藏。因此形成一个油气田的六大要素就是生（油层）、储（油层）、盖（油层）、运（移）、圈（闭）、保（存）。

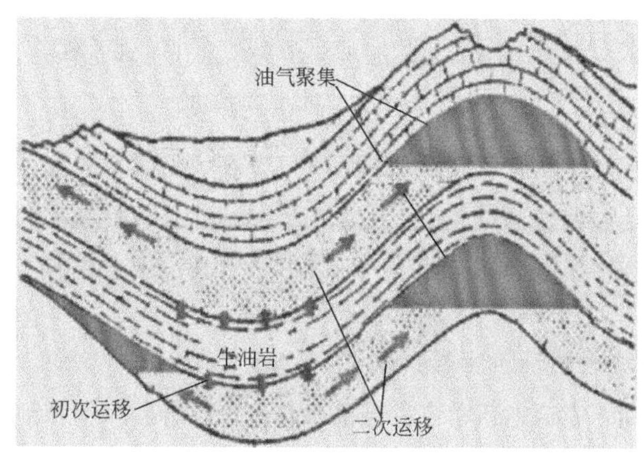

图 2-2　油气运移示意图

第二节　石油的勘探与开采

一、石油的勘探

人们对如何发现油气藏的问题经历了一个不断探索的过程。早先以寻找油气苗为线索，后来用石油地质理论为指导进行预测，发展到现在将先进的理论与先进的探测技术相结合，采用正确的勘探程序，有效地降低了勘探风险，提高了勘探成功率，加速了油气藏的发现。

1. 寻找油气苗

油气苗是石油、天然气以及石油衍生物在地表露头的迹象，是地下油气藏在地表的最直接、最明显的标志。早期的找油就是从寻找、观察油气苗着手的。勘探人员在野外特别注意寻找有没有石油、天然气露头迹象，如沥青或冒气泡的水泉，这是最直观的找油气方法。我国的克拉玛依油田附近有“黑油山”，就是通过发现油气苗而引起注意，投入钻探后发现的（见图 2-3）。独山子油田则以因含有油气的泥水长期滋流形成的“泥火山”而著称；玉门油田旁有“石油河”和“石油沟”；延长油矿范围内沿延河沟谷有多处油苗出露；四川最早利用气井的自贡也有不少气苗可以点燃，古籍中就有记载。

图 2-3　克拉玛依的黑油山

凡是有油气苗的地区，就表明有石油或天然气存在，这就意味着可以找到油气田。

但是有油气苗存在的油气藏毕竟很少，一般埋藏浅，容易被破坏。油气苗实际上是油气藏被破坏的结果。绝大多数油气藏深埋地下，地面没有油气苗。这些油气藏须应用科学的理论和先进的探测方法、手段和技术才能发现。

2. 运用先进的石油地质理论指导找油

近代石油工业初期，石油地质学家发现油气都聚集在背斜（一种地质构造）之中。背斜像一口倒扣在地下的锅，向上运移（油气密度小，在浮力作用下向上运动）的油气被倒扣的锅盖住，油气进入“锅”中聚集成藏，于是提出了“背斜理论”。根据这种理论，人们发现了大批油田，促进了石油工业的发展。直至今天，“背斜理论”对油气勘探仍具有重要的指导作用。

随着油气勘探成功经验和失败教训的不断积累，人们发现油气不仅可以聚集在背斜之中，也可以聚集在其他形式的地质空间之中。到了 20 世纪 30 年代，“圈闭理论”诞生了。“圈闭理论”认为，油气不仅可以聚集在背斜中形成油气藏，也可以在非背斜的其他空间中聚集成藏。凡是能够阻止油气在储层中继续运移并在其中聚集起来的空间场所叫“圈闭”，背斜仅仅是众多圈闭类型中的一种。“圈闭理论”的提出，大大开阔了人们的找油视野和领域，结果在岩性变化、不整合、古地貌、火山岩等多种地质体中发现了大量的油气藏。20 世纪 80 年代以来，石油地质学家又提出了“含油气系统”理论。该理论认为，尽管圈闭是形成油气藏的空间，但不是控制油气藏形成的唯一因素，油气藏的形成是生、储、盖、运、圈、保六大要素在时空上的有利配合，任何一方面的缺乏和不利对油气藏的形成和保存都有重要的影响。油气从生油气区到圈闭聚集成藏是一个动态平衡的过程，油气的聚集部位是有规律的。“含油气系统”已经成为全世界指导油气勘探、有效降低勘探风险的重要理论。

3. 现代勘探技术简介

科学的理论只能指出寻找油气的大致方向，指导人们从宏观角度来把握油气分布规律，而真正要寻找具体的油气聚集带和油气（田），还必须借助于先进的勘探技术、方法和手段。

（1）遥感地质技术

遥感技术是根据电磁波的理论，应用现代高新技术从高空或远距离通过遥感器对研究对象进行特殊测量的一种方法。遥感地质，就是通过距离地球表面 350～1500km 高空的地球资源卫星拍摄地球表面的照片，然后进行地质分析，找出油气藏。如图 2-4 所示。

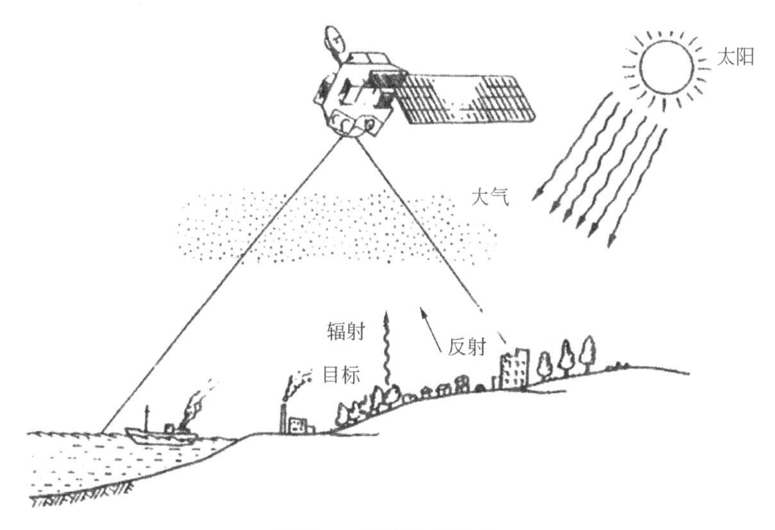

图 2-4　遥感数据采集

由于不同地质体的组成不同，原子数量及排列组合方式的不同，它们本身所特有的发射和吸收电磁波的性质也不同，反射外来电磁波的性质也就不同。卫星照片能够记录不同地质体的反射电磁波段的特性，利用这个特性，把卫星照片上不同地质体的光谱转换为最后的卫星地质照片。通过地质人员对卫星地质照片的解释，结合地面调查和采集岩样分析研究，可以确定含油气盆地的位置、规模和形态，划分可能的生油区和有利的油气聚集带，指出地下一定深度内的较大的地质圈闭。

遥感技术作为一种快速、经济的勘探油气的手段，在我国西部地区油气勘探中的作用及效果非常显著。但它对小范围的微观地质问题反映精度较低，寻找存在于较深地层的储油圈闭的难度较大。

（2）地震勘探技术

地震勘探技术是利用地层和流体（油气）对地震波的不同变化来寻找油气圈闭的方法。

在进行地震勘探时，采用人工放炮的方法产生人为的地震波。地震波在向地下传播过程中，由于不同岩石的密度不同，在遇到不同岩石之间的界面时，会产生反射、折射和透射，在地面上利用仪器观察分析反射到地表的反射波，依据反射波传播的速度、时间就可以了解地下深处岩石界面的弯曲、断裂情况，加上反射波的振幅、频率、相位等特征参数就可以判断岩石的性质、流体（油、气）的情况等，这就是地震勘探的原理（见图 2-5）。

根据地震勘探的精度和方式，分为二维地震勘探、三维地震勘探和四维地震勘探。

早期的地震勘探是在地面的一条直线上（这条直线叫作地震测线）放炮和接收地震波，这样就可得到测线下一条剖面的地质图像。这种测量方法叫作二维地震勘探。要想得到一个地区的地下情况，就要在地面上按一定间隔纵横交错平行布置许多测线，用二维剖面研究地下构造情况。将这些剖面排列起来，就可以得到一个地区的地下油气藏情况。世界上著名的

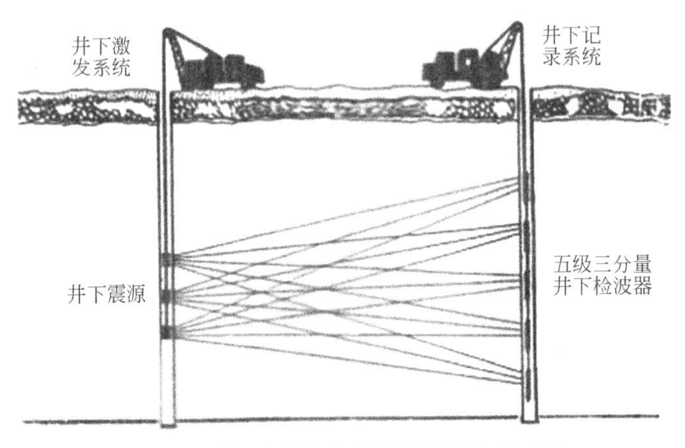

图 2-5 井间地震波直射线数据采集示意图

中东油田、墨西哥湾油田、北海油田、里海油田和中国的大庆油田等都是靠二维地震方法提供圈闭的。

20 世纪 70 年代，随着计算机技术的进步，出现了三维地震勘探技术。三维地震勘探技术是在二维地震勘探的基础上发展起来的，二维勘探得到的图形是个平面，而三维勘探，则可以获得 x、y、z 三个方向的立体图像，一些在二维地震中难以发现的小圈闭和一些特殊的地质构造、地质现象，都能从三维地震的资料中较好地反映出来。

四维地震勘探是相对三维地震勘探而言的，是由三维空间和时间组成的总体。石油资源是有限的，且勘探难度逐步增大，特别是剩余油开采，用传统三维勘探难以观察油藏的动态变化。为满足油藏开发的需要，从 20 世纪 80 年代开始，科研人员开始尝试随时间推移的四维地震勘探。它要求在同一块工区不同时间内，用相同的采集和处理方法将所得到的三维地震勘探成果进行反复比较。如同将人的成长过程拍摄下来，一遍遍观看，可以发现人不同时期的变化一样。地质目标体的一些属性在不同时间存在变化，如储层温度、储层压力、流体性质等，这些变化使地震波穿越地质目标时，引起反射时间、反射振幅等变化。科研人员通过分析这些变化，来研究油藏开采情况，找出剩余油区。四维地震勘探在提高油气田的采收率、油藏动态勘探、老油田剩余油藏分布等方面都有很好的效果。

4. 地表化学勘探

由于油气是一种复杂的有机化合物，是一种能流动、渗透、扩散的物质，所以油气藏上方的地表及其周围常常会形成某些异常现象。如由于某些物理、化学或生物的作用，使一些稀有金属和生物也会发生异常，因此利用化学、物理化学和生物化学来研究与油气藏有关的气体成分、烃类含量、稀有金属、细菌种属等异常的方法叫作地表化学勘探。

地表化学勘探的主要方法有：气体测量法、发光沥青法、水化学法和细菌法等。基于上述油气藏与“异常”的关系，可采用在勘探地区的地面（表土层以下）或剖面（露头或钻井）上，按一定间隔进行取样分析，了解有关成分、含量的变化。例如气体测量法，要系统分析样品中气体含量及成分，绘制等值线圈或地化指标变化剖面图，确定背景值和异常区，结合其他地质资料对勘探地区作出含油气远景评价。

地表化学勘探有时也会出现由其他原因而引起的假异常。

二、石油的开采

将石油从地下“取”出来的过程叫油田开发或采油，石油多集中在被不透水岩层包围或限制的砂岩内，一般位于构造凸起处，在多孔的岩石中石油浮在盐水层的上面。用钻孔进行开采，常见的采油方法有以下几种。

1. 自喷和气举采油

油层在原始条件下，岩石与孔隙空间内的流体处于压力平衡状态。当通过钻井、完井射开油层时，由于井筒中的压力低于油层内部的压力，在井筒与油层之间就形成了一个指向井筒方向的压力降。由于压力降低引起岩石和流体的弹性膨胀其相应体积的原油就被驱向井中。如果地层压力足够的话，就可将原油举升到井口，并利用井口剩余压力把油井产出物输送到计量站、转油站或者联合站。自喷井采油一般是在油田地下油层天然能量较强或通过向油层注入能量使油层维持在较高能量下，原油足以自喷到地面的情况下所采取的采油方式。图 2-6 所示为最简单的自喷井结构，在完钻井身结构内下入油管及喇叭口（油管鞋）。如是分层采油则下入的是分层管柱，地面只有井口装置，通过油嘴来调节产量。

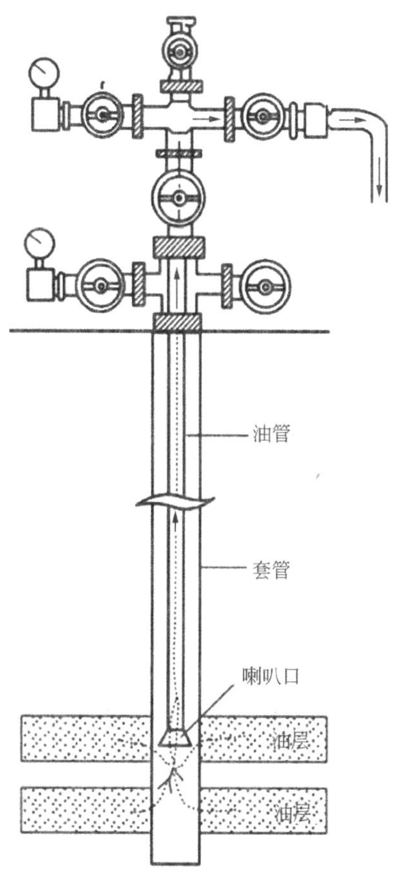

图 2-6　自喷井结构示意图

自喷采油生产原理：原油从地层流入井底，靠自身能量从喇叭口（或配产管柱）进入油管再到井口，经过油嘴喷出。

自喷采油具有设备简单、操作方便、产量较高、采油速度快、经济效益好等优点。

当油层能量不足以维持油井自喷时，为使油井继续出油，人为地将天然气压入井底，使原油喷出地面，这种采油方法称为气举采油法。其流程如图 2-7 所示。

气举采油法的井口、井下设备比较简单，管理调节与自喷井同样方便。特别适合于深井、斜井、水平井、海上采油，以及井中含砂少、含水低、气液比高和含有腐蚀性成分的油井。在选择采用气举方式时，首先要考虑是否有天然气源，一般气源为高压气井或伴生气，在有高压气井作为气源的情况下，优先选择气举方式作为接替自喷的人工举升方式。

由于气举采油需要建压缩机站和大量高压管线，地面设备复杂，一次性投资大；气体能量的利用率较低，需要有足够量的气体。因此，一般油田很少采用这种采油方式。随着气举技术及有关配套工艺的完善，深井和斜井等不宜于机械采油的油井的出现，以及随着海上油田的开发，在高气液比油藏的开发中气举方式已被广泛应用。

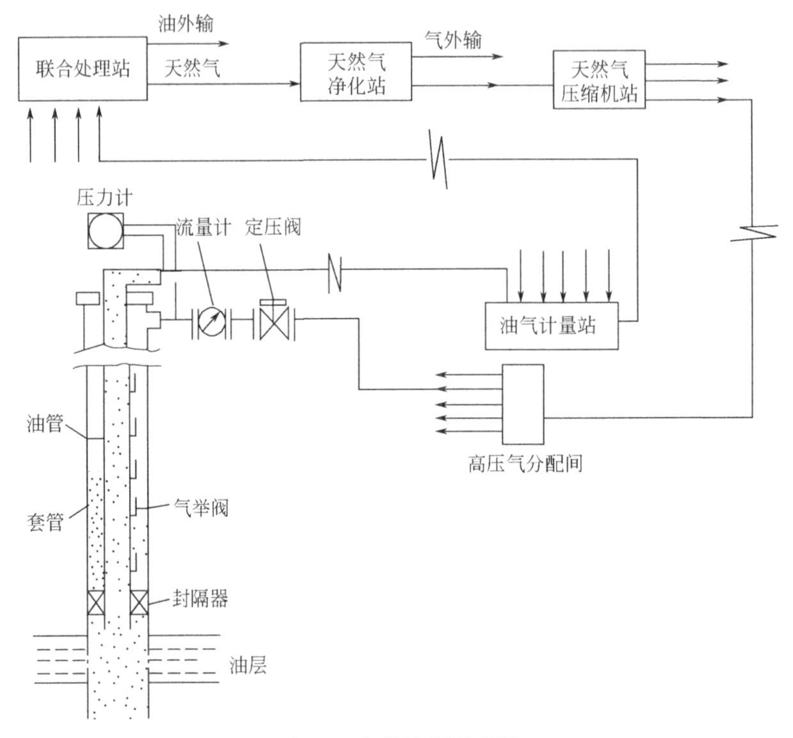

图 2-7　气举流程示意图

2. 有杆泵采油

在油田开发过程中，随着流体不断从油藏中采出，油藏中能量不断减少，油层压力不断降低。当油层能量下降到不足以将原油从井底举升到地面时，就需要人工给井中原油补充能量将油采到地面。通过输入机械能给井中原油补充能量，将原油采到地面的方法称为机械采油法。机械采油法分为有杆泵采油和无杆泵采油，在油田开发后期有杆泵采油在国内外各油田均占有很大的比重。有杆泵抽油机又分为游梁式抽油机和皮带式抽油机。本小节只介绍常用的游梁式抽油机。

抽油装置是由抽油机、抽油杆柱和抽油泵所组成的有杆泵抽油系统。图 2-8 所示为游梁式抽油装置示意图。用油管把深井泵泵筒下入井内液面以下，在泵筒下部装有只能向上打开的吸入阀（固定阀）。用抽油杆柱把柱塞下入泵筒，柱塞上装有只能向上打开的排出阀（游动阀）。当活塞向上时，游动活门在液体压力下关闭，这时活塞上面的石油就从工作筒内提到下面的油管里去。同时，工作筒内的压力降低，油管外的石油就顶开固定活门流入工作筒内。当活塞向下时，工作筒内压力增加，固定活门关闭，石油就顶开游动活门流到活塞上面，这样活塞上下反复运动，井里的石油就被抽到油管里去，并不断地从油管内升举到井口。当前主要采用的是游梁式抽油机，人们也习惯叫它为“磕头机”。目前国内外油田约有80％的非自喷井都用这种抽油机来采油。

3. 无杆泵采油

有杆泵抽油（典型代表是游梁式抽油机）虽然具有设备简单、操作容易及工艺方法成熟等优点，但是由于抽油杆柱的存在使油井的产量、泵挂深度、冲程及泵效都受到了限制，更不能应付油田开采中日益增多的复杂情况，如含气、含砂、含蜡、稠油、大排量、深井或超深井以及定向井生产等。针对这种情况，研究和发展了无杆泵采油方法，从根本上避免了由于抽油杆柱的存在而带来的限制，使机械采油能够在油田生产中获得更为广泛的应用。无杆泵机械采油方法的最大特点是不需要用抽油杆传递地面动力，而是用电缆或高压液体将地面能量传输到井下，带动井下机组把原油抽至地面。常用的无杆泵包括电动潜油离心泵、水力活塞泵、水力射流泵和电动潜油螺杆泵等。

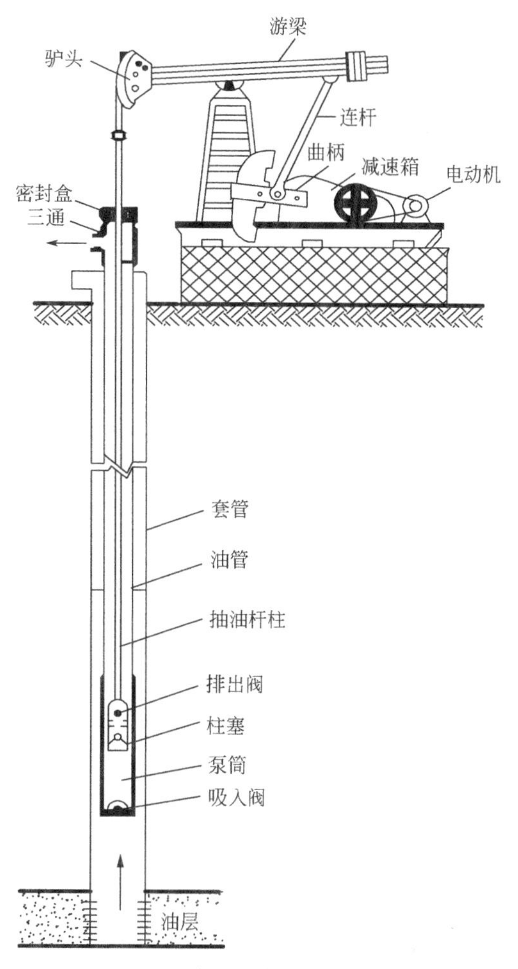

图 2-8 游梁式抽油装置示意图

(1) 电动潜油离心泵采油

电动潜油离心泵是一种在井下工作的多级离心泵，将油管下入井内，地面电源通过潜油离心泵专用电缆输入井下潜油电动机，使电动机带动多级离心泵旋转产生离心力，将电能转换为机械能，将油井中的原油举升到地面。

电动潜油离心泵采油装置由井下部分、地面部分和联系井下与地面的中间部分三部分组成，如图 2-9 所示。

井下部分主要是电动潜油离心泵的机组，它由多级离心泵、潜油电动机、保护器、油气分离器四个部分组成，起着抽油的主要作用。一般布置是多级离心泵在上面，向下依次为油气分离器、保护器、潜油电动机。除油气分离器与多级离心泵常为一整体外，其他各大件的外壳一般都用法兰螺钉相连接，三者的轴用花键套连接以传输潜油电动机输出的扭矩。在潜油电动机下部有的还装有井底压力探测器，测定井底压力和液面升降情况，将信号传递给地面控制仪表。井下部分接于油管的下端下入井中。

地面部分由变压器组、控制屏或自动控制台及辅助设备（电缆滚筒、导向轮、井口支座和挂垫等）组成。控制屏或自动控制台用来控制电动潜油离心泵工作同时保护潜油电动机，防止电动机电缆系统短路和电动机过载。变压器组用以将电网电压变换成保证电动机工作所需的电压（考虑到电缆中的电压降）。

中间部分由电缆和油管组成。将电流从地面部分传送给井下部分，采用的是特殊结构的电缆（有圆电缆和扁电缆两种）。在油井中利用钢带将电缆和油管柱、泵、保护器外壳固定在一起。

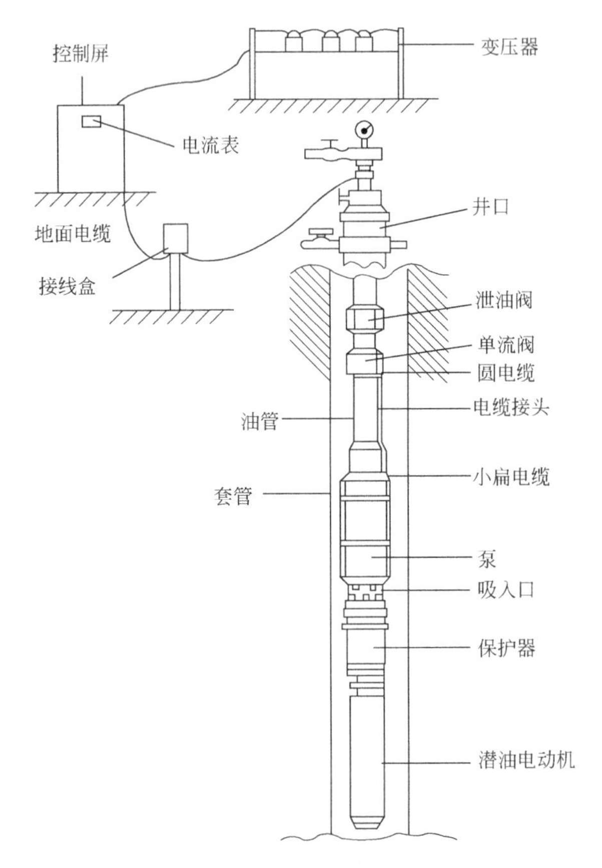

图 2-9　电动潜油离心泵采油装置

电动潜油离心泵采油适应中高排液量、高凝油、定向井、中低黏度井，扬程可达2500m。具有井下工作寿命长、地面工艺简单、管理方便、经济效益明显等特征，近十多年来在油田得到了广泛应用，是油田长期稳产的重要手段之一。

(2) 螺杆泵采油

螺杆泵是以液体产生的旋转位移为泵送基础的一种机械采油装置，融合了柱塞泵和离心泵的优点，无阀、运动件少、流道简单、过流面积大、油流扰动小，较其他采油方式在抽汲高黏度、高含砂和高含气量的原油时具有良好的适应性，目前广泛应用于国内主要油气田。

螺杆泵采油系统按驱动方式可划分为地面驱动和井下驱动两大类。地面驱动螺杆泵发展较早，也较成熟，是目前油田采用的主要方式。井下驱动螺杆泵避免了地面驱动时扭矩的损失，设备较少，具有较高的采油效率，但应用较少。

典型的地面驱动螺杆泵系统如图 2-10 所示，它是利用抽油杆传递地面电机的扭矩带动井下螺杆泵转动来举升原油。就其驱动方式而言它是一种旋转运动的有杆泵。

螺杆泵由一个能转动的单螺杆（转子）和一个固定的衬套（定子）组成。螺杆采用单线螺杆，其任意位置处的横截面积都是相同的圆面积。螺杆横截面的中心位置与它轴线的距离称为螺杆的偏心距，螺杆的螺线有左旋和右旋两种，对于不同的螺旋方向，电动机转动方向应不同。

衬套采用弹性橡胶制成，其内表面是双线螺旋面。衬套螺旋面的导程是螺杆螺距的两倍。衬套任意位置的横截面由两个半圆和一个矩形组成，两个半圆面积等于螺杆横截面积，矩形的长度为螺杆偏心距的四倍，宽度等于螺杆直径。衬套管内螺旋面是这个面积绕轴线转动和沿轴线平移的结果，衬套内螺旋面的螺旋方向要与螺杆螺旋面相同。

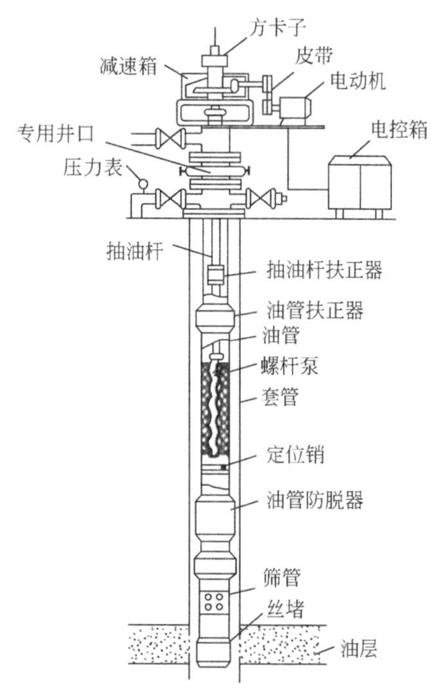

图 2-10 地面驱动螺杆泵系统

螺杆在衬套中的运动有两种：一种是螺杆本身的自转；另一种是螺杆沿衬套内表面滚动使螺杆轴线绕衬套轴线旋转。因此螺杆与中间传动轴必须采用万向轴或偏心联轴节连接。

螺杆泵的工作原理是：当转子在定子衬套中位置不同时，它们的接触点是不同的。液体完全被封闭，液体封闭两端的线即为密封线，密封线随着转子的旋转而移动，液体即由吸入侧被送往压出侧。转子螺旋的峰部越多，也就是液力封闭数越多，泵的排出压力就越高。转子截面位于衬套长圆形断面两端时，转子与定子的接触为半圆弧线，而在其他位置时，仅有两点接触。由于转子和定子是连续啮合的，这些接触点就构成了空间密封线，在定子衬套的一个导程内形成一个封闭腔室；这样，沿着螺杆泵的全长，在定子衬套内螺旋面和转子表面形成一系列的封闭腔室。当转子转动时，转子-定子副中靠近吸入端的第一个腔室的容积，在它与吸入端的压力差作用下，举升介质便进入第一个腔室。随着转子的转动，这个封闭腔室开始封闭，并沿轴向向排出端移动，在排出端消失，同时在吸入端形成新的封闭腔室。由于封闭腔室的不断形成、运动和消失，举升介质通过一个又一个封闭腔室，从吸入端挤到排出端，压力不断升高，排量保持不变。

螺杆泵就是在转子和定子组成的一个个密闭的独立腔室的基础上工作的。转子运动时(自转和公转)，密闭空腔在轴向沿螺旋线运动，按照旋向，向前或向后输送液体。螺杆泵是一种容积泵，所以它具有自吸能力，甚至在气液混输时也能保持自吸能力。

(3) 水力活塞泵采油

这种泵是利用注入井内的高压液体驱动井下的液压马达，液压马达上下往复运动带动抽油泵抽油。水力活塞泵具有下泵深、泵效高、检修泵方便等特点，而且排量范围广，适用于稠油、高含蜡、低液面、方向井等情况的油井。特别对没有电源的外围井，可利用本井的天然气作发动机的燃料，带动地面高压泵来驱动井下泵抽油。我国山东胜利油田目前有几百台在应用。

(4) 注水（气）采油

随着油田的开发，油层压力不断下降，为了向油层内补充能量，往往采取向油层注水或注气的办法。我国大多数油田都采用注水的方式向油层补充能量。注水采油大致分为两类：

一类是晚期注水开发，就是油田靠天然能量开采已无法维持生产时，采用注水来进行二次采油；另一类则是早期注水开发的方法，也就是油田一投产，或开发早期阶段即开始注水，始终保持油层有足够的能量，保持稳产。我国注水油田的采油量占全国产油量的 90%以上。大庆油田自 1960 年投产以来，创造了我国一整套早期分层注水开采的系统工程。在同一口注水井中，将注水层按渗透率的差异分为若干段，对各段实行分层定量注水，使各油层都能得到能量补充，保持了油井较长时间的自喷。大庆油田 1976 年年产量增加到 5×10^7t 以后，一直稳产，到 1998 年油田年产量仍保持在 5.5×10^7t 以上，实现了"高产上五千，稳产二十年"的目标，并为实现更长时间的稳产打下了扎实的基础。

(5) 三次采油

所谓三次采油，是指经过一次采油和二次采油以后所进行的采油。它是油田在二次采油基本结束时为尽可能提高石油采收率所进行的采油。因此，三次采油又称为提高油气采收率工作。

三次采油的概念兴起于 20 世纪 70 年代初出现全球能源危机之后。由于在实际油藏（油田）的开采中，一次采油、二次采油与三次采油一般都呈连续过渡，很少在前一种采油完全终结之后才进行后一种采油的情况，而且多数三次采油都是在二次采油的基础上仍然采用以注水为主适当加入化学剂的方法，因此，近年来有逐渐淡化三次采油的提法而更多采用提高油气采收率这一概念的倾向。

第三节 石油的性质

一、石油的组成

石油通常是黑色、褐色或黄色的流动或半流动的黏稠液体，密度为 0.8～1.0g/cm^3，黏度范围很宽，凝固点差别很大（－60～30℃）。沸点范围从常温到 500℃以上，可溶于多种有机溶剂，不溶于水，但可与水形成乳状液。组成石油的化学元素主要是碳（83%～87%）、氢（11%～14%），其余为硫（0.06%～0.8%）、氮（0.02%～1.7%）、氧（0.08%～1.8%）及微量金属元素（镍、钒、铁等）。由碳和氢化合形成的烃类构成了石油的主要组成部分，占 95%～99%，含硫、氧、氮的化合物对石油产品有害，在石油加工中应尽量除去。

不同产地的石油中，各种烃类的结构和所占比例相差很大，但主要属于烷烃、环烷烃、芳香烃三类。通常以烷烃为主的石油称为石蜡基石油；以环烷烃、芳香烃为主的称为环烃基石油；介于二者之间的称为中间基石油。根据密度的大小又分为重质原油和轻质原油，密度在 0.9～1.0g/mL 的称为重质原油；密度小于 0.9g/mL 的称为轻质原油。

我国原油的主要特点是含蜡较多，凝固点高，硫含量低，镍、氮含量中等，钒含量极少。除个别油田外，原油中汽油馏分较少，轻油占 1/3。

组成不同的石油，加工方法有差别，产品的性能也不同，应当物尽其用。大庆原油的主要特点是含蜡量高，凝固点高，硫含量低，属低硫石蜡基原油。

二、石油的主要成分与结构

石油中包含的化合物种类数以万计。主要由烃类和非烃类组成，另外还有少量无机物。下面对石油中的主要成分作详细介绍。

1. 烃类化合物

烃类化合物（即碳氢化合物）是石油的主要成分，是石油加工和利用的主要对象。石油中的烃类包括烷烃、环烷烃、芳烃。石油中一般不含烯烃和炔烃，二次加工产物中常含有一定数量的烯烃。

（1）烷烃

烷烃分子结构中碳原子之间均以单键相互结合，其余碳价都为氢原子所饱和。它是一种饱和烃，其分子通式为 C_nH_{2n+2}。烷烃是原油的基本组分之一。某些原油中烷烃含量高达50%～70%。原油中的烷烃包括正构烷烃和异构烷烃，烷烃存在于原油整个沸点范围中，但随着馏分沸点的升高，烷烃含量逐渐减少，馏出温度接近 500℃时，烷烃含量降到 19%～5%或更低。

常温常压下烷烃随着含碳量的增加而由气态逐步变为固态。C_1～C_4 的烷烃是气态，C_5～C_{16} 的烷烃是液态，C_{17} 以上的烷烃是固态。

烷烃的化学性质较稳定，但在加热或催化剂以及光的作用下，会发生氧化、卤化、硝化、热分解以及催化脱氢、异构化等反应。

（2）环烷烃

环烷烃的碳原子相互连接成环状，故称为环烷烃。由于环烷烃分子中所有碳价都已饱和，因而它也是饱和烃。其分子通式为 C_nH_{2n}。环烷烃在原油中的含量仅次于烷烃。

环烷烃在石油馏分中的含量一般随馏分沸点的升高而增多，但在沸点较高的润滑油馏分中，由于芳烃含量的增加，环烷烃含量逐渐减少。

环烷烃的化学性质与烷烃相似，但活泼些。在一定条件下同样可以发生氧化、卤化、硝化、热分解等反应。环烷烃在一定条件下能脱氢生成芳烃，是生产芳烃的重要原料。

（3）芳香烃

简称芳烃，是一种碳原子为环状连接结构，成环原子处于同一平面上，具有闭环共轭体系，π 电子数符合 $4n+2$ 规则的不饱和烃。其中酚可以用碱洗法除去。

2. 非烃类化合物

石油组成中烃类以外的有机化合物，如含氧化合物（环烷酸、酚、脂肪酸）、含氮化合物（卟啉等）、含硫化合物（噻吩、硫醇等）以及少量含金属元素的其他有机化合物。石油中的非烃类含量一般在 10%～20%，一些轻质石油几乎完全不含非烃类。少数石油中非烃类有机物的含量甚至高达 60%。

（1）含硫化合物

硫含量常作为评价原油的一项重要指标，把硫含量小于 0.5%的原油称为低硫原油，硫含量介于 0.5%～2.0%的称为含硫原油，硫含量大于 2.0%的称为高硫原油。原油中的 S、H_2S、硫醇（RSH）等为酸性硫化物，较活泼，腐蚀设备。硫醚（RSR′）、二硫化物

(RSSR′）等为中性硫化物。还有对金属设备无腐蚀作用的非活性硫化物。

含硫化合物在原油馏分中的分布一般是随着石油馏分沸程的升高而增加，其种类和复杂性也随着馏分沸程的升高而增加。

（2）含氮化合物

石油中的氮含量一般比硫含量低，质量分数通常集中在0.05%～0.5%范围内。随沸点的升高，氮含量增加，大部分在胶质沥青质中。氮化物主要包括碱性氮化物如吡啶、喹啉及二苯并吡啶，非碱性氮化物如吡咯、吲哚、咔唑等。碱性氮化物可以使催化剂中毒，非碱性氮化物易被氧化和聚合生成胶质。

（3）含氧化合物

石油中的含氧量比硫、氮少，约为千分之几，个别的可高达2%～3%；随沸点升高，含氧化合物量增加。

含氧化合物分酸性氧化物和中性氧化物，环烷酸、脂肪酸、芳香酸及酚类统称石油酸，对设备有腐蚀作用。醛、酮、酯等中性氧化物含量极少，易氧化生成胶质。

石油中含氧化合物的含量一般用酸度（酸值）来间接表示。

3. 胶状沥青状物质

胶状沥青状物质是由结构复杂、组成不明的高分子化合物组成的复杂混合物，胶状沥青状物质大量存在于减压渣油中。原油中的大部分硫、氮、氧以及绝大多数金属均集中在胶状沥青状物质中。

胶状物质简称为胶质，通常为褐色至暗褐色的黏稠且流动性很差的液体或无定形固体，受热时熔融。胶质是原油中分子量和极性仅次于沥青质的大分子非烃化合物。胶质的密度在1.0g/mL左右，平均分子量为1000～3000。胶质主要是稠环类结构，即芳环、芳环-环烷环及芳环-环烷环-杂环结构。从不同沸点馏分中分离出来的胶质，分子量随着馏分沸点的升高而逐渐增大，颜色也逐渐变深，从浅黄到深黄以至深褐色。

胶质是道路沥青、建筑沥青、防腐沥青等沥青产品的重要组分之一。胶质能提高石油沥青的延展性。但在油品中含有胶质，会使油品在使用时生成积炭，造成机器零件磨损和输油管路系统堵塞。

沥青状物质简称沥青质，是石油中分子量最大、结构最为复杂、含杂原子最多的物质。从石油或渣油中用C_5～C_7正构烷烃沉淀分离出的沥青质是暗褐色或黑色的脆性无定形固体。沥青质的密度稍高于胶质，略大于1.0g/mL；平均分子量为3000～10000，明显高于胶质；H/C原子比在1.1～1.3之间，低于胶质。沥青质加热不熔融，当温度升到350℃以上时，会分解为气态物质、液态物质以及缩合为焦炭状物质。沥青质没有挥发性。原油中的沥青质全部集中在减压渣油中。

4. 无机物

除烃类及其衍生物外，原油中还含有少量无机物，主要是水及Na、Ca、Mg的氯化物，硫酸盐和碳酸盐以及少量污泥等。它们分别呈溶解、悬浮状态或以油包水型乳化液分散于原油中。其危害主要是增加原油储运的能量消耗，加速设备腐蚀和磨损，促进结垢和生焦，影响深度加工催化剂的活性等。

第四节 石油的炼制

从地下开采出来的石油是黄色乃至黑色的黏稠液体，是由烃类和非烃类组成的复杂混合物，各组分的沸点都不相同。利用石油中各组分沸点不同的特性，就可以用加热蒸馏的物理方法辅之以各种化学手段把它们分开，以生产出人们所需要的各种产品，这一过程称为石油的炼制。在石油炼制过程中，采用一系列化工加工方法，主要包含催化裂化、热加工、催化重整和催化加氢等来改变原有的产品结构，提高石油产品中汽油、柴油等常用油品的产量和质量。

一、原油蒸馏

1. 原油预处理

从油井采出的原油中除含有碳氢化合物外，还携带有少量水、盐和泥沙。这些杂质给后续加工过程带来危害，必须先行除去。

原油自油罐抽出后，先与淡水、破乳剂按比例混合，经加热到规定温度，进入一级脱盐罐，经脱盐后，脱盐率在 90%～95%。在进入二级脱盐前，还需注入淡水。经二级脱盐后，基本可以将原油中的盐脱去。最终原油的含盐量≤3mg/L、含水量≤0.2%（质量分数）。

2. 原油蒸馏

石油炼制的第一阶段为蒸馏，蒸馏是利用物理方法将原油中的各种碳氢化合物按一定温度范围在蒸馏塔设备中分开，分常压蒸馏和减压蒸馏。将原油加热到一定温度，原油中的碳氢化合物变成气体，不同的化合物气体有不同的凝结点，在不同温度下凝结成为液体，利用这种特性可将石油分成各种组成部分。在蒸馏过程中，热原油流入蒸馏塔靠近塔底部位，最重的碳氢化合物由于沸点高而凝结沉到下层，其他碳氢化合物以气体形式上升通过塔板，直至冷却凝结形成液体，然后通过管道送去进一步深加工。

原油的沸点范围很宽，将原油按沸点的高低切割为若干个部分，称为馏分。每个馏分的范围简称为馏程或沸程。原油通过蒸馏的方法，一般可分离成 7～8 个馏分，见表 2-1。通过蒸馏的方法，把原油中沸点不同的物质分开为气体（炼厂气）、汽油、煤油、柴油、重油和沥青等不同的产品。

通过常压蒸馏从原油中分出沸点<350℃的馏分（轻质馏分），作为汽油、煤油、柴油车用燃料或裂解制乙烯的原料。通过减压蒸馏从原油中分出沸点<500℃的馏分（重质馏分），作为催化裂化原料或生产各种牌号的润滑油。

从常压蒸馏开始馏出的温度（初馏点）到小于 200℃的馏分为汽油馏分（也称轻油或石脑油馏分），常压蒸馏 200～350℃的馏分为煤油、柴油馏分［也称常压瓦斯油（AGO）］。沸点相当于常压下 350～500℃的馏分为减压馏分［也称减压瓦斯油（VGO）］，沸点相当于常压下大于 500℃的馏分为减渣馏分（VR）。

在常压蒸馏中，石油馏分中的气体一般为气态烷烃，包括从甲烷到丁烷，在常温下，它们都是气态，是天然气和炼厂气的主要成分。轻油主要是指 20～200℃的汽油或石脑油馏分，有时候又将轻油划分为轻石脑油和重石脑油。轻石脑油主要是 C_5～C_{10} 的烷烃和环烷烃，用作燃料，有时又将其归入汽油馏分。而沸程在 150～180℃的馏分为汽油。沸程在 175～350℃的馏分称为柴油，有时再细分 175～275℃为煤油馏分，200～400℃为柴油馏分。350℃以上的馏分，主要为润滑油和重质燃料油，残渣为沥青。

表 2-1　石油馏分的分布及用途

馏　分	沸程/℃	组成和用途
气体	＜25	C_1～C_4 烷烃
轻石脑油	20～150	主要是 C_5～C_{10} 烷烃和环烷烃，用作燃料
重石脑油	150～200	汽油和化学制品原料
煤油	130～250	C_{11}～C_{16} 烷烃，用作喷气式飞机和取暖燃料
粗柴油	200～400	C_{15}～C_{25}，用作柴油机和取暖燃料
润滑油/重质燃料油	350	C_{20}～C_{70}，用作润滑油和锅炉燃料
沥青	残渣	用于道路、建筑方面

原油的蒸馏在蒸馏塔中进行，如图 2-11 和图 2-12 所示。蒸馏塔为一柱状设备，中间安放了多层的塔板，在塔板上开有让气体上升以及液体流下的通道。在塔顶设有冷凝器，塔底设有加热元件，称为再沸器。

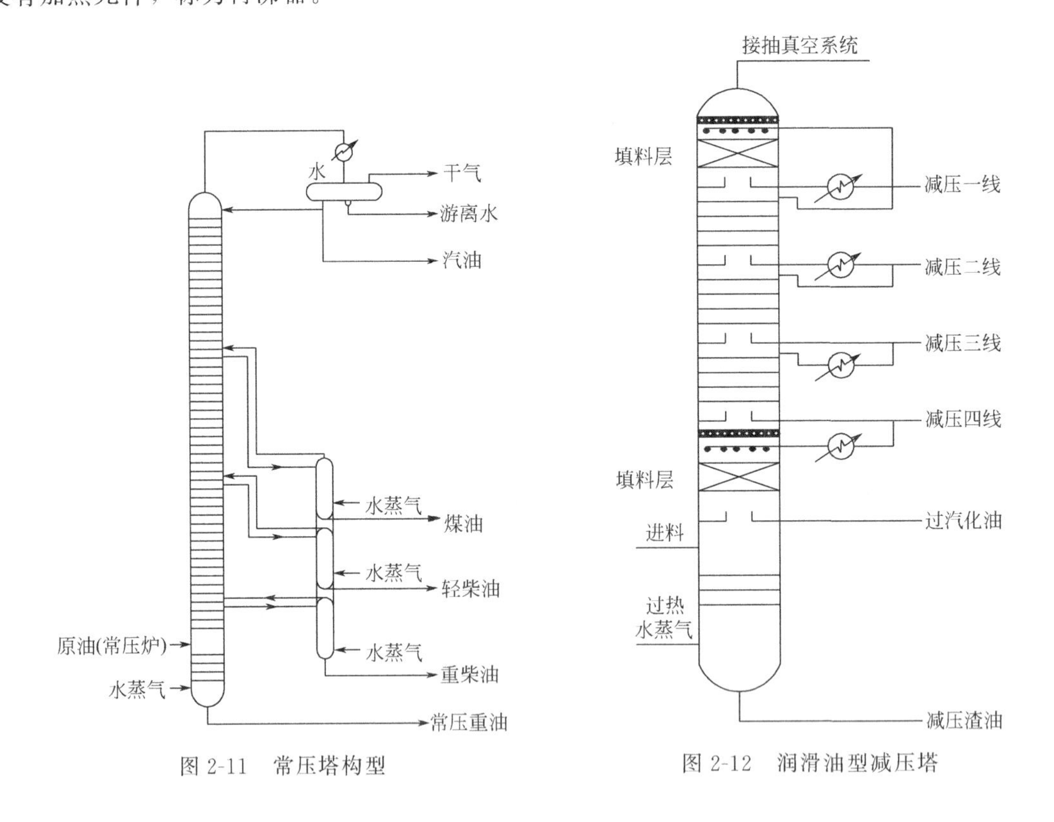

图 2-11　常压塔构型　　图 2-12　润滑油型减压塔

原油中的各组分由于分子结构不同，因此沸点也不同。轻组分沸点低，比较容易挥发，在加热时，容易汽化。重组分沸点高，相对难挥发。在蒸馏过程中，每一层塔板上的液体，由于受热，那些轻组分汽化成气体，穿过塔板上的通道，来到上一层塔板，与上一层塔板上的液体进行物质交换，沸点高的组分留下来，沸点低的组分继续向更上一层塔板流动。沸点高的组分由于难挥发，以液体形态留在塔板上，通过塔板上的通道流向下一层塔板，同时与上升的轻组分进行物质交换，经过这样多层的物质交换，在蒸馏塔里沿着塔的轴线形成了石油各组分的分布。轻组分逐渐聚集到塔的上部，重组分则聚集到塔的下部。按照需要在塔中某一馏分最多的位置开口引出该馏分，由此可以将原油进行分离。

从蒸馏的理论来说，要把 N 个馏分分离开，需要 $N+1$ 个塔，而在原油分离中，并不需要分离出纯的组分，因此都是采用馏程来表示某一温度范围的混合物，如煤油馏程为130～250℃，柴油馏程为250～300℃。

图2-13是原油加工方案的一种，是以大庆原油为原料生产燃料油和润滑油的工艺流程。

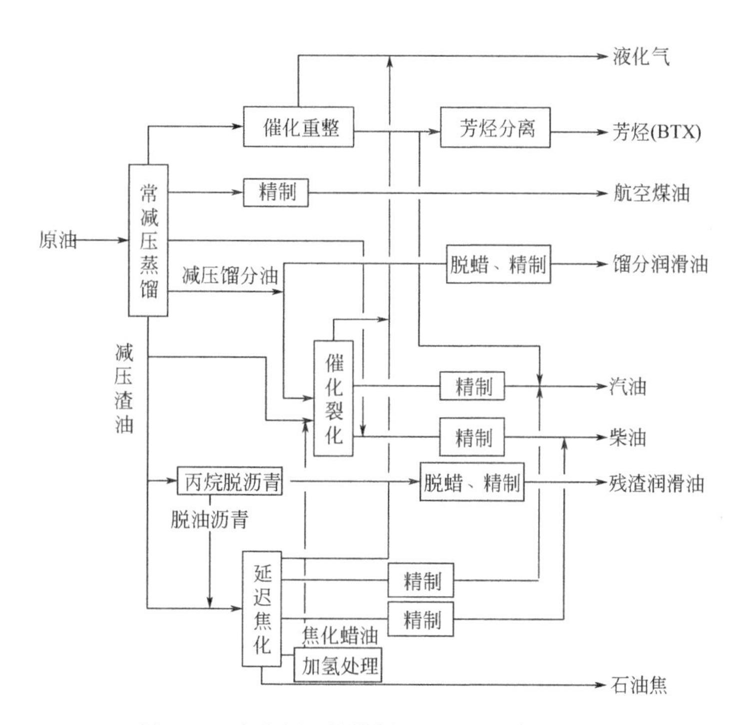

图2-13　大庆原油的燃料油和润滑油加工方案

二、石油深度加工过程

常压直接蒸馏所得直馏汽油，其产率一般只有10%左右。为了提高汽油和柴油的产量和质量，同时获得化工原料，往往把常压蒸馏和减压蒸馏后所得的产品再做进一步深加工处理（也称二次加工）。二次加工过程主要包括热裂化、减黏裂化、催化裂化、加氢裂化、催化重整、延迟焦化及加氢精制等。

1. 热裂化

热裂化是在高温（470～520℃）、高压下分解高沸点石油馏分（如常压重油、减压馏分），制取低沸点烃类——汽油、柴油以及副产气体和渣油的过程，汽油、柴油总产率在

60%左右。副产气体叫作热裂化气，主要是甲烷和氢气。热裂化过程中，烷烃、烯烃分解为较小分子的烷烃和烯烃；环烷烃发生断侧链、断环和脱氢反应，带侧链的芳烃断掉侧链或侧链脱氢。

2. 减黏裂化

减黏裂化是在反应温度400～450℃、反应压力0.4～0.5MPa的条件下进行的浅度热裂化过程，目的是使重质高黏度油料（如常压渣油、减压渣油、全馏分重质原油、拔头重质原油等）转化为低黏度、低凝固点的燃料油。减黏裂化过程中也产生很少量的裂化气，仅为原料质量的1%左右，而且主要是干气，故单独进行化工利用的意义不大。

3. 催化裂化

催化裂化是重质油在酸性催化剂存在下，在500℃左右、1×10^5～3×10^5Pa下发生裂解反应，生成轻质油、气体和焦炭的过程。催化裂化是目前石油炼制工业中最重要的二次加工过程，也是重油轻质化的核心工艺。催化裂化是提高原油加工深度、增加轻质油产率的重要手段。催化裂化原料有重质馏分油（减压馏分油、焦化馏分油）、常压重油、减渣（掺一部分馏分油）、脱沥青油。

催化裂化是高温、快速反应，催化剂结焦失活快，催化剂需要反复再生。图2-14是催化裂化反应的再生系统。

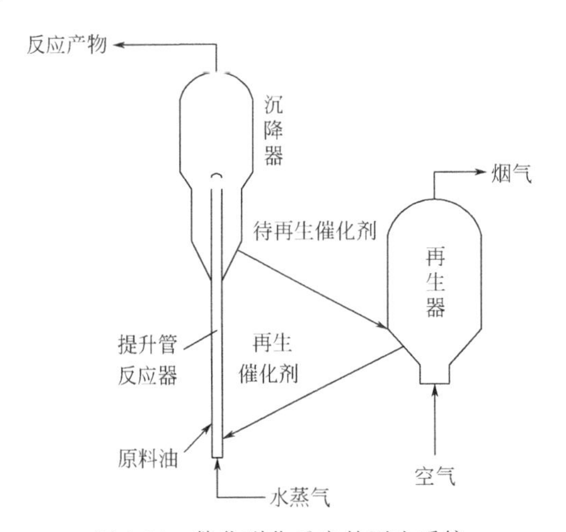

图2-14　催化裂化反应的再生系统

催化裂化产品分布及特点：

① 气体产率为10%～20%，气体中主要是C_3、C_4，烯烃含量很高。

② 汽油产率在30%～60%之间，辛烷值（octane number，ON）高，研究法辛烷值（RON）可达85～95。

③ 柴油产率为20%～40%，十六烷值（cetane number，CN）较低，需调和或精制。

④ 焦炭产率为5%～7%，原子比大约是C∶H=1∶（0.3～1）。

催化裂化主要发生以下反应：

① 烷烃和烯烃分解为更小分子的烷烃和烯烃；

② 环烷烃开环或侧链断裂；

③ 正构烯烃变为异构烯烃；

④ 六碳环烷烃脱氢成芳烃；

⑤ 烯烃环化脱氢为芳烃；

⑥ 烯烃变为烷烃。

4. 加氢裂化

现代炼油技术中的加氢裂化是指通过加氢反应使原料油中有10%或10%以上的分子变小的那些加氢工艺。其中包括：馏分油加氢改质，渣油加氢改质，减压瓦斯油（VGO）加氢改质生产润滑油基础油和其他加氢工艺（催化脱蜡、异构脱蜡生产低凝点柴油，催化脱蜡、异构脱蜡生产润滑油基础油）

加氢裂化是重油深度加工的清洁生产工艺，是重质、劣质原料直接生产优质马达燃料和化工产品的唯一技术，是21世纪炼油工业重油轻质化的最主要技术之一。工艺流程如图2-15所示。

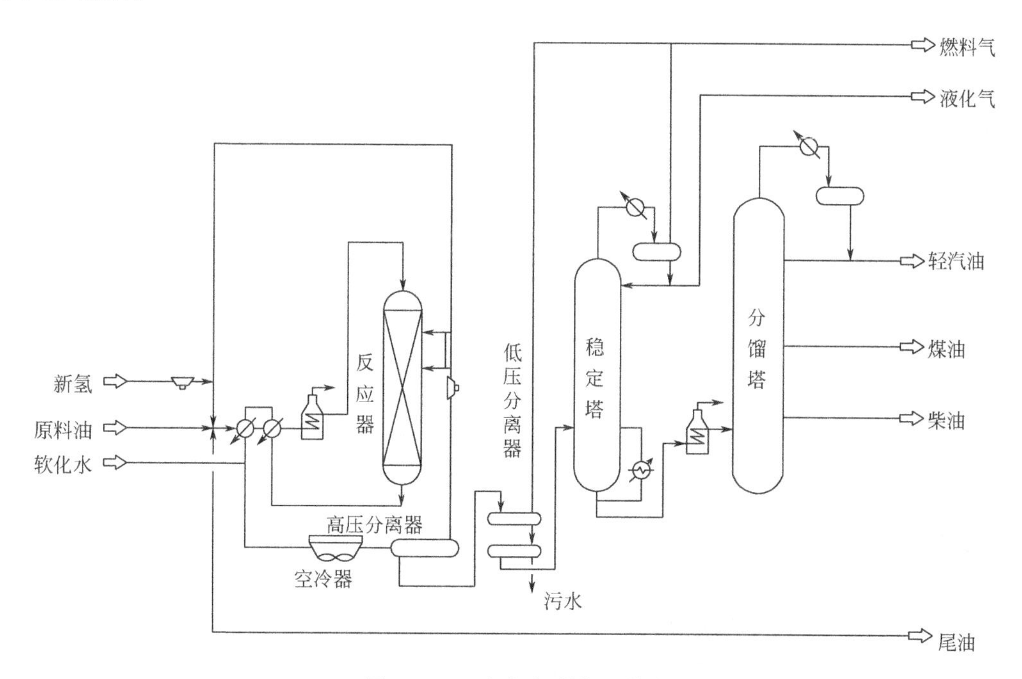

图2-15　一段加氢裂化工艺流程

加氢裂化技术的特点：催化剂活性高、选择性好、运转周期长并可再生使用；原料适应性强；进料可全部转化；液体产品收率高；产品方案灵活；产品质量好；杂质含量低、燃烧清洁、安定性好。

加氢裂化的原料：减压蜡油、FCC轻循环油和回炼油、焦化蜡油、热裂化油料、脱沥青油、直馏和二次加工石脑油、直馏粗柴油等。

加氢裂化产品主要有液化石油气、车用汽油、催化重整进料、喷气燃料、柴油、取暖用油、乙烯装置进料、润滑油料、FCC进料等。

5. 催化重整

催化重整是指烃类分子在催化剂作用下重新排列成新分子结构的工艺过程。一般是对轻油（直馏汽油或经过加氢的裂化汽油馏分）进行重整，以铂金属作催化剂，故又称铂重整。催化重整于20世纪40年代已工业化，既能为石油化工的纤维、橡胶、塑料三大合成材料提供苯、甲苯、二甲苯，又能为交通运输提供高辛烷值的车用汽油和航空汽油组分，还副产大量廉价氢。工艺流程如图2-16所示。

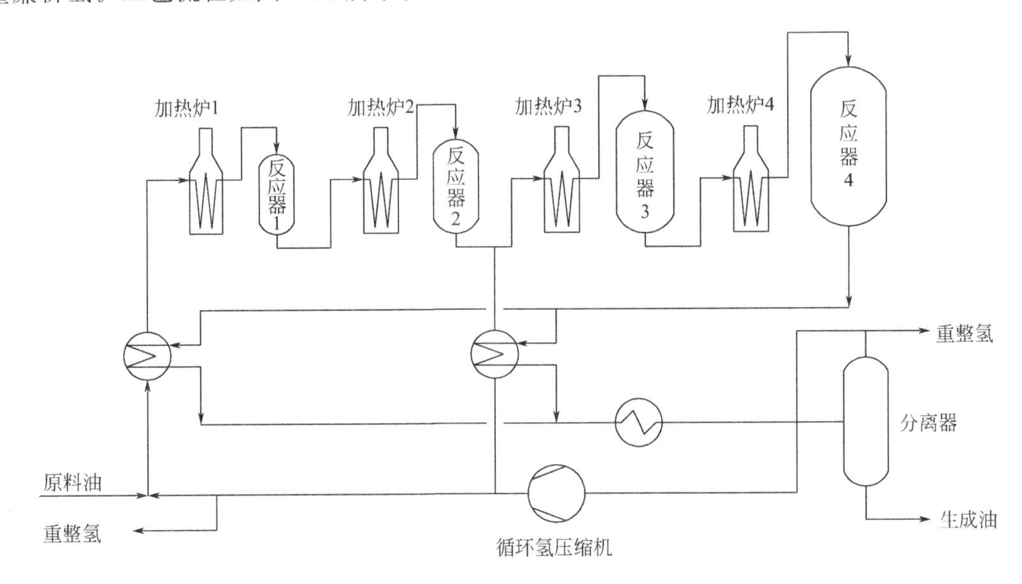

图2-16 麦格纳重整反应系统工艺流程

重整产物中液体占80%～90%，其中含芳香烃25%～60%，依原料的化学组成而异。芳香烃包括苯、甲苯、三种异构体的混合二甲苯和乙苯。生产1%～3%的含氢气体，其氢气浓度为75%～90%。重整过程产生的气体叫“重整气体”，包括从产品分离器分出的“高压气”和从产品分离器出来的液体经稳定塔所得“低压气”。

6. 延迟焦化

焦化过程（简称焦化）是以贫氢的重油，如减渣、裂化渣油等为原料，在高温（500℃～550℃）下进行深度的热裂化和缩合反应的热加工过程。

延迟焦化的工作原理：重质油在管式炉中加热，采用高的流速（在炉管中注水）及高的热强度（炉出口温度500℃），使油品在加热炉中短时间内达到焦化反应所需的温度，然后迅速进入焦炭塔，使焦化反应不在加热炉中而延迟到焦炭塔中进行，因此，称为延迟焦化。目前所用的装置为延迟焦化装置。工艺原理流程如图2-17所示。

焦化过程的产物有气体、汽油、柴油、蜡油和焦炭（现主要用于生产优质石油焦），减渣经焦化过程可得到70%～80%的馏分油，其中汽油10%～20%、柴油25%～35%、裂化原料（蜡油）25%～35%、石油气6%～8%。焦炭（也称石油焦）15%～20%。焦化气体量较大，主要是干气，可作为合成氨和甲醇的原料气。

7. 加氢精制

这是各种油品在氢压下进行改质的一种统称。

20世纪50年代，加氢方法在石油炼制工业中得到应用和发展，60年代因催化重整装置增多，石油炼厂可以得到廉价的副产氢气，加氢精制应用日益广泛。据80年代初统计，主

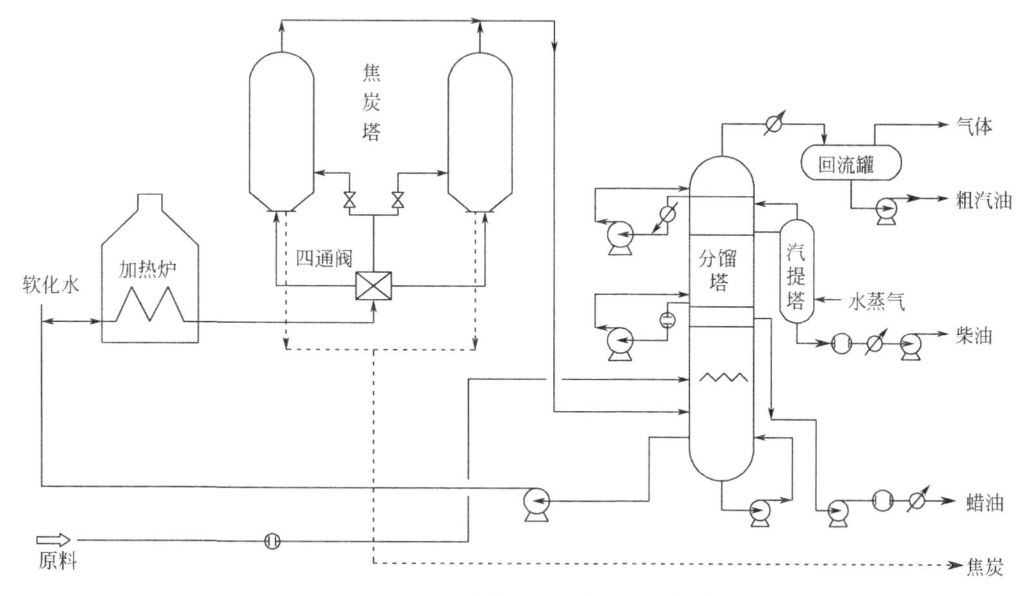

图 2-17 延迟焦化装置工艺原理流程

要工业国家的加氢精制占原油加工能力的 38.8%～63.6%。

加氢精制可用于各种来源的汽油、煤油、柴油的精制，催化重整原料的精制，润滑油、石油蜡的精制，喷气燃料中芳烃的部分加氢饱和，燃料油的加氢脱硫，渣油脱重金属及脱沥青预处理等。氢分压一般为 1～10MPa，温度为 300℃～450℃。

催化剂中的活性金属组分常为钼、钨、钴、镍中的两种（称为二元金属组分），催化剂载体主要为氧化铝，或加入少量的氧化硅、分子筛和氧化硼，有时还加入磷作为助催化剂。喷气燃料中的芳烃部分加氢则选用镍、铂等金属。双烯烃选择加氢多选用钯。

各种油品加氢精制工艺流程基本相同，图 2-18 给出了柴油加氢精制的工艺流程，原料油与氢气混合后，送入加热炉加热到规定温度，再进入装有颗粒状催化剂的反应器（绝大多数的加氢过程采用固定床反应器）中；反应完成后，氢气在分离器中分出，并经压缩机循环使用。产品则在稳定塔中分出硫化氢、氨、水以及在反应过程中少量分解而产生的气态氢。

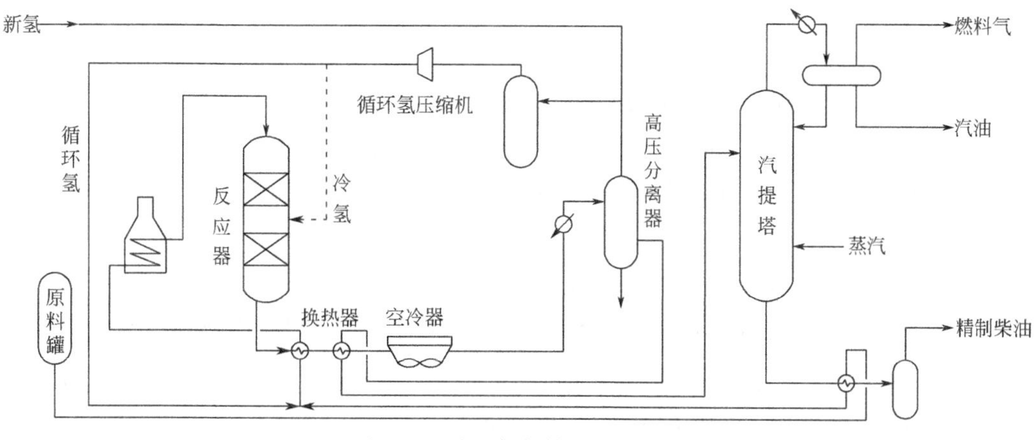

图 2-18 柴油加氢精制工艺流程

第五节　石油产品

石油经炼制和加工以后可得到数以千计的石油化工产品，最常见的包括汽油、煤油、柴油等油品，其他为石油化工产品。

一、汽油

汽油主要用于轻型汽车、摩托车、螺旋桨式飞机及快艇等运输工具，为这些运输工具提供驱动力。对汽油的使用要求主要有：①良好的蒸发性能；②良好的燃烧性能，不产生爆震现象；③储存安定性好，生成胶质的倾向小；④对发动机没有腐蚀作用；⑤排出的污染物少。其中最重要的是蒸发性、抗爆性和安定性。

1.汽油的蒸发性

蒸发性是汽油最重要的特性之一。汽油进入发动机气缸之前，能迅速汽化并与空气形成可燃性混合气。一般汽油在进气管中的停留时间为0.005～0.05s，在气缸中的停留时间为0.02～0.03s。汽油在汽化器中蒸发得是否完全与它的蒸发性有关。汽油的轻质馏分越多，它的挥发性越好，同空气混合得越均匀，在气缸内的燃烧越完全。若汽油的蒸发性不好，混合气中含有油滴，会使燃烧过程变坏。由于燃料的不完全燃烧，一部分燃料与废气一道排出，另一部分将沉积在气缸壁上，稀释润滑油，造成烧蚀和气缸磨损。

但是汽油的蒸发性也并不是越高越好，蒸气压过大，说明其中的轻组分太多，油料在输油管中挥发产生气泡，使管路发生气阻，中断供油，并迫使发动机停止运转。

评定汽油蒸发性能的指标是馏程和饱和蒸气压。

（1）馏程

① 10%馏出温度（$t_{10\%}$）。反映汽油中轻组分的多少。用来保证具有良好的启动性（也与产生气阻的倾向密切相关）。我国车用汽油$t_{10\%}$≤70℃。

② 50%馏出温度（$t_{50\%}$）。$t_{50\%}$的大小反映汽油的平均汽化性。用来保证汽车的发动机加速性能、最大功率及爬坡能力。我国车用汽油$t_{50\%}$≤120℃。

③ 90%馏出温度（$t_{90\%}$）和终馏点（或干点）。$t_{90\%}$反映了汽油中重组分含量的多少，终馏点（干点）反映了汽油中最重组分的沸点。用来控制汽油的蒸发完全性及燃烧完全性。另外，干点也与发动机活塞相对磨损和汽油相对消耗量有关，见表2-2。我国车用汽油$t_{90\%}$≤190℃，终馏点≤205℃。

（2）蒸气压（Reid vapor pressure，RVP）

蒸气压的大小表明汽油蒸发性的高低，用于控制汽油在使用中不易产生气阻。我国车用汽油（38℃时的蒸气压）要求：

RVP≤88kPa（11月1日—次年4月30日）；

RVP≤74kPa（5月1日—10月31日）。

表 2-2　汽油干点与发动机活塞磨损及汽油消耗量的关系

汽油干点/℃	发动机活塞相对磨损/%	汽油相对消耗量/%
175	97	98
200	100	100
225	200	107
250	500	140

2. 汽油的安定性

当汽油中含有烯烃、芳香烃、硫及氮化合物等不安定组分时，在储存过程中容易发生氧化、缩合反应生成胶质，储存后的汽油颜色变深。使用时在机件表面生成黏稠的胶状沉淀物，高温下可进而转化为积炭。

安定性差的汽油产生的后果：油箱、滤网、汽化器中形成胶状物，影响供油；沉积在电火花塞上的胶质，高温下形成积炭而短路；沉积在进、排气阀上的积炭，导致阀门关闭不严；沉积在气缸盖、活塞上的积炭，造成气缸散热不良；温度升高，以致增大爆震燃烧的倾向。

安定性指标的使用意义：要求汽油生成胶质的倾向要小。

① 汽油的化学组成与其安定性的关系。烷烃、环烷烃、芳香烃的安定性较好。

不安定组分：不饱和烃和含硫化合物、含氮化合物等非烃化合物。

不饱和烃生成胶质的倾向：二烯烃＞环烯烃＞链烯烃。

② 外界条件对汽油安定性的影响。温度、金属表面的催化作用、光照、与空气的接触。

表示汽油安定性的质量指标有实际胶质和诱导期两项。

（1）实际胶质（按照 GB/T 8019—2008）

是指在一定的温度条件下，用一定流速的热空气吹过汽油表面使它蒸发至干，所留下的棕色或黄色残渣经正庚烷抽提后的残余物。实际胶质是以 100mL 油品中所得残余物的质量（mg）来表示的，用来说明汽油在进气管道及进气阀上可能生成沉积物的倾向。我国车用汽油的实际胶质要求≤5mg/100mL。

（2）诱导期（按照 GB/T 8018—2015）

先准备干燥的氧弹和玻璃样品瓶，使氧弹和汽油样品的温度达到 15～25℃，把玻璃样品瓶放入氧弹内，并加入 50mL±1mL 试样。或者先将 50mL±1mL 试样倒入玻璃样品瓶中，再将玻璃样品瓶放入氧弹内。盖上样品瓶，关紧氧弹，并缓慢通入氧气至弹体内压力达到 690～705kPa 为止。让氧弹里的气体慢慢放出以冲走弹内原有的空气（要缓慢、匀速地释放氧弹内的压力，释放时间不少于 2min）。再缓慢通入氧气直至弹体内压力达到 690～705kPa，并观察泄漏情况，对于开始时由于氧气在试样中的溶解作用而可能观察到的快速的压力降（一般不大于 40kPa）可不予考虑。如果在以后的 10min 内压力降不超过 7kPa，就假定为无泄漏，可进行试验而不必重新升压。

把装有试样的氧弹放入剧烈沸腾的水浴或带有机械搅拌的其他液体浴中，应小心避免摇动，并记录浸入液体浴的时间作为试验的开始时间。维持液体浴的温度在 98～102℃。在试验过程中，按时观察温度，读至 0.1℃，并计算其平均温度，修约至 0.1℃，作为试验温度。

连续记录氧弹内的压力，如果用一个指示压力表，则每隔 15min 或更短的时间记一次压力读数。如果在试验开始的 30min 内，泄漏增加（由 15min 内稳定压力降超过 14kPa 来判断），则试验作废。继续试验，直至达到转折点，即在这点之前的 15min 压力降达到 14kPa，在这点之后的 15min 压力降不小于 14kPa。

将氧弹放于液体浴中直至到达转折点所需的时间为试验温度下的实测诱导期。

诱导期表示汽油在储存期间产生氧化和形成胶质的倾向。我国车用汽油的诱导期≥480min。

为了改善汽油的安定性，可向汽油中加入抗氧剂和金属钝化剂。

（3）碘值

利用碘与不饱和烃分子中的双键进行加成反应，以测定汽油中不饱和烃的含量。它是以 100g 油品消耗的碘的质量（g）来表示。反映汽油中不饱和烃的含量。碘值越大，不饱和烃含量越高，安定性越差。我国航空汽油的碘值≤12g/100g。

改善汽油安定性的方法：①加氢精制；②加入抗氧剂和金属钝化剂。

3. 汽油的抗爆性和汽油标号

汽油在发动机中燃烧不正常时，会出现机身强烈震动，并发出金属撞击声，致使发动机功率下降，排气管冒黑烟，严重时可导致发动机机件的损坏，这种现象称为爆震，也叫爆燃。

衡量燃料是否易于发生爆震的性质称为抗爆性。汽油抗爆性用辛烷值（octane number，ON）来表示。规定抗爆性很好的异辛烷的辛烷值为 100，抗爆性最差的正庚烷的辛烷值为 0。汽油的辛烷值等于两者混合物中所含异辛烷的体积分数，例如 92%的异辛烷和 8%的正庚烷混合的汽油，其辛烷值就是 92。

车用汽油的标号以汽油混合物的辛烷值表示。目前我国车用汽油国家标准有 92 号、95 号和 98 号三个标号，分别对应于汽油相应的辛烷值。汽油标号越大，表示其抗爆性越好。92 号汽油对应于压缩比不高于 8.5 的发动机，适用于一般轿车。95 号汽油对应于压缩比高于 9.0 的发动机，适用于高级轿车。

汽油的辛烷值与化学结构有关，辛烷值由大到小的顺序为芳烃＞异构烯烃＞异构烷烃＞环烷烃＞正构烯烃＞正构烷烃，异构烃的分支越多，ON 越高。同一族烃，分子越大，ON 越小。

提高辛烷值制取高质量的汽油是汽油改性的主要目标，为此有两种基本的方法：一种是通过石油馏分的化学转化来改变汽油的烃类组成，以获得高辛烷值的汽油；第二种是在汽油中加入添加剂。

随着石油炼制技术的发展和环境保护的要求，通过提高汽油中的异辛烷的体积分数正逐渐成为提供优质汽油的根本方法。通过改进炼油技术，发展能生产高辛烷值汽油组分的炼油新工艺，如采用催化裂化、催化重整、烷基化、异构化、加氢裂化等方法提高汽油辛烷值。

4. 污染物排放

研究表明，汽油、柴油中最重要的污染物是硫。由于原油中天然含硫，经过炼制过程也还有硫残存在产品中，经过汽车发动机的工作过程产生变化并最终影响大气环境。硫影响大气环境主要体现在两个方面：①油品中含硫量大，汽车尾气中 SO_2 的排放量就增加；②高含硫汽油会导致尾气排放的硫化物使三元催化剂中毒失效，从而引起尾气中 CO、NO_x 和 VOCs 排放量增加。

烯烃中的 1,3-丁二烯是致癌物质，减少汽油中的烯烃含量就可以减少 1,3-丁二烯的排放量。另外汽油中的烯烃易形成胶质和积炭，造成输油管路堵塞，影响发动机的效率，增加 NO_x 等污染物的排放。

芳香烃类物质对人体的毒性较大，尤其是以双环和三环为代表的多环芳烃毒性更大。汽油、柴油中芳烃含量高，会使汽车尾气排放物中的芳香烃含量增加，环境危害相应提高。基于以上原因，各个国家纷纷对成品油中的芳香烃含量执行越来越严格的限制。

为使汽油既能达到环境保护的要求，又具有较好的抗爆性，目前所采取的措施主要是掺入一定量的醚类化合物。常用的主要有甲基叔丁基醚（MTBE）、乙基叔丁基醚（ETBE）和甲基叔戊基醚（TAME）三种醚类，它们的辛烷值分别为 118、118 和 115。其中最常用的是 MTBE。这些醚类化合物都能与烃类完全互溶，具有良好的化学稳定性，蒸气压也不高，加入汽油中还有助于降低汽油机尾气中污染物的排放量。

二、航空煤油

航空煤油专用于航空飞行器的发动机上，尤其是喷气式飞机使用日益广泛，喷气燃料的消耗量迅速增加。喷气发动机是一种将燃料的热能转换为气体的动能，使气体高速喷出而产生推力的热力机。喷气式飞机具有飞行高度高、飞行航程远和飞行速度快等特性，因此对燃料有着特殊的要求。

1. 喷气发动机对燃料的要求

对喷气发动机燃料质量的主要要求有：①良好的燃烧性能；②适当的蒸发性；③较高的热值；④良好的安定性；⑤良好的低温性；⑥无腐蚀性；⑦良好的洁净性；⑧较小的起电性；⑨适当的润滑性。

2. 喷气燃料的燃烧性能

喷气燃料燃烧时，要求易于启动、燃烧稳定及燃烧完全。燃料的启动性取决于燃料的自燃点、可燃混合气发火所需的最小点火能量、燃料的蒸发性大小和黏度等性质。喷气燃料的雾化性和蒸发性取决于燃料的馏程、蒸气压和黏度。燃料馏分越轻，燃烧性能越好，启动也越方便，但馏分轻，则热值偏低。

燃料燃烧的稳定性与燃料的烃类组成及馏分轻重有密切关系。正构烷烃和环烷烃的爆炸极限范围较芳香烃宽，所以从燃烧的稳定性角度看，烷烃和环烷烃为较理想的组分。燃烧完全度指单位燃料燃烧时实际放出的热量占燃料净热值的百分率，它直接影响飞机的动力性能、航程远近和经济性能。燃料燃烧的完全度一方面受进气压力、进气温度和飞行高度等工作条件的影响，另一方面也受燃料黏度、蒸发性和化学组成的影响。

因此，喷气燃料的馏分必须根据各有关因素选定，目前一般用 150～250℃的馏分。

3. 喷气燃料的热值和密度

喷气发动机的推力取决于所用燃料的热值。对于喷气燃料，不仅要求有较高的质量热值(kJ/kg)，而且也要求有较高的体积热值（kJ/L)。质量热值越大，发动机推力越大，耗油率越低。由于飞机的油箱容积有限，这就要求燃料有尽可能高的体积热值。这也意味着喷气燃料要有较大的密度。这样，在一定容积的油箱中燃料可以有更多的能量。

喷气燃料的热值和密度与其化学组成和馏分组成有关。喷气燃料中烷烃的质量热值最大，环烷烃次之，芳香烃最低。而密度正好相反，芳香烃最大，环烷烃次之，烷烃最低。所以为达到良好的燃烧性能和不致生成游离碳，必须限制芳香烃含量不大于 20%。

4. 喷气燃料的安定性

喷气燃料的安定性包括储存安定性和热安定性。

① 储存安定性。喷气燃料在储存过程中由于其中含有少量不安定的成分，如烯烃、带不饱和侧链的芳香烃以及非烃化合物等，容易使胶质、酸度等增加。

② 热安定性。当飞机在大气层中飞行时，与空气摩擦产生热量，使飞机表面温度上升，将导致油箱内燃料温度上升，最高可达 100℃以上。在这样高的温度下，燃料中的不安定组分便容易氧化生成胶质和沉淀物。这些胶质沉积在热交换器表面上，导致冷却效率降低；沉积在过滤器和喷嘴上会使过滤器和喷嘴堵塞，并使喷射的燃料分配不均，引起燃烧不完全等。因此一般民用航空喷气燃料要求燃料温度到 150℃时动态热安定性良好。

5. 喷气燃料的低温性能

喷气燃料的低温性能是指在低温下燃料在飞机燃料系统中能否顺利地泵送和过滤的性能。喷气式飞机在冬季低温启动或急速拔高到高空同温层（温度为−54℃左右）时要求油路系统能正常供油。喷气燃料在低温情况下不能析出冰块或石蜡结晶，否则会堵塞燃料滤清器及输油系统而造成危害。由于煤油馏分在大气中可能吸收或溶解水分，为防止水分结冰，喷气燃料的质量标准规定燃料中水分最多不超过 0.005%。为防止煤油结冰，一些喷气燃料都要加入体积分数为 0.10%～0.15%的乙二醇单甲醚等防冰剂。

喷气燃料的低温性能是用结晶点或冰点来表示的。

不同牌号航空油料的结晶点不同，用于军事或寒冷区域的不能高于−60℃，用于一般民航时不得高于−47℃。不同烃类的结晶点相差很大，分子量较大的正构烷烃和某些芳烃的结晶点较高，而环烷烃和烯烃的结晶点较低。在同族烃中，结晶点大多随其分子量的增大而升高。

6. 喷气燃料的其他特性

喷气燃料除以上的要求外，还要考虑燃料的腐蚀性、洁净度和润滑性等。航空煤油主要有三个来源：①原油的馏出产物，包括 150～250℃的窄馏分和 60～280℃的宽馏分；②掺和催化裂化的产物；③利用加氢裂化装置生产的产物。在生产过程中对主要成分加以必要的精制工序，再根据油料的不同要求加入各种改性添加剂，如抗氧剂、金属钝化剂、抗静电剂、润滑性改进剂、腐蚀抑制剂、防冰剂和消烟剂等。

三、柴油

柴油在工业、农业、交通和国防等各个领域的用量都十分可观。各种内燃机、拖拉机、柴油发电机、载重汽车、坦克、船舶、舰艇等，大多采用柴油发动机。

1. 柴油机的做功原理

柴油机为压燃式发动机，在柴油机进气行程中，吸入的是纯净的空气，在压缩行程将要终了时（一般在上止点前100°）才将燃料喷入气缸内，燃料喷射延续的时间约相当于曲轴转角100°～350°的时间。压缩终了时气缸内空气压力一般不低于3.0MPa，温度不低于500～700℃，由于这个温度超过了柴油的自燃点，最初喷入气缸内的部分雾化柴油很快受热蒸发，与空气混合汽化后燃烧，燃烧温度高达1500～2000℃。继续喷入的柴油在高温下也随即蒸发燃烧，放出热量、膨胀、做功。当膨胀终了时缸内气体温度下降到700～1000℃，随即开始排气行程，排气终了时温度降到300～500℃。

要使柴油完全燃烧，必须使油雾在短时间内完全蒸发，并与压缩空气混合良好，所以要用较大的压力喷油，并使高流速的油雾和高压的压缩空气气流相混合。柴油发动机的燃烧室一般做成涡流形或球形，以便获得具有涡流作用的混合气流，促使油雾更为细碎而加速蒸发，形成均匀的混合气。

2. 柴油机对燃料的使用要求

柴油机燃料的使用要求有：①良好的自燃性能；②良好的蒸发性能；③适当的黏度和良好的低温流动性；④良好的安定性；⑤对机件无腐蚀性；⑥良好的清洁性能。

3. 柴油的自燃性

柴油的自燃性是指喷入燃烧室内与高温高压空气形成均匀的混合气之后，能在规定的时间内发火自燃并正常地完全燃烧。

根据柴油机的做功过程，空气进入气缸内被压缩到3.5MPa以上，温度将达到500～600℃。压缩将结束时，用高压油泵将柴油喷射入压缩空气中，柴油立即受热蒸发，与空气形成混合物。因柴油自燃点低，可迅速被氧化而自燃。如果柴油的自燃点过高，柴油从喷入气缸开始到发生自燃的时间（称为滞燃期）就会被拖长，会使气缸内积聚过多的燃料，一旦同时发生燃烧就会造成气缸内压力剧增，引起爆震现象，使发动机功率下降，机件受损。因此柴油的自燃点要低，喷油后要能迅速自燃。

柴油的十六烷值与汽油的辛烷值相似，是衡量燃料在柴油发动机中发火性能的指标。自燃点为205℃的正十六烷是抗爆性最好的柴油机燃料，规定它的十六烷值为100。规定自燃点为427℃的2,2,4,4,6,8,8-七甲基壬烷的十六烷值为15。十六烷值高，表明该燃料在柴油机中发火性能好，滞燃期短，燃烧均匀且完全，发动机工作平稳，但十六烷值过高，也将会由于局部不完全燃烧，而产生少量黑色排烟，造成油耗增大，功率下降。各种不同压缩比、不同结构和不同运行条件的柴油机使用的燃料，各有其适宜的十六烷值范围。一般来说，转速大于1000r/min的高速柴油机以使用十六烷值为45～50的轻柴油为宜；低于1000r/min的中、低速柴油机可使用十六烷值为35～49的重柴油。

柴油的十六烷值取决于其化学组成，各族烃类十六烷值的变化规律大致是：各族烃类的十六烷值随分子中碳原子数的增加而增高；相同碳数的不同烃类，以烷烃的十六烷值为最高，烯烃、异构烷烃和环烷烃居中，芳香烃特别是稠环芳香烃的十六烷值最小；烃类的异构程度越高，环数越多，其十六烷值越低；环烷烃和芳香烃随所带侧链长度的增加，其十六烷值增高，而随侧链分支的增多，十六烷值减小。

4. 柴油的蒸发性

柴油要求有适宜的蒸发性。柴油机内可燃混合气形成的速度主要由柴油的蒸发速度决定，而柴油蒸发速度的快慢，又由柴油馏分的轻重决定。轻馏分越多，则蒸发速度越快。柴油机转速越快，则要求柴油的蒸发速度越快。柴油馏分过重，则蒸发速度太慢，从而使燃烧不完全，导致功率下降，油耗增大，以及由于润滑油被稀释而磨损加重等。我国柴油标准的馏程一般控制在200～380℃范围内。高速柴油机要求低于300℃馏程的轻柴油馏分不少于50%。重柴油没有严格规定馏分组成，只限制残留量。

5. 柴油的流动性

黏度是柴油的一项重要指标，对发动机的供油量大小及雾化的好坏有密切关系。燃料黏度过大，使泵的抽油效率降低，因而减少对发动机的供油量，同时喷出的油流不均匀，雾化不良，燃烧不完全，终将增加燃料单耗和在机件上的积炭。我国对轻柴油要求20℃时运动黏度为$2.5\times10^{-6}\sim5.0\times10^{-6}mm^2/s$。

柴油尤其强调在低温下的流动性，不仅关系到柴油机燃料供给系统在低温下能否正常供油，而且与柴油在低温下的储存、运输等作业能否进行有密切关系。柴油的低温流动性与其化学组成有关。其中正构烷烃的含量越高，则低温流动性越差。我国评定柴油低温流动性的指标为凝固点。

柴油的牌号标志着凝固点的高低。例如，0号表示该号柴油的凝固点是0℃，只适用于最低气温在4℃以上的地区使用；－35号表示柴油凝固点是－35℃，适用于我国北方和高寒地区。我国地域辽阔，四季温差很大，只有根据气温选用不同凝固点的柴油才能既保证供应又合理使用资源。

直馏柴油可以加入高分子聚合物作降凝剂来降低其凝固点，如乙烯、醋酸乙烯酯共聚物等，其作用是使油中的蜡析出时只形成微小的结晶，而不会堵塞燃油过滤器，更不会凝固。一般加入质量分数为0.05%的降凝剂就可使柴油的凝固点降低10～20℃。

6. 柴油的其他特性

柴油油品除以上特性外，还要考虑安定性、腐蚀性与磨损、洁净度以及安全性等。

四、润滑剂

机器在运行中，不可避免地会产生摩擦。据估算世界能源的1/3～1/2是以不同形式消耗在克服机件的摩擦上。节约机器设备所消耗的动力，延长机器和机件的寿命，提高它们工作的可靠性，一个重要的方面就是设法降低摩擦和磨损。在机械工业中，广泛使用以石油为原料制得的润滑油和润滑脂作为润滑材料。

润滑油一般是指在各种发动机和机器设备上使用的石油液体润滑剂。润滑油的主要作用是减少机械设备运转时的摩擦，同时还可以带走摩擦产生的热量，冲洗掉磨损的金属碎屑，并有隔绝腐蚀性流体、保护金属面的密封作用。

1. 润滑油的使用要求

润滑油的品种数以百计，但总体来说必须要有合适的黏度并且黏温性能良好。润滑油要在机件的摩擦表面形成一薄层，从而减少机件的摩擦，所以必须有合适的黏度。而黏温性质则表示润滑油在一个比较宽的温度范围内都能保持适当的黏度。

2. 润滑油的分类

由于各种机械的使用条件相差很大，它们对所需润滑油的要求也不一样，因此润滑油按其使用的场合和条件的不同，分为很多种类。

我国参照国际标准制定的润滑油分类标准，将润滑油按应用场合不同分成十九类（见表2-3）。在每一类中又分为若干个品种，如内燃机油类中就包括了汽油机油、柴油机油、铁路内燃机车用油、船用气缸油、航空发动机油和二冲程汽油机油等，在每个品种中再细分成许多牌号。

表 2-3　润滑油的分类

类别	名　称	类别	名　称
A	全损耗系统油	P	风动工具用油
B	脱膜油	Q	热传导油
C	齿轮油	R	暂时保护防腐用油
D	压缩机油	T	汽轮机油
E	内燃机油	U	热处理用油
F	主轴承、轴承、离合器用油	X	润滑脂
G	导轨油	Y	其他应用场合用油
H	液压系统用油	Z	蒸汽气缸油
M	金属加工用油	S	特殊润滑剂应用油
N	电气绝缘用油		

润滑油按其使用场合不同分为下列几类。

① 内燃机润滑油。包括汽油机油、柴油机油等。这是用量最多的一类润滑油，约占润滑油总量的一半，对油品质量要求较高。

② 齿轮油。齿轮传动装置上使用的润滑油，主要特点是在机件之间耐受的压力可高达600～4000MPa。

③ 电气用油。这类油在使用中并不起润滑作用，而是起绝缘作用，习惯上也归入润滑油范畴。

④ 液压油。在传动、制动装置及减震器中用来传递能量的液体介质，它同时也起润滑及冷却作用。

⑤ 机械油。在条件不太苛刻的一般机械上使用的润滑油，其数量仅次于发动机润滑油。

⑥ 工艺用油。包括各种金属切削液、热处理液及成型液等

除此之外，还有汽轮机油、冷冻机油、气缸油、压缩机油、仪表油和真空泵油等具有特定用途的润滑油。

润滑油视使用条件苛刻的程度分为轻级、中级和重级，高速和低速，高温和低温等级别。

3. 润滑油的生产

润滑油通常是由从常压塔塔底流出的重油经过减压蒸馏制取的。由减压塔获得的润滑油馏分，经过精制加工，可以生产出能够满足不同要求的各种成品。精制的方法主要有溶剂精制、酮苯脱蜡、尿素脱蜡、丙烷脱沥青和加氢精制。加氢精制近年来发展较快，多用于生产高级润滑油。

五、其他石油产品

在炼油厂以原油为原料生产燃料、化工原料和润滑油等液体油品的同时，还能得到一些固体石油产品——石油蜡、石油沥青、石油焦，气体产品——液化石油气。它们的产量虽然不多，但由于特殊的性质和用途，产品附加值较高，在国民经济的各个领域都有应用。

1. 石蜡和微晶蜡

从原油350～500℃馏分油中制取的蜡称为石蜡，以正构烷烃为主，呈大的片状结晶；从＞500℃减压渣油中制取的蜡称为微晶蜡，除正构烷烃外，还含有大量异构烷烃和带长侧链的环烷烃，呈细微的针状结晶。

石蜡的应用非常广泛，在蜡烛、包装、绝缘材料、造纸、文教用品、火柴、轮胎橡胶、制皂、食品、医药、化妆品等行业中都有应用。石蜡按精制深度（含油量）分为全精炼蜡、半精炼蜡、食品用蜡和粗石蜡四种，每种又按蜡熔点的不同构成系列牌号。微晶蜡曾称为地蜡，它的分子量大、熔点高、硬度小、延伸度大，受力后可发生塑性变形，具有良好的密封性、防潮性、柔韧性和绝缘性。

微晶蜡常用于电气绝缘材料、密封材料、铸模造型材料，是制造许多日用品如软膏、香脂、发蜡、鞋油、地板蜡、食品包装纸、蜡纸等的原料，它也是制造润滑脂和特种蜡的原料。随着应用范围的不断扩大，需求量增加较快。微晶蜡用量约为石蜡类产品总量的1/10。

2. 石油沥青

常温下石油沥青为黑色固体或半固态黏稠物，它是从残渣油中得到的，产量约占石油产品总量的3%。石油沥青分为道路沥青、建筑沥青、乳化沥青和专用沥青四种。乳化沥青是用加水、加乳化剂的方法将沥青稀释，便于施工时喷洒。专用沥青包括绝缘沥青、油漆沥青、橡胶沥青和电缆沥青等。

道路沥青用于铺筑路面，其性能的优劣对沥青路面质量的影响很大。使用性能要求具有一定的硬稠度、延度、耐热性、感温性、低温抗裂性、耐老化性。特别是重交通沥青用于交通流量大、承受重负荷的高速公路路面，比普通道路沥青要有更大的延度及更好的高温稳定性、低温抗裂性、抗磨损性和耐老化性。随着我国高速公路的迅速发展，对高等级道路沥青的需求日益增大，但受我国原油中高含硫、重质环烷基原油品种缺乏的限制，高质量沥青总是供不应求。近年来发展了改性沥青，如用丁苯胶乳改性的沥青，对其使用性能有较好的改善。

建筑沥青主要用于屋面、地面的防水防潮层，以及其他建筑方面的铺盖材料，也用于防腐和防锈涂料等。它是用残渣油经过氧化后制得的。对建筑沥青主要的质量要求是黏结性好和抗水防潮性好，软化点高，温度敏感性要小，低温下不脆裂，高温下不流淌。

3. 石油焦

石油焦来自石油炼制过程中渣油的焦炭化。石油焦是一种无定形炭，灰分含量很低，可以作为制造碳化硅和碳化钙的原料，用于金属铸造以及高炉冶炼等。如经进一步高温煅烧，降低其挥发分含量和增加强度，则成为制作冶金电极的良好原料。

延迟焦化生产的普通石油焦，可以用于冶炼工业的石墨电极、绝缘材料、碳化硅或作为冶金工业燃料。

4. 液化石油气

液化石油气是指石油当中的轻烃，是以 C_3、C_4（丙烷、丁烷和烯烃）为主并含有少量 C_2、C_5 等组分的混合物，常温常压下为气态，稍加压缩后成为液体，装入钢瓶送往用户。

为改善汽车尾气对大气的污染，公共汽车及出租汽车等大量改装使用液化石油气替代汽油。

5. 炼厂气

原油一次加工和二次加工的各生产装置都有气体产出，总称为炼厂气。它包括催化裂化气、热裂化气、焦化气、减黏裂化气和重整气。各装置的产气量和组成并不相同。就组成而言，主要有氢、甲烷、乙烷、乙烯、丙烷、丙烯、丁烷和丁烯等。它们的主要用途是作为生产汽油的原料和石油化工原料以及用于生产氢气和氨。

供城市居民生活及服务行业替代煤炭作燃料用的液化石油气，主要是炼厂气以及油田的轻烃。

使用炼厂气作为燃料有利于改善环境。不过，从石油炼制技术经济角度来看，炼厂气中所含轻烃（特别是丙烯和丁烯）是宝贵的化工原料，经过气体分馏和进一步加工可以生产出高附加值的石油化工产品。因此，炼厂气用作城市燃气应该是一个过渡性的行为，今后将逐步用天然气取代液化石油气。

第三章 天然气的生产与加工

天然气是世界上继煤和石油之后的第三大能源。它是一种优质、洁净的燃料，分布广泛、成本低廉、污染极小。天然气还是目前世界上产量增长最快的化石能源，已成为全球最主要的能源之一。

第一节 天然气在能源结构中的地位

正如20世纪被称为“石油世纪”一样（1965年起石油超过煤炭成为人类的第一能源），21世纪被称为“天然气世纪”。

世界天然气的储量十分丰富，据估计常规天然气的最终可采资源量为$327.4\times10^{12}m^3$，非常规天然气资源估计有（1390～4430）$\times10^{12}m^3$，而2020年产量约$4.0\times10^{12}m^3$，这为天然气成为一种优质清洁能源和重要的化工原料提供了资源保障。

天然气在世界一次能源消费结构中的比例，1950年为9.7%，1990年为22.9%，2020年为24.7%，居第三位（表3-1）。据估计，到21世纪中期天然气将超过石油而在世界一次能源消费结构中占据首位。

表3-1 世界一次能源消费结构

年度		1950	1960	1970	1980	1990	2000	2010	2020
消费总量/10^8toe①		17.5	28.9	48.5	63.7	79.3	91.0	118.4	133.3
消费结构/%	天然气	9.7	14.2	18.6	19.8	22.9	23.7	24.0	24.7
	石油	31.0	37.8	48.7	48.6	39.8	38.7	34.0	31.2
	煤炭	57.6	46.0	30.5	28.3	28.6	24.4	30.0	27.2
	水电、核电等	1.7	2.0	2.2	3.3	8.7	13.2	12.0	16.9

① toe为吨油当量，见本书绪论，下文同。

我国正处于经济迅速成长阶段，能源需求也随之大幅增加。其中天然气消费量从2000年的$257\times10^8m^3$猛增至2010年的$1076\times10^8m^3$，约增至4倍，对外依存度为11.8%。2020年的天然气表观消费量更是达到$3259.1\times10^8m^3$，同比涨幅为7.5%，在一次能源消费结构中的比例升至8.6%。见表3-2。

表 3-2 我国一次能源消费结构

年度		1953	1962	1970	1980	1990	1999	2010	2020
消费总量/10^8tce①		0.54	1.65	2.93	6.03	9.87	12.47	32.49	49.8
消费结构/%	天然气	0.02	0.93	0.92	3.14	2.10	2.29	4.00	8.60
	石油	3.81	6.61	14.67	21.05	16.60	24.21	19.00	18.90
	煤炭	94.33	89.23	80.89	71.81	76.20	70.96	69.20	56.80
	水电、核电等	1.84	3.23	3.52	4.00	5.10	2.54	7.80	15.70

① tce 为吨煤当量，见本书绪论，下文同。

资料来源：根据国家统计局、中国海关总署数据整理。

天然气的开采和运输成本都比较低，开采天然气的成本比开采煤炭要低 97%，而开采天然气的生产率则比开采煤炭要高 54 倍，也比开采原油高 5 倍。从开采和运输两项总投资来比较，天然气比原油低 4%，比煤炭低 70%左右。

随着人们环保意识的不断加强，利用清洁能源的呼声也越来越高。作为一次能源，天然气燃烧排放的 SO_2、NO_x、CO 及飞灰量大大低于煤和石油，如表 3-3 所示，而且由于其氢碳比高，排放的 CO 量也较少，可减少对地球温室效应的贡献。

表 3-3 不同能源排放的污染物比较①

能源	SO_2	NO_x	CO	CO_2	灰分
天然气	1	1	1	1	1
石油	400	5	16	1.3	14
煤炭	700	10	29	1.7	148

① 相同热值下以天然气排放的污染物量为 1 计。

第二节 天然气的组成与分类

一、天然气的组成

天然气生成的地质条件不同，不同地区、不同储层深度的天然气组成相差很大。天然气是由以甲烷为主的烃类与非烃类两大类组分组成。

天然气中的烃类主要包括链烷烃、环烷烃和芳香烃。链烷烃主要有甲烷（CH_4）、乙烷（C_2H_6）、丙烷（C_3H_8）、丁烷（C_4H_{10}）、戊烷（C_5H_{12}）和庚烷（C_7H_{16}）等；环烷烃主要有环戊烷、环己烷等；芳香烃主要有苯、甲苯、二甲苯等。

天然气中的非烃类气体主要包括硫化氧（H_2S）、二氧化碳（CO_2）、一氧化碳（CO）、氮（N_2）、氢（H_2）、水（H_2O）以及硫醇、硫醚、二硫化碳（CS_2）、羰基硫（COS）和噻吩（C_4H_4S）等有机硫化物。有时也含有微量的稀有气体，如氦（He）、氩（Ar）、氡（Rn）等。

全球多个气田均发现天然气中含汞，天然气中的汞含量一般为 0.1～300$\mu g/m^3$，有些气田汞含量很高，可高达 4000$\mu g/m^3$。

世界上也有少数天然气含有大量的非烃类气体，甚至其主要成分是非烃类气体。例如我国河北省赵兰庄、加拿大阿尔伯塔省及美国南得克萨斯气田的天然气中，硫化氢含量高达90%以上。我国广东省沙头圩气田天然气中二氧化碳含量高达99.6%。美国北达科他州内松气田天然气中氮含量高达97.4%，亚利桑那州平塔丘气田天然气中氦含量高达9.8%。

常见天然气组分含量见表3-4，我国主要气田天然气组成见表3-5。

表3-4　常见天然气组分含量

名称		组分含量(体积分数)/%	名称		组分含量(体积分数)/%
烃类	甲烷	59.0～92.0	酸性气体	硫化氢	0.01～10.0
	乙烷	3.0～10.0		二氧化碳	0.2～10.0
	丙烷	1.0～15.0	惰性气体	氮气	0.2～5.0
	异丁烷	0.3～2.5		氦	0.01～0.1
	正丁烷	0.3～7.5	含硫化合物	硫醇	10～1000mg/m^3
	异戊烷	0.1～2.0		硫醚	1.0～10.0mg/m^3
	正戊烷	0.1～2.0		二硫化物	1.0～10.0mg/m^3
	己烷及以上	1.0～3.0	汞(主要以单质汞为主)		0.1～4000μg/m^3

表3-5　我国主要气田天然气的组成（体积分数,%）

组分	四川 威远气藏气	四川 卧龙河气藏气	大庆 杏南伴生气	华北 任北伴生气	新疆 柯克亚凝析气	华北 苏桥凝析气	陕西 靖边气藏气
C_1	86.36	97.14	68.26	59.37	74.68	78.58	93.95
C_2	0.11	0.43	10.58	6.48	8.38	8.26	0.77
C_3	—	0.03	11.20	12.02	4.00	3.13	0.50
C_4	—	0.01	5.96	9.21	3.31	1.43	—
C_5	—	—	1.91	3.81	2.69	0.55	—
C_6	—	—	0.66	1.34	2.68	0.39	—
C_7及以上	—	—	0.36	1.40	—	5.45	—
CO_2	5.01	1.46	0.20	4.58	0.27	1.41	4.70
H_2S	0.99	0.20	0.32	—	—	—	0.08
N_2	7.20	0.73	0.55	1.79	3.99	0.80	—
He	0.30	—	—	—	—	—	—
Ar	0.03	—	—	—	—	—	—
合计	100.00	100.00	100.00	100.00	100.00	100.00	100.00

二、天然气的性质

天然气无色、无味、无毒且无腐蚀性。主要成分为甲烷，也包括一定量的乙烷、丙烷和重质碳氢化合物。其次还含有硫化氢（H_2S）、氰化氢（HCN）等有毒气体以及少量氮气和微量的氦、氩等稀有气体，甚至某些地区的天然气以二氧化碳为主要成分（甚至高达99%以上）。甲烷是最简单的有机化合物，也是最简单的脂肪族烷烃。

甲烷燃烧的产物是二氧化碳和水

$$CH_4 + 2O_2 \xlongequal{\text{燃烧}} CO_2 + 2H_2O + 0.803MJ \tag{3-1}$$

甲烷的相对密度为0.5547（空气为1.0），沸点－161.5℃，自燃点537.78℃。能与空气混合形成爆炸性气体，爆炸极限为5.0%～15.0%（体积分数）。

天然气与其他燃料相比，具有使用方便、热值高、污染少的显著特点，因为天然气不需要复杂加工可直接作为燃料。由于其氢碳比高，天然气的热值、热效率均高于煤炭和石油，而且加热的速度快，容易控制，质量稳定，燃烧均匀，燃烧时比煤炭和石油清洁，基本上不污染环境。天然气燃烧后生成二氧化碳和水，以天然气代替燃煤，可减少 NO_x 排放量80%～90%，减少CO排放量52%，并使二氧化硫的排放接近于0，避免了城市酸雨的产生。天然气用作车用燃料时，CO_2 排放量可减少近1/3，尾气中CO含量可降低99%。因此天然气是目前世界上公认的优质高效能源。

天然气的密度是指操作条件（温度及压力）下其质量与体积的比值。相对密度是指在相同的规定压力和温度条件下，天然气的密度与干空气密度的比值。

标准状况（101.325kPa，0℃）下，干空气的摩尔质量为28.9626kg/kmol。气田气的相对密度为0.58～0.62，部分凝析气的相对密度为0.62～0.66，油田伴生气的相对密度为0.70～0.85。

三、天然气的分类

天然气的分类方法很多，目前尚不统一。

1. 按矿藏特点分类

① 气田气（气藏气，气层气）。在地下储层中呈均一气相存在，采出地面仍为气相的天然气。从气田中开采出来的，主要成分是甲烷和乙烷。

② 凝析气。在地下储层中呈气态，但开采到一定阶段，随储层压力下降，流体状态进入露点线内的反凝析区，部分烃类在储层及井筒中呈液态（凝析油）析出。

③ 伴生气。在地下储层中伴随原油共生，或呈溶解气形式溶解在原油中，或呈自由气形式在含油储层游离存在的天然气。与油共生，甲烷含量一般为70%～80%。

2. 按烃类组成分类

① 干气和湿气。干气为 C_{5+} 液体含量（换算为20℃、101325Pa状态下数据）小于 $13.5cm^3/m^3$ 的天然气。湿气是 C_{5+} 液体含量（换算为20℃、101325Pa状态下数据）大于 $13.5cm^3/m^3$ 的天然气。

② 贫气和富气。贫气为 C_{3+} 液体含量（换算为20℃、101325Pa状态下数据）小于 $100cm^3/m^3$ 的天然气。富气为 C_{3+} 液体含量（换算为20℃、101325Pa状态下数据）大于 $100cm^3/m^3$ 的天然气。

通常，人们还习惯将脱水（脱除水蒸气）前的天然气称为湿气，脱水后水露点降低的天然气称为干气；将回收天然气凝液前的天然气称为富气，回收天然气凝液后的天然气称为贫气。此外，也有人将干气与贫气、湿气与富气相提并论。由此可见，它们之间的划分并不是十分严格的。

四、天然气的商业标准

天然气商品的质量要求不是按其组成，而是按照经济效益、安全卫生和环境要求等几方面的因素进行综合考虑确定的。因此不同的国家或地区都有不同的商品天然气的质量标准。表 3-6 是国外商品天然气的质量标准。

表 3-6　国外商品天然气的质量标准

国家	H_2S/(mg/m^3)	总硫/(mg/m^3)	CO_2(体积分数)/%	水露点	高位发热量/(MJ/m^3)
美　国	5.7	22.9	3	110$mg/m^3$①	43.6～44.3
奥地利	6	100	1.5	4MPa，－7℃	—
比利时	5	150	2	6.9MPa，－8℃	40.19～44.38
加拿大	6	23	2	64$mg/m^3$①	36.5
	23	115		操作压力下，－7℃	36
英　国	5	50	2	夏：6.9MPa，4.4℃ 冬：6.9MPa，－9.4℃	38.84～42.85
法　国	7	150		操作压力下，－5℃	36.67～46.04
德　国	5	120	—	操作压力下，地面温度	30.2～47.2
意大利	2	100	4.5	6MPa，－7℃	—
荷　兰	5	120	1.5～2	7MPa，8℃	35.17
俄罗斯	7	16.0	—	夏：－3℃(－10℃) 冬：－5℃(－20℃)②	32.5～36.1

① 美国和加拿大水露点以含水量计。

② 括弧外为温带地区，括弧内为寒带地区。

我国于 1989 年由原中国石油天然气总公司发布了第一个行业标准《天然气》，标准代号 SY 7514—88，2012 年制定了国家标准《天然气》GB 17820—2012，并于 2018 年进行了修订，标准号为 GB 17820—2018，主要指标见表 3-7。

表 3-7　我国天然气质量标准（GB 17820—2018）

项目		一类	二类
高位发热量①②/(MJ/m^3)	≥	34.0	31.4
总硫①(以硫计)/(mg/m^3)	≤	20	100
硫化氢①/(mg/m^3)	≤	6	20
二氧化碳摩尔分数/%	≤	3.0	4.0

① 使用的标准参比条件是 101.325kPa、20℃。

② 高位发热量以干基计。

通常商品天然气的质量标准包含有以下几项指标。

1. 发热量

发热量是表示天然气质量的最主要指标之一。发热量是指在压力保持恒定状态下，完全燃烧一定体积或质量的燃气与氧气的混合物所能放出的热量，也称燃气的热值，可分为高位发热量和低位发热量。高位发热量包含了燃烧生成的水的汽化潜热，而低位发热量不包含燃烧生成的水的汽化潜热。燃气的高、低位发热量通常相差10%左右。

天然气的低位发热量在31～44MJ/m^3的范围，而人工燃气，如焦炉煤气、压力气化煤气的低位发热量在15～18MJ/m^3之间，这说明天然气的发热量大约为人工燃气的2倍。

2. 华白数

华白数又称沃泊（Wobbe）指数，是代表燃气特性的一个参数。在燃气工程中，对不同类型燃气间进行互换时，要考虑衡量热流量大小的特性指数。当燃烧器喷嘴前压力不变时，燃气热负荷与燃气发热量成正比，与燃气相对密度的平方根成反比。华白数定义为：

$$W=\frac{H_v}{\sqrt{d}} \tag{3-2}$$

式中 W——华白数；

H_v——燃气体积发热量（以理想气体体积为基准的混合气体的发热量）；

d——燃气相对密度（相对于空气）。

天然气管输时，相同华白数的天然气可以实现混合输送，天然气的互换性好。

3. 水露点和烃露点

天然气的水露点和烃露点是管输天然气重要的气质指标之一。天然气的水露点是指在一定压力下，与天然气的饱和水含量相对应的温度；天然气的烃露点是指在一定压力下，气相中析出第一滴“微小”的烃类液体的平衡温度。在一定压力下，天然气烃露点温度与天然气组成有关。

国家标准《天然气》（GB 17820—2018）对烃露点和水露点的要求是：在天然气交接点的压力和温度条件下，天然气中应不存在液态水和液态烃。

4. 硫含量

天然气中的硫化物有硫化氢（H_2S）、二硫化碳（CS_2）、羰基硫（COS）、硫醇（CH_3CH_2SH）、噻吩（C_4H_4S）和硫醚（CH_3SCH_3）等。这些硫化物及燃烧产物二氧化硫，都有强烈的刺鼻气味，对眼睛黏膜和呼吸道黏膜有损害；硫化氢和二氧化硫有毒，人呼吸短时间就有生命危险；硫化氢是一种活性腐蚀剂，在高压、高温以及有液态水存在时腐蚀作用会更加剧烈。

GB 17820—2018按照高位发热量、硫化氢含量、总硫含量、二氧化碳含量将天然气分为两类，以满足不同用户的需要。

5. 二氧化碳含量

二氧化碳也是天然气中的酸性组分，在有液态水存在时，对管道和设备也有腐蚀性，尤其是有二氧化碳和液态水共同存在时，腐蚀更甚。此外，二氧化碳还是天然气中的不可燃组分，低温下还会形成固体堵塞管线和设备。因此规定一类天然气中二氧化碳的含量不高于3.0%（体积分数），二类不高于4.0%（体积分数）。

第三节　天然气的开采与运输

一、天然气的开采

除了气田气之外，天然气勘探方式与石油勘探相似，寻找油藏与油层试钻的技术基本可用于勘探天然气，对天然气勘探评价的内容与方法也基本与石油相同。

把天然气从地层采出的全部工艺过程简称采气工艺。它与自喷采油法基本相似，都是在探明的油气田上钻井，并诱导气流，使气体靠自身能量（源于地层压力）由井内自喷至井口。天然气密度极小，在沿着井筒上升的过程中能量主要消耗在摩擦上，摩擦力与气体流速的平方成比例，因此管径越大，摩擦力越小。在开采不含水、不出砂、没有腐蚀性流体的天然气时，有时甚至可以用套管生产，但在一般情况下仍需下入油管。

中国古代冲击钻井机械见图 3-1。

图 3-1　中国古代冲击钻井机械（图片来源于明代宋应星著《天工开物》，1637 年）

二、天然气的运输

目前天然气实际应用或具有应用前景的储运方式有：通过管道高压输送天然气；利用低温技术将天然气液化，以液体的形式进行储存、运输；利用多孔介质的吸附作用储存天然气；利用气体水合物高储量的特点储存天然气等。

1. 管道储运方式

用管道将气田天然气输送到城市用户，是人们大规模使用天然气的最初选择。1952年美国铺设第一条天然气长输管道，管道全长达到347km。它的建成使天然气第一次作为大宗商品被推向市场，开创了人类利用天然气的新时代；之后随着天然气管道的不断建设，天然气的利用规模和应用领域不断扩大，人们对天然气的认识也逐步提高。

《2018年国内外油气行业发展报告》显示，目前我国天然气运输管道长度约为7.6×10^4km，与我国国土面积相比，管道密度仅为7.9m/km^2。我国天然气资源分布不均，国内天然气大部分分布在西北、西南盆地，其中塔里木盆地、鄂尔多斯地区及四川地区天然气储量较大，而我国天然气消费地区主要集中在中东部，资源分布与消费的不匹配带来了天然气的运输需求，同时我国与俄罗斯加强了天然气贸易，与哈萨克斯坦等国共同开发油气资源，在天然气进口中对管道运输的需求在同步扩大。

随着我国能源结构调整，对天然气的需求与消费扩大，天然气管道建设势必要加快，形成密度较高的天然气管网，满足生产运输需求，国家为推动管网建设出台了一系列政策。2010年国家发展改革委就已经提出“管网独立”的设想，2014年《油气管网设施公平开放监管办法（试行）》的发布，为我国油气管道建设带来了新机遇。2017年《关于深化石油天然气体制改革的若干意见》中提出“管网独立，管输与销售分开”的指导意见。

过去10年间，随着我国社会经济的快速发展和“一带一路”倡议的实施，我国骨干管网建设掀起新高潮。中国石油陆续建成投产了西气东输一线、二线、三线和陕京管道系统，中俄原油管道，中缅油气管道等一批重点工程，构建东北、西北、西南、海上四大油气战略通道，基本构成“西油东送、北油南运、西气东输、北气南下、缅气北上、海气登陆”的油气供应格局，油气骨干管网基本形成，总里程超10×10^4km。

2. 液化天然气储运方式

管道输送方式应用虽然广泛，但在某些情况下，如由于海洋、高山等阻隔，导致无论从技术还是从经济方面考虑都不适合铺设输气管道，液化天然气（LNG）输送技术解决了这个问题。将天然气低温冷却液化后得到产品LNG。液化后的体积远比气体小，在运输方面具有极大的优势。

3. 天然气水合物储存方式

天然气水合物（NGH）储存技术是近几年国外研究发展的一项新技术，由于NGH蕴藏量丰富，应用前景广阔，近十多年来，世界上许多国家都加强了对天然气水合物的研究。

NGH的储存较压缩天然气、液化天然气压力低，增加了系统的安全性和可靠性。但目前对NGH的勘探开发和储运技术的研究都处于试验阶段。

4. 几种储运方式的对比

管道输送技术成熟，但受气源、距离及投资等条件的限制，且越洋运输不易实现，输送压力高，运行、维护费用较大。

LNG输送方式在大规模长距离、跨海船运方面应用广泛，其储存密度高、压力低，系统的安全性和可靠性比较高，但建设初期成本巨大，而且由于要采用低温液化，因而运营费用较高。

NGH 储存密度高，费用低，具有巨大的应用市场和发展潜力，但储运技术目前还不成熟，处于研究发展阶段。

第四节　天然气净化技术

一般认为天然气净化工艺包括天然气脱水、脱硫脱碳、硫黄回收及尾气处理 4 类工艺，天然气脱硫脱碳及脱水是为了达到商品天然气的质量指标；硫黄回收及尾气处理则是为了综合利用和满足环保要求。

国外也常将天然气净化（natural gas purification）称为天然气处理（natural gas treatment），有时还称为天然气调质（natural gas conditioning）。

本节只介绍天然气的脱水、脱硫脱碳。

一、天然气脱水

所有的天然气都在某种程度上含有水蒸气，如果不将这些水分除去，将会造成严重的后果：

① 天然气中的水蒸气在管线中凝析，造成冻堵，影响平稳供气；

② 当天然气中含有 CO_2 和 H_2S 时，这些物质溶解在液态水中，使之具有腐蚀性，侵蚀管路和设备；

③ 水和天然气在低温下能形成天然气水合物，会造成管道堵塞。

天然气中的水汽是需要脱除的组分。出井口的含硫天然气常常需要先进行脱水再送净化厂集中脱硫，出净化厂的天然气也需要脱水以达到商品气规格。所以天然气工业中有几类脱水装置，一类在井场处理粗天然气（含硫或不含硫），一类则在净化厂处理脱硫脱碳装置出来的净化气，还有一类是用于天然气凝液回收、液化天然气或压缩天然气装置的进料气脱水。

压缩和冷却是常用的降低气体中水含量的方法。在有些井场，可利用天然气的压缩获取低温以达到所要求的水露点和烃露点；在另一些情况下，它们虽然不是天然气脱水的主要方法，但也可作为辅助手段采用。气田集输与净化厂使用的天然气脱水方法主要是甘醇法，特别是三甘醇（TEG）法；在需要深度脱水的工况（如生产 CNG 及 LNG，NGL 回收等），则使用分子筛脱水。除这两类主要的脱水方法外，早期还曾采用 $CaCl_2$ 脱水和硅胶、氧化铝等固体吸附剂脱水；甘醇-胺法则用于同时脱硫脱水；此外物理溶剂法也可以同时得到脱硫脱水之功效。20 世纪 90 年代以来，国内外在膜分离法脱水方面也开展了一些工作。表 3-8 给出了各种脱水方法可获得的露点降及主要特点。

表 3-8　各种脱水方法的露点降及主要特点

脱水剂	露点降/℃	主要特点
三甘醇(TEG)	>40	性能稳定，投资及操作费用低
二甘醇(DEG)	约 28	投资及操作费用较 TEG 法高
$CaCl_2$	17～40	费用低，需更换，腐蚀严重，与 H_2S 反应产生沉淀

续表

脱水剂	露点降/℃	主要特点
分子筛	>120	投资及操作费用高于甘醇法，吸附选择性高
硅胶	约 80	可吸附重烃，易破碎，用于高酸性天然气，COS 生成少
活性氧化铝	约 90	可吸附重烃，不宜用于含硫气
膜分离	约 20	工艺简单，能耗低，有烃损失问题

1. 压缩及冷却法

在一定的温度下，随体系压力上升，天然气中以"mg/m^3"计的饱和水含量成比例下降；因此采用升高天然气压力的方法可降低其中的水含量。但是，此种方法并不能满足工艺上的露点要求；但必要时它可以作为 TEG 法或分子筛法的前处理，除去天然气中的大部分水分而减轻后续脱水装置的负荷。

随温度下降，天然气中的饱和水含量下降。在井口压力甚高的情况下，可通过膨胀降温而降低天然气中水的含量，传统上使用节流膨胀阀；若气流中含有重烃也可冷凝下来，故此种低温分离法能够同时满足烃露点的要求。图 3-2 为低温分离法脱水流程示意图。此法可达到的水露点略高于其降温所达到的最低温度。

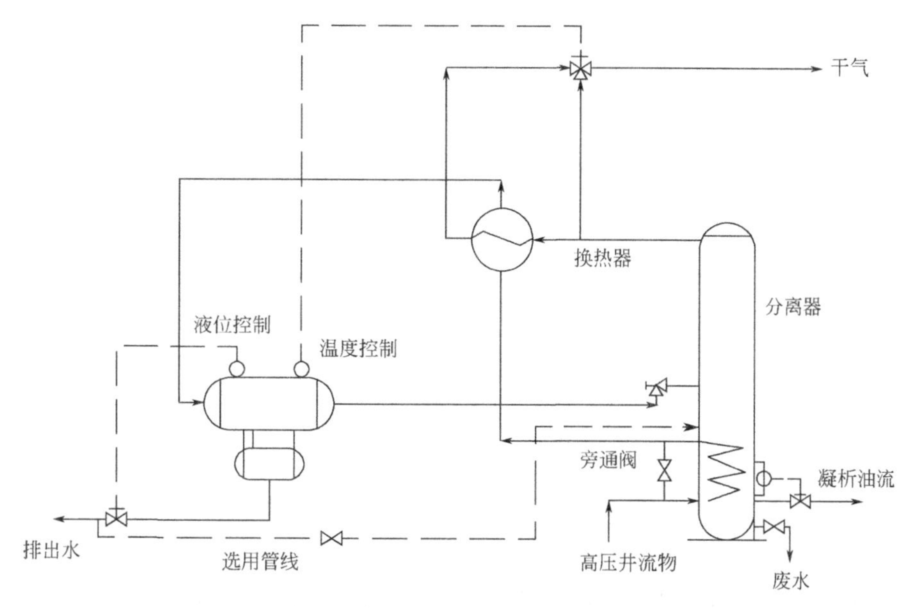

图 3-2 低温分离法脱水流程示意图

为了防止在冷凝过程中产生水合物堵塞节流膨胀阀，可注入乙二醇作为水合物抑制剂(在－40～－18℃范围内有效)。

新疆塔里木油田克拉 2 气田第一处理厂即采用节流膨胀效应使天然气冷却脱水脱烃，其产品气水露点为－10℃，烃露点为－5℃，该厂共 6 套装置，单套处理能力为 $500\times10^4m^3/d$。

2. 甘醇法

采用吸湿性较强的液体与天然气接触，气中的水被吸收，吸收了水分的液体经处理再生后重复使用。吸湿液主要是甘醇类化合物，使用较多的为三甘醇。三甘醇优点：再生效果好；分解温度高，蒸发损耗小；再生设备简单；操作费用和投资低于二甘醇。

甘醇类化合物具有良好的吸水性，此类甘醇包括乙二醇（EG）、二甘醇（DEG）、三甘醇（TEG）及四甘醇（TREG）等。最早用于天然气脱水的甘醇是DEG，但它逐渐为TEG所取代，因为用TEG脱水有更大的露点降而且投资及操作费用较低。乙二醇主要用于注入天然气中以防止水合物的生成。此外，性能与甘醇相似的甘油则用于超临界CO_2的脱水。

（1）处理无硫气的甘醇脱水工艺

当甘醇脱水装置在井口处理无硫天然气或在净化厂内处理来自脱硫装置的净化气时，可采用图3-3所示的工艺流程。

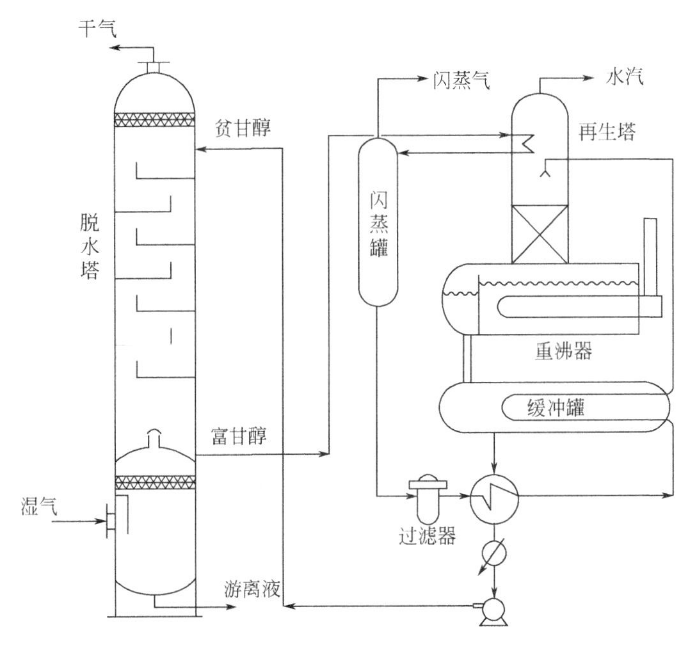

图3-3 处理无硫气的甘醇脱水工艺流程

（2）处理含硫气的甘醇脱水工艺

当甘醇装置用于井场含硫天然气脱水时，此时H_2S在甘醇中的溶解和其带来的问题必须重视。当H_2S浓度不高时，再生排出的H_2S可灼烧排放；而对于H_2S浓度较高的天然气，应在再生塔前设一富液汽提塔，解吸H_2S并将其送返吸收塔，使之随CH_4等烃类一同输出。图3-4系此类装置的工艺流程。

需要指出的是，如使用含硫进料气作为汽提气，则从气液平衡可知，汽提H_2S的效果颇为有限；而若使用无硫气作为汽提气则可从富液中除去98%以上的H_2S，在富甘醇中H_2S含量为36～180kg/m^{3}时，汽提气量可按1.87～15.58m^3/kg H_2S安排。

3. 固体吸附法

采用内部孔隙很多、内部比面积很大的固体物质与含水天然气接触，天然气中的水被吸附于固体物质的孔隙中。被水饱和了的固体物质经加热再生后重复使用。常用固体吸附剂有分子筛、硅胶、活性氧化铝、活性铁矾土等，一些基本参数见表3-9。

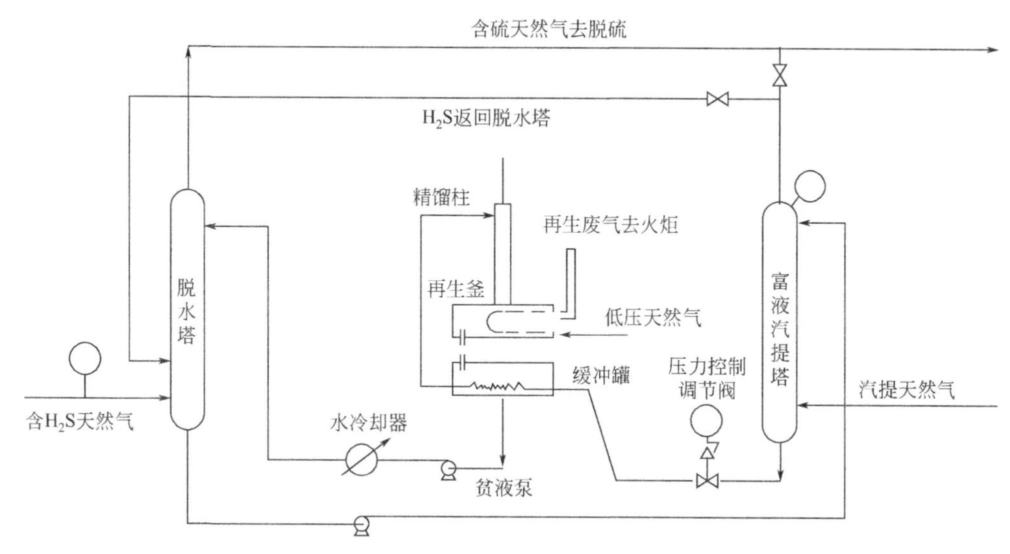

图 3-4　处理含硫气的甘醇脱水工艺流程

表 3-9　常用固体吸附剂的物理性质

物理性质	分子筛(4A,5A)	活性氧化铝	硅胶	活性铁矾土
颗粒现状	圆柱形小粒	粒状	粒状	粒状
表观密度/(g/cm^3)	1.1	1.6	1.2	1.6～2.2
平均孔隙率/%	—	51	50～65	35
再生后含水量/%	变化	7.0	1.7～7	4～6
再生温度/℃	200～300	170～300	<250	177

分子筛法是一种深度脱水的方法，它的露点降可达 120℃以上，即脱水后的干天然气露点甚至可降到−100℃以下，所以常用于低温冷凝分离工艺如天然气凝液（NGL）回收及生产液化天然气（LNG）中的脱水工序；此外，生产供汽车作燃料的压缩天然气也需用分子筛脱水。

分子筛除用于脱水外，还可用于脱除天然气中的微量 H_2S 及有机硫化合物，甚至可同时脱硫脱水。

分子筛脱水使用固定床吸附塔，因此装置至少应有两个吸附塔，一个处于吸附脱水阶段，另一个则处于再生及冷却阶段。图 3-5 是简化的工艺流程示意图。

当装置处理量大时，也可安排多塔流程。

当分子筛用于天然气脱水时，由于天然气是多组分混合物，各个组分会以不同的速度被分子筛所吸附。在脱水过程中分子筛对水有最高的吸附强度，所以分子筛的水饱和区也不断由入口向出口方向推进，而且水饱和区的不断推进也是顶替其他吸附质的过程。因此，就水分而言，在吸附过程中分子筛床层存在饱和段、吸附段及未吸附段三个区域；未吸附段虽未吸附水但却可能吸附了酸气或烃类组分。

随时间延长，饱和段及吸附段不断向前延伸，当吸附段前端抵达出口处时，出口气水含量达到转效点而迅速上升，此时继续吸附操作已不能达到所要求的脱水深度而应切换再生。

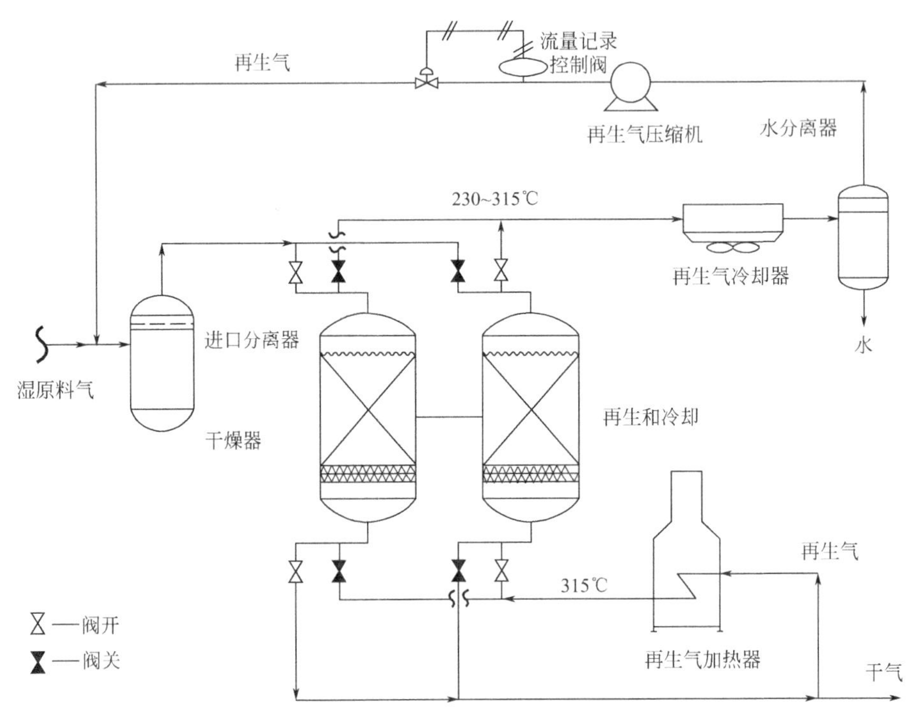

图 3-5　分子筛吸附法脱水工艺流程示意图

分子筛的再生均使用加热再生，以脱水后的一部分干气或进料湿气加热后进入吸附器赶出分子筛内的水分，再生气可与进料湿天然气混合进入吸附塔脱水。但在脱水深度要求高的工况下应使用已脱水的干气作为再生气。再生结束后冷却至常温，然后转入下一个吸附阶段。

吸附阶段与再生阶段的气流方向应相反。当吸附阶段气流自上而下通过吸附器时，则再生时气流方向一般是自下而上。这一方面可使下部床层获得最好的再生，使之在吸附阶段更有利于达到脱水要求；另一方面也可赶出上部床层吸附的其他组分，使之不至经过整个床层。

当分子筛用于含硫天然气脱水时，再生气在水分冷凝后应循环与进料湿气混合进入吸附塔。

4. 氯化钙法

氯化钙是最早使用的天然气脱水剂。如图 3-6 所示，氯化钙脱水实际上包含两段，即固体吸收段和液体吸收段，天然气先在液体吸收段以氯化钙水溶液经 3～5 层塔板脱水，此塔板设计成由气体夹带部分溶液进入上层塔板而不需要循环泵；然后再经过固体无水氯化钙段进一步脱水，固体吸收水后成为浓溶液而流入液体吸收段。装置运行初期，露点降可达到 40℃甚至更大，但随着固体氯化钙不断消耗，后期露点降仅有 17℃甚至更小。1kg 氯化钙可脱除水 2.5kg。

此法的投资及操作费用均较低，但露点降不稳定，需要更换 $CaCl_2$，腐蚀较严重且存在废液排放问题。

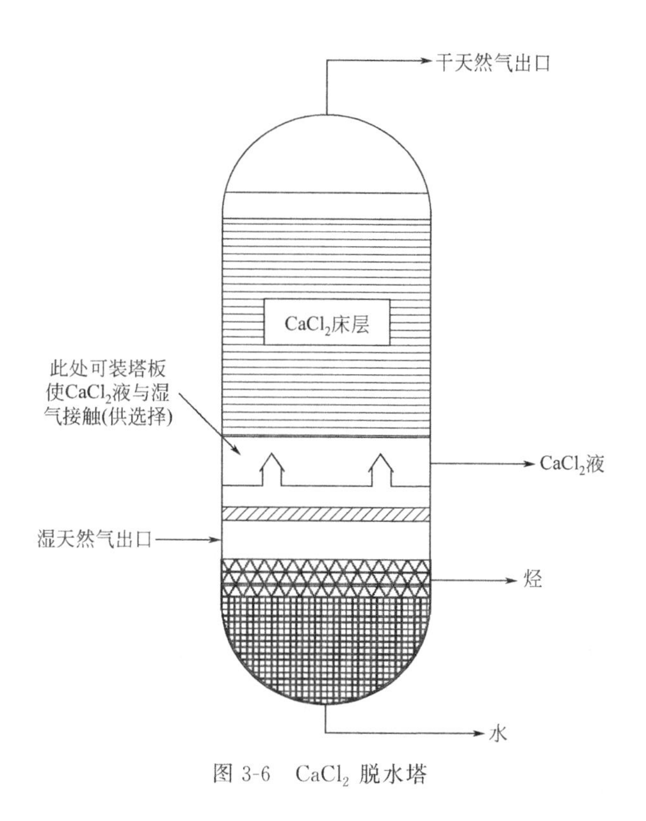

图 3-6　$CaCl_2$ 脱水塔

5. 物理溶剂吸收法

水在多乙二醇二甲醚中的相对溶解度（以 CH_4 为 1）高达 11000，而 H_2S 及 CO_2 分别只有 134 及 15.2。所以只要控制溶剂中的水含量，也可以同时脱水而满足通常的露点要求。

6. 膜分离法

利用水分较 H_2S 及 CO_2 有更好的渗透性能，例如，对于醋酸纤维素膜，水分的渗透速率是 CH_4 的 100 倍、H_2S 的 10 倍、CO_2 的 17 倍。

美国空气化工产品有限公司已实现了膜分离脱水工艺的商品化，采用非对称醋酸纤维素膜（Prism 膜），膜分离器在 4～8MPa 的压力下运行，以进料量的 2%～5%为反吹气，可脱除进料气中 95%的水汽，从而使之达到管输规格要求。如进料气的 H_2S 及 CO_2 含量已满足管输要求则反吹气压缩后可与进料气混合进入膜分离器，而不产生天然气的损耗。提高反吹气的温度可升高脱水深度。此法现已有几套工业装置运行，最大的装置处理能力为 $600\times10^4m^3/d$。

国内大连化物所在长庆气田进行了膜法脱水的现场试验，采用聚砜-硅橡胶复合膜，中空纤维内径 150μm、外径 450μm、长 3m，6000 根组合形成膜分离单元。试验期间出料气的露点为−19～−11℃，平均−15℃，可满足输气要求。但值得注意的是试验期间的 CH_4 损失率为 1.4%、总烃损失率为 2.4%。

7. 超声速分离法

进入 21 世纪，国内外均开展了超声速分离工艺的研究，国外也称之为 3S（supersonic separation）分离，主要用于从天然气中分离天然气凝液，也可用于脱水。从理论上说，超声速分离工艺的降温效果不仅远优于节流膨胀阀，也超过透平膨胀机。但由于技术上存在的难度，其实际收益应在节流膨胀阀和透平膨胀机之间，但其设备却较透平膨胀机简单得多，此类工艺研发成功后宜用于同时脱水脱烃。

二、天然气脱硫脱碳

采出的天然气中一般含有 H_2S、CO_2、COS 等酸性气体，还含有其他有机硫化物。所以天然气加工除了脱除硫化氢和二氧化碳外，还需同时脱除有机硫化物。

H_2S 是毒性最大的一种酸性气体，有一种类似臭鸡蛋的气味，具有致命的毒性。很低的含量都会对人体的眼、鼻和喉部有刺激性。另外，H_2S 对金属具有一定的腐蚀性。

CO_2 也是酸性气体，在天然气液化装置中，CO_2 易成为固相析出，堵塞管道。

天然气脱硫脱碳是天然气净化工艺的“龙头”，其类别也特别多，但主导工艺是胺法及砜胺法，具体包括化学溶剂法、物理溶剂法和化学-物理溶剂法。

1. 化学溶剂法

化学溶剂法是以碱性溶液吸收 H_2S 及 CO_2 等，并于再生时又将其放出的方法，包括使用有机胺的乙醇胺（MEA）法、乙二胺（DEA）法、二异丙醇胺（DIPA）法、二甘醇胺（DGA）法、甲基二乙醇胺（MDEA）法及位阻胺法等，使用无机碱的活化热碳酸钾法也有一些应用。目前广泛采用乙醇胺法。

化学溶剂法是以可逆反应为基础，采用循环使用的吸收剂吸收硫化氢。而当压力、温度和吸收剂的浓度变化时，硫化氢又可从吸收剂中分出，即常讲的吸收和解吸过程。

化学反应式：

$$2RNH_2+H_2O+CO_2 \rightleftharpoons (RNH_3)_2CO_3(R=CH_2CH_2OH) \tag{3-3}$$

$$RNH_2+H_2S \rightleftharpoons (RNH_3)HS(R=CH_2CH_2OH) \tag{3-4}$$

25～40℃自左向右反应——气体脱硫、脱酸过程；大于 105℃自右向左反应——溶液再生过程。

如图 3-7 所示，胺法装置的基本工艺流程主要由 3 部分组成：以吸收塔为中心，辅以原料气及净化气分离过滤的压力设备；以再生塔及重沸器为中心，辅以酸气冷凝器及分离器和回流系统的低压部分；溶液换热冷却及过滤系统和闪蒸塔等介于上面两部分压力之间的部分。

含硫天然气经原料气分离器除去液固杂质后从下部进入吸收塔，其中的酸气与从上部入塔的胺液逆流接触而脱除，达到净化要求的净化气出吸收塔塔顶，经净化气分离器除去夹带的胺液液滴后出脱硫装置。净化气通常需去脱水装置以达到水露点的质量要求。

吸收了酸气的胺液（通常称为富液）出吸收塔后通常降至一定压力至闪蒸塔，使富液中溶解及夹带的烃类闪蒸出来，此闪蒸气通常用作工厂的燃料气。

经闪蒸后的富液进入贫富液换热器与已完成再生的热胺液（简称贫液）换热以回收其热量，然后从再生塔上部入塔向下流动，从塔下部上升的热蒸汽既加热胺液又汽提出胺液中的酸气，所以在文献中也常将再生塔称为汽提塔。胺液流至再生塔下部时所吸收的酸气已解吸出绝大部分，此时可称为半贫液。半贫液进入重沸器以器内所发生的蒸汽进一步汽提，使所

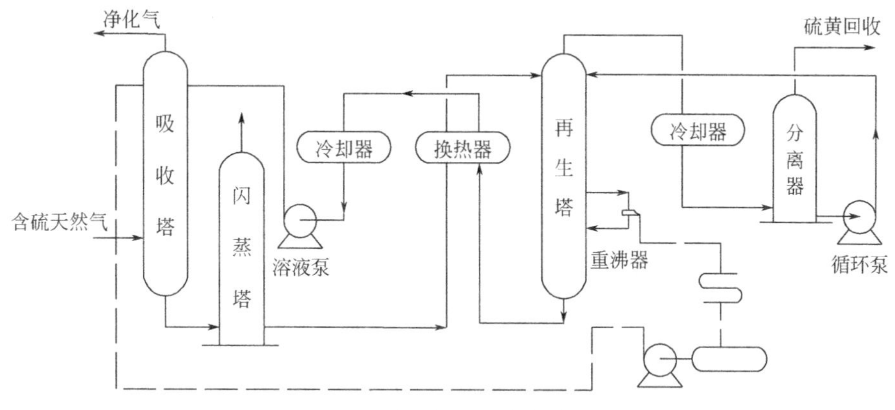

图 3-7　胺法脱硫工艺流程图

吸收的残余酸气析出而成为贫液。

出重沸器的热贫液经贫富液换热器回收热量，然后再经溶液冷却器（空冷或水冷）冷却至适当温度，以溶液循环泵加压送至吸收塔，从而完成溶液的循环。

从再生塔顶部出来的酸气-蒸汽混合物进入冷凝器，使其中的蒸汽大部分冷凝下来，此冷凝水进入回流罐，作为回流液以泵送入再生塔。酸气则送至克劳斯制硫装置或其他酸气处理设施。

在胺法装置中，溶液保持清洁是保证装置平稳运行的关键因素，为此需设过滤器以除去溶液中的固体杂质。过滤器可过滤贫液，也可过滤富液，各有优缺点。当溶液中可能含有重烃或有害的有机物时，则可使用活性炭吸附器。

胺法装置的核心任务是获得净化指标合格的净化气，包括 H_2S、CO_2 及总硫等指标。

乙醇胺法优点：适用范围广；溶液吸收能力强，脱硫程度高；溶液反应性强，酸性负荷最大；易于再生；溶解稳定性强，不易变质；易于实现自动化控制，降低工人劳动强度。

乙醇胺法缺点：溶液易起泡，影响正常操作；单位体积吸收过多酸气后易腐蚀设备；不能脱除有机硫，当天然气中含羟基硫时将增大乙醇胺消耗量；水、电、汽耗量大，硫黄回收需另增设一套装置。

2. 物理溶剂法

物理溶剂法是利用 H_2S 及 CO_2 等与烃类在物理溶剂中溶解度的巨大差别而实现天然气脱硫脱碳的方法，包括多乙二醇二甲醚法、碳酸丙烯酯法、冷甲醇法等。

在 20 世纪 60 年代获得工业应用的物理溶剂有甲醇（工艺的国外商业名称为 Rectisol）、碳酸丙烯酯（Fluor Solvent），磷酸三正丁酯（Estasolvan）也曾被广泛研究但最终未能获得工业应用。20 世纪 70 年代以来，使用多乙二醇二甲醚（Selexol）、*N*-甲基吡咯烷酮（Purisol）及多乙二醇甲基异丙基醚（Sepasoly MPE）等溶剂的工艺陆续获得工业应用。进入 20 世纪 90 年代，法国石油研究院（IFP）在冷甲醇法的基础上开发了 IFPEXOL 工艺，其中 IFPEX-1 工艺用于天然气脱水及 NGL 回收，IFPEX-2 工艺则用于脱除酸气。美国燃气工艺研究院（IGT）与德国 Krupp 公司合作开发了以 *N*-甲酰吗啉等为溶剂的 Mor physorb 工艺，首套工业装置已投入运行。与上述方法有显著区别的结晶硫法（CrystaSulf）也被美国 GRI 开发成功并投入工业应用。

在我国，多乙二醇二甲醚、碳酸丙烯酯及冷甲醇法等物理溶剂脱除气体中酸气的方法也已实现了工业应用，现主要用于合成气脱除 CO_2 及煤气脱硫等领域，在天然气净化方面尚无应用实例。

由于物理溶剂法脱除酸气的原理与胺法迥然不同，当然有其独特的优点和缺点，大体可概括如下：

① 传质速率慢。胺法由于溶液吸收酸气后发生化学反应，传质速率大大加快（常以增强因子表示），物理溶剂法在吸收过程中缺乏此种推动力，故传质速率慢，需要很大的气液传质界面。

② 达到高的 H_2S 净化度较为困难。由于体系的物理性质，物理溶剂法要使净化气 H_2S 含量达到小于 $20mg/m^3$ 或者小于 $5mg/m^3$ 的指标是较为困难的，为此需要采取一些特殊的溶剂再生措施。

③ 溶剂再生的能耗低。物理溶剂法中酸气是溶解于其中故易于析出，而胺法中酸气与醇胺系键合故再生较难而且能耗较高。

④ 具有选择脱硫能力。几乎所有的物理溶剂对 H_2S 的溶解能力均优于 CO_2，所以物理溶剂法可实现在 H_2S 及 CO_2 同时存在的条件下选择性脱除 H_2S。

⑤ 优良的脱有机硫能力。胺法对天然气中的有机硫如硫醇、COS 及 CS_2 等的脱除效率均较差；而物理溶剂法对上述有机硫化合物有良好的脱除能力。

⑥ 可实现同时脱硫脱水。物理溶剂对天然气中的水分有很高的亲和力，因此可在脱除 H_2S 及 CO_2 的同时完成脱水任务；而胺法的净化气是被水所饱和的，必须进入后续的脱水装置。

⑦ 烃类溶解量多，特别是重质烃。与胺液相比，物理溶剂对烃类特别是重质烃，尤其是芳香烃有良好的亲和力，需要采取有效措施回收溶解的烃以减少烃的损失和降低酸气中的烃含量。

⑧ 酸气负荷与酸气分压大体成正比。由于物理溶剂法的酸气负荷大体上与天然气中的酸气分压成正比，当天然气中 H_2S 及 CO_2 的浓度较低且操作压力较低时，其溶液循环量将大大高于胺法。

⑨ 基本上不存在溶剂变质问题。在胺法中，醇胺可与 CO_2、COS 及 CS_2 等产生变质反应而导致活性变差及腐蚀性增强等问题，物理溶剂不存在这一问题。

从这些特点可看出物理溶剂法的应用范围不可能像胺法那么广泛，但在某些条件下，它也具有一定的技术经济优势。

多乙二醇二甲醚法是物理溶剂法中最重要的一种方法。此法是美国 Allie 化学公司首先开发的，其商业名称为 Selexol，现已建设 50 余套工业装置，其中大约有 1/3 用于处理天然气。

多乙二醇二甲醚 [$CH_3(OCH_2CH_2)_nCH_3$，$n=3\sim9$] 对天然气中各组分溶解情况如下：

① H_2S 在 Selexol 溶剂中的溶解度是 CH_4 的 134 倍、CO_2 则是 CH_4 的 15.2 倍，这些溶解度的差别不仅提供了从天然气中脱除 H_2S 及 CO_2 的可能性，而且也提供了在 H_2S 及 CO_2 同时存在下，选择脱除 H_2S 的可能性。

② 与 H_2S 及 CO_2 相比，Selexol 溶剂对有机硫也有较好甚至更好的亲和力，甲硫醇的溶解度为 CH_4 的 340 倍、COS 为 35 倍、CS_2 为 360 倍，噻吩达到 8200 倍；溶剂对 SO_2 也有非常好的溶解能力，是 CH_4 1400 倍。

③ Selexol 溶剂对水分有极好的亲和力，水的溶解度为 CH_4 的 11000 倍、H_2S 的 82 倍，可以同时脱硫脱水。

④ 较高碳数的烃类在 Selexol 溶剂中亦有较高的溶解度，丙烷的溶解度与 CO_2 相当，已烷则超过 H_2S，苯的溶解度则达到 CH_4 的 3800 倍、H_2S 的 28 倍。显然，如果气流中含有芳香烃及较多的 C_{3+} 烃，如何减少烃损失和提高酸气质量将成为需要考虑的重要课题。

Selexol 法产生了两套净化天然气的装置：一套为德国的 NEAG-Ⅱ装置，用于处理高 H_2S 及 CO_2 分压的天然气，且取得了选择性脱除 H_2S 的效果；另一套为美国的 Pikes Peak 装置，用于处理低 H_2S 含量、高 CO_2 含量的天然气，主要是脱除 CO_2。图 3-8 给出了德国的 NEAG-Ⅱ装置工艺流程示意图。

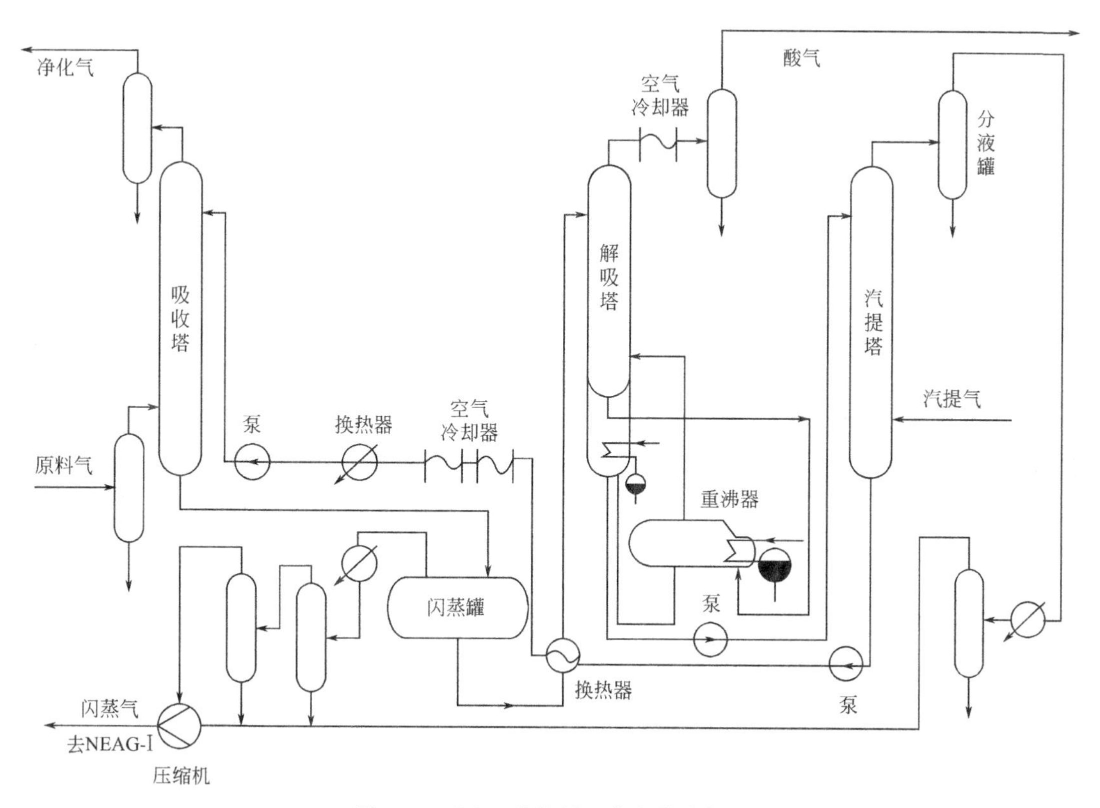

图 3-8　NEAG-Ⅱ装置工艺流程示意图

由 3-8 可见，原料天然气在吸收塔内经 Selexol 溶剂逆流洗涤脱除 H_2S、有机硫、水分及部分 CO_2 后，成为产品天然气从塔顶排出。塔底富液进入闪蒸罐闪蒸，闪蒸气压缩后送往 NEAG-Ⅰ装置（采用 Purisol 即 *N*-甲基吡咯烷酮法处理）。闪蒸罐罐底富液在换热后进入解吸塔，以重沸器内产生的蒸汽汽提，解吸出的酸气送克劳斯制硫装置。解吸塔塔底溶液再进入汽提塔，以净化气进一步汽提以降低溶液中的 H_2S 含量，汽提排出气压缩后送往 NEAG-Ⅰ装置。汽提塔塔底再生好的 Selexol 溶剂换热冷却并增压再循环至吸收塔。

3. 化学-物理溶剂法

化学-物理溶剂法是将化学溶剂烷醇胺与一种物理溶剂组合的方法，典型代表为砜胺法(DIPA-环丁砜、MDEA-环丁砜等)，此外还有 Amisol、Selefining、Optisol 及 Flexsorb 混合 SE 等。

4. 直接转化法

直接转化法是以液相氧载体将 H_2S 氧化为元素硫而用空气使之再生的方法，又称氧化还原法或湿式氧化法，主要有钒法（ADA-$NaVO_3$、栲胶-$NaVO_3$ 等）、铁法（Lo-Cat、Sulferox、EDTA 络合铁、FD 及铁碱法等），还有 PDS 等方法。

5. 其他类型的方法

除上述 4 大类脱硫方法外，还可以使用分子筛、膜分离、低温分离及生物化学等方法脱除 H_2S 及有机硫。此外，非再生性的固体及液体脱硫剂以及浆液脱硫剂则适于处理低 H_2S 含量的少量天然气。

第五节 天然气凝液回收与提氦

天然气中除了甲烷外，还含有乙烷、丙烷、丁烷、戊烷及更重的烃类，有时还可能含有少量非烃类，需要将这些宝贵原料予以分离与回收。从天然气中回收凝液的过程称为天然气凝液回收，回收方法可分为吸附法、油吸收法和冷凝分离法三种。当前，普遍采用冷凝分离法实现轻烃回收。

根据天然气的气质条件和产品种类及回收率的不同，天然气凝液回收装置所采取的制冷方式和制冷深度也有所不同，但组成天然气凝液回收装置的工艺单元基本是一致的。采用低温冷凝分离的凝液回收装置主要由原料气预分离、原料气增压、原料气预处理、制冷、冷凝分离、凝液分馏和产品储配等单元组成。低温冷凝分离的凝液回收装置系统组成如图 3-9 所示。

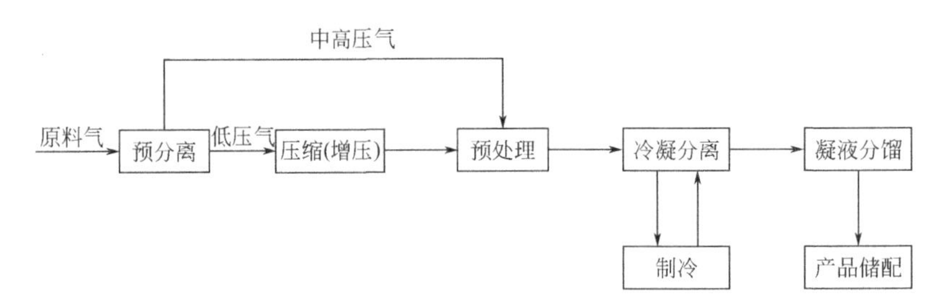

图 3-9 低温冷凝分离的凝液回收装置系统组成

一、预处理

1. 原料气预分离

原料气预分离作用是分离原料气中的固体杂质和液烃，根据原料气含水及液烃量需进行两相分离或三相分离，分离出的气相宜设置过滤分离器或聚结分离器，除去气相中的固体杂质和气相中夹带的液滴。

2. 原料气增压

天然气中各组分沸点不同，在一定压力下，冷凝率差异大。对低压原料气宜增压，提高天然气各组分的沸点，从而提高冷凝温度。

增压的压力高低应以满足适宜的冷凝分离压力和凝液分馏塔操作压力的要求为原则。凝液回收工艺方案与原料气压力高低密切相关，根据原料气压力的不同分为低压、中高压、高压三类，其分类如下：

① 低于 4MPa 的原料气称为低压天然气；

② 压力介于 4～7MPa 的原料气称为中高压天然气；

③ 压力高于 7MPa 的原料气称为高压天然气。

3. 原料气预处理

原料气预处理是指脱除天然气中的水、二氧化碳、硫化氢和汞等非烃类组分，其目的是保障工艺装置及管道的安全和满足凝液产品的质量指标。预处理工艺由原料气组成和处理要求决定。

天然气中酸性气体（CO_2、H_2S）杂质的存在会加快天然气对金属的腐蚀，影响产品质量，污染环境。原料气中二氧化碳的存在将在乙烷回收装置形成二氧化碳固体，堵塞设备与管线。对于含二氧化碳和硫化氢的原料气，在凝液回收装置中，大部分二氧化碳和硫化氢分布于脱乙烷塔塔顶气相，少部分有机硫分布于脱乙烷塔底部的凝液。详细的分布规律与原料气组成、硫化物种类、脱乙烷塔压力有关。

对于二氧化碳和硫化氢含量高的原料气应在进入冷凝分离单元前脱除，其预处理单元由脱汞、脱除酸性气体、脱水组成；对于二氧化碳和硫化氢含量低的原料气，脱汞、脱水工艺单元应放在冷凝分离单元前，二氧化碳和硫化氢应在凝液分馏单元后脱除，系统流程如图 3-10 所示。

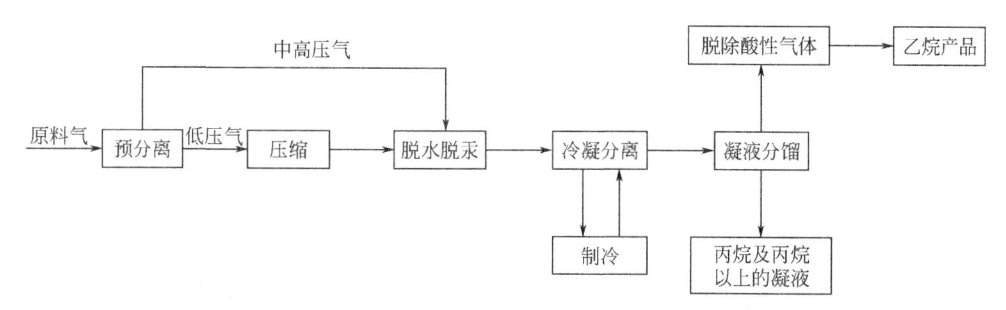

图 3-10　酸性气体含量低的凝液回收装置系统流程

酸性气体含量的高低没有明确界限，在凝液回收装置中，应依据原料气组成对工艺流程进行详细模拟，根据酸性气体在凝液产品中的分布规律和质量指标确定脱除酸性气体工艺单元的位置。

凝液回收中脱除酸性气体的方法以醇胺法为主。

在天然气净化一节已对脱水、脱硫脱碳进行了详述阐述，本节不再赘述。本部分对天然气脱汞进行详细介绍。

二、天然气脱汞

近年来，凝液回收装置原料气中汞含量控制越来越受关注。凝液回收装置脱汞的主要目的是保护工艺设备（尤其是低温铝制换热器）、人员安全及环境，通常要求凝液回收装置进料气中汞含量低于0.01μg/m^3。天然气脱汞工艺主要以化学吸附为主。

1. 脱汞原理及流程

化学吸附法是将天然气脱汞剂装填成固体吸附床，天然气中的汞流经吸附床时与脱汞剂中的活性物质反应，以汞化合物的形式从天然气中分离出来。天然气脱汞剂由载体和活性物质两部分组成，一般将单质硫、金属硫化物、银、金、铜等物质作为活性物质，活性氧化铝、分子筛、活性炭、硅胶等多孔物质作为载体。利用浸渍技术将活性物质负载于多孔载体上，不仅能增加汞分子与活性物质的接触面积，也能提高脱汞剂的机械强度。该方法具有工艺流程简单、脱汞效率高、设备较少、占地面积小等优点。

天然气化学吸附脱汞单元主要包括过滤分离器、气液聚结器、脱汞塔和粉尘过滤器。脱汞剂的载体具有一定的亲水性，要求脱汞塔进料气不能含有大量的游离水及液烃。因此，需在脱汞塔前设置过滤分离器和气液聚结器，它们的主要作用是脱除天然气中的游离水、液烃和固体颗粒杂质，以保证脱汞剂的脱汞性能。脱汞塔有单塔吸附、双塔吸附或多塔吸附，单塔吸附工艺流程简单，当处理规模较大时，建议采用双塔或多塔吸附。粉尘过滤器的主要作用是脱除低含汞天然气从脱汞塔带出的脱汞剂粉末。化学吸附脱汞工艺流程如图3-11所示。

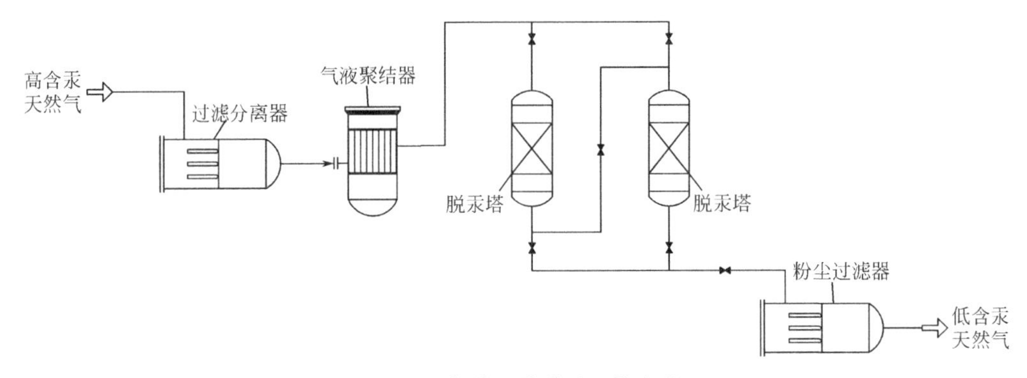

图3-11　化学吸附脱汞工艺流程

2. 常用的天然脱汞剂

常用的天然气脱汞剂主要有载硫活性炭、负载型金属硫化物和载银分子筛三种。通常根据天然气脱汞单元位置、脱汞成本、脱汞深度等要求，选择合适的脱汞剂及脱汞顺序，见图3-12。

① 载硫活性炭。载硫活性炭脱汞原理是利用单质硫与汞发生反应生成稳定的硫化汞，继而将汞从天然气中分离出来。载硫活性炭遇游离水或液烃时，活性炭易发生毛细管凝结现象从而堵塞单质汞与硫的接触通道，且单质硫易溶于液烃从而污染天然气。毛细管凝结和硫溶现象将使脱汞剂的脱汞性能下降、汞吸附容量降低、吸附床使用寿命缩短，导致天然气中汞含量不达标，汞进入下游从而影响下游工艺及设备。因此，载硫活性炭只能用于干气脱汞。

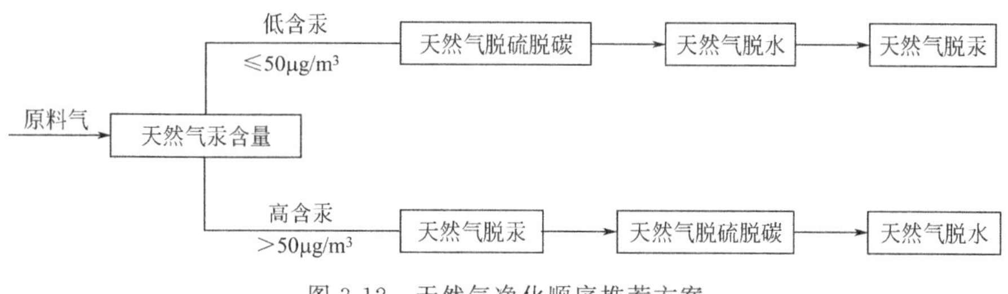

图 3-12　天然气净化顺序推荐方案

② 负载型金属硫化物。负载型金属硫化物脱汞原理是汞蒸气与反应相金属硫化物发生化学反应，生成难挥发、稳定的硫化汞。当原料气中含有硫化氢时，脱汞剂可以选择负载型金属氧化物，金属氧化物吸收硫化氢后，活化成金属硫化物再与单质汞反应，能同时脱除天然气中的汞和硫化氢。汞与反应相金属硫化物紧密、牢固地结合在一起，达到了很好的脱汞效果，能将天然气中汞含量降低至 0.01mg/m^3。负载型金属硫化物遇游离水和液态烃时，大孔隙的氧化铝载体能很好地阻止毛细管冷凝作用，适应性强。因此，负载型金属硫化物能用于湿气脱汞和干气脱汞。

③ 载银分子筛。载银分子筛脱汞原理是单质银与汞蒸气反应生成汞齐合金，从而达到从天然气中脱汞的目的。单质汞与金属之间形成的结合键并不强，汞与银之间的结合键键能只有 10kJ/mol（与范德华力相当），因此汞饱和后的载银分子筛可通过加热方式与银分离，实现载银分子筛的再生重复利用。载银分子筛若单独设置吸附塔和再生塔，则成本偏高，一般在同一吸附塔内与普通分子筛联合使用更加经济，能实现脱水脱汞双重功能。

三、轻烃回收

从天然气中回收到的液烃混合物简称轻烃，又称为天然气凝液（NGL），在组成上覆盖 C_2～C_5，含有凝析油组分（C_3～C_5）。天然气轻烃的组成根据天然气组成、轻烃回收目的和方法不同而不同。回收到的天然气凝液可直接作为商品，或根据有关产品质量指标进一步分离为乙烷、液化石油气、丙烷、丁烷及天然汽油。因此，天然气轻烃回收一般也包括了天然气分离过程。

并不是在任何情况下进行天然气凝液回收都是经济合理的，主要取决于天然气的类型与数量、天然气凝液回收的目的与方法、产品价格等。

1. 天然气类型对轻烃回收的影响

天然气分为气藏气、伴生气和凝析气三种类型，类型不同，其组成也有很大差别，因此天然气类型决定了天然气中可以回收的烃类组成及数量。

气藏气主要是由甲烷组成，乙烷及更重的烃类含量很少，一般不进行轻烃回收。因此，只有将气体中的乙烷及更重的烃类回收作为商品高于其在商品气中的经济效益时，一般才考虑轻烃回收。我国的川渝、长庆和青海气区有的天然气就属于含乙烷及重烃较少的贫气，应进行技术经济论证以确定其是否需要进行轻烃回收。

伴生气中通常含有较多乙烷及更重烃类，为了获得液烃产品同时也为了符合商品气或管输气对烃露点的要求，必须进行轻烃回收。尤其是从未稳定原油储罐回收到的烃蒸气，其丙烷、丁烷含量更多，回收价值更高。

凝析气中一般含有较多的戊烷以上的烃类，当其压力降低至相包络区露点线以下时，就会出现反凝析现象。因此除需回收因反凝析现象而在井场和处理厂获得的凝析油外，由于气体中仍含有不少可以冷凝回收的烃类，无论分离出凝析油后的气体是否要经压缩回注地层，通常都应进行轻烃回收，从而额外获得一定数量的液体。

轻烃回收的目的是满足商品气的质量要求、满足管输气质量要求和回收价值更高的乙烷与丙烷等。

由此可知，由于轻烃回收的目的不同，对凝液的组成、收率要求也不同，所采用的工艺也不同。目前，我国习惯上又根据回收乙烷将轻烃回收装置分为两类：一类是以回收 C_{3+} 为目的，称为浅冷工艺；另一类是以回收 C_{2+} 为目的，称为深冷工艺。

2. 轻烃回收方法

凝液回收过程一般在天然气处理厂中进行，采用的方法有吸附法、油吸收法和冷凝分离法。

(1) 吸附法

吸附法是利用具有多孔结构的固体吸附剂对各种烃类的吸附能力强弱的差异，从而进行分离的方法，其原理和方法与分子筛双塔吸附脱水相似。该法适用于处理量小（3×10^4～$6\times10^4\,m^3/d$）、较重烃类含量少的天然气，同时脱水和回收丙烷、丁烷等烃类的场所，使天然气水露点、烃露点都符合管输要求。它具有工艺流程简单、投资少的优点，但也存在能耗大、运行成本高等缺点。虽然曾经开发了用硅胶作吸附剂的短周期吸附法，但由于吸附剂容量等问题一直未得到工业应用。

(2) 油吸收法

油吸收法是利用不同烃类在吸收油中溶解度的不同，从而将天然气中各个组分得以分离的方法。该工艺是一个物理过程，即轻烃组分分子从气相分离出来进入重烃液体（吸收油）。吸收油有石脑油、煤油和柴油或从天然气中回收到的 C_{5+} 凝液，分子量为 100～200 的吸收油的分子量越小，天然气凝液收率越高，但吸收油的蒸发损失越大。一般只有要求 C_{2+} 回收率高时才采用分子量较低的吸收油。

按照吸收温度的不同，油吸收法可分为常温、中温和低温三种。常温油吸收法的温度一般为 30℃左右；中温的温度一般为 −20℃以上，C_3 的收率为 40%；低温的温度一般可达 −40℃左右，C_3 的收率为 80%～90%，C_2 的收率为 35%～50%。低温油吸收法的典型流程如图 3-13 所示。

原料气与外输干气换热后，经外部冷源冷冻制冷，去吸收塔与冷的吸收油逆流接触，进行传热和传质，吸收塔塔底的液体称为富吸收油，它含有全部被吸收的组分，吸收塔塔顶为外输干气。富油进入稳定塔，塔顶分离出不需要回收的轻组分用作燃料，塔底液体进入富油蒸馏塔。从富油蒸馏塔塔底流出的贫吸收油，经冷冻后去吸收塔循环使用，塔顶为 NGL，再进入蒸馏塔分离获得 LPG 和轻油。

油吸收法是 20 世纪 50～60 年代广泛使用的一种 NGL 回收方法，它系统压降小，处理量大，对原料要求不严格，可采用碳钢。但投入和操作费用高，能耗也较高，70 年代后期逐渐被更加经济和先进的冷凝分离法取代。

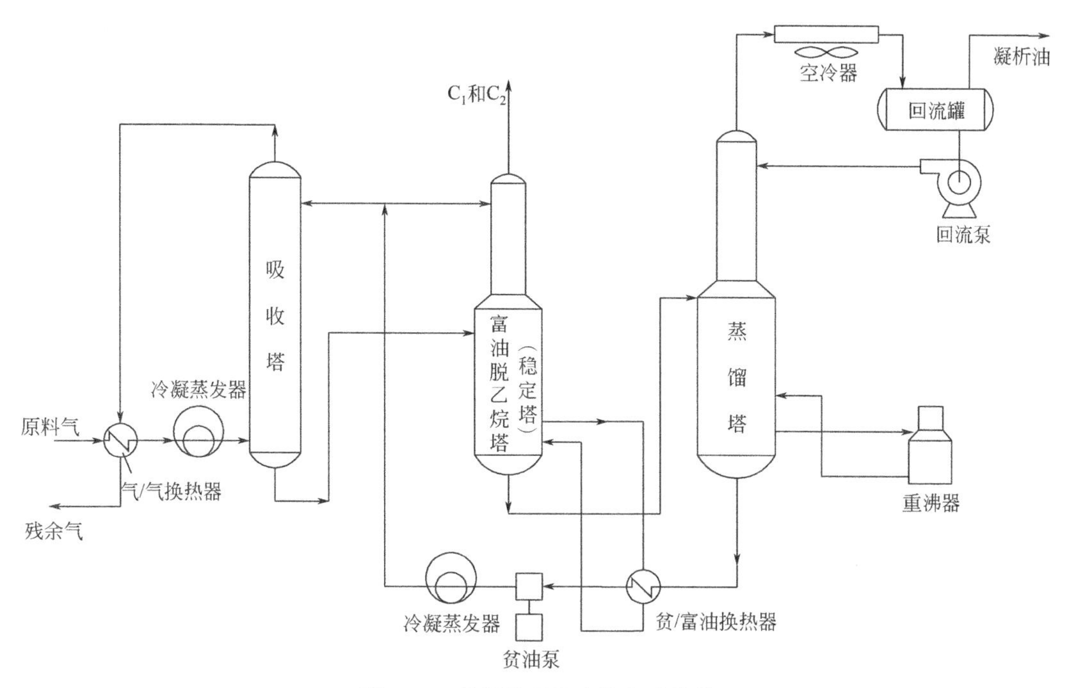

图 3-13 低温油吸收法的典型流程

(3) 冷凝分离法

冷凝分离法是利用天然气中各烃类组分冷凝温度不同的特点，通过制冷将天然气冷至一定温度从而将沸点较高的烃类冷凝分离，并将凝液分馏成合格产品的方法。通常这种冷凝过程是在几个不同温度等级下完成的。冷凝分离法最根本的特点是需要提供较低温度的冷量。按提供冷量的方式不同分外加冷源法（外冷法）、自制冷法（内冷法）和混合制冷法。冷凝分离法具有较高的轻烃回收率，在轻烃回收工艺中占有重要地位。

由于天然气的压力、组成及所要求的轻烃收率不同，故轻烃回收过程中的冷凝温度也有所不同。根据最低冷凝分离温度，通常又将冷凝分离法分为浅冷分离与深冷分离两种。前者最低的冷凝温度为－20～－35℃，后者一般低于－45℃，最低在－100℃以下。

浅冷轻油回收工艺流程如图 3-14 所示。低压原料气进入装置后，首先进入原料气分离器，去除油、水和其他杂质后，进入原料气增压器，原料气增压器一般选用两级往复式压缩机，将原料压缩至 1.6～2.4MPa。压缩后的气体经过水冷器冷却，与脱乙烷塔塔顶干气在气/气换热器换热，进一步冷却。然后进入氨蒸发器，在这里原料气被冷却至－10～－35℃。此时原料气中较重烃类被冷凝为液体，气液混合物在低温蒸发器中得以分离。分出的气体主要成分为甲烷和乙烷，与脱乙烷塔塔顶气汇合，作为干气外输。低温蒸发器分离出的凝析液即混合液态烃，含有部分 C_1 和 C_2，进入分馏系统进行稳定、分离，生产出合格的液化气和轻油产品。

分馏系统可根据生产产品的方案决定分馏塔的数目。一般采用两塔流程，即脱乙烷塔和脱丁烷塔（或轻油稳定塔），其产品为液化气（C_3+C_4）和轻油（C_{5+}）。现在不少装置在设计中考虑了生产丙烷，分馏系统采用了三塔流程，即脱乙烷塔、脱丙烷塔和脱丁烷塔。

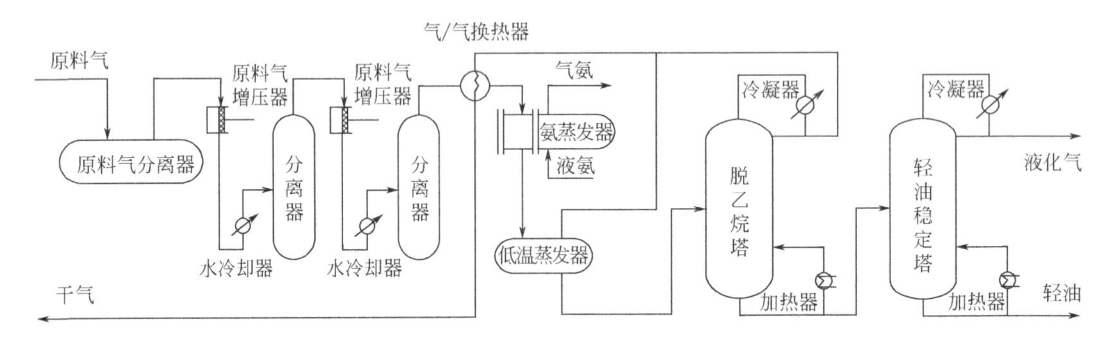

图 3-14 浅冷轻油回收工艺流程

浅冷分离工艺中原料冷凝所需的冷量由独立的外部循环制冷系统提供，制冷系统产生的冷量多少与被冷凝的原料气无直接的关系，制冷温度受到制冷介质的制约。

常用的制冷介质有氨、氟利昂和丙烷。氨压缩循环制冷工艺成熟，国内许多厂家均可提供可靠的成套设备，而且系列齐全。氟利昂压缩制冷的工艺也比较成熟，但因氟利昂对大气污染较严重，尤其对臭氧层的破坏引起了世界各国的普遍关注。因此氟利昂的工业应用受到限制，其作为轻烃回收的制冷剂已经没有了发展前途。丙烷在常压下的沸点较低，为－42℃，而氨的沸点为－33.5℃，因此采用丙烷制冷可获得比氨更低的温度。丙烷制冷的制冷温度一般为－30～－35℃。此外，丙烷制冷剂可由轻烃回收装置自行生产，没有制冷剂的外购和储存等问题。因此该工艺得到了广泛的应用，成为主要方法。

在轻烃回收的过程中，轻烃的收率不仅与组成有关，还和温度、压力等操作条件有很大的关系：

① 在相同的温度和压力条件下，气体的组分越富，C_{3+}的冷凝率和冷凝量越高。显然贫气采用外冷法是不合适的。

② 对于同一种原料气，相同温度下随着压力的升高，或在相同压力下随着温度的降低，C_{3+}的冷凝率和冷凝量均将提高，但增幅不同。在高温低压范围内，增长的幅度很大，随着温度的降低和压力的升高，C_{3+}的冷凝率和冷凝量增长幅度相应降低，到极限值时不再增加。一般而言，在制冷剂极限温度下压力不能超过 4MPa，否则不但增加压缩能耗，各种工艺设备的压力等级要求和设备造价都会增加；另外压力也不宜低于 1.5MPa，否则 C_{3+}的回收率随压力的降低而急剧下降。

(4) 深冷工艺流程

深冷分离要求制冷温度在－80～－100℃，甚至更低，其目的是最大限度地从天然气中回收轻烃，尽可能多地回收 C_2 组分。单一制冷难以达到深冷的要求，往往采用混合制冷的方法即冷冻循环的多级化和混合制冷剂、膨胀机（或其他制冷元件）制冷辅以外冷的方式来实现。为了充分利用天然气的内能，在工业化装置中多常见以膨胀机作为主制冷单元再辅以外部冷冻制冷的方式。

某公司引进两套处理量均为 $60\times10^4 m^3/d$（设计值）的 NGL 回收装置，原料气为伴生气。采用两级透平膨胀制冷法，制冷温度一般为－90～－100℃，最低为－105℃，乙烷收率为 85%。每套装置混合烃产量为 $5\times10^4 t/a$。装置工艺流程如图 3-15 所示，由原料气压缩、脱水、两级膨胀制冷和凝液脱甲烷等四部分组成。

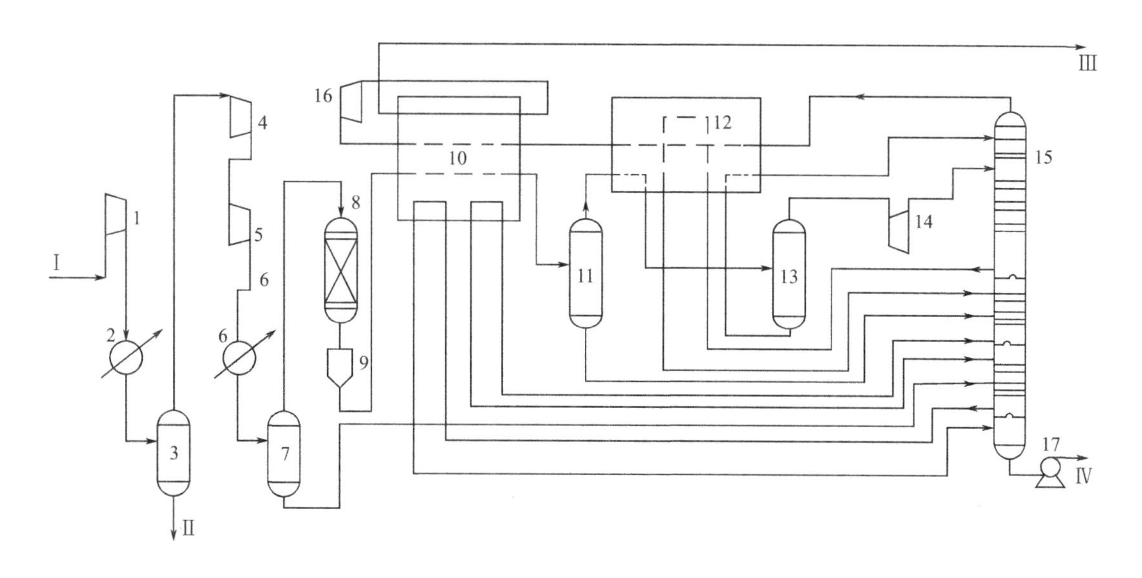

图 3-15　两级透平膨胀机制冷法 NGL 回收工艺流程

1—油田气压缩机；2—冷却器；3—沉降分离罐；4、5—压缩机；6—冷却器；7——级凝液分离器；
8—分子筛干燥器；9—粉尘过滤器；10、12—板翅式换热器；11—二级凝液分离器；
13—三级凝液分离器；14——级透平膨胀机；15—脱甲烷塔；16—二级透平膨胀机；17—混合轻烃泵
Ⅰ—油田伴生气；Ⅱ—游离水；Ⅲ—干气；Ⅳ—NGL

进装置的油田伴生气Ⅰ脱除游离水后进入油田气压缩机 1 增压至 2.76MPa，经冷却器 2 冷却至常温进入沉降分水罐 3，进一步脱除游离水Ⅱ。由沉降分离罐 3 顶部分出的气体依次经过膨胀机驱动的压缩机 4、5（正升压或先增压流程），压力增加到 5.17MPa，再经冷却器 6 冷却后进入一级凝液分离器 7，分出的凝液去脱甲烷塔 15 的底部。

由一级凝液分离器 7 分出的气体经分子筛干燥器 8 干燥后，水含量降至 1×10^{-6}（体积分数），再经粉尘过滤器 9 除去其中可能携带的分子筛粉末后进入制冷系统。分子筛干燥器共两台，切换操作周期为 8h，再生气采用燃气透平废气的余热加热到 300℃左右。

脱水后的气体经板翅式换热器 10 冷冻至−23℃后进入二级凝液分离器 11。分离出的凝液进入脱甲烷塔 15 的中部。从二级凝液分离器 11 出来的气体，再经过板翅式换热器 12 冷冻至−56℃后，去三级凝液分离器 13。分离器 13 分出的凝液经板翅式换热器 12 后进入脱甲烷塔 15 的顶部，分离器 13 分出的气体经一级透平膨胀机 14 膨胀至 1.73MPa，温度降至−97～−100℃，然后此气液混合物直接进入脱甲烷塔 15 的顶部偏下部位。

自脱甲烷塔 15 顶部分出的干气Ⅲ经板翅式换热器 12、10 复热至 28℃后进入二级透平膨胀机 16，压力自 1.7MPa 降至 0.45MPa，温度降至−34～−53℃，再经板翅式换热器 10 复热至 12～28℃后外输。

由于装置只生产混合轻烃，故只设脱甲烷塔，塔顶温度−97～−100℃，塔底不设重沸器，中部则有塔侧冷却器和重沸器，分别由板翅式换热器 12、10 提供冷量和热量。脱甲烷后的混合烃类由塔底经混合轻烃泵 17 增压后作为乙烯装置原料。

四、天然气提氦

世界上消耗的氦气主要来自含氦的天然气，不同地区的天然气含氦量也有相当大的变动。大致可分两类：富氦的天然气，氦含量大于0.1%（摩尔分数）；贫氦的天然气则不大于0.01%（摩尔分数）。大气中的氦含量约为$5.4mL/m^3$，即使用目前认为无经济价值的贫氦天然气，其氦含量也要比大气中高出两个数量级。迄今含氦天然气几乎是唯一经济的提氦来源。

美国在第一次世界大战期间同时建立了3套试验装置——林德节流循环工艺、克劳德循环（膨胀机）、液化分馏，为天然气提氦工业奠定了基础。从发展上来讲，有3个历史时期：典型的林德节流循环工艺、新工艺引入阶段、非燃料型天然气提氦阶段。从广义上讲，天然气提氦工厂与LNG工厂在工艺上是一致的，都是天然气液化过程，只不过提氦工厂为回收能量将所得的液化天然气复热汽化，中间产品是不凝气——粗氦。为降低粗氦提取过程能耗，采用原料气增压、膨胀机制冷的新工艺流程：采用制冷能力大、效率高的膨胀机制冷循环代替氨预冷；选用紧凑型板式换热器代替传统的绕管型换热器，降低冷损；采用粗孔硅胶、5A分子筛复合床同时吸附脱除水和CO_2；工艺条件的选择使有可能50%～60%的尾气以较高压力输出，仅压缩剩余的低压尾气，降低电耗。工艺流程如图3-16所示。

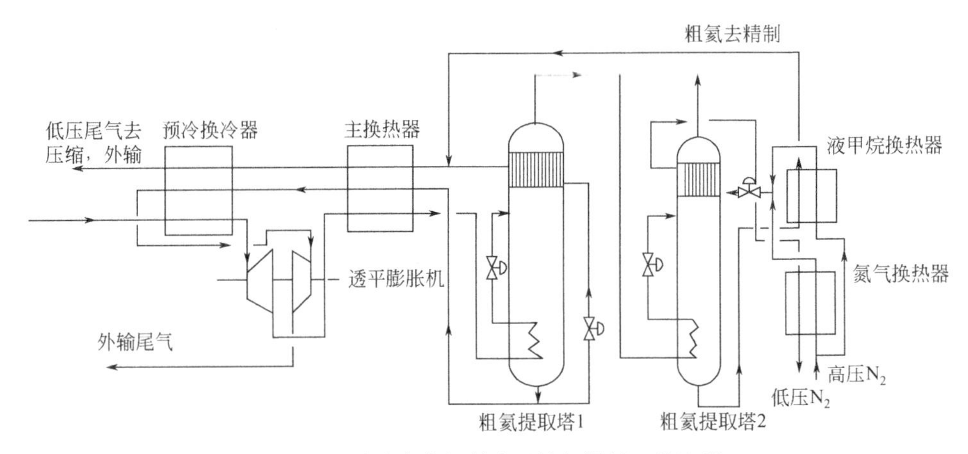

图3-16 透平膨胀机制冷天然气提氦工艺流程

净化后的天然气入冷箱内第一板翅式换热器预冷，物流被预冷到－70～－80℃去透平膨胀机，膨胀到1.1～1.5MPa，膨胀后气流温度降到－83～－92℃，并经第二个板翅式主换热器进一步被冷流冷却到－106～－120℃，之后进入第一个粗氦提取塔的塔底重沸器，兼作热源，最后入塔。在此条件下绝大部分甲烷和一部分N_2被冷凝下来，入塔液化率达90%左右。未冷凝的气相升入塔顶冷凝器，壳程用节流至常压的液甲烷冷却至－152～－155℃。塔顶排出的不凝气（粗氦）含3%～4%（摩尔分数）的氦气；在相类似的第二个粗氦提取塔的塔顶冷凝器中用常压蒸发的液N_2冷却到－175～－185℃，大部分N_2被冷凝下来，塔顶排出被进一步浓缩的70%～75%氦，其余主要是H_2，然后去脱氢、精制。

节流入第一个粗氦提取塔的液甲烷和塔顶冷凝液汇集，流经提馏段与来自塔釜的蒸发气逆流接触后流入塔釜，经重沸器汽提以回收其中溶解的氦气。汽提后的液甲烷部分减压至常压入塔顶冷凝器作冷源，蒸发的低温甲烷气返流入主冷换热器，预冷换热器冷却原料气，自身被复热后一部分作为硅胶-分子筛吸附器的再生气，其余液甲烷直接进入板翅式换热器在压力下汽化，冷却原料气，复热后的甲烷气在透平膨胀机的增压端被增压后输出。

第六节　天然气液化与储运

一、天然气液化

天然气被冷却至约−162℃变成液态，将使其体积减小至原来的1/600左右，这样便于储存和运输。液化天然气技术主要分两部分——液化与储运。天然气液化一般包括天然气净化和天然气液化两步。

1. 天然气净化

天然气的净化是经过预处理，将天然气中不利于液化的组分除去，这些组分包括水、酸性物质、较重的烃类和汞等。这些处理过程与天然气加工的过程是类似的，但必须深度脱除H_2O、CO_2、H_2S等杂质，并逐级冷凝分离出丙烷以上的烃类，以防止低温下形成固体堵塞管线和设备。同时微量汞对后续设备有腐蚀作用，也应加以脱除。

2. 天然气液化

天然气的液化过程实质就是通过换热不断从天然气中取走热量最后达到液化的过程。天然气液化工艺主要采用复迭式循环（串联式液化循环）、混合制冷剂循环（MRC）和膨胀机循环三种液化流程。

（1）复迭式循环

复迭式循环始于20世纪60年代。天然气经过丙烷、乙烯或乙烷和甲烷制冷循环逐级冷却、液化、过冷。经典的复迭式循环一般由丙烷、乙烯和甲烷三个梯级制冷阶（蒸发温度分别为−38℃、−85℃、−160℃）的制冷循环串接而成。第一级丙烷制冷循环为天然气、乙烯和甲烷提供冷量；第二级乙烯制冷循环为天然气和甲烷提供冷量；第三级甲烷制冷循环为天然气提供冷量。通过上述换热器的冷却，天然气的温度逐步降低直到液化。工艺流程如图3-17所示。

优点：能耗低；制冷剂为纯物质，无配比问题；技术成熟，操作稳定。

缺点：机组多，附属设备多；流程比较复杂，管道与控制系统复杂，维护不便。

（2）混合制冷剂循环

混合制冷剂循环（MRC）始于20世纪70年代，采用氮气和烃（通常为C_1～C_5）的混合物作为制冷剂。一般混合制冷剂中各组分比例（摩尔比）为：CH_4 0.2～0.32，C_2H_6 0.34～0.44，C_3H_8 0.12～0.20，C_4H_{10} 0.08～0.15，C_5H_{12} 0.03～0.08，N_2 0～0.03。混合制冷剂的平均分子量随着天然气的平均分子量的增加而变化，一般在24～28之间。制冷剂中氮的含量则由天然气液化所需的过冷度决定，并随天然气中氮含量的增大而变化。图3-18描述了混合制冷剂循环的工艺流程，各节点压力和温度的模拟计算结果如表3-10所示。

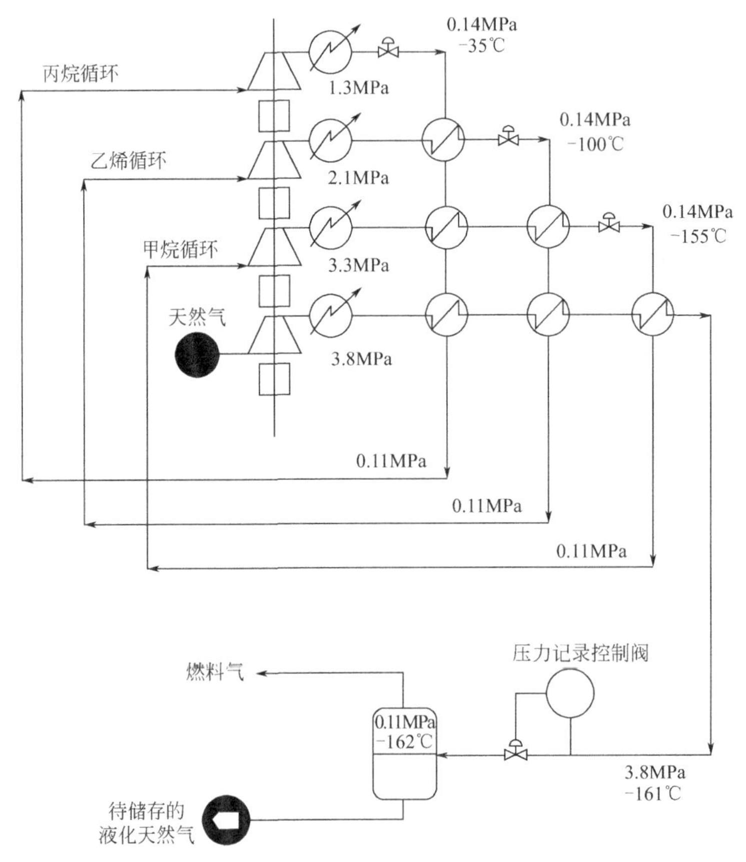

图 3-17　复迭式循环工艺流程图

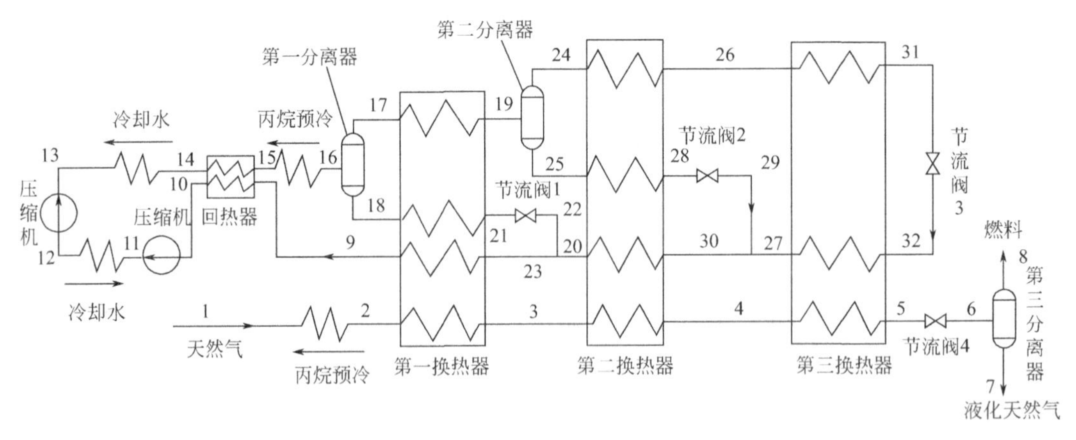

图 3-18　带回热的混合制冷剂循环液化天然气工艺流程

表 3-10　图 3-18 各节点压力和温度的模拟计算结果

节点号	1	2	3	4	5	6	7	8
p/MPa	5.0	5.0	5.0	5.0	5.0	0.14	0.14	1.14
T/K	298.0	219.2	183.7	163.9	116.6	116.3	116.3	116.3
节点号	9	10	11	12	13	14	15	16
p/MPa	0.53	0.53	1.26	1.26	3.0	3.0	3.0	3.0
T/K	216.0	300.1	368.7	305.7	375.0	305.1	239.0	219.0
节点号	17	18	19	20	21	22	23	24
p/MPa	3.0	3.0	3.0	0.53	3.0	0.53	0.53	3.0
T/K	219.0	219.0	183.7	180.7	183.7	168.2	175.7	183.7
节点号	25	26	27	28	29	30	31	32
p/MPa	3.0	3.0	0.53	3.0	0.53	0.53	3.0	0.53
T/K	183.7	164.0	161.0	164.0	141.7	143.3	116.6	115.3

在混合制冷剂循环中，天然气从节点 1 进入管路，首先经过丙烷预冷器，然后通过第一至第三换热器逐步被冷却至接近常压下的液化天然气温度，最后经过节流阀 4 进行降压，从而使液化天然气在常压下储存。

在制冷剂循环部分，压缩机压缩和节流阀的节流降压使循环中制冷剂处于两种压力之下，处于低压的制冷剂称为低压制冷剂，处于高压的制冷剂称为高压制冷剂。

第一个换热器热端面处的低压制冷剂首先与高压制冷剂进行换热，低压制冷剂释放出冷量，从而使低压制冷剂的冷量得到充分利用；同时，低压制冷剂吸热后，温度升高，更能保证进入压缩机的低压制冷剂处于气相，有效地防止压缩机发生液击事故。高压制冷剂在回热器中被冷却，可使丙烷的预冷量下降，降低丙烷预冷循环的功耗。低压制冷剂经回热后进入压缩机压缩至高温高压，为了节省功耗，在两级压缩机之间设置了级间冷却。离开压缩机的高压制冷剂经过水冷却器、回热器及丙烷预冷器降温后进入气液分离器，产生的气体为后续的流程提供制冷剂，产生的液体经换热器冷却及节流降压降温后与后续流程返流的低压制冷剂混合后为换热器提供冷量。在换热器中高压制冷剂流及天然气流被冷却，而低压制冷剂流吸热。

混合制冷剂循环的优点一个是机组设备少，流程简单，这样管理方便，同时投资比较省；另一个是混合制冷剂的组分大都可以直接从天然气中提取和补充。但该工艺能耗较高，相对于复迭式循环要高 10%～20%，同时对混合制冷剂的合理配比存在一定的困难。

(3) 膨胀机循环

膨胀机循环是将高压天然气通过膨胀机膨胀，对外输出做功，同时使气体自身冷却和液化。膨胀机循环根据制冷剂的不同，可分为氮气膨胀机循环和天然气膨胀机循环。膨胀机循环液化在流程上最为简单，与复迭式循环和混合制冷剂循环相比较，膨胀机循环启动、停车更为简单，适用于频繁开关的调峰型液化站。膨胀机循环制冷剂总是以气态存在，换热器操作温度范围大，工艺稳定，对进气组成与温度条件有较好的操作弹性。

膨胀机循环天然气液化工艺流程如图 3-19 所示。

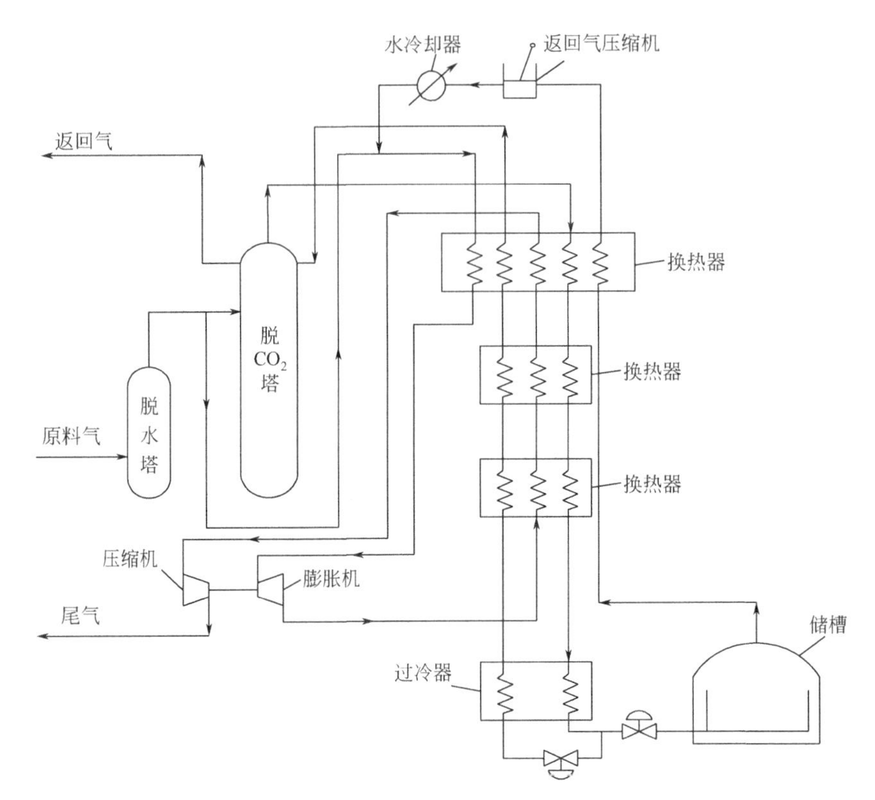

图 3-19　膨胀机循环天然气液化工艺流程

二、液化天然气的储运

液化后的天然气要储存在液化站内的储罐或储槽内。由于天然气是易燃易爆的物质，液化天然气（LNG）的储存温度很低，对其储存设备和运输工具提出了很高的安全要求。目前一般用来储存和运输的方法有三种：液化天然气储罐（槽）、液化天然气运输船、液化天然气槽车。

1. 液化天然气储罐（槽）

液化天然气储罐内罐和外壳均用金属材料，一般是采用耐低温的不锈钢或铝合金。对于大型的储罐外壳则采用预应力混凝土。

液化天然气储罐的结构一般有立式液化天然气储罐、球形液化天然气储罐（图 3-20）、典型的全封闭围护系统液化天然气储罐。

为了更好地观察了解液化天然气储罐内的情况，利用探测器浸入低温的液化天然气储罐内，将储罐内及周围的图像清晰地摄录并显示在屏幕上。这样就能很方便地监控储罐的运行了。

2. 液化天然气运输船

随着天然气贸易的快速增长，液化天然气船运业务开始蓬勃发展。现在国际贸易中 LNG 大多采用运输船来完成。

图 3-20　液化天然气球形储罐

液化天然气船体一般为双层结构，船外壳与液化天然气罐之间具有储水空间，在发生搁浅或相撞事故时可减轻储罐破裂的危险，液化天然气运输船的储存系统要求在常压下温度保持在－163℃。这样靠储罐自身的隔热性能及甲烷汽化使液化天然气保持在低温液态。

根据储存天然气的内壳结构不同分为隔膜式和自立式两种。隔膜式的船内壳结构为整体储存容器，罐壁的第一层为不锈钢板，第二层为可承载隔热层的特殊钢材。储罐载荷直接作用在船壳体上，各个储罐都是在船上现场制作的。自立式储存容器自成一体，储罐外表面是非承载隔热层。自立式储罐一般在专业厂整体式分体预制，然后在船上安装或组装，如图 3-21 所示。

图 3-21　球形储罐液化天然气运输船

3. 液化天然气槽车

由 LNG 接收站或液化装置储存的 LNG，一般由 LNG 槽车载运到各地，供用户使用。液化天然气槽车为了确保能安全地运输，必须采用合适的隔热方式。用于液化天然气槽车隔热的方式主要有三种：真空粉末隔热、真空纤维隔热、高真空多层隔热。选择哪一种隔热方式的原则是经济高效、隔热可靠、施工方便。真空粉末隔热具有真空度要求不高、工艺简单、隔热效果好的特点，其制造工艺也日趋成熟。高真空多层隔热近年来因其独特的优点，加上工艺逐渐成熟，为一些制造商所看好。

第七节　天然气应用

一、天然气发电

1. 天然气发电的优点

天然气是世界公认的电力工业的最佳燃料，以天然气为燃料的微型发电机可与电网相连，也可在几乎任何地方实现独立供电，它体积小、可靠性高、排放低，是一项很有发展前途的新技术。在煤、燃料油和天然气三大化石能源中，天然气具有明显的环保优势，尤其是CO_2、SO_2这两项大气污染物的排放量，天然气发电厂将比燃煤电厂有大幅度的下降，这对解决目前的世界环境污染问题具有极其重要的现实意义。表3-11给出了天然气发电与煤、油发电污染物排放的对比数据。

表3-11　发电厂大气污染物排放量对比

发电方式	效率/%	CO_2/[g/(kW·h)]	CO/[g/(kW·h)]	CH_4/[g/(kW·h)]	NO_x/[g/(kW·h)]	SO_2/[g/(kW·h)]
天然气	58	313	0.18	0.03	1.04	0.00
煤	40	813	0.15～1.33	0.01	2.7～9.4	2.3～7.2
油	40	673	0.13	0.01	1.73	1.7～5.0

天然气发电的突出特点和应用范围为如下。

① 热效率高、污染排放少。天然气发电的热效率比煤、油发电的热效率高40%，而且排放的污染物也少得多（见表3-11）。

② 燃气机组启动迅速、运行灵活，是电网调峰的较好选择。

③ 建设周期短，占地面积少。

天然气发电主要用于人口密集地区、经济发达地区、负荷中心或电网末梢以及用电极度紧张的地区。

2. 天然气发电方式

燃气轮机是以气体或燃油作为工质，把燃料燃烧时释放出来的热量转变为有用功的动力机械。它由压气机、燃烧室、燃气透平等部件组成。空气被压气机连续地吸入和压缩，压力升高，接着流入燃烧室，在其中与燃料混合燃烧成为高温燃气，再流入透平机膨胀做功，压力降低，最后排入大气。由于燃料燃烧，化学能转化为热能，加热后的高温燃气做功能力显著提高，燃料在透平机中的膨胀功大于压气机压缩空气所消耗的功，因而使透平在带动压气机后有多余的功率带动负荷，按照这种原理工作的燃气轮机称为等压燃烧加热的开式循环燃气轮机，是目前应用最广泛的燃气轮机。

天然气用于燃气轮机热电联产一般有三种方式。

① 燃气轮机-蒸汽轮机联合循环热电联产。这是目前使用最广泛的方式。燃气轮机对燃料进行首次能源利用，燃料燃烧产生热膨胀功推动透平叶片来驱动发电机发电。其高温乏汽

通过余热锅炉产生中温中压以上参数蒸汽，再驱动蒸汽轮机做功发电，并将做功后的乏汽用于供热。后置蒸汽轮机可以是抽汽凝汽式也可以是背压式，燃气轮机-蒸汽轮机联合循环热电厂往往采用两套以上的燃气轮机和余热锅炉拖带1～2台抽汽凝汽式汽轮机，或使用余热锅炉补燃，以及双燃料系统提高对电网、热网和天然气管网的调节能力及供能稳定性。根据燃气与蒸汽两部分组合方式的不同，联合循环有余热锅炉型、排气补燃型、增压燃烧锅炉型和加热锅炉给水型四种基本方案。

② 燃气轮机-余热锅炉直接热电联产。只有燃气轮机和余热锅炉，省略了蒸汽轮机，因此也将其称为“前置循环”。这种方式的热效率要高于①的联合循环方式，但发出的电量则小于①的联合循环方式。

③ 燃气轮机辅助循环热电联产。将较小的燃气轮机加入传统的燃煤或燃油后置循环热电联产系统中，将燃气轮机的动力用于驱动给水泵或发电，将高温烟气注入余热锅炉用于改善燃烧，提高锅炉效率。

3. 我国天然气发电的概况

我国的天然气发电起步较晚，目前还只是在沿海一些省份发展建设，在建及近期规划建设的天然气发电项目装机总规模近1800×10^4kW，其中华东的西气东输及近海天然气发电项目规模约1050×10^4kW，福建LNG发电项目规模360×10^4kW，广东LNG发电3个项目规模385×10^4kW。到2020年，全国天然气发电装机容量约8900×10^4kW·h，约占总装机容量的4.5%，发电量约2325×10^8kW·h，约占总发电量的3.17%。

虽然我国天然气发展很快，但天然气发电也存在自身所独有的缺点。

① 天然气发电缺乏竞争力。发展天然气发电面临的主要问题之一就是其经济性，特别是相对燃煤发电的竞争力。燃气电站的燃料成本占发电成本的60%以上，大于燃煤电站40%的燃料成本，不考虑环境代价时，天然气联合循环的能源成本比煤高0.16元/（kW·h）；考虑环境代价时，天然气联合循环的能源成本比煤高0.149元/（kW·h）。不论考虑环境代价与否，天然气发电的使用成本都比煤电的价格要高。

② 天然气发电站投资大。燃气电厂投资规模很大，根据联合循环燃气机组的相关技术经济参数，燃气电站的单位静态投资为3300元/kW，惠州天然气发电厂的一期工程发电能力为390MW，投资达到100亿元人民币。

③ 产品不能大规模廉价地储存。天然气发电的原料无论采用管道输送还是采用LNG，这些原料都不像石油和煤炭那样容易储存，LNG的储存费用很高，而且储存量也不大。所以及时的原料供应是天然气发电的一个重要条件。

在前面已经讨论过，发出的电力也是不能大规模储存的。因此天然气发电就形成了一个必须以长期商务协议来连接和作为基本保障的一环紧扣一环的产业链。在整个生产和销售过程中，必须保证及时稳定的原料天然气供应，发电厂发出电后又必须能及时地送入电网售卖出去，这样才能保持天然气发电的正常进行。

二、城市燃气

使用天然气作为城市燃气的替代能源是今后发展的趋势。2004年世界民用及商业使用天然气平均占总用量的25%，其中美国民用及商业用量占35.9%，英国为47%，法国为55.5%，亚洲的日本和韩国则分别为20%和50%。相对于这些国家，我国目前的民用及商业用量约占6.9%，差距很大。我国除一些特大型城市如北京、上海、广州等以外，绝大部分城市居民仍然使用煤炭作为能源，而在广大农村则还有相当一部分家庭仍然使用薪材作为能源，这些落后的能源使用方式不仅让能源的使用效率低下，而且给环境污染带来很大的压力。加快发展城市天然气是我国今后一段时期在能源结构多元化发展道路中的重要一步。城市燃气的使用有两种方式。

1. 城市燃气管网

使用天然气作为城市燃气，对于已经建设了城市燃气管网的城市来说，比较容易，当天然气到达天然气门站后即可替换原来的人工煤气或工业制气。但由于人工煤气或工业制气的热值比天然气要低，因此替换了天然气的城市用户需要使用与之相适应的炉头。

对于还未建设燃气管网的城镇来说，建设基础燃气管网的任务是十分繁重的。正是由于不具备较为完善的天然气管网，所以城市燃气网的拓展和置换非常缓慢，许多城市目前还无法消化吸纳大型天然气项目（尤其是LNG项目）的规模气量。

2. 液化天然气

对于小城镇及广大农村地区来说，建设燃气管网的代价太大，而采用撬装液化天然气或LNG瓶组汽化站等小型化供气方式是市场开发和解决临时供气问题的有效手段之一，同时它还能降低燃气企业的置换成本和前期投资。

（1）LNG撬装站

LNG撬装站是针对城镇独立居民小区、中小型工业用户和大中型公共建筑用户用气需求而开发的一种供气形式。它的突出特点是将小型LNG汽化站的工艺设备、阀门、仪表、附件等集中在一个撬装的底座上，形成一个可闭环控制的整体设备系统。LNG撬装站的储存设备与卫星站相同，只是储量较小；由于受到公路运输能力等的限制，它目前尚不能做到较大规模，如其储罐只能达到$50m^3$。

撬装站的发展体现了LNG汽化站模块化、标准化、系统化的发展趋势，使得汽化站工艺设计简化，施工周期缩短，安装维护便捷；同时还具有占地面积小、工程投资少、外形美观大方等优点。另外，由于采用了撬装式设计理念，一旦管网输气到达或由于其他原因导致用户中断供气需求，LNG撬装站能够很方便地拆迁异地，另作他用。

（2）LNG瓶组供气

LNG瓶组供气工艺是用LNG钢瓶在卫星站等气源站内实现罐装，然后运输到瓶组汽化站内，以瓶组的方式储存，经汽化、调压、计量和加臭后直接供给小区居民或工业用户的一种供气方式。站内主要设备包括：LNG瓶组、空浴式汽化器、加热器、加臭装置、调压器和流量计等。其中储存设备采用的是高真空多层缠绕绝热气瓶，双层结构，用不锈钢制作，边缘采用防震橡胶来抗冲击，一般有175L、210L和410L三种规格。

LNG瓶组站同样具有灵活机动、占地面积小、建设周期短和运行安全可靠等优点，特别适合于小型供气的需求，可迅速实现供气。这种供气形式投资省，以供气100户居民为例，其投资仅有50万元左右，将是LNG卫星站的有力补充或者作为其建设前的过渡供气方案。

三、天然气汽车

天然气汽车作为一种理想的替代汽油能源的环保型汽车，能耗低、排污少、安全性能高。与燃油相比，天然气汽车排放的一氧化碳减少 90%，碳氢化合物减少 50%，氮氧化合物减少 30%，二氧化碳减少 10%；可节约燃料成本 30%以上；自燃点（650℃）高于汽油（510～530℃），安全性能提高。

国外从 20 世纪 30～40 年代开始研究和开发应用天然气汽车。我国从 20 世纪 50 年代开始进行天然气汽车的研究和加气站的建设。目前北京、上海、重庆等大城市都在积极推广应用。

天然气汽车动力应用方式有五种：低压天然气（NG）、压缩天然气（CNG）、液化天然气（LNG）、吸附天然气（ANG）和天然气水合物（NGH）。

① 低压天然气汽车。我国在 20 世纪 50～60 年代使用过，即把天然气储存在车顶上的大气包中。受气包材料的强度限制，充气压力很低，一次充气可跑将近 20km。气包易破损漏气，缺乏安全性，现已不再使用。

② 压缩天然气汽车。先将天然气压入高压气瓶中，经减压安全阀进入管道，与汽油混合，供给气缸燃烧，产生动力。

③ 液化天然气汽车。液态储存的天然气，工作时，液化天然气经升温、汽化、计量后和混合气进入气缸。鉴于 LNG 气瓶质量大，容量大（比油箱大 4 倍），故改为应用液化天然气的潜力较大。

④ 吸附天然气汽车。这是近年开发出来的，把天然气储入带有吸附剂的罐里，吸附剂要求应有较好的面积和适宜的微孔结构，这样天然气储罐的压力比较低。但吸附和脱附速度慢的问题需要克服，国内也在试验中。

⑤ 水合物天然气汽车。这是近年国际上发展的新技术，1 份天然气水合物可在常温常压下安全存储相当于 160 份天然气气体的体积，正在日益受到重视。

目前，天然气汽车还存在一些问题，诸如各种燃料储藏容积还不理想；燃料各种零部件技术有待改进；由于吸入气体燃料，与汽油机比，发动机相对输出功率要略为低些等。

四、天然气制合成氨

天然气制合成氨由天然气转化、合成气变换、脱碳、甲烷化以及合成等几个工序组成。

1. 天然气转化工序

将天然气转化为合成气（氢气和一氧化碳的混合物）是在金属催化剂的作用下，经过两段转化，生产合成气。化学反应式如下：

$$CH_4 + H_2O \rightleftharpoons CO + 3H_2 \qquad \Delta H^{\ominus}_{298} = 206.29\text{kJ/mol} \tag{3-5}$$

$$CO + H_2O \rightleftharpoons CO_2 + H_2 \qquad \Delta H^{\ominus}_{298} = -41.19\text{kJ/mol} \tag{3-6}$$

上述两个反应均为可逆反应，前者吸热，后者放热。

现代大型氨厂蒸气转化均在加压下进行，一般在 3.5～4.5MPa 之间，我国中型氨厂广泛采用1.5～3MPa的转化压力。

配入约5%氢气的天然气预热到380～400℃，经钴钼催化剂和氧化锌脱硫后，在压力为3.53MPa、温度为380℃左右的条件下与约3.73MPa压力的蒸汽按水碳比3.0～3.5的比例混合，加热至500～520℃并送到各转化管，自上而下通过催化剂层进行甲烷蒸气转化反应。从转化管底部流出的气体温度为800～820℃，压力为3.04MPa。一段转化气经炉内上升管被加热至856℃入输气总管后送二段炉。工艺空气压力为3.24～3.43MPa，在配入少量保护用蒸汽后在对流段预热至480℃送入二段炉顶部与一段转化气汇合，经顶部扩散环进入燃烧区燃烧，空气量按所需配入的氮气量控制。燃烧后气体温度上升到1200～1250℃，进入催化层反应，近于完全转化的气体在温度约1000℃、压力2.94MPa条件下离开二段转化炉。高温的二段转化气经过两次热量回收产生高压蒸汽，本身被冷却至340～370℃送至高温变换炉。

2. 合成气变换工序

从二段转化炉出来的气体中含有约13%的CO。为了获得更多的氢气，需要将转化气体中的CO变换为H_2和易于除去的CO_2，所以变换工序既是原料气的净化过程，又是原料气继续制造的过程。根据操作温度分为高温变换和低温变换。低温变换使残存于气体中的CO大幅度降低。高温变换使用铁铬系催化剂，温度范围多数在370～485℃，压力约为3MPa。低温变换催化剂有铜锌铬系和铜锌铝系两种，温度范围在230～250℃，压力约为3MPa。

工业上的通用流程是：含CO（13%～15%）的二段转化气经废热锅炉降温，在压力3MPa、温度370℃下进入高变炉，一般不添加蒸汽；反应后气体中的CO降至3%左右，温度为425～440℃。气体通过高变废热锅炉，冷却到330℃；锅炉产生10MPa的饱和蒸汽，气体再加热其他工艺气体，如甲烷化炉进气，使高变气被冷至220℃后进入低变炉，低变绝热温升仅为15～20℃，残余的CO降至0.3%～0.5%，气体出变换工序后送入CO_2吸收塔。

3. 脱碳工序

为了将从变换工序过来的粗原料气加工成纯净的氢氮气（即氢气和氮气），必须将二氧化碳从气体中除去，同时回收的二氧化碳也是制造尿素、纯碱、碳酸氢铵、干冰等产品的原料。脱碳的方法有很多，根据所用吸收剂性质的不同，可分为物理吸收法、化学吸收法和物理化学吸收法。

由于以天然气制合成氨的蒸汽转化法制气在中压下操作，故通常采用催化热钾碱法，其工艺流程如下。

从变换工序送过来的气体由CO_2吸收塔底部进入，吸收溶液则自塔顶进入，二者逆流接触，吸收变换气中的CO_2，使出塔气体中CO_2含量小于等于0.1%，出吸收塔的气体经过分离罐分离除去夹带的液滴后，进入甲烷化工序。

从吸收塔底部出来的溶解了CO_2的吸收液（称为富液）经水力透平回收能量后，进入再生塔的顶部，经解吸CO_2后的溶液（称为贫液）从再生塔底部排出。从再生塔中解吸出来的CO_2，经过冷凝器和回流罐冷凝分离，从回流罐的顶部出来，送至所需的装置作为原料。

4. 甲烷化工序

由于氨合成催化剂对 CO 和 CO_2 的敏感性，要求进入合成系统的 CO 和 CO_2 总量要小于 0.01%。在前面脱碳的基础上还必须进一步除净原料气中的 CO 和 CO_2。

甲烷化的基本原理是在 280～420℃的温度范围内，在甲烷化催化剂的作用下，使原料中的 O_2、CO 和 CO_2 与氢气反应生成甲烷和水。其流程为：由脱碳工序送来的原料气经换热和加热后，升至所需温度。在催化剂作用下，CO 和 CO_2 在甲烷化炉内几乎全部生成甲烷和水，由于该反应是放热反应，所以出甲烷转化炉的气体必须经换热回收能量后再送至合成工序。

5. 合成工序

合成工序是合成氨装置中的最后一道工序，由于氢氮气合成是一个可逆反应，其转化率受化学平衡控制。为了不浪费原料气，需要将未反应的氢氮气循环使用。合成氨工艺流程如图 3-22 所示。

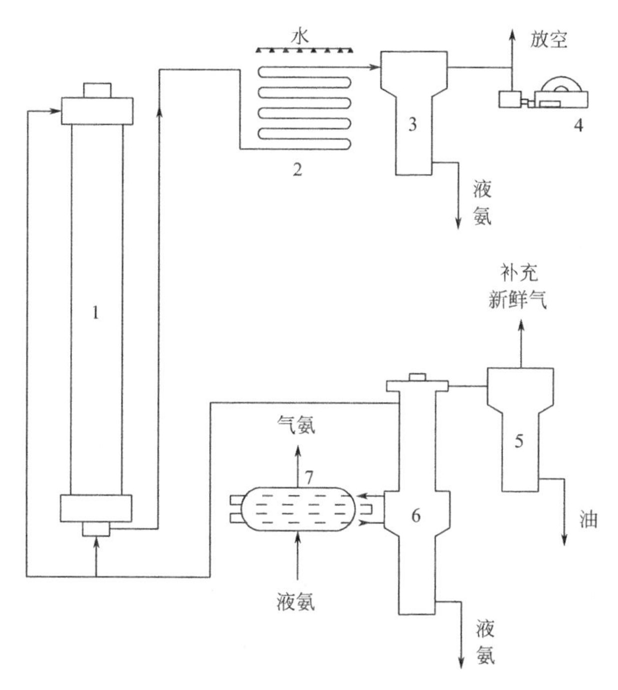

图 3-22　合成氨工艺流程

1—合成塔；2—水冷却器；3—氨分离器；4—循环压缩机；
5—油分离器；6—冷交换及氨分离器；7—液氨蒸发冷却器

新鲜的氢氮气在离心压缩机的第一级中压缩，经换热器、水冷却器及氨冷却器逐步冷却到 8℃，除去水分后新鲜的氢氮气进入压缩机第二级继续压缩并与循环气在缸内混合，压力升到 15.3MPa，经过水冷却器，气体温度降至 38℃。而后，气体分两路，一路约 50%的气体经过两级串联的氨冷却器将气体冷却到 1℃，另一路气体与高压氨分离器来的−23℃的气体在换热器内换热，降温至−9℃，而来自氨分离器的冷气体则升温到 24℃。两路气体汇合后再经过第三级氨冷却器将气体进一步冷却到−23℃，然后送往高压氨分离器，分离液氨后的循环气经换热器预热到41℃进入氨合成塔进行合成反应。从合成塔出来的合成气体进入氨分离器，重复上述步骤。

五、天然气制甲醇

甲醇是重要的化工原料，可以合成汽油添加剂甲基叔丁基醚、燃料二甲醚、化工中间体碳酸二甲酯，以及甲醛、低碳烯烃（乙烯、汽油）等。同时甲醇可直接作为燃料，甲醇燃料汽车、甲醇燃料电池等日趋引人注目。

以天然气为原料制甲醇的工艺主要有合成气制备、甲醇合成和甲醇精馏三个部分。工艺流程如图3-23所示。各部分的主要工艺如下。

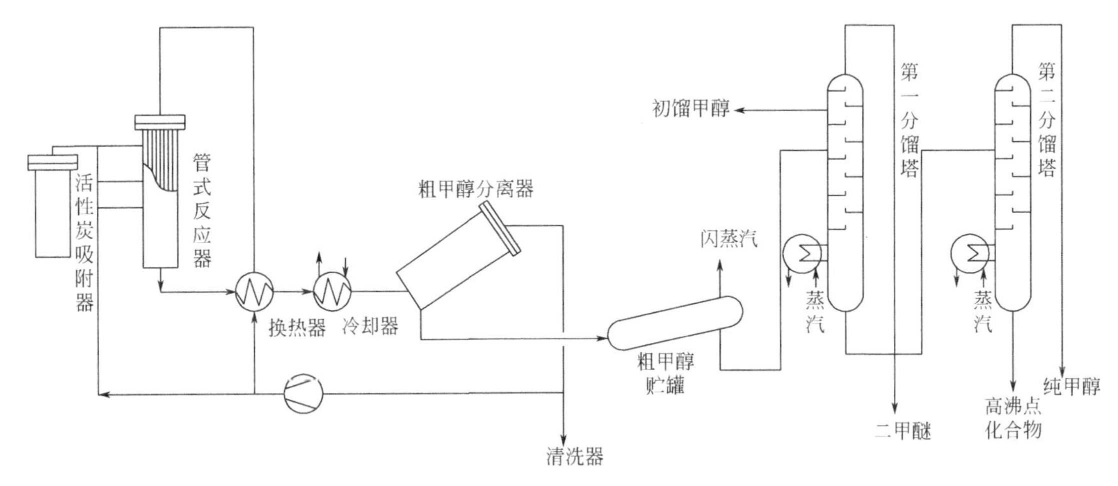

图3-23　合成气制甲醇工艺流程

1. 合成气制备

以天然气为原料制合成气的过程与天然气生产合成氨过程中的合成气制备过程大同小异，在此不再赘述。

2. 甲醇合成

甲醇合成反应是将CO和CO_2加氢转化为CH_3OH，这一过程是在加压、高温和催化剂的作用下完成的。合成系统的反应可以由如下两个反应式表达：

$$CO + 2H_2 \rightleftharpoons CH_3OH \tag{3-7}$$

$$CO_2 + 3H_2 \rightleftharpoons CH_3OH + H_2O \tag{3-8}$$

甲醇合成是一个可逆的强放热反应，目前工业上使用的甲醇催化剂是铜基催化剂，其适宜的操作温区为220～270℃。因此及时移走反应热，使反应过程适应温度曲线的要求，对提高单程转化率、减少合成系统的能耗和合成系统设备投资是重要的。国内联醇工业常用冷管型甲醇合成塔，而多数单醇工业常采用不同结构的副产蒸汽型等温甲醇合成塔，它们是连续换热式甲醇合成工艺。

气相法甲醇合成CO和CO_2的单程转化率远小于平衡转化率，等温低压工艺采用国产催化剂，CO和CO_2的单程转化率一般不高于45%和25%。为了提高CO和CO_2的利用率及合成过程的推动力，以甲醇为唯一产品的甲醇合成过程，都是由甲醇合成及合成余热移出系统、甲醇分离及气体循环系统组成的，是一个带循环回路的反应分离系统。

经过净化的新鲜合成气与循环机出来的循环气混合进入入塔气预热器，与甲醇合成塔出来的高温气体进行换热，被加热的混合气从合成塔底部进入合成塔进行反应。反应后的气体连续经过预热器、软水加热器和水冷却器，最后进入甲醇分离器。在4.85MPa和40℃的条件下，从分离器中分离出甲醇，粗甲醇进入产品罐储存并准备进一步提纯。气体进入循环机压缩，重新返回合成系统。

3. 甲醇精馏

甲醇反应生成的粗甲醇中除含有甲醇和水外，还含有几十种微量有机杂质，包括甲醇以外的醇、醛、醚、酮、酸、酯、烷烃、胺及羰基铁等。这些杂质需要在精制过程中脱除。甲醇精制通常采用精馏工艺，利用甲醇、水、有机杂质的挥发度差异，通过精馏的方法将杂质、水与甲醇分离。精馏流程一般可分为单塔、双塔及三塔流程。精馏流程的选择，主要取决于精甲醇产品的质量要求。

双塔流程包括预精馏塔和主精馏塔，它是目前工业上普遍采用的粗甲醇精馏流程。预精馏塔用以分离轻组分和溶解的气体，如氢、一氧化碳、二氧化碳及其他惰性组分。二甲醚、轻组分、甲醇和水由塔顶馏出，经冷凝后大部分甲醇和水及少量杂质回流入塔。为了提高预精馏后甲醇的稳定性及精制二甲醚，塔顶可采用两级或多级冷凝。主精馏塔将甲醇与水、乙醇以及高级醇等进行分离，得到精甲醇产品。

六、天然气其他应用

天然气除了可以直接制合成氨和甲醇等以外，还可以间接制很多化工产品，如乙醇、乙二醇、二甲醚、乙酸、草酸、草酸酯、甲酸甲酯、乙酸酐、乙烯及燃料如汽油、煤油、柴油等。将甲烷先转化为合成气，再合成多种化工产品，是一种间接利用甲烷的方式。随着技术的不断进步，甲烷在化工领域中的直接转化利用也取得了重大进展。有些产品已经实现工业化生产，有些产品还处于研究开发阶段。图3-24给出了天然气的部分产品，供读者参考。

天然气可以不通过合成气而直接转化为甲醇等含氧化合物。例如通过硫酸酯途径，甲醇收率可以高达43%，反应式如下：

$$CH_4+2H_2SO_4 = CH_3OSO_3H+2H_2O+SO_2 \quad (3\text{-}9)$$

$$CH_3OSO_3H+H_2O = CH_3OH+H_2SO_4 \quad (3\text{-}10)$$

通过六氯乙烷、四氯乙烯中间体途径，可以用甲烷直接合成甲醇，反应式如下：

$$CH_4+CCl_3CCl_3 = CH_3Cl+HCl+CCl_2CCl_2 \quad (3\text{-}11)$$

$$CCl_2CCl_2+Cl_2 = CCl_3CCl_3\text{（循环利用）} \quad (3\text{-}12)$$

$$CH_3Cl+H_2O = CH_3OH+HCl \quad (3\text{-}13)$$

甲烷也可以直接催化氧化，通过偶联反应，合成多碳链烃或苯：

$$6CH_4 = C_6H_6+9H_2 \quad (3\text{-}14)$$

利用甲烷热解制乙炔，也是一个工业化的乙炔来源：

$$2CH_4 = C_2H_2+3H_2 \quad (3\text{-}15)$$

利用甲烷热解制炭黑，是重要的炭黑制备工艺，该炭黑产品不含硫和灰分。同时甲烷的

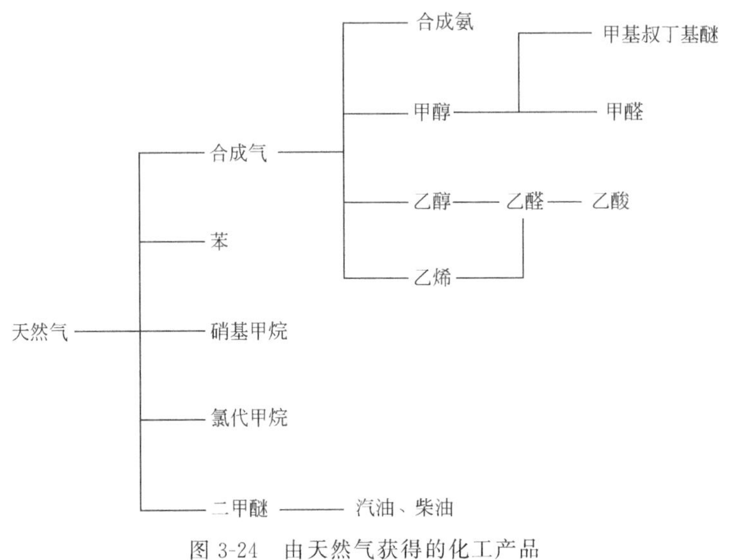

图 3-24　由天然气获得的化工产品

催化裂解也是氢能源的来源之一。在一定条件下可以同时生成碳纳米管材料，反应式为：

$$CH_4 = C + 2H_2 \tag{3-16}$$

天然气空调的工作原理是以水为制冷剂，利用水在高真空状态下低沸点的特性，在蒸发器内沸腾而吸收大量的热量，从而制取所需空调用冷冻水。用溴化锂作为吸收剂，把蒸发室内沸腾后的水蒸气带走，经燃气加热解吸，再反复利用，如此不断循环，完全不用氯氟烃及其替代品，而溴化锂对人体无毒、无害，不会危害大气臭氧层，且可减少温室气体二氧化碳排放量 3%～50%，这对于保护臭氧层，减少由于制冷剂而带来的温室效应具有极大的环保意义。

化学电源是在内部储存化学能，消耗时转化为电能的装置，在电放尽以后它的寿命便结束（一次电池）或需要再充电（二次电池）。而燃料电池与此不同，燃料电池内部不具有化学能，而是通过外部供给燃料（如氢、甲醇、天然气等）和化学氧化剂而使它放出电能的。

第二篇
非常规能源

第四章 非常规天然气的生产与处理技术

非常规能源包括非常规天然气和非常规石油。

非常规天然气（unconventional gas）是指由于各种原因在特定时期内无法用常规技术开采，还不能进行营利性开采的天然气，非常规天然气在一定阶段可以转换为常规天然气。在现阶段主要指以煤层气、页岩气、水溶气、天然气水合物、无机气、浅层生物气及致密砂岩气等形式储存的天然气。由于其成因、成藏机理与常规天然气不同，开发难度较大，需要一些特殊的技术才能开采出来。例如，煤层气需要采用抽采技术，页岩气需要多段压裂技术，天然气水合物作为新兴的天然气资源类型，还没有经济可用的开采技术。常规天然气和非常规天然气就其化学成分来讲没什么不同，只是气藏的地质特征参数有所区别，如表 4-1 所示。

表 4-1　非常规天然气与常规天然气的地质区别

类别	非常规天然气	常规天然气
储层特征	非常规储层，突破传统下限	常规储层
资源配置	源储对接或源储合一	源外成藏
成藏特征	浮力作用	浮力聚集或重力分异
渗流机理	非达西渗流	达西渗流
分布规律	连续型分布	单体型、集群型分布
勘探开发方式	水平井分支、分段压裂	直井、酸化等常规勘探开发方式

圈闭着油气资源的地下岩层，称为油气藏。油气藏并不是埋存于地下的大油池，而是由很多存在于岩石矿物颗粒间相互连通的孔隙组成，岩石矿物微粒组成了油藏岩石的基质。油气藏物性的好坏取决于孔隙度和渗透率。孔隙度是岩石颗粒间的孔隙空间，孔隙度越大，能储存的油气就越多。但是孔隙度不足以说明油气藏物性的好坏，因为孔隙必须要连通起来，油气才能流动。可以用渗透率描述孔隙连通的程度，其常用单位是达西（D）。渗透率是区分常规天然气和非常规天然气的关键指标之一。物性较好的油气藏渗透率可以达到 1D 以上，页岩气藏的渗透率则一般小于 1μD，甚至低至纳达西的级别。

非常规油气藏主要是连续型分布的油气藏，无明显圈闭与盖层界限，无统一油气水界面和压力系统，含油气饱和度差异大，通常为油气水多相共存。

第一节　煤层气

一、概述

煤层气俗称“瓦斯”，是指储存在煤层中以甲烷为主要成分、以吸附在煤基质颗粒表面为主、部分游离于煤孔隙中或溶解于煤层水中的烃类气体，是煤的伴生矿产资源，属非常规天然气。

煤层气的热值是通用煤的 2～5 倍，$1m^3$ 纯煤层气的热值相当于 1.13kg 汽油、1.21kg 标准煤，其热值与天然气相当，可以与天然气混输混用，而且燃烧后很洁净，几乎不产生任何废气，是上好的工业、化工、发电和居民生活燃料。煤层气空气浓度达到 5%～16%时，遇明火就会爆炸，这是煤矿瓦斯爆炸事故的根源。

与常规天然气相比，煤层气具有如下一些特点：

① 煤层气基本不含碳二以上的重烃，产出时不含无机杂质，天然气一般含有碳二以上的重烃，产出时含无机杂质。

② 在地下存在方式不同。煤层气主要是以大分子团的吸附状态存在于煤层中，而天然气主要是以游离气体状态存在于砂岩或灰岩中。

③ 生产方式、产量曲线不同。煤层气是通过排水降低地层压力，使煤层气在煤层中解吸—扩散—流动采出地面，而天然气主要是靠自身的正压产出；煤层气初期产量低，但生产周期长，可达 20～30 年，天然气初期产量高，生产周期一般在 8 年左右。

④ 煤层气是煤矿生产安全的主要威胁，同时煤层气的资源量又直接与采煤相关，采煤之前如不先采气，随着采煤过程煤层气就排放到大气中，据有关统计，我国每年随煤炭开采而减少资源量 $1.90\times10^{10}m^3$ 以上，而天然气资源量受其他采矿活动影响较小，可以有计划地控制开采。

二、煤层气的成因类型

煤层气有两种基本成因类型：生物成因和热成因。生物成因气是由各类微生物的一系列复杂作用过程导致有机质发生降解而形成的；热成因气是指随着煤化作用的进行，伴随温度升高、煤分子结构与成分的变化而形成的烃类气体。生物成因气可形成于煤化作用早期阶段（泥炭-褐煤）以及煤层形成以后的构造抬升阶段，因此又可分为早期（原生）生物成因气与晚期（次生）生物成因气。

1. 早期生物成因气

早期生物成因气形成于泥炭-褐煤阶段（镜质组反射率 $R_0<0.5\%$），由于埋藏浅（<400m）、温度低，热力作用尚不足以使有机质结构变化产生气体。在此阶段，有机质成分与结构的变化主要通过各类微生物参与下的生物化学反应实现。以 CH_4 为主要成分的生物成因气，主要是在泥炭沼泽环境中通过微生物对有机质的分解作用而形成。依其所利用的碳源，生物气的形成途径可分为两种：①CO_2 还原生成 CH_4；②醋酸、甲醇和甲胺等发酵转

化成 CH_4。

生物气的形成过程包括一系列复杂的生物化学作用，这个过程的实质是通过微生物的作用，使复杂的不溶有机质在酶的作用下发酵变为可溶有机质，可溶有机质在产酸菌和产氧菌的作用下，变为挥发性有机酸、H_2 和 CO_2，H_2 和 CO_2 在甲烷菌作用下最后生成 CH_4，因此生物成因气实质上是微生物成因气，亦称细菌气。

泥炭沼泽表层为氧化环境，当被上覆更多的植物碎屑沉积物不断埋深后，就转为还原环境。虽然生物气主要形成于还原层，但表层有机质的分解产物可为厌氧环境下的分解提供物质基础，例如，需氧性细菌通过纤维素酶和催化作用可把纤维素水解为单糖类：

$$(C_6H_{10}O_5)_n + nH_2O \xrightarrow{\text{细菌水解}} nC_6H_{12}O_6 \tag{4-1}$$

当转变为还原环境时，单糖在还原菌参与下发酵可生成脂肪酸（丁酸和乙酸）：

$$2C_6H_{12}O_6 + 14H_2 \xrightarrow{\text{厌氧甲烷菌发酵}} C_4H_8O_2 + C_2H_4O_2 + 8H_2O + 6CH_4 \tag{4-2}$$

甲烷菌通过辅酶 M（$HSCH_2CH_2SO_3^-$，简写为 HS—COM）活化 CO_2 和 H_2（CO_2 亦可来自脱羟作用），并使之形成甲基，最后还原为 CH_4。

$$\begin{array}{l} CO_2 + HS{-}COM \longrightarrow O{=}C(OH){-}S{-}COM \\ \xrightarrow{+H_2} H_2O + H_3C{-}S{-}COM \\ \xrightarrow{+H_2} CH_4 + HS{-}COM \end{array} \tag{4-3}$$

甲烷菌使乙酸还原为 CH_4 的过程，可概括为：

$$CH_3COOH + H_2 \longrightarrow CH_4 + CO_2 \tag{4-4}$$

在厌氧环境中，CO_2、乙酸主要来自富氧的碳水化合物，少部分来自蛋白质，在高等植物中主要是纤维素、半纤维素、淀粉和果胶等有机化合物。

2. 次生生物成因气

在煤层后期抬升阶段，煤层中温度等环境条件又适宜微生物生存。这些微生物主要通过位于补给区的煤层露头由大气降水带入，在相对低温（56℃）条件下代谢湿气、正烷烃和其他有机化合物生成 CH_4 和 CO_2。在含煤盆地中，次生生物作用过程活跃并影响气体成分的深度间隔称作蚀变带，一般位于盆地边缘或中浅部；不发生蚀变的气体一般出现在盆地深部，称原始气带。

次生生物成因气的形成，对煤层气勘探和生产具有重要意义。在美国圣胡安盆地煤层气勘探开发中，首次揭示出次生生物成因气的存在，以后在其他盆地也证实该类气体的存在，而且可出现在亚烟煤、低挥发分烟煤和较高煤级的煤层中。次生生物成因气在煤层中是普遍存在的，对煤层气的成分及同位素组成有较大影响，可能是导致许多地区煤层气变轻、变干的原因。

3. 热成因气

从烃源岩的角度，可将煤级演化阶段分为低成熟阶段（泥炭-褐煤，R_0＜0.5％）、成熟阶段（长焰煤-瘦煤，0.5％≤R_0＜1.9％）和高成熟阶段（贫煤-无烟煤，R_0≥1.9％）。

（1）低成熟阶段（R_0＜0.5％）

在低成熟阶段主要形成生物气，而真正的热成因气形成于长焰煤-无烟煤阶段。

（2）成熟阶段（0.5％≤R_0＜1.9％）

在热力作用下，有机质中各种官能团和侧链分别按活化能的大小，依次发生分解，转化为具有不同分子结构的烃类。生成物的同位素组成，按活性的大小发生相应的分馏效应。

这一阶段发生的化学反应，主要是官能团和侧链的裂解及其产生的大分子烃类（油、湿气）的裂解与聚合，据反应进行程度可分早、中、晚三期。

早期（0.6％＜R_0＜0.8％）：以含氧官能团的断裂为主，产生 CO_2，芳烃结构上烷烃支链部分断裂形成少量 CH_4 和 C_2H_6 以上的重烃。H/C 变化不大，O/C 由 1.23 急降至 0.12。

中期（0.8％≤R_0＜1.3％）：有机质的演化主要通过树脂、孢子、角质等稳定组分的降解初期所形成沥青的转化，以及芳核结构上烷烃支链的断裂，形成富含重烃的气体，该阶段相当于生油岩高峰生油期。该阶段 H/C 从 1.76 降至 0.89，O/C 从 0.12 降至 0.05，CH_4 生成量高于 CO_2，其中 R_0＝0.8％～1.0％为热成因 CH_4 大量形成的阶段。

（3）高成熟阶段（R_0≥1.9％）

由于有机质芳香结构上的大部分烷烃支链在成熟阶段已消耗，化学反应由以裂解为主转为芳香核之间的缩合为主，并由此产生大量 CH_4 气体。在此阶段，有机质芳香度从 0.85 增至 0.97，C 原子几乎全部集中在芳香结构上。

综上所述，在整个煤的热演化过程中，各阶段都能形成 CH_4。虽然在长焰煤-肥煤阶段可以产生一定量液态烃，但后来随演化程度的增高，又裂解为以 CH_4 为主的气态烃。因此，CH_4 是煤化过程中最主要的烃类产物。

三、煤层气的储存与运移

尽管煤基质中微孔隙发育，具有较强的储气能力，但由上述各种途径形成的气体仅有一部分保留在煤层中，而相当一部分运移出去，研究煤层气的储存与运移对预测煤层气含量及了解其成分变化等都具有重要意义。

煤化作用过程中 CH_4 及其他烃类气体的形成量可利用物质（化学）平衡法进行理论计算或热模拟试验获得。图 4-1 为利用煤的主要组成元素（C、H、O）的变化计算出的腐殖煤与腐泥煤热演化过程中各种气体的产率。煤化作用过程中热成因气体的产量很大，到无烟煤阶段可高达 300cm^3/g 左右。但现场实测的煤层含气量，往往比理论计算或热模拟试验的结果低 50～100cm^3/g。

例如美国黑勇士盆地低、中挥发分烟煤（R_0＝0.2％～1.8％）最大含气量仅为 31cm^3/g，圣胡安盆地 760m 深处煤层气含量仅为 15cm^3/g，而根据热解试验得出的 CH_4 产气量应达 80cm^3/g。尽管在煤化作用过程中产生的气体量随煤级增高而迅速增加，但煤的储气能力却随煤级增加而快速下降（如图 4-2）。除煤级外，煤中 CH_4 的储存量也与温度和压力有关，储气量随压力增加而增加，随温度升高而减少。对富含稳定组分或富氢镜质组的煤而言，其储气能力受大分子挥发分（如油）的影响较大，煤结构孔隙可容纳小分子物质，如 CH_4、CO_2 和 H_2O 等，但在高挥发分烟煤阶段，煤中微孔隙可能被液态烃类堵塞，降低煤的储气能力。在一定的储层压力下，天然气储存于煤的微孔隙中，当由自然因素或人为因素导致储层压力降低时，气体就会解吸、扩散和运移。自然因素一般是煤层的抬升和剥蚀，人为因素包括采煤和煤层气的开采等。

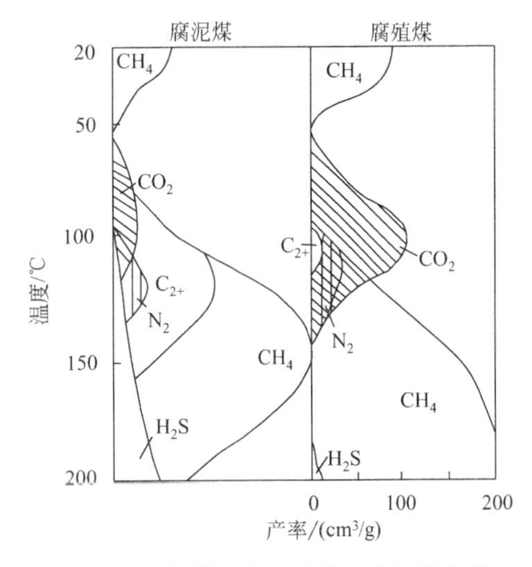

图 4-1 根据煤元素组成的变化计算出的各种气体产量

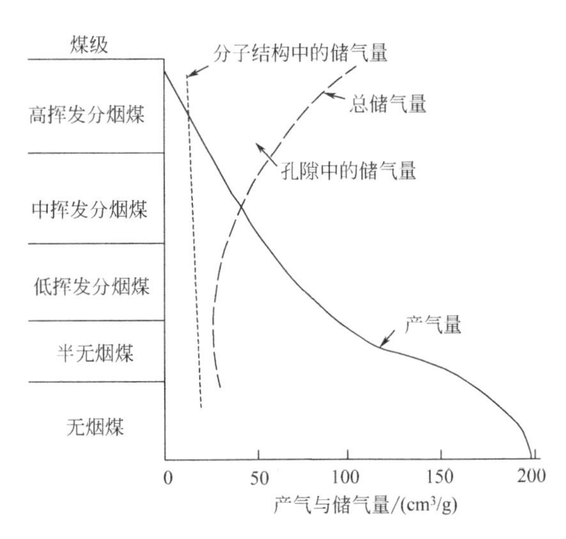

图 4-2 随煤级增高煤的产气与储气量变化

四、煤层气开采技术

为适应煤储层的特殊性，常规的油气生产工艺必须经过较大改进，才能用于煤层气的开采。以美国黑勇士盆地和圣胡安盆地的商业化生产实践为例，介绍煤层气生产工艺和流程。

1. 煤层气的地下运移

煤层气主要以吸附状态存在于煤基质的微孔隙中，其产出过程包括从煤基质孔隙的表面解吸，通过基质和微孔隙扩散到裂隙中，以达西流方式通过裂隙流向井筒运移三个阶段。上述过程发生的前提条件是煤储层压力必须低于气体的临界解吸压力。在煤层气生产中，该条件是通过排水降压来实现的。因此，在实际的煤层气生产井中，气体是与水共同产出的，煤层流体的运移可分为单相流阶段、非饱和单相流阶段及两相流阶段。

2. 产气量的变化规律

煤层流体的运移规律，决定了煤层气的生产特点。图 4-3 为典型的煤层气生产中气、水产量变化曲线，可分出如下三个阶段：

① 排水降压阶段。排水作业使井筒水柱压力下降，若这一压力低于临界解吸压力后继续排水，气饱和度将逐渐升高，相对渗透率增高，产量开始增加，水相对渗透率相应下降，

产量相应降低。在储层条件相同的情况下，这一阶段所需的时间取决于排水的速度。

② 稳定生产阶段。继续排水作业，煤层气处于最佳的解吸状态，气产量相对稳定而水产量下降，出现高峰产气期。产气量取决于含气量、储层压力和等温吸附的关系。产气速率受控于储层特性。产气量达到高峰的时间一般随着煤层渗透率的降低和井孔间距的增加而增加。在黑勇士盆地，许多生产井的产气高峰出现在3年或更长的时间之后。

③ 气产量下降阶段。随着煤内表面煤层气吸附量的减少，尽管排水作业继续进行，气和水产量都不断下降，直至产出少量的气和微量的水。这一阶段延续的时间较长，可达10年以上。

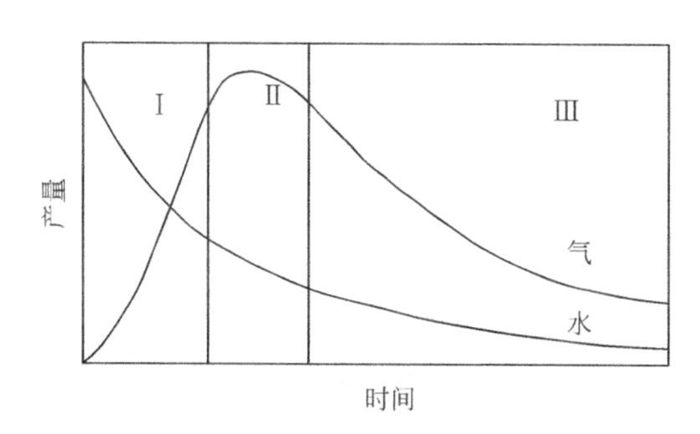

图 4-3　煤层气生产中气、水产量变化曲线

Ⅰ—排水降压阶段；Ⅱ—稳定生产阶段；Ⅲ—气产量下降阶段

可见，在煤层气生产的全过程都需要进行排水作业，这样不仅降低了储层压力，同时也降低了储层中水饱和度，增大了气体的相对渗透率，从而提高了解吸气体通过煤层裂隙系统向井筒运移的能力，有助于提高产气量。

气体自煤储层中的解吸量与煤储层压力有关，因此，为了最大限度地回收资源，增加煤层气产量，生产系统的设计应能保证在低压下产气。例如，在黑勇士盆地 Deerlick Creek 采区，将井口压力从 520kPa 降至 100kPa，气产量可增加 25%，经济效益显著提高。

3. 煤层气生产工艺特点

煤层气生产主要包括排采、地表气水分离、气体输送前加压、生产水的处理与净化四个环节。

煤层气开发的生产布局与常规油气有较大差异。当煤层气开发选区确定以后，在钻井之前，就应进行地面设施的系统设计与布局。在确定井径、地面设施与井筒的位置关系时，应综合考虑地质条件、储层特征、地形及环境条件等因素。如图 4-4 所示，一个煤层气采区包括生产井气体集输管路、气水分离器、气体压缩器、气体脱水器、流体监测系统、水处理设施、公路、办公及生活设施。该系统中各部分密切配合，才会使得煤层气生产顺利进行。

煤层气开发的成功始自井底，一般井筒应钻至最低产层之下，以产生一个口袋，使得产出水在排出地面之前，在此口袋内汇集。煤层气生产井的结构是将油管置于套管之内，这种构型是由常规油气生产井演化而来的。这种设计还可使气、水在井筒中初步分离，从而减少地面气、水分离器的数量并可降低井筒内流体的上返压力。一般情况下，产出水通过内径为10mm 或 20mm 的油管泵送至地面，气体则自油管与套管的环形间隙产出。在黑勇士盆地，

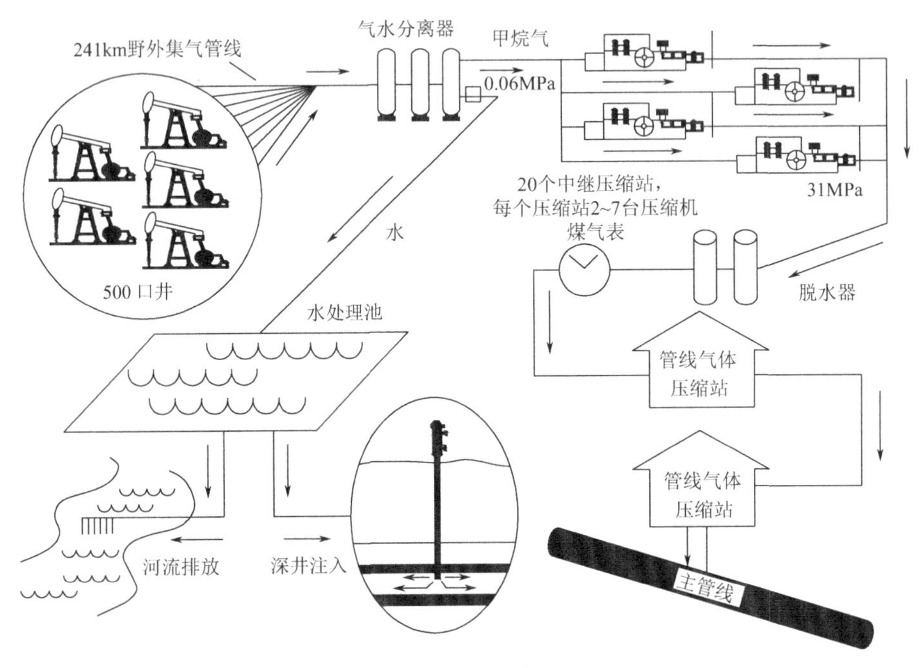

图 4-4　煤层气生产布局

套管直径通常为 115mm 或 140mm，而圣胡安盆地，通常为 180mm 或 200mm。

除排水产气外，井筒的设计还应尽量降低固体物质（如煤屑、细砂等）的排出量，井底口袋可用于收集固体碎屑，使其进入水泵或地面设备的数量降至最低。在泵的入口处，可安装滤网，减少进入生产系统中的碎屑物质。另外，在操作过程中，缓慢改变井口压力，也有利于套管与油管环形间隙的清洁，减少碎屑物质的迁移。

4. 排采方法

在煤层气开采中，已有游梁式泵、螺杆泵、气举泵及电潜水泵等装置用于排水采气，这些装置均借鉴于石油的开采，基本原理和装置示意图可参考第二章的第二节。排采装置的选择主要取决于井深、井底压力、水的流速及气的流速等因素。目前，游梁式泵和螺杆泵的应用比较普遍。

五、煤层气集输与处理

从煤层采出的煤层气中，几乎都含有饱和的水蒸气和机械杂质。水蒸气和机械杂质是煤层气中十分有害的组分，其危害主要体现在：阻碍了输气管道对煤层气有效组分的输送，降低了煤层气的热值；当输气管道压力和外部环境温度变化时，可能引起水蒸气从煤层气中析出，形成液态水、冰或甲烷水合物，这些物质的存在会增加输气压降，减小输气管线的通过能力，严重时还会堵塞阀门和管线，影响平稳供气。因此，现场常采用加热、节流、分离、脱水等工艺对煤层气进行净化处理，以保证煤层气安全平稳地输送。

1. 煤层气的加热节流

煤层气从气井采出后流经节流件时，由于节流作用，使气体压力降低、体积膨胀、温度急剧下降，这就有可能产生水合物而影响生产。为防止水合物的生成，对降温前的煤层气进行加热提温，使节流前后气体温度高于气体所处压力下水合物形成的温度，从而确保不形成水合物。目前采用微正压和负压水套式加热炉对节流前的天然气进行加热。

2. 煤层气脱水

在煤层气生产过程中，将油管置于套管之内，即可实现气、水的初步分离，但在泵送至地表后，还需经地面分离器进一步分离，分离的气和水分别进入集气管线和水处理系统，同时还应除去流体中的固体颗粒物（煤粉、细砂等）。

可用于煤层气脱水的方法有多种，如溶剂吸收法、固体吸附法、低温冷却法等。

① 溶剂吸收法脱水。溶剂吸收法是目前煤层气工业中使用较为普遍的脱水方法。溶剂吸收法是根据煤层气和水在脱水溶剂中的溶解度不同，利用溶剂吸收其中的水分以实现湿煤层气脱除水汽进行干燥的目的。最常用的吸收剂为三甘醇。

② 固体吸附法脱水。固体吸附法脱水是利用煤层气与固体粒子相接触，煤层气的水分子被固体内孔表面吸附以达到分离水分的目的。

③ 低温冷却法脱水。将煤层气冷却可使煤层气中大部分水蒸气冷凝出来。当压力一定时，煤层气中的含水汽量与温度成正比，所以含一定量水蒸气的煤层气，当温度降低时，煤层气中水蒸气就会凝析出来。

目前煤层气公司处理厂普遍采用以三甘醇作为吸收剂的溶剂吸收法进行脱水，成本低。在集气站采用露点抑制法（即低温冷却法）脱水。

3. 煤层气的增压输送

在煤层气的开发和输送过程中，随着煤层气的不断采出，气井压力逐渐降低。当气井的井口压力低于输气压力时，气井难以维持正常生产，甚至造成被迫关井。因此，为了充分利用能源，确保合理开发煤层气，提高煤层气采收率，当煤层气（气井）的地层压力降低后，应该在矿区建立增压设备，对煤层气增压，以降低气井井口的回压，维持气井正常生产，保证煤层气正常输送。

4. 集输工艺流程

把从煤层气井采出的含有固体杂质的、具有一定压力的煤层气变成适合矿场输送的合格煤层气的各种工艺与设备组合，称为集输工艺流程，如图 4-5 所示。集输系统有两个作用：一是利用最经济的方式将气体从井口输送至中央压缩站；二是从环保与经济效益的角度，妥善处理排出水。

（1）集气系统的类型

在煤层气开发中可使用三种类型的集气系统：①在每口井独立进行处理和压缩，再由小管径、中压管道将气体输送至中央处理设备；②气体由一组井经低压管送至中继压缩站，经初步处理和压缩的中压气再被输送至中央销售站；③井口压力尽可能降低（＜0.135MPa），气体经合适尺寸的管线直接流至中央处理设备。

在设计集气系统时首先应估算产气量，了解生产压力极限，明确如何处理气体中的水分。对生产历史较短、储层资料不详、产气量不确定或波动较大的地区，必须在增加管径从而增加产能与降低压力之间进行权衡。但通常情况下，鉴于保持低井口压力的重要性，往往

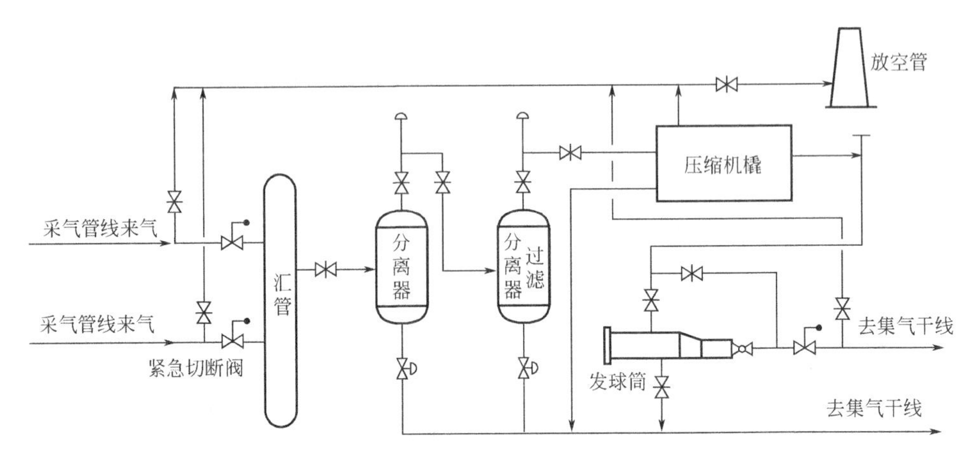

图 4-5　集气站工艺流程图

后者比前者更为重要。

临界气压即是气体进入压缩机所需的压力，采用合适的管径可保持井口压力和临界压力在允许的范围内。对许多低压和中压操作系统，最好采用聚乙烯管，在较高井口压力的集气系统中，可使用钢管。

排出地表的煤层气含有较多水分，在井口经地面分离器，大部分水分将被除去。但是地下埋藏管道的湿度高于井口气体湿度，水的冷凝是不可避免的，在冬季，这种情况更为严重。为控制气体压力，凝结的水分必须除去。此时，通常将滴水器安装在管道的最低点，收集冷凝水。

（2）集水管线

集水管线一方面应能保证排水的需要，另一方面应尽量控制水流压力的下降。如果压力下降较多，还应在井口安装辅助水泵，帮助排水和保持压力。在选择水管时应注意不要管径过大，因为管径过大不仅会增加成本，还会使固体物积聚在管子的低洼处。

水管在铺设时，应沿水平方向或顺斜坡埋设在霜冻线以下，尽量避免在地势较高处铺设管道。但如果无法避免这种情况，应安装气压缓解阀，以免水回流至井口。

5. 流体计量系统

精确测定煤层气生产中的气、水产量，对加强生产管理和掌握销售气量等非常重要，对多水平开采的生产井，分层计量各层气体产量可为生产决策提供科学依据。

（1）水计量方法

水量的测定常用三种方法：容积式流量计、涡轮式流量计和吊桶试验。

① 容积式流量计。容积式流量计与民用类型相同，若流体中含有少量的固体颗粒（如煤屑、砂粒或压裂凝胶），容易堵塞仪表，导致测量失准。因此，该流量计不宜用于重力流计量。

② 涡轮式流量计。该装置由涡轮流量变送器、前置放大器和显示仪表组成。流体经过涡轮流量变送器时，将推动涡轮转子旋转，其转速与液体流量成一定比例。因此，只要测量涡轮转子的旋转速度，便可得出液体流量。

在水头压力较高的情况下，容积式和涡轮式流量计的精确度均有所增加。

③ 吊桶试验。利用有刻度的容器或吊桶进行试验，计量产出水充满一个 $0.02m^3$ 水桶所需的时间，然后转换成每日桶数。

（2）气计量方法

在每口生产井点及中央气体销售站都需要测定气体流量，目前主要采用孔板式流量计进行测定。该流量计是根据气体以不同速度流过孔板时，在孔板前后产生压差不等的原理来测定气体流量。

使用孔板式流量计，可连续记录气流压力、湿度与压力差，提供完整的生产记录，气流中水分或灰粒一般不会导致故障，日常维护方便。

6. 煤层气成分标准

煤层气的成分标准由煤层气开发商与天然气管道公司协商确定，表 4-2 是一个典型的销售气体成分标准。

表 4-2　典型的销售气体成分标准

指　标	数　值	指　标	数　值
最小热值(干燥基)/J	1.0×10^6	湿度/%	4.4～48.8
最大氧含量/%	1.0	最大 CO_2 含量/%	3.0
最大含水量/(g/m^3)	2.5×10^{-2}	最大 $H_2S/(g/m^3)$	3.5×10^{-5}
最大含硫量/(g/m^3)	7.1×10^{-3}	固体物	无灰渣、污泥等

由于各地煤层气的成分差异较大，其处理方法各异。若煤层气 CH_4 含量达 95%～99%，且不含硫或硫化氢，仅需脱水和压缩即可进入管道。而从生产矿井，尤其是采空区开采的气体，往往含氧量较高，由于目前脱除氧气的费用较高，通常将氧气超标的煤层气排放掉或与其他气体混合，使氧气浓度稀释至满足管道标准。当 CO_2 含量超过 3%时，也必须进行脱除。

第二节　页岩气

一、概述

1. 页岩气定义

页岩气（shale gas）是指聚集于细粒（包括黏土及致密砂岩）低渗透油藏中，有机质富集，以热解气或生物甲烷气为主，以游离气形式赋存于孔隙和裂缝中，或者以吸附气或游离气形式聚集于有机质或黏土中，连续自生自储的非常规油气资源。

与美国的早期研究类似，我国研究者通常使用“泥页岩油气藏”、“泥岩裂缝油气藏”以及“裂缝性油气藏”等术语对该类气藏进行描述和研究，并在主体上将该类油气藏理解为“聚集于泥页岩裂缝中的游离相油气”，认为油气的存在主要受裂缝控制而较少考虑其中的吸附作用。

自 20 世纪 80 年代中期以来，随着研究程度的深入，美国对“页岩气”的概念和认识发生了重大变化，页岩气逐渐被赋予了新的含义。页岩气是指以吸附相、游离相甚至溶解相赋存于泥页岩地层中的天然气。如表 4-3 所示，与通常所理解的传统泥页岩裂缝油气不同，现代概念的页岩气在概念、成因来源、赋存介质以及聚集方式等方面均具有较强的特殊性，尤其是对吸附机理和成藏特点的认识，丰富了天然气成藏的多样性，扩大了天然气勘探的领域和范围。因此，我国传统的“泥页岩裂缝性油气藏”概念与美国现今的“页岩气”内涵并不完全相同：一是天然气的存在相态不同，从“游离相”到“吸附＋游离相”；二是烃类的物质成分不同，从“油＋气”到以“气”为主。

表 4-3　传统泥页岩油气与典型页岩气异同点

特点	泥页岩裂缝油气	页岩气	共性
界定	赋存于泥页岩裂缝中的油气	同时以吸附和游离状态赋存于以泥页岩为主的地层中的天然气	泥岩或页岩地层中含烃
天然气成因	热成熟气	从生物气到高、过成熟气	热成熟气为主
赋存介质	泥岩或页岩裂缝	泥页岩和砂岩夹层中的裂缝、孔隙、有机质等	泥岩或页岩裂缝
赋存相态	游离相	游离＋吸附相	游离相
主控因素	构造裂缝	各类裂缝、有机碳含量、有机质成熟度等	裂缝
成藏模式	岩石破裂理论、幕式理论、浮力理论	吸附理论、活塞式或置换式理论	岩石破裂理论、复杂成藏理论
成藏特点	以油为主的原地、就近或异地聚集	以气为主的原地聚集	邻近或烃源岩内部成藏
保存特点	良好的封闭和保存条件	抗破坏(构造运动)能力较强	适当保存
生产特点	采收率高、产量递减快	采收率低、生产周期长	特殊开发技术

2. 页岩气特性

页岩气在生成、运移、赋存、聚集、保存等方面表现出以下特征：

① 页岩气的烃源岩多为沥青质或富含有机质的暗色、黑色泥页岩（高碳泥页岩类），多为暗色泥岩与浅色粉砂岩的薄互层。

② 页岩气主要来源于生物成因、热成因或两者的结合，总有机碳（TOC 值）介于 0%～25%之间，镜质组反射率（R_0 值）介于 0.4%～2%之间。作为生物成因气，通过在埋藏阶段的早期成岩作用或近代富含细菌的大气降水的侵入作用中厌氧微生物的活动形成；作为热成因气，通过在埋藏较深或温度较高时干酪根的热降解或是低熟生物气再次裂解形成，以及油和沥青达到高成熟时二次裂解生成。

③ 自生自储。泥页岩既是气源岩层，又是储气层，运移距离较短，具有“原地”成藏特征。

④ 页岩气以多种方式赋存，泥页岩具有广泛的饱含气性。吸附的天然气含量变化在 20%～85%之间。

⑤ 不需要构造背景，不以常规圈闭的形式存在，具有隐蔽性。

⑥ 多为低孔隙度（通常小于5%）储层、孔隙半径小（以微孔隙为主），其含气量较低，渗透率则随裂缝发育程度的不同而有较大的变化。

⑦ 在开发过程中，页岩气井日产量较低，但生产年限较长。

二、页岩气资源与分布

1. 世界页岩气资源与分布

全球页岩气储量丰富，勘探和开发程度较低，发展潜力巨大。据初步评估，全球页岩气资源量高达 $456.2\times10^{12}m^3$。页岩气技术可采资源量排名前 10 位的国家依次是中国、美国、阿根廷、墨西哥、南非、澳大利亚、加拿大、利比亚、阿尔及利亚和巴西。这 10 个国家技术可采资源量占全球的 84.5%。此外，欧洲的波兰和法国的页岩气资源也比较丰富。从美国能源信息署的评价结果来看，这些国家的页岩气资源量都远远多于已证实的天然气储量。按地区划分，北美地区页岩气资源量达 $109.1\times10^{12}m^3$，占全球总资源量的 23.8%；中亚和中国为 $99.8\times10^{12}m^3$，占全球总资源量的 21.9%。全球页岩气资源量相当于煤层气与致密砂岩气的总和，约占全球非常规天然气资源量的 50%，与常规天然气的资源量 $472\times10^{12}m^3$ 相当。2011 年 9 月，埃克森美孚发布《2030 年全球能源展望报告》指出，2005—2030 年，全球非常规天然气产量预计将增长 5 倍，其中以美国非常规天然气产量增长最快。

各大陆潜在原地可采页岩气资源量和潜在技术可采页岩气资源量如表 4-4 所示。

表 4-4　各大陆潜在原地可采页岩气资源量和潜在技术可采页岩气资源量

单位：$\times10^{12}m^3$

大洲	潜在原地可采页岩气资源量	潜在技术可采页岩气资源量	潜在技术可采页岩气资源量所占百分比/%
北美洲①	109.1	54.6	29.2
南美洲	129.3	34.7	18.5
欧洲	73.2	17.6	9.4
非洲	112.1	29.5	15.7
亚洲	160.2	39.7	21.2
大洋洲	39.1	11.2	6.0
合计	623.0	187.3	100

① 不包括美国。

2011 年 4 月，美国能源信息署（EIA）发布了世界页岩气资源初步评价报告，对美国以外 32 个国家的页岩气资源进行了评价。评价结果表明，这 32 个国家潜在原地可采页岩气资源量为 $623.0\times10^{12}m^3$，潜在技术可采页岩气资源量为 $187.3\times10^{12}m^3$，与目前全球的天然气探明储量（$188.1\times10^{12}m^3$）相当。美国能源信息署评价了 14 个油气区、48 个含页岩气盆地和 70 个页岩气层，不包括俄罗斯以及中亚、中东、东南亚和中非等地区。因为这些地区或有非常丰富的常规资源，或缺乏基础的评价资料。

根据美国能源信息署的评价报告，从各大洲的分布来看，北美洲的页岩气资源最为丰富，潜在技术可采页岩气资源量为 $54.6\times10^{12}m^3$，占全球的 29.2%；亚洲潜在技术可采页岩气资源量为 $39.7\times10^{12}m^3$，占全球的 21.2%；南美洲为 $34.7\times10^{12}m^3$，占全球的 18.5%（表 4-4）。

2. 美国页岩气资源与分布

1821 年，美国首先在阿巴拉契亚盆地发现了页岩气，至今已有 200 多年的历史。

美国页岩气和致密油（含页岩油，下同）资源丰富，分布广泛。据美国能源信息署（EIA）的资料，美国页岩气和致密油主要产自 7 大页岩区，它们分别是：①阿纳达科盆地，主要发育伍德福德（Woodford）区带；②阿巴拉契亚盆地，主要发育马塞勒斯（Marcellus）和尤蒂卡（Utica）区带；③巴肯页岩区，主要发育巴肯（Bakken）和斯里福克斯（Three Ford）区带；④伊格尔福特页岩区，主要发育伊格尔福特（Eagle Ford）区带；⑤海恩斯维尔页岩区，主要发育海恩斯维尔（Haynesville）、博西尔（Bossier）区带；⑥奈厄布拉勒页岩区，主要发育奈厄布拉勒（Niobrara）区带；⑦二叠盆地，主要发育沃尔夫坎普（Wolfcamp）、博恩斯普林（Bone Spring）与斯普拉贝里（Spraberry）区带。

截至 2019 年末，美国页岩气证实储量 $9.99\times10^{12}m^3$，储采比 13.8。阿巴拉契亚盆地马塞勒斯区带（宾夕法尼亚和西弗吉尼亚州部分）页岩气储量最多，证实储量为 $3.95\times10^{12}m^3$，占美国总量的 39.5%。其次是二叠盆地沃尔夫坎普、博恩斯普林区带，证实储量为 $1.40\times10^{12}m^3$，占美国总量的 14.0%。第三位是得克萨斯-路易斯安那盆地海恩斯维尔、博西尔区带，证实储量 $1.32\times10^{12}m^3$，占美国总量的 13.2%。美国主要页岩区带页岩气证实储量见表 4-5。

表 4-5　美国主要页岩区页岩气证实储量

盆地	页岩区带	所在州	2018 年产量 $/(\times10^{10}m^3)$	2018 年底证实储量 $/(\times10^{12}m^3)$	2019 年产量 $/(\times10^{10}m^3)$	2019 年底证实储量 $/(\times10^{12}m^3)$	储采比
阿巴拉契亚	马塞勒斯	宾夕法尼亚、西弗吉尼亚	21.508	3.82	24.62	3.95	16.0
二叠	沃尔夫坎普、博恩斯普林	新墨西哥、得克萨斯	9.339	1.32	12.74	1.40	11.0
得克萨斯-路易斯安那	海恩斯维尔、博西尔	得克萨斯、路易斯安那	7.358	1.27	9.62	1.32	13.7
西墨西哥湾沿岸	伊格尔福特	得克萨斯	5.660	0.87	5.94	0.75	12.7
阿巴拉契亚	尤蒂卡/波因特普莱森特	俄亥俄	6.509	0.68	7.36	0.97	13.2
俄克拉荷马南阿纳达科	伍德福德	俄克拉荷马	3.679	0.61	4.25	0.59	13.9
沃斯堡	巴奈特	得克萨斯	3.396	0.49	3.11	0.40	12.8
威利斯顿	巴肯、斯里福克斯	蒙大拿、北达科他	2.547	0.34	2.83	0.35	12.2

续表

盆地	页岩区带	所在州	2018年产量/($\times 10^{10} m^3$)	2018年底证实储量/($\times 10^{12} m^3$)	2019年产量/($\times 10^{10} m^3$)	2019年底证实储量/($\times 10^{12} m^3$)	储采比
阿科玛	费耶特维尔	阿肯色	1.415	0.17	1.42	0.14	10.2
小计			61.411	9.57	71.89	9.87	
其他			1.132	0.12	0.28	0.12	
美国总计			62.543	9.69	72.17	9.99	13.8

1976年，美国能源部在美国东部启动了页岩气项目，目前页岩气已处在大规模商业开发阶段，页岩气的勘探开发走在世界前列。

根据EIA的资料统计，2007年以来美国页岩气产量持续快速增长，由于受2014年油价暴跌的影响，导致在2016年初至2017年初出现过几次页岩气月度产量小幅下降。随着油价的恢复增长，页岩气产量又快速上升，2019年11月达到高峰$21.62\times 10^8 m^3/d$。之后由于新冠疫情及油价暴跌的影响，美国页岩气产量开始呈下降趋势，2020年5月降至$19.03\times 10^8 m^3/d$，接下来的6—8月产量回升，但是9—12月又转为下降趋势。

目前，美国页岩气产量主要来自马塞勒斯、沃尔夫坎普、博恩斯普林、尤蒂卡、海恩斯维尔和伊格尔福特等区带。阿巴拉契亚地区（包括马塞勒斯和尤蒂卡区带）是美国页岩气产量最大的地区，该区2020年12月的页岩气产量达到$8.92\times 10^8 m^3/d$，约占美国页岩气总产量的45%，其中马塞勒斯区带是美国乃至世界最大的页岩气产区，2020年12月的产量为$6.81\times 10^8 m^3/d$，占美国页岩气总产量的1/3以上。二叠盆地页岩气产量近年快速增长，目前是美国页岩气第二大产区，2020年12月的产量为$3.30\times 10^8 m^3/d$，占美国页岩气总产量的16.7%。海恩斯维尔区带2020年12月的页岩气产量为$2.49\times 10^8 m^3/d$，占美国页岩气总产量的12.6%，是美国第三大页岩气产区。

3. 中国页岩气资源及分布

中国富有机质页岩类型复杂，包括海相、海陆过渡相和陆相3种类型，是世界上页岩气种类最多的国家。2011年以来，不同学者或机构采用体积法、类比法等多种方法对中国的页岩气资源进行了评价，但均未实现全国范围内的页岩气资源估算，因此其预测结果亦差别较大（表4-6）。根据美国能源信息署（EIA）2011年和2013年的评价结果，中国页岩气地质资源量在$134.4\times 10^{12}\sim 144.5\times 10^{12} m^3$，可采资源量在$31.57\times 10^{12}\sim 36.10\times 10^{12} m^3$，位居全球第一或第二；其2013年的评价结果显示，海相、海陆过渡相与陆相页岩气可采资源量分别为$23.12\times 10^{12} m^3$、$6.54\times 10^{12} m^3$、$1.91\times 10^{12} m^3$，国土资源部（2012）预测的地质资源量为$134.42\times 10^{12} m^3$，其中海相$59.08\times 10^{12} m^3$、海陆过渡相$40.08\times 10^{12} m^3$、陆相$35.26\times 10^{12} m^3$；可采资源量为$25.08\times 10^{12} m^3$，其中海相$8.19\times 10^{12} m^3$、海陆过渡相$8.97\times 10^{12} m^3$、陆相$7.92\times 10^{12} m^3$。与EIA的评价结果相比，地质资源量一致，但可采资源差别较大，且海相、海陆过渡相和陆相3种类型的页岩气资源三分天下。中国工程院（2012）评价的结果显示，我国页岩气可采资源量为$11.50\times 10^{12} m^3$，其中海相$8.80\times 10^{12} m^3$、海陆过渡相$2.20\times 10^{12} m^3$、陆相$0.50\times 10^{12} m^3$。中国石油勘探开发研究院

(2014) 预测我国页岩气地质资源量为 $80.45\times10^{12}m^3$，其中海相 $44.10\times10^{12}m^3$、海陆过渡相 $19.79\times10^{12}m^3$、陆相 $16.56\times10^{12}m^3$；可采资源量为 $12.85\times10^{12}m^3$，其中海相 $8.82\times10^{12}m^3$、海陆过渡相 $3.48\times10^{12}m^3$、陆相 $0.55\times10^{12}m^3$。中国工程院和中国石油勘探开发研究院的评价结果最为保守，海相页岩占有绝对优势，陆相页岩潜力最差。中国石化勘探开发研究院 (2015) 的评价结果显示我国页岩气可采资源量为 $18.60\times10^{12}m^3$。

表 4-6　中国页岩气资源量预测　　单位：$\times10^{12}m^3$

机构	评价时间/年	地质资源量/可采资源量			
		海相	海陆过渡相	陆相	合计
美国能源署	2011	144.50/36.10	—/—	—/—	144.50/36.10
国土资源部油气中心	2012	59.08/8.19	40.08/8.97	35.26/7.92	134.42/25.08
中国工程院	2012	—/8.80	—/2.20	—/0.50	—/11.50
美国能源署	2013	93.60/23.12	21.64/6.54	19.16/1.91	134.40/31.57
中国石油勘探开发研究院	2014	44.10/8.82	19.79/3.48	16.56/0.55	80.45/12.85
中国石化勘探开发研究院	2015	—/—	—/18.60	—/—	—/18.60

根据以上评价结果，我国页岩气地质资源量为 $80.45\times10^{12}\sim144.50\times10^{12}m^3$，其中海相所占比例为 43.95%～69.64%，海陆过渡相所占比例为 16.10%～29.82%，陆相所占比例为 14.26%～26.23%。我国页岩气可采资源量为 $11.50\times10^{12}\sim36.10\times10^{12}m^3$，其中海相所占比例为 32.66%～76.52%，海陆过渡相所占比例为 19.13%～35.77%，陆相所占比例为 4.28%～31.58%。总体来说，我国页岩气资源总量丰富，富有机质页岩类型复杂，其中海相页岩资源潜力最大，其次为海陆过渡相页岩，再次为陆相页岩。

中国海相沉积主要分布在华北地区、塔里木地区和南方地区。其中，华北地区的页岩气主要赋存在厚度和资源丰度较低的寒武系、奥陶系、石炭系和二叠系；塔里木盆地的页岩气主要在寒武系和奥陶系，埋深超过 4000m，开发较为困难；南方地区的页岩气主要赋存在寒武系、奥陶系和志留系页岩层中，其中志留系龙马溪组和寒武系筇竹寺组单层厚度为 30～50m，底部具有高自然伽马和高总有机碳含量等特征，是页岩气开发的有利目标层系。

现阶段页岩气勘探主要集中在南方海相页岩，以川鄂-湘黔，黔南-桂中，黔东-黔西、苏浙皖，川东南-黔中，渝东南和渝东北的寒武系筇竹寺组、志留系龙马溪组 2 套海相页岩为主要页岩气勘探目标区。四川盆地及其周边地区是南方海相页岩的主要分布区，总面积约为 $7.2\times10^4km^2$，估计资源量为 $9.5\times10^{12}m^3$，已经成为中国页岩气勘探开发的主要区域。

我国于 2009 年 10 月份在重庆市綦江县启动了中国首个页岩气资源勘查项目。2012 年 3 月 20 日，壳牌公司与中国石油合作在四川盆地的富顺-永川区块进行页岩气勘探、开发及生产。2012 年 9 月 24 日，全国首个页岩油气产能建设项目——中石化梁平页岩油气勘探开发及产能建设示范区 8 个钻井平台全面开钻。

我国基本完成了全国页岩气资源潜力调查与评价，建成一批页岩气勘探开发区，初步实现规模化生产。自 2014 年 9 月到 2018 年 4 月，不到 4 年时间，在四川盆地探明涪陵、威远、长宁、威荣 4 个整装页岩气田，页岩气累计新增探明地质储量突破万亿立方米，产能达

$135\times10^8m^3$，累计产气 $225.80\times10^8m^3$。2018年12月，中国石油川南页岩气基地的页岩气日产量已达 $2011\times10^4m^3$，约占全国天然气日产量的4.2%。

三、页岩气生成机理和成藏机理

1.页岩气的生成机理

页岩气可生成于有机质演化的各个阶段。通过对页岩气的组分和成熟度等特征分析可以看出，页岩气是连续生成的生物成因气、热成因气或两类气体的混合。生物成因气是有机质在低温下经厌氧微生物分解作用形成的天然气；热成因气是有机质在较高温度及持续加热作用下经热降解和裂解作用形成的天然气。

(1) 生物成因作用

生物成因气是在早期成岩作用或富含细菌的大气降水的侵入作用下，由厌氧微生物的甲烷生成作用形成。此类菌生甲烷占世界天然气资源总量的20%以上。因为微生物作用会产生甲烷和 CO_2 等产品，而热力的作用下会形成高链烃类，所以分析天然气的总体化学特征即可以确定其成因，可根据气体中甲烷的 $\delta^{13}C$ 值是否很低（$<-5.5\%$）来判断天然气是否为生物成因气，也可以根据 CO_2 的含量和同位素成分来进行分析判断。

要注意的是，由于不同的生烃机理可以产生相似的同位素值和组分值，而一些次生作用，如运移、细菌氧化或二者的共同作用都会影响天然气成因的诊断特征，所以实际上识别页岩气成因的过程是非常复杂的。

① 生物成因气的生成。生成甲烷的有机质分解作用由多种微生物完成，目前比较认可的是乙酸的发酵作用和二氧化碳的还原作用。

乙酸的发酵作用：

$$CH_3COOH \longrightarrow CH_4 + CO_2 \tag{4-5}$$

CO_2 的还原作用：

$$CO_2 + 4H_2 \longrightarrow CH_4 + 2H_2O \tag{4-6}$$

在菌生甲烷的过程中，二氧化碳还原作用和乙酸发酵作用是同时进行的。但是在不同的条件下，两者所生成的甲烷数量不同。据同位素成分分析，大部分古代生物成因气藏中，甲烷主要由二氧化碳还原作用生成；近代沉积环境中，由两种作用所形成的气藏都广泛存在。

具有商业价值的页岩气藏中，生物成因气的主要形成途径是二氧化碳的还原作用，其所需的二氧化碳主要有三种来源：一是低温下浅层二氧化碳源，有机质经微生物作用而发生氧化反应所产生的二氧化碳；二是高温深层有机质的热脱羧作用；三是较大深度处热成烃类的分解作用。

② 生物成因作用的发生条件。页岩气的生物成因作用受几个关键因素影响：富含有机质的泥页岩是页岩气形成的物质基础；缺氧环境、低硫酸盐环境和低温环境是生物成因页岩气形成的必要外部条件；足够的埋藏时间是生成大量生物成因气的保障。

除了以上因素，考虑到产甲烷菌个体所需的空间平均直径在 $1\mu m$ 左右，所以页岩中还应该有微生物生存繁育的空间。尽管有机质富集的细粒沉积物中的孔隙空间很有限，但是页岩内存在的裂隙可以为微生物提供生存繁殖空间。

（2）热成因作用

热成因作用主要是指随着地层埋深的增加，温度、压力不断增大，泥页岩中的有机质发生的化学降解和热裂解作用。

干酪根化学降解过程中，首先生成沥青，然后生成原油，最后生成天然气。有机质的热模拟试验表明，在沉积物的整个成熟过程中，干酪根、沥青和原油均可以生成天然气。

对于有机质丰度和类型相近的泥页岩来说，页岩的有机质成熟度越高，形成的烃类气体越多。在成熟作用的早期阶段，主要通过干酪根的化学降解作用形成天然气；在成熟作用的晚期阶段，主要通过干酪根、沥青和石油的热裂解作用形成天然气。

与生物成因气相比，热成因气生成于较高的温度和压力下，因此干酪根热成熟度越高，热成因气的含量越多。考虑到在漫长的地质年代和地质构造作用下，热成因气可能会从页岩储层中泄漏，所以页岩气藏中的热成因气所占体积也可能小于生物成因气。

总之，热成因和生物成因的共同作用下可以生成甲烷等烃类有机质。有机质的丰度和类型对于页岩气的形成至关重要，温度、压力和还原环境是页岩气形成的必要条件。

2. 页岩气藏的成藏条件

总有机碳含量大、有机质成熟度适中、有效烃源岩厚度足够大且分布广，是页岩气藏的成藏对烃源岩的总体要求。

页岩气藏是“自生自储”式气藏，运移距离极短。在生物化学生气阶段，天然气首先吸附在有机质和岩石颗粒表面，饱和后富余的天然气以游离相或溶解相进行运移，当达到热裂解生气阶段，大量生烃导致压力升高，若页岩内部产生裂缝，则天然气以游离相为主向裂缝中运移并聚集。受周围致密页岩层遮挡，易形成工业性页岩气藏。页岩气藏形成过程构成了从典型吸附到常规游离之间的顺序过渡，将煤层气、根缘气或深盆气和常规气的运移、聚集和成藏过程联结在一起。

当页岩层厚度及埋深达到一定程度时，才能形成可以商业化开发的页岩气藏。沉积厚度是保证有足够有机质和充足储集空间的前提条件，烃源岩的厚度必须超过有效排烃厚度。不同地区烃源岩的有效排烃厚度有所不同。

气体在页岩储层中主要以两种方式储集：在天然裂缝或者孔隙中以游离状态存在；在不溶有机质和矿物颗粒表面以吸附状态存在。还有极少量的气体溶解在沥青等有机溶剂中。

常规的圈闭由储层、盖层和阻止油气继续运移的遮挡物三部分组成。页岩气藏集三者于一身，本身既是烃源岩，也是储层和盖层。页岩具有极低的孔渗性，其渗透率甚至比含气致密砂岩还要低很多（远小于 1mD），所以对于盖层的要求没有常规气藏那么高。页岩的盖层既包括页岩本身，也包括页岩周围的细粒致密岩层。页岩气藏形成于烃源岩层内由致密部分包围的裂缝发育区域，与构造位置关系不大。只要满足生烃、排烃、运移和圈闭条件，就有可能生成页岩气藏。

页岩气藏形成机理是，甲烷在页岩微孔中顺序填充，在介孔（孔径小于 2nm 的称为微孔；孔径在 2～50nm 之间的称为介孔；孔径大于 50nm 的称为大孔）中不断发生多层吸附并在毛细管内聚集，在大孔中赋存。页岩气成藏过程中受到吸附、解吸、扩散等作用，生成的天然气先在有机质的孔隙内表面饱和吸附；之后解吸扩散至基质孔隙中，以吸附、游离相在基质孔隙内饱和聚集；过饱和的天然气首先运移至上覆无机质页岩地层的孔隙中，达到饱和状态后发生二次运移形成气藏。

3. 页岩气吸附解吸机理

吸附是多孔介质表面吸住液体或气体中的分子或离子的现象，属于一种传质过程。由于黏土矿物颗粒、有机质颗粒和孔隙表面上的分子与这些介质的内部分子在受力上存在差异，从而形成表面张力，使气体分子附着在颗粒表面上，即为吸附现象。由于多孔介质的比表面积很大，所以这种吸附力能产生很大的作用，导致吸附态成为页岩气存在的主要赋存状态之一，对页岩层含气量起关键作用。

吸附过程包括物理吸附和化学吸附两种，物理吸附指当多孔介质吸附的气体分子从多孔介质颗粒的表面脱离后，气体分子原来的性质不改变；而化学吸附的气体分子在被逐出吸附介质表面时，将发生化学变化，不再是原来的物质。页岩层中，页岩气大部分以物理吸附状态存在，当气体分子具有的动能因为外界温度、压力等条件的变化而增加至足以克服引力场时，即可从页岩表面逃逸，成为游离气相，即发生解吸现象。

页岩气的解吸率与页岩中的泥质含量及页理发育程度有关：泥质含量越高，页理发育越好，其解吸率也就越高。页岩气藏投入开发的初期，其产量主要来自页岩的裂缝和基质孔隙中游离相的天然气。随着游离态天然气的产出，页岩层压力逐渐降低，导致页岩中吸附气解吸并进入储层基质中，成为游离气，再经过裂缝系统进入井底，这就是页岩气的开采过程。值得注意的是，虽然吸附与游离相天然气同时存在，但吸附相及少量溶解相天然气随着开采过程的继续，会不断地发生解吸，使页岩层达到一个相对稳定的状态，这也使得页岩气的开采具有产量低但周期长的特点。

四、页岩气开发技术

1. 页岩气钻井技术

在正式开发页岩气藏之前，一般会钻少量直井并压裂投产，以便证实页岩气储量，这个阶段称为勘探评估阶段。该阶段的主要任务是识别页岩特征，研究裂缝延伸规律，明确页岩是否能经济开采。第二个阶段将钻更多的井，用于明确该页岩气藏是否能长期经济开采。一旦掌握油藏特征和流体组分等资料后，即可转入商业化钻采生产阶段。

由于页岩的渗透率较低，目前主要采用水平井以提高井筒和地层的接触面积，通过水平方向的井眼轨迹尽可能多地连通天然裂缝。在水平井钻井过程中，通过钻头换向，使垂直向下的井眼向水平方向延伸。井身轨迹延伸的方向取决于已知的天然裂缝分布情况。在某些井筒坍塌风险较大的地层，只能钻直井。

过去，人们常常采取加大井网密度的方法提高非常规气藏的开采效益，但随着技术的改进，现在主要采用提高井筒与气藏接触面积的方法，以便大幅减少开采成本，节约投资。例如目前广泛采用的多分支井技术方法（多个水平井段共用一个垂直井筒）和连续油管技术等，都能明显节约钻井成本。

部分页岩气藏埋深大于 1800m，储层厚度相对较薄，需要采用水平井技术进行开采。

钻水平井时，一般首先从地面向下钻垂直井段，当钻头达到页岩层以上274m（900ft）的时候开始造斜，逐渐改变钻头的角度，在地层内的靶点将井身变为水平状态，然后井筒沿着页岩地层水平延伸1524m（5000ft）以上。目前，可以实现从一个钻井场在同一页岩层内向不同方向钻出6～8口的丛式水平井，即"井工厂"技术，可以减少钻井所占用的地表井场面积。

2002年以前，垂直井是美国页岩气开发主要的钻井方式。随着2002年Devon能源公司7口Barnett页岩气试验水平井取得了巨大成功，业界开始大力推广水平钻井，水平井已然成为页岩气开发的主要钻井方式。2002年后，Barnett页岩气水平井完井数迅速增加，2003—2007年，Barnett页岩水平井累计达4960口，占Barnett页岩气生产井总数的50%以上，2007年完钻2219口水平井，占该年页岩气完井数的94%。

与直井相比，水平井在页岩气开发中具有以下优势：

① 水平井成本为直井的1.5～2.5倍，但初始开采速度、控制储量和最终评价可采储量却是直井的3～4倍。沃斯堡盆地Barnett页岩最成功的垂直井在2006年上半年页岩气累积产量为$991.10\times10^4m^3$，而同期最成功的水平井产量为$2831.7\times10^4m^3$，为直井产量的近3倍。

② 水平井与页岩层中裂缝（主要为垂直裂缝）相交机会大，明显改善储层流体的流动状况。统计结果表明，水平段为200m或更长时，比直井钻遇裂缝的机会多几十倍。

③ 在直井收效甚微的地区，水平井开采效果良好。如在Barnett页岩气外围开采区内，水平井克服了Barnett组页岩上、下石灰岩层的限制，避免了Ellenburger组白云岩层的水浸，降低了压裂风险且增产效果明显，在外围生产区得到广泛的运用。

④ 减少地面设施，开采延伸范围大，避免地面不利条件的干扰。

2. 水力压裂技术

页岩储层厚度薄，渗透率低，水平井加多级压裂是目前美国页岩气开发应用最广泛的方式。目前，常用的技术有多级压裂、清水压裂、水力喷射压裂、重复压裂和同步压裂等。在美国页岩气开发中使用过的储层改造技术还有氮气泡沫压裂和大型水力压裂。氮气泡沫压裂目前还使用在某些特殊条件的页岩压裂作业中；大型水力压裂由于成本太高，对地层伤害大，已经停止使用。压裂后的效果如图4-6所示。

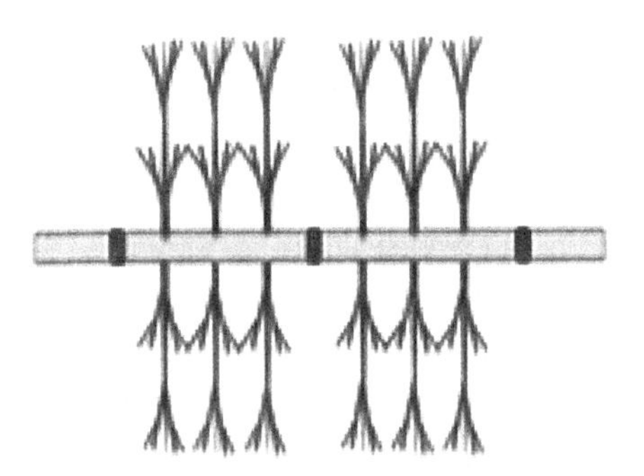

图4-6　页岩气水平井压裂裂缝形态示意图

（1）多级压裂

多级压裂是利用封堵球或限流技术分隔储层不同层位进行分段压裂的技术。多级压裂能够根据储层的含气性特点对同一井眼中不同位置地层进行分段压裂，其主要作业方式有连续油管压裂和滑套完井两种。多级压裂技术是页岩气水力压裂的主要技术，在美国页岩气生产井中，有85%的井是采用水平井和多级压裂技术结合的方式开采，增产效果显著。美国Newfield公司在Woodford页岩中的部分开发井采用了5～7段式的分段压裂，页岩气单井最

大初始产量达到 $28.32\times10^4\,m^3/d$，最大最终产量达 $16.99\times10^4\,m^3/d$。

多级压裂的特点是多段压裂和分段压裂，它可以在同一口井中对不同的产层进行单独压裂。多级压裂增产效率高，技术成熟，适用于产层较多、水平井段较长的井。页岩储层不同层位含气性差异大，多级压裂能够充分利用储层的含气性特点使压裂层位最优化。在常规油气开发中，多级压裂已经是一项成熟的技术，国内有很多成功应用的实例。多级压裂技术用于我国的页岩气开发有一定的技术基础，是可行的压裂技术。

(2) 清水压裂

清水压裂是利用大量清水注入地层诱导产生具有足够几何尺寸和导流能力的裂缝以实现在低渗的、大面积的净产层里获得天然气工业产出的压裂措施。清水压裂利用在储层的天然裂缝注入压裂液，使地层产生诱导裂缝。在压裂过程中，岩石碎屑脱落并沉降在裂缝中，起到支撑作用，使裂缝在压裂液退去之后仍保持张开。1997 年，Mitchell 能源公司首次将清水压裂应用在 Barnett 页岩的开发作业中，清水压裂不但使压裂费用较大型水力压裂减少了 65%，而且使页岩气最终采收率提高了 20%。目前的清水压裂多使用混合的清水压裂液，它是在传统的清水压裂液中加入了减阻剂、凝胶、支撑剂等添加剂，又称减阻水压裂。

(3) 水力喷射压裂

水力喷射压裂是用高速和高压流体携带砂体进行射孔，打开地层与井筒之间的通道后，提高流体排量，从而在地层中打开裂缝的水力压裂技术。当页岩储层发育较多的天然裂缝时，如果用常规的方式对裸眼井进行压裂，大而裸露的井壁表面会使大量流体损失，从而影响增产效果。水力喷射压裂能够在裸眼井中不使用密封元件而维持较低的井筒压力，迅速、准确地压开多条裂缝。2005 年，水力喷射压裂技术第一次使用在美国 Barnett 页岩中，作业者使用水力喷射环空压裂工艺对 Barnett 页岩中的 53 口井进了压裂，其中 26 口井取得了技术和经济上的成功，有 21 口井被认定为技术成功。

水力喷射压裂能够用于水平井的分段压裂，不受完井方式的限制，尤其适用在裸眼完井的井眼中，但是受到压裂井深和加砂规模的限制。水力喷射压裂在国内油气开发中的应用时间不长，主要依靠国外公司提供技术服务，压裂成本高。由于页岩井眼井壁坍塌情况严重，再加上水力喷射压裂技术在国内的应用并不成熟，且成本较高，一般使用套管完井。因此，该技术在我国页岩气开发起步时期适用性不强，日后的推广有待于技术的进步和经验的成熟。

(4) 重复压裂

重复压裂技术用于在不同方向上诱导产生新的裂缝，从而增加裂缝网络，提高生产能力。如果初始压裂已经无效，或现有的支撑剂因时间关系已经损坏或质量下降，那么对该井进行重复压裂将重建储层到井眼的线性流。该方法可以有效改善单井产量与生产动态特性，在页岩气井生产中发挥积极作用，压裂后产量接近甚至超过初次压裂时期。如果要使重复压裂获得成功，必须评估重复压裂前后的平均储层压力、渗透率-厚度乘积和有效裂缝长度与导流能力等，所以重复压裂的实施离不开室内试验的帮助。

一般重复压裂都是在已生产了几年的井中进行的，长时间的生产引起在初始裂缝椭圆形区域的局部空隙应力重新分布，储层压力减小，从而改变了储层的压力状态。由于裂缝周围应力干扰区域的延伸形状，最小水平主应力和最大水平主应力有时会发生改变，如最大应力变为最小应力，或反过来。如果两水平主应力的倒转足够大或初始压裂产生的裂缝被有效封堵，那么就会形成重复压裂再定向的适宜条件。在这种条件下，新的裂缝可在90°方向传播到初始裂缝，直至到达应力紊乱区。在两水平主应力相等以外部分，新裂缝的方向与原始裂缝相同或在其原始裂缝平面上发展。如果渗透性是各向异性的，那么在裂缝附近的椭圆形区域内，应力的衰减规律将更加复杂。

（5）同步压裂

除上述几种技术外，还有最新的同步压裂技术，即同时对两口或两口以上的井进行压裂。在同步压裂中，压力液及支撑剂在高压下从一口井沿最短距离向另一口井运移，这样就增加了裂缝网络的密度与表面积，从而快速提高页岩气井的产量。目前已发展到3口甚至4口井同时压裂。

2006年，同步压裂首先在美国Ft. Worth盆地的Barnett页岩中实施。作业者对同平台上相隔10m，水平井段相隔305m，大致平行的2口井9个层位进行同步压裂作业后，2口井均以相当高的速度生产，其中1口井以日产$25.5\times10^4m^3$的速度持续生产30d，而其他未压裂的井日产速度为$(5.66\sim14.16)\times10^4m^3$。

五、页岩气处理

页岩气生产过程中一般无需排水，生产周期长，一般为30～50年，勘探开发成功率高，具有较高的工业经济价值。

页岩气的产量受气藏性质参数的影响，这些参数主要包括热成熟度、有机质含量、气藏厚度、吸附的气体量等。另外，页岩气的组分也可能受到原始气藏压力、岩石地球物理特性和岩石吸附特性等气藏参数的影响。

生产实践证明，刚投产时，裂缝网络中存储的自由气首先产出，产量迅速下降。当气藏压力大幅下降后，岩石基质上吸附的页岩气开始解吸，成为产出气体的主要来源，所以页岩气的组分会发生改变。岩石中的有机碳含量和微孔隙的体积是岩石中吸附的气体量和页岩气组分的主要影响因素，但目前仍然很难了解富含有机质的页岩地层的性质与页岩气吸附量和组分之间的具体关系。

正因为产气量和组分存在差异性，每一个页岩气藏产出的原始天然气的处理工艺流程都不同。可以通过冷冻法脱除乙烷等高碳烷烃，但是没必要将页岩气净化成常规天然气那样可以传输的品质。实际上，页岩气与其他的普通天然气相互掺混后销售给用户，这种方法也是页岩气能在美国市场最终推广的关键方法。

不同页岩气区块和不同页岩气井间硫化氢和二氧化碳含量差异很大，当其含量较高时，容易对管线造成腐蚀，所以产出的页岩气必须要经过净化后才能进入管输系统。

页岩气的净化处理流程从井口开始，凝析油和水在井口用机械装置分离出来，天然气凝析油和水在油田现场的联合处理站内分离；分离出的凝析油和水直接进入储罐，分离出的天然气进入下一步处理系统，脱除自由水后的天然气仍然需要用水蒸气饱和，然后根据温度和压力不同而进行脱水处理或在低温下添加甲醇防止水合物生成，但是在实际生产中不一定应用这种工艺。

当优化设计页岩气处理的工艺流程时，必须考虑的因素主要有溶剂的种类、反应强度、温度、溶剂循环速度、催化剂的类型和用量等。这些因素是评价页岩气处理工艺和处理设备的关键参数。

第三节　天然气水合物

一、概述

1. 定义

天然气水合物（NGH）是在一定的条件（合适温度、压力、气体饱和度、水的盐度、pH 值等）下由水和天然气组成的似冰状、非化学计量的笼形化合物。它可用 $M \cdot nH_2O$ 表示，M 代表水合物中的气体分子，n 为水合指数（即水分子数）。天然气水合物多呈白色或浅灰色晶体，外观似冰雪，遇火即可燃烧，故又称为“可燃冰”或“固体甲烷”和“气冰”。

按理论计算，在标准状况下，$1m^3$ 饱和天然气水合物可释放 $164m^3$ 的甲烷气体（如图 4-7），是其他非常规天然气源岩（诸如煤、黑色页岩）能量密度的 10 倍，是常规天然气能量密度的 2～5 倍，具有相当高的储气能力。

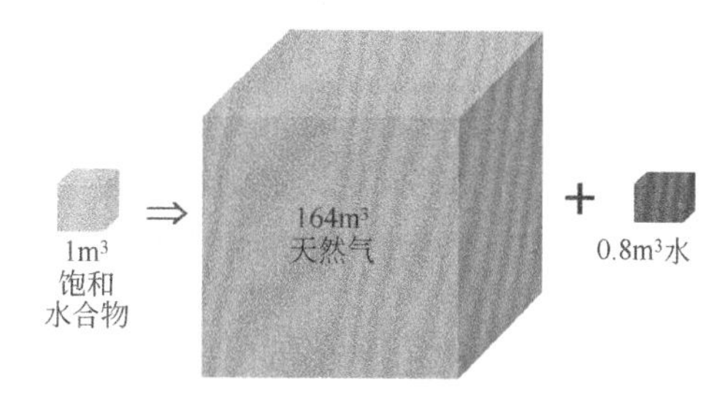

图 4-7　天然气水合物的储气能力

2. 天然气水合物的发现和研究简史

天然气水合物在地球上也许已存在了几百万年。它在自然界被发现比 1811 年英国科学家 Davy 首次在实验室里合成出气体水合物晚了一个世纪。1927 年在克里米亚大地震期间，黑海海面燃起一场熊熊大火。起初人们以为是硫化氢酿成了这场火灾，后来认定，硫化氢在水中的含量太少，不具备那么强的燃烧力。引起这场火灾的，原来是一种叫作水化甲烷的天然气水合物。20 世纪 30 年代，为了输送天然气，铺设了输气管道，一些输气管道经常奇怪地被冰块堵塞，对这些冰块结构和成分分析后发现，这是天然气和水的结合物，可以燃烧。

1961 年，苏联科学家首次在西西伯利亚麦索亚哈气田的永久冻土层中发现了自然界产出的天然气水合物，从此揭开了认识天然气水合物的新篇章。到 1965 年时，科学家推测在极地和海底也可能存在天然气水合物。但直至 20 年之后，才在海底钻井岩心中成功取到了天然气水合物。1979 年，在中美海沟墨西哥近海钻孔岩心中取到了天然气水合物，这是世界上第一次被确证的海底天然气水合物，也是天然气水合物作为能源研究的一个重要里程碑。从此科学界才普遍认识到，在世界各大洋的深处可能蕴藏有巨大的天然气水合物矿藏，从而加速了海上调查的步伐。

根据 2010 年美国地质调查所（USGS）在维基网上公布的资料，全球已经公开发表确证的和推论的天然气水合物赋存地已达 220 处，其中 39 处是由钻井和岩心取样所确证的，其余则是由拟海底反射（BSR）和地球化学资料推定的。它们主要分布于世界三大洋的近海海底、大陆永久冻土带及内陆湖海中。现在，天然气水合物在全球有着广泛的分布和巨大的资源量已是不争的事实。

进入 21 世纪，天然气水合物从调查和研究阶段迈入了开发的新阶段。伴随着现代工业对能源需求的增加以及常规石油天然气的供不应求，迫使工业大国积极寻求新型的替代能源。另外，近年来深海采油工艺技术的进步也使得海底水合物的开采在技术上成为可能，开采费用也有所降低。特别是美国、加拿大、日本等于 2002 年和 2008 年对加拿大麦肯齐三角洲的 Mallik 冻土区的水合物成功进行了两度开采试验，更令人们真实地看到了开采的可行性。海底天然气水合物的试验开采也已迫在眉睫。

近年来，美国、日本、印度已率先对海底的天然气水合物开采进行了地质勘探和工艺技术上的准备，并分别制定了各自的研究和开发计划。与此同时，他们也明显加大了对海洋天然气水合物资源可开发性的研究，在海洋水合物地质及开采技术研究方面取得了若干新成果。

我国天然气水合物的研究起步较晚，但从 20 世纪末以来发展很快，并已初步取得了可喜的成绩。在南海北部和青藏高原冻土带经钻探先后找到了海底和大陆天然气水合物，首次在中纬度的高原上发现了天然气水合物。

二、天然气水合物资源分布

天然气水合物中的碳至少有 10×10^{12}t，占全球有机碳的 53.27%，而煤炭、石油和天然气三者的总量才占到 26.63%，见图 4-8。因此，天然气水合物是一种潜力巨大的洁净能源，可能是未来石油、天然气和煤炭的替代能源。

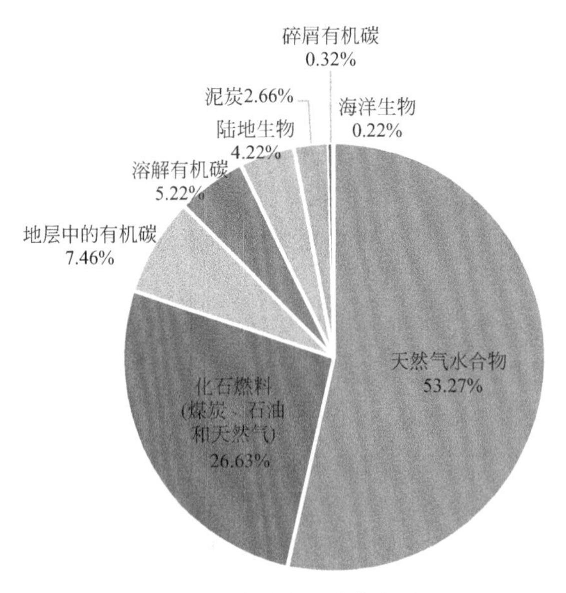

图 4-8　全球有机碳分布图

由于天然气水合物勘探程度低，早期学者们对全球天然气水合物资源量的估计值差别较大，陆上永久冻土带天然气水合物中天然气资源量为 $1.4\times10^{13}\sim3.4\times10^{16}m^3$，而海洋天然气水合物中天然气资源量为 $3.1\times10^{15}\sim7.6\times10^{18}m^3$。2000 年以后，更多的水合物钻探计划使估算参数的确定有了更多数据支持，这一时期的估算值普遍集中于 $(1\sim2)\times10^{15}m^3$ 范围内，也是目前比较合理的水合物资源量数量级。

目前已在全世界 79 个国家和地区发现了天然气水合物藏，已发现的天然气水合物矿点 100 余处，大多是通过对地球物理资料（拟海底反射，BSR）的解释而确定的，部分由深海钻探计划（DSDP）、大洋钻探计划（ODP）、国际综合大洋钻探计划（IODP）等科学钻探予以证实。世界天然气水合物潜力区主要分布在美国、北冰洋、拉丁美洲和加勒比地区、俄罗斯、南大洋、非洲南部、非洲西北部和中部、加拿大等国家和地区。

天然气水合物在自然界广泛分布在大陆和岛屿的斜坡地带、活动和被动大陆边缘的隆起处、极地大陆架以及海洋和一些内陆湖的深水环境。

世界上海底天然气水合物已发现的主要分布区是大西洋海域的墨西哥湾、加勒比海、南美东部陆缘、非洲西部陆缘和美国东海岸外的布莱克海台，西太平洋海域的白令海、鄂霍次克海、千岛海沟、冲绳海槽、日本海、四国海槽、中国南海海槽、苏拉威西海和新西兰北部海域，东太平洋海域的中美洲海槽、加利福尼亚滨外和秘鲁海槽等，印度洋的阿曼海湾，南极的罗斯海和威德尔海，北极的巴伦支海和波弗特海，以及大陆内的黑海与里海等。

地球上大约 27%的陆地是可以形成天然气水合物的潜在地区，而在世界大洋水域中约有 90%的面积也属这样的潜在区域。已发现的天然气水合物主要存在于北极地区的永久冻土区和世界范围内的海底、陆坡、陆基及海沟中。由于采用的标准不同，不同机构对全世界天然气水合物储量的估计值差别很大。

全球蕴藏的常规石油天然气资源消耗巨大，总有消耗完的时候。科学家的评价结果表明，仅在海底区域，可燃冰的分布面积就达 $4\times10^7km^2$，占地球海洋总面积的 1/4。2011 年，世界上已发现的可燃冰分布区多达 116 处，其矿层之厚、规模之大，是常规天然气田无法相比的。科学家估计，海底可燃冰的储量至少够人类使用 1000 年。

我国天然气水合物主要分布在南海海域、东海海域、青藏高原冻土带以及东北冻土带，据粗略估算，其资源量分别约为 $64.97\times10^{12}m^3$、$3.38\times10^{12}m^3$、$12.5\times10^{12}m^3$ 和 $2.8\times10^{12}m^3$。并且已在南海北部神狐海域和青海省祁连山永久冻土带取得了可燃冰实物样品。

根据 2016 年发布的《中国地质调查百项成果》之“中国天然气水合物资源报告”，我国陆上祁连山南缘及青藏高原地区天然气水合物资源量可达 400×10^8 toe，南海海域天然气水合物资源量则高达 800×10^8 toe。目前通过海洋地质调查，已在南海北部陆坡区圈定了 6 个成矿远景区及 25 个有利区块、24 个钻探目标区。自 2007 年以来，先后通过 3 个航次的钻探，已确定 2 个相当于 $10^{11}m^3$ 以上天然气储量规模的天然气水合物矿藏。

三、天然气水合物的晶体结构

1. 气体水合物的笼形结构

气体水合物的晶体都是由水分子借助氢键构成的各种水分子多面体包笼气体分子组成的。

气体水合物的晶格就是由不同类型和数量的水分子多面体紧密堆积而成的，如图 4-9 所示。组成水合物主要结构类型的水分子多面体（晶腔）有五角十二面体（5^{12}❶）、十四面体（$5^{12}6^{2}$）、十六面体（$5^{12}6^{4}$）、具有四-五-六边形的十二面体（$4^{3}5^{6}6^{3}$），以及二十面体（$5^{12}6^{8}$）。

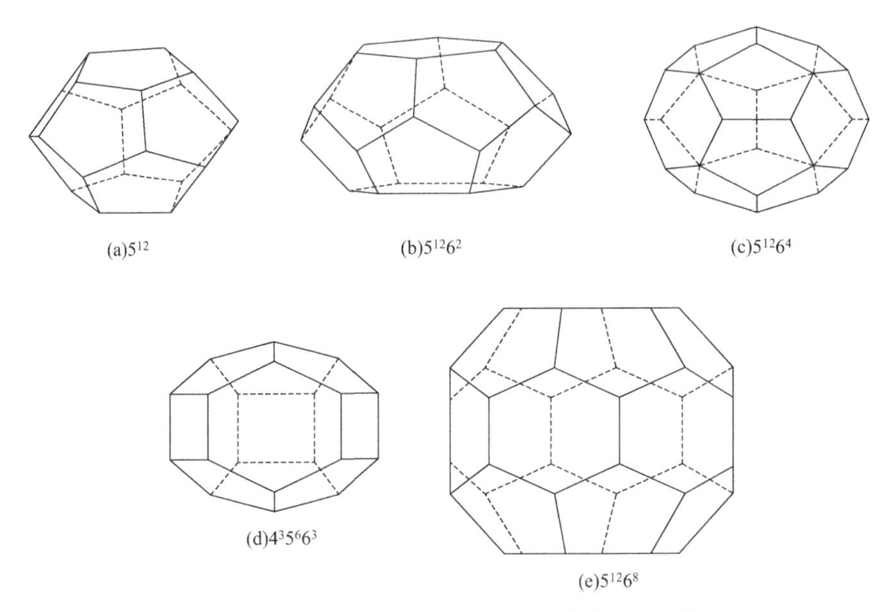

图 4-9　组成气体水合物晶格的几种水分子多面体

其中，五角十二面体（5^{12}）被认为是构成各种气体水合物的基本多面体，各种类型的水合物晶格中都有它的参与。

2. 气体水合物的结构类型

不同类型和数量的水分子多面体通过紧密堆积构成了不同结构的气体水合物晶格。已知自然产出的天然气水合物有 3 种晶体结构：最多和最常见的为立方晶系的Ⅰ型结构；其次为Ⅱ型结构；六方晶系 H 型的结构非常少见。这 3 种结构的天然气水合物晶格都是由图 4-9 给出的 5 种水分子多面体以不同种类、不同个数组合堆砌而成的（图 4-10）。

3. 气体分子与多面体晶腔的适配

水分子构成的各种多面体晶腔大小是不相同的，五角十二面体最小，二十面体最大。不同形态和尺寸的多面体晶腔所能包容的气体分子也各不相同。通常，直径小的气体分子（例如 CH_4、CO、H_2S 等）进入小的多面体晶腔形成Ⅰ型气体水合物；较大的气体分子（例如 C_3H_8、i-C_4H_{10} 等）可以进入大的多面体晶腔形成Ⅱ型气体水合物。只有当客体气体分子的大小与主体水分子多面体晶腔的大小相当时，它们才能进入并充填于这些水分子多面体晶腔中，形成气体水合物。若气体分子太小，它们难以维持多面体结构的稳定，而气体分子太大则不能进入多面体晶腔中。迄今已发现 120 多种气体分子可与水分子作用形

❶ 多面体符号的表示法及其含义：阿拉伯数字代表组成多面体一个平面的边（角）数，如 5 就表示正五边（角）形；而正多边形平面的个数则由右上角的数字表示，如 5^{12} 就表示 12 个正五边形构成的多面体，$5^{12}6^{2}$ 则代表由 12 个五边形平面及 2 个六边形平面组成的十四面体（12＋2＝14），以此类推。

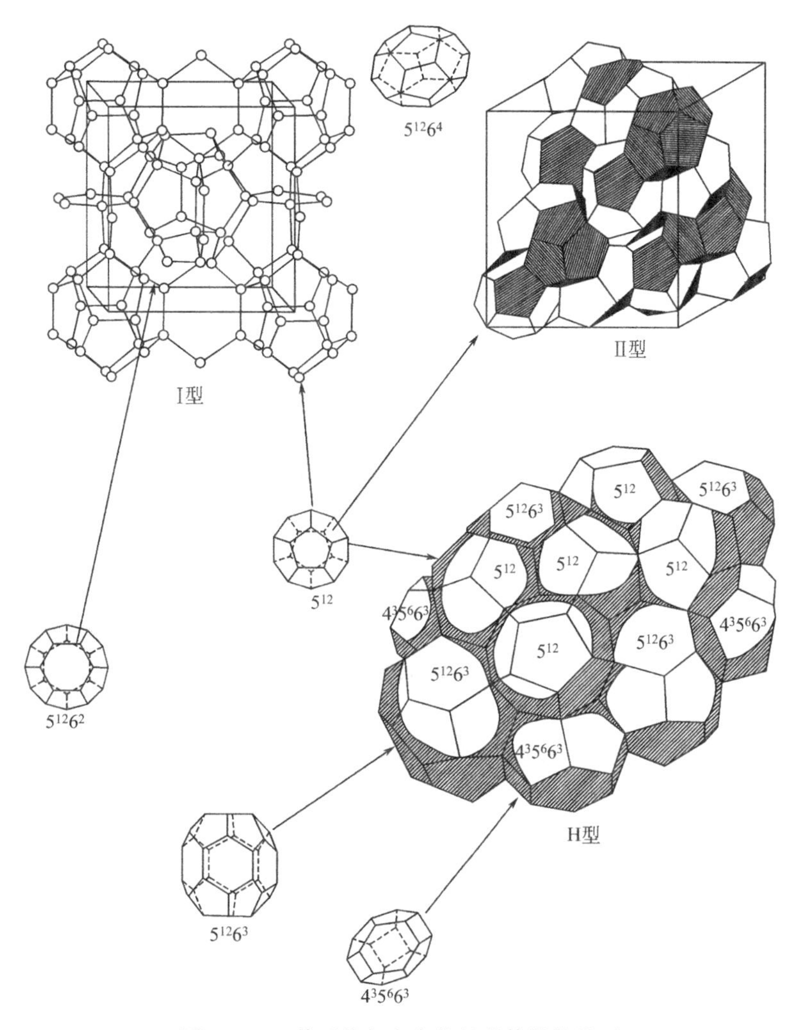

图 4-10　3 种天然气水合物的晶体结构类型

成气体水合物，有 Ar、Xe、CO、CO_2、CH_4、C_2H_6、C_3H_8、H_2S、SO_2 等，它们的分子直径多在 0.25～0.7nm 之间，可与大小、数量不等的多面体晶腔组成Ⅰ型和Ⅱ型的气体水合物。气体分子与水分子多面体晶腔大小之比多在 0.75～1.0 之间，是形成气体水合物的适宜区间。

深入的研究还揭示，气体水合物的结构是相当复杂的，Ar、Kr、N_2 等小气体分子形成的却是Ⅱ型气体水合物，其原因是小气体分子能与另外一个气体分子合起来进入大的多面体晶腔。二十面体的大晶腔可以容纳诸如 C_8H_{16} 的大分子气体，也可能形成双气体水合物。由一种气体分子构成的气体水合物称为简单气体水合物。两个不同种类的气体分子进入同一个水分子多面体晶腔中形成的气体水合物称作双气体水合物。如果两个不同种类的气体分子填充到一种水分子多面体中且每个多面体中仅有一个气体分子，这样形成的气体水合物则称作混合气体水合物。

4. 气体水合物中的水分子数

不同数目的水分子构成了形态和大小不同的多面体，故气体水合物中的水分子数与气体分子的大小以及结构类型有密切关系，一个小分子气体水合物在理想情况下最多含有 5.75 个水分子，大直径气体分子周围的水分子数可以是 8～17 个。但是由于水分子构成的多面体晶腔并不是全部都充填了气体，因而气体水合物中理论水分子数与气体水合物中实际的水分子数常常不一致，气体水合物中水分子数与气体分子大小的关系可参见图 4-11。

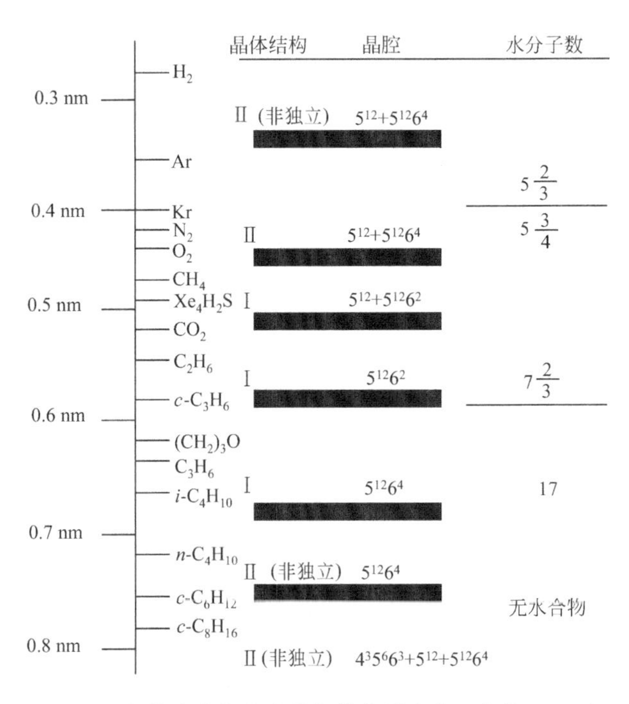

图 4-11 气体水合物中客体气体分子大小（直径 nm）与气体水合物结构类型及水分子数的关系

5. 天然气水合物的晶体结构

自然条件下产出的气体水合物称作天然气水合物。天然气水合物中的气体主要是甲烷（占 90%～99%），其他还有乙烷、丙烷、二氧化碳等气体。甲烷分子含量超过 99%的天然气水合物通常称为甲烷水合物。

在已发现的 3 种天然气水合物的晶体结构中：90%以上的天然气水合物为Ⅰ型；H 型结构极为少见，只在墨西哥湾海底水合物中发现过；在格林大峡谷地区发现了Ⅰ型、Ⅱ型、H 型三种水合物共存的现象。

天然气水合物的 3 种晶体结构都是由五角十二面体基本晶腔再搭配上若干个十四面体、十六面体或二十面体等更大的多面体晶腔所构成。

结构Ⅰ型的天然气水合物晶体属立方晶系，其单位晶胞由 2 个 5^{12} 和 6 个 $5^{12}6^2$ 组成，记作（$2\times5^{12}+6\times5^{12}6^2$）。在该结构类型的晶格中，五角十二面体通过其五边形面与其他五角十二面体的五边形面以及十四面体的五边形面互相连接。在Ⅰ型天然气水合物的晶格中，单位晶胞由 8 个多面体晶腔组成，其中 6 个为十四面体，2 个为五角十二面体。单位晶胞中总共包含有 46 个水分子，可写作 2（5^{12}）6（$5^{12}6^2$）·46H_2O。Ⅰ型天然气水合物的晶胞参数列于表 4-7。图 4-12 展示了Ⅰ型天然气水合物晶体单位晶胞的透视图。

结构Ⅰ型天然气水合物在自然界分布最广泛，仅能容纳甲烷、乙烷这两种小分子的烃以及 N_2、CO_2、H_2S 等非烃分子，这种水合物中甲烷普遍存在的形式是构成 $CH_4 \cdot 5.75H_2O$ 的几何构架。

结构Ⅱ型天然气水合物的晶格属面心立方晶格，由 16 个 5^{12} 和 8 个 $5^{12}6^8$ 晶腔组成，记作（$16\times5^{12}+8\times5^{12}6^8$）。单位晶胞边长为 1.73nm，或称金刚石结构。包含有 136 个水分子，记作 16（5^{12}）8（$5^{12}6^4$）$\cdot 136H_2O$（图 4-13、表 4-7）。结构Ⅱ型除包容 C_1、C_2 等小分子外，较大的晶腔还可容纳丙烷（C_3）和异丁烷（i-C_4）等烃类。

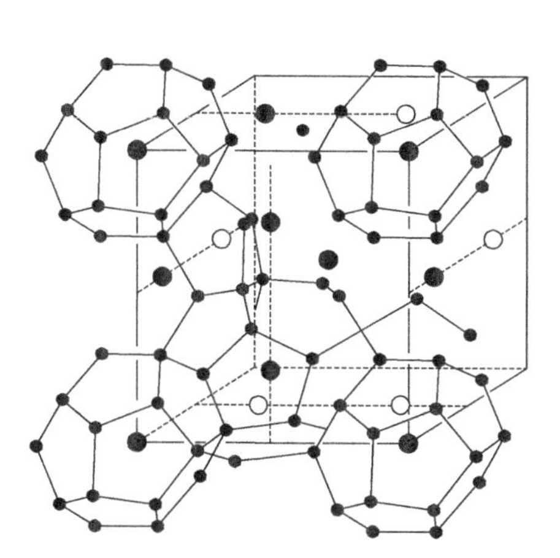

图 4-12　结构Ⅰ型天然气水合物晶体单位晶胞透视图

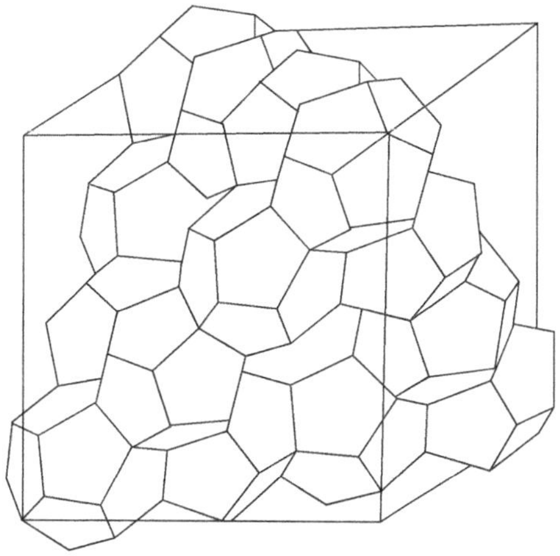

图 4-13　结构Ⅱ型天然气水合物的单位晶胞图

表 4-7　3 种天然气水合物晶体结构参数

项目	Ⅰ型		Ⅱ型		H 型		
晶系	立方		立方		六方		
空间群	$Pm3n$		$Fd3m$		$P6/mmm$		
多面体晶腔	小晶腔 5^{12}	大晶腔 $5^{12}6^2$	小晶腔 5^{12}	大晶腔 $5^{12}6^4$	小晶腔 5^{12}	中晶腔 $4^35^66^3$	大晶腔 $5^{12}6^8$
晶胞中晶腔数	2	6	16	8	3	2	1
晶胞表达式	$2(5^{12})6(5^{12}6^2)\cdot 46H_2O$		$16(5^{12})8(5^{12}6^4)\cdot 136H_2O$		$3(5^{12})2(4^35^66^3)1(5^{12}6^8)\cdot 34H_2O$		
单位晶胞常数	$a=1.2$nm $\alpha=\beta=\gamma=90°$		$a=1.73$nm $\alpha=\beta=\gamma=90°$		$a=1.22$nm，$c=1.22$nm $\alpha=\beta=90°,\gamma=120°$		
晶腔平均半径/nm	0.395	0.433	0.391	0.473	0.394	0.406	0.579
半径误差/%	3.4	14.4	5.5	1.73	4.0	8.5	15.1
配位数	20	24	20	28	20	20	36
水分子数/晶胞	46		136		34		

结构 H 型气体水合物为六方晶体结构，由 3 个 5^{12}、2 个 $4^35^66^3$ 和 1 个 $5^{12}6^8$ 晶腔组成，

记为 $3\times5^{12}+2\times4^{3}5^{6}6^{3}+5^{12}6^{8}$。其硕大的晶腔甚至可以容纳直径超过异丁烷（$i$-$C_4$）的分子，如 i-C_5 和其他直径在 0.75～0.86nm 之间的分子。Ⅱ型和 H 型气体水合物比Ⅰ型更稳定。

四、天然气水合物存在方式和性质

1. 存在方式

在自然界发现的天然气水合物多呈白色、淡黄色、琥珀色、暗褐色等的轴状、层状、小针状结晶体或分散状。它可存在于 0℃以下，也可存在于 0℃以上的温度环境。

在一定的温度及压力条件下，气体水合物可以稳定存在，但脱离这种温度及压力条件时就会分解。如果是在一定晶体中生长的气体水合物，在大气压和 0℃以下可以保存好几天。

天然气水合物可以多种方式存在：

① 以球粒状散布于细粒岩石中或占据大的岩石粒间孔隙。

② 以固体形式填充在裂缝中或大块固态水合物伴随少量沉积物。

形成可燃冰有三个基本条件：温度、压力和充足的气源。

首先，低温。可燃冰在 0～10℃时生成，超过 20℃便会分解。海底温度一般保持在 2～4℃左右。

其次，高压。可燃冰在 0℃时，只需 30atm（1atm=101325Pa）即可生成，而在海洋的深处，30atm 的压力很容易保持。并且压力越大，水合物就越不容易分解。

最后，充足的气源。海底存在大量的有机物沉积，其中丰富的碳经过生物转化，可产生充足的气源。海底的地层是多孔介质，在温度、压力、气源三者都具备的条件下，可燃冰晶体就会在介质的孔隙间生成。

所以，可燃冰在世界各大洋中均有分布。固体状的天然气水合物往往分布于水深大于 300m 以上的海底沉积物或寒冷的永久冻土中。海底天然气水合物依赖巨厚水层的压力来维持其固体状态，其分布可以从海底到海底之下 1000m 的范围以内，再往深处则由于地温升高其固体状态遭到破坏而难以存在。

天然气水合物在海洋浅水生态圈，通常出现在深层的沉淀物结构中，或是在海床处露出。甲烷气水合物据推测是因地理断层深处的气体迁移，以及沉淀、结晶等作用，于上升的气体流与海洋深处的冷水接触所形成。

2. 天然气水合物的性质

在高压下，天然气水合物在 18℃的温度下仍能维持稳定。一般的天然气水合物中甲烷与水的摩尔比为 1∶5.75。然而这个比例取决于多少的甲烷分子“嵌入”水晶格各种不同的包覆结构中。据观测，密度大约在 0.9g/cm^3。

从物理性质来看，天然气水合物的密度接近并稍低于冰的密度，剪切系数、电解常数和热导率均低于冰。天然气水合物的声波传播速度明显高于含气沉积物和饱和水沉积物，孔隙度低于饱和水沉积物。这些差别是物探方法识别天然气水合物的理论基础。此外，天然气水合物的毛细管孔隙压力较高。

天然气水合物融化时产生很大的热效应，0～20℃分解时每克天然气水合物约需要0.5～0.6kJ的热量；形成水合物时体积增大26%～32%。

五、天然气水合物的开发

1.天然气水合物的开采方法

天然气水合物存在于常年冻土区和深海区，其开发面临经济与技术可行性问题，难以使用常规油气藏开采手段进行开采，工业化开采技术尚处于试验阶段。天然气水合物开采的主要思路是：人为地打破天然气水合物的稳定存在条件，即相平衡条件，使水合物在矿藏中分解，然后利用管道将天然气开采至地表。热激发法、降压法及化学抑制剂法是三种比较常见的传统天然水合物开采方式。随着对天然气水合物开采技术研究的不断深入，在传统开采方式不断改善的同时，新的开采方法如二氧化碳-甲烷置换法、氟气开采法、固体开采法等也引起了国内外学者的广泛关注。

(1) 热激发法

热激发开采法是直接对天然气水合物层进行加热，使天然气水合物层的温度超过其平衡温度，从而促使天然气水合物分解为水与天然气的开采方法，其原理如图4-14所示。这种方法经历了直接向天然气水合物层中注入热流体、火驱法（同重油开采时采用的火烧油层法）、井下电磁加热以及微波加热等发展历程。热激发开采法可实现循环注热，且作用速度较快。加热方式的不断改进，促进了热激发开采法的发展。各种热开采方式的优缺点对比见表4-8，其中，注入热流体法是目前研究较深入、应用较为广泛的天然气水合物开采技术，它可以弥补自然开采效率低的缺点。

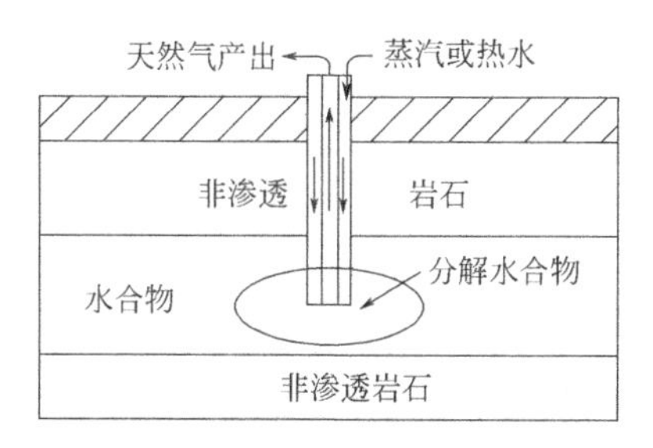

图4-14　热激发法开采原理示意图

表4-8　不同热开采方式的优缺点

方法	优点	缺点
注入热流体法	简单、可循环利用	效率低、热损失高
电磁制热	快速、易控制	设备复杂、耗能高
微波加热	易控制、有波导传输	耗能高、缺乏高能磁控管
太阳能加热	清洁、高效、无污染	受天气影响大

微波开采水合物的方法是借助电子微带天线对水合物进行加热，通过改变电子微带天线发出的电磁波造成分子运动，从而导致水合物受热融化。电磁波选择性加热的特性使电磁波在水合物中选择性加热水合物，破坏水合物相平衡条件，使得水合物分解。

虽然热激发法具有作用迅速、水合物吸热分解效果明显、注热井井口位置可控、对环境影响小、适用于各种类型水合物藏开采的优点，但这种方法至今尚未很好地解决热利用效率较低的问题，而且只能进行局部加热。在永久冻土区，即使利用绝热管道，永冻层也会大大降低传递给储集层的有效热量，造成只能进行局部加热，因此该方法在永久冻土区的使用还有待进一步的完善。

（2）降压法

降压法是指在不主动改变水合物储层温度（$\Delta T=0$）的条件下，通过降低天然气水合物稳定层的压力，促使其分解，原理如图4-15所示。最常见的降压法有两种：①采用低密度泥浆钻井达到减压目的；②当天然气水合物层下方存在游离气或其他流体时，通过泵出天然气水合物层下方的游离气或其他流体来降低天然气水合物层的压力。减压开采法不需要连续激发，成本较低，适合大面积开采，尤其适用于存在下伏游离气层的天然气水合物藏的开采，利用降压法使得与天然气接触的天然气水合物变得不稳定而分解，再利用管道将其收集储存。降压法开采可分为自由气产出、水合物降压分解产气和最后降压产出已分解气三个阶段，是天然气水合物传统开采方法中最有前景的一种技术。

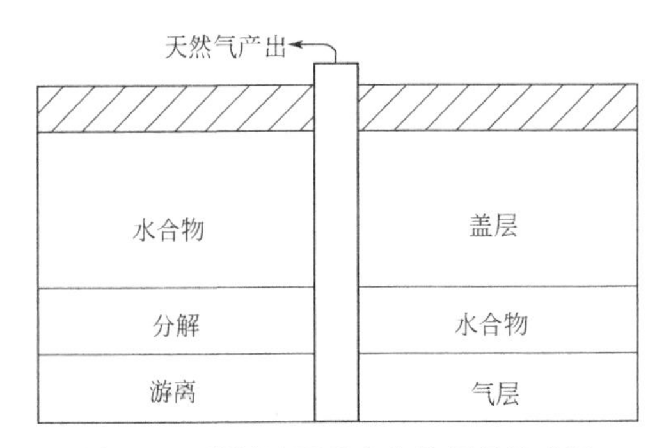

图4-15　降压法开采水合物原理示意图

当储层靠近天然气水合物稳定带底部的位置，游离气段可能直接下伏于天然气水合物矿床。在这种情况下可直接在游离气段射孔，生产游离气。游离气段的压力下降可以上传到上覆的天然气水合物沉积层，从而引起其中的天然气水合物分解。降压技术需要考虑到天然气水合物分解是一个吸热的过程，会引起周围地层温度降低，如果温度降低的幅度足够大，则天然气水合物的分解会受到抑制。

降压开采法初期投入相对较低且相对易于实施，相比于局部加热法更易于在更大的面积上发挥作用，因此被认为是最具经济潜力的开采技术方法；但只有当天然气水合物藏位于温压平衡边界附近时，降压法才具有商业化生产价值。

（3）化学抑制剂法

化学抑制剂法是通过向天然气水合物层中注入某些化学试剂，如盐水、甲醇、乙醇、乙二醇、丙三醇等，破坏天然气水合物藏的相平衡条件，促使天然气水合物分解，原理如图4-16所示。室内试验表明，天然气水合物的溶解速率与抑制剂浓度、注入排量、压力、抑制液温度及水合物和抑制剂的界面面积有关。俄罗斯麦索亚哈气田水合物气层的开采初期，有两口井在底部层段注入甲醇后其产量增加了6倍。

这种方法虽然可降低初期能量输入，但缺陷也很明显，它所需的化学试剂费用昂贵，对天然气水合物层的作用缓慢，而且还会带来一些环境问题，所以对这种方法投入的研究相对较少；虽然添加化学试剂较加热法作用缓慢，但确有降低初始能源输入的优点。添加化学试剂最大的缺点是费用昂贵。

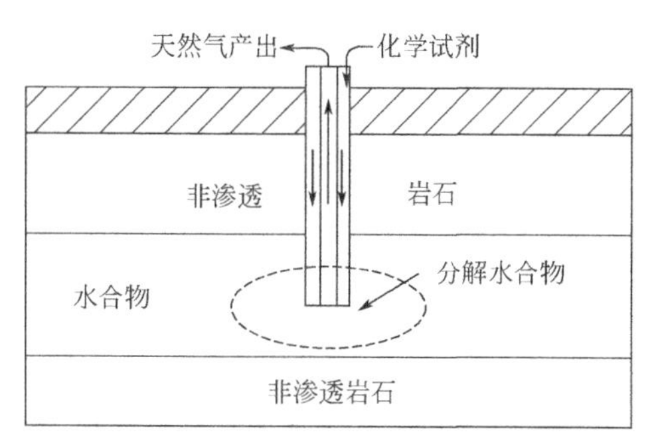

图 4-16　化学试剂注入开采天然气水合物原理示意图

近年来，出现了几种新型水合物抑制剂（动态抑制剂和防聚剂）。它们抑制水合物形成机理与传统的热力学抑制剂不同，加入量少，一般浓度低于 1%，可节省一半的化学试剂费用；若将它与降压法配合使用，仍有很大潜力。

总体上，化学抑制剂法所使用的化学试剂成本较高，商业价值低，作用时间长，水合物分解产生的水会稀释化学试剂的浓度从而降低作用效果；同时，该方法会对地下水及海洋环境造成极大的危害，不适用于长期和大规模使用。

（4）二氧化碳-甲烷置换法

这种方法首先由日本学者 Ohgaki 于 1996 年提出，方法依据的仍然是天然气水合物稳定带的压力条件。在一定的温度条件下，天然气水合物保持稳定需要的压力比 CO_2 水合物更高。因此在某一特定的压力范围内，天然气水合物会分解，而 CO_2 水合物则易于形成并保持稳定。如果此时向天然气水合物藏内注入 CO_2 气体，CO_2 气体就可能与天然气水合物分解出的水生成 CO_2 水合物。这种作用释放出的热量可使天然气水合物的分解反应得以持续进行下去，其原理如图 4-17 所示。

二氧化碳-甲烷置换法的具体流程如下：①开采前，预先在海底水合物层中钻 3 口井，且井与井之间保持一定距离，分别下入隔离管；②通过第 1 根隔离管向天然气水合物层注入高温海水或采用微波发生器提供能量，促使天然气水合物分解；③通过第 2 根隔离管提取天然气，当基底存在游离气时，伴随游离气的开采，储层压力的下降，上部天然气水合物开始分解；④开采后，通过第 3 根隔离管向产气后的残留水中注入二氧化碳，二氧化碳与残留水生成二氧化碳水合物。

该技术不仅考虑了水合物生成和分解机理，而且还消除了开采后对海底环境造成的有害影响。CO_2-CH_4 置换法的优点在于能将 CO_2 储存在地下，有效缓解温室效应，有良好的商业价值和环境效益。但是，该方法置换效率低，水合物分解速率较慢，注入流体受到水合物储层渗透性的限制，注入流体可能会直接进入井口，从而带来气液分离的问题。

（5）氟气开采法

向地层中注入的氟气能够与天然气水合物发生卤化反应，生成甲基氟，而甲基氟具有较高的溶解度（在水中的溶解度可达 $166cm^3/100mL$），可形成高含甲基氟的浓缩溶液。甲基氟溶液产出到地表之后，可通过维尔茨反应、电解作用、裂解作用等一系列的步骤最终获得甲烷。

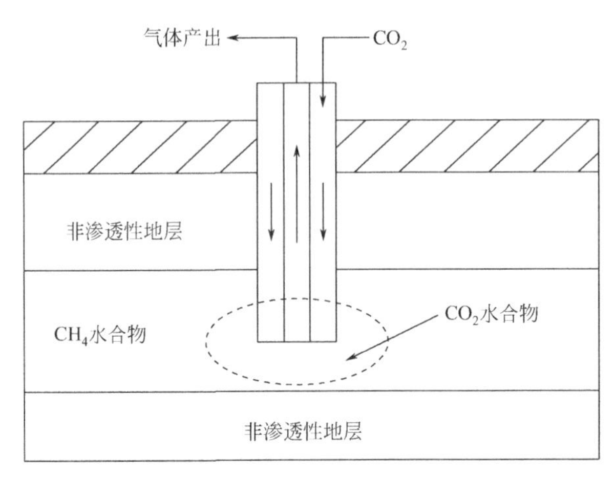

图 4-17 二氧化碳-甲烷置换法开采天然气水合物原理示意图

该方法成本低、效率高、实施难度小，同时，氟气在地壳中含量相对较高。生成的甲基氟性质稳定，较为环保。该方法的不足之处在于氟气与天然气水合物发生卤化反应生成的甲基氟浓缩液难以迁移，造成甲基氟溶液难以输送至地表。

（6）固体开采法（水力提升法）

固体开采法是指直接对海底水合物进行挖掘采集，然后将所采集的固体水合物拖至浅水区域，通过物理化学方法进行分解。我国针对南海地区天然气水合物埋藏浅、分布集中的特点，提出了利用固体开采法开采水合物。

该方法充分利用了表层海水温度的能量，克服了海底水合物分解效率低的缺点。但是水合物由深水区拖至浅水区时涉及复杂的三相流动且需要消耗大量能量，因此，距离商业化生产还有许多技术瓶颈需要攻克。

2. 开采实例

（1）麦索亚哈气田天然气水合物的开采

麦索亚哈气田发现于 20 世纪 60 年代末，是第一个也是迄今为止唯一一个对天然气水合物藏进行了商业性开采的气田。该气田位于苏联西西伯利亚东北部，气田区常年冻土层厚度大于 500m，具有天然气水合物赋存的有利条件。麦索亚哈气田为常规气田，气田中的天然气透过盖层发生运移，在有利的环境条件下，在气田上方形成了天然气水合物层。该气田的天然气水合物藏首先是经由减压途径无意中得以开采的，通过开采天然气水合物藏之下的常规天然气，致使天然气水合物层压力降低，天然气水合物发生分解；后来为了促使天然气水合物的进一步分解，维持产气量，特意向天然气水合物藏中注入了甲醇和氯化钙等化学抑制剂。

（2）麦肯齐三角洲地区天然气水合物试采集

麦肯齐（Mallik）三角洲地区位于加拿大西北部，地处北极寒冷环境，具有天然气水合物生成与保存的有利条件。该区天然气水合物研究具有悠久的历史。早在 1971—1972 年间，在该区钻探常规勘探井 Mallik L-38 井时，偶然于永冻层下 800～1100m 井段发现了天然气水合物存在的证据；1998 年专为天然气水合物勘探钻探了 Mallik 2L-38 井，该井于 897～952m 井段发现了天然气水合物，并采出了天然气水合物岩心。2002 年，在麦肯齐三角洲地区实施了一项举世关注的天然气水合物试采研究。该项目由加拿大地质调查局、日本石油公团、德国地球科学研究所、美国地质调查局、美国能源部、印度燃气供给公司、印度石油与天然气公司等5个国家9个机构共同参与投资，是该区有史以来的首次天然气水合物开采试验，也是世界上首次这样大规模对天然气水合物进行的国际性合作试采研究。

(3) 阿拉斯加北部斜坡区天然气水合物开采试验

2012年5月2日，美国能源部（DOE）宣布，由DOE、美国康菲石油公司、JOGMEC共同在美国阿拉斯加北坡普拉德霍（Prudhoe）湾区开展的Lgnik Sikumi现场天然气水合物生产测试圆满完成。这是首个设计研究天然气水合物储层CO_2-CH_4置换潜力的现场试验工程。准备工作完成后，在2月15日至28日期间将约6000m^3由23%CO_2和77%N_2组成的混合气体注入地层。3月4日，井被重新打开开始生产混合气体，4月11日由于设备问题封井，实际生产时间为30天。整个生产周期总产气约28300m^3。目前，DOE已发布了此次现场试验的测井和生产测试数据，所有的研究人员和公众都可以获取这些数据用于分析和评估。

(4) 中国首次海域天然气水合物试采

2017年7月，中国海域天然气水合物首次试采圆满成功，取得了持续产气时间最长、产气总量最大、气流稳定、环境安全等多项重大突破性成果，创造了产气时长和总量的世界纪录。截至7月9日14时52分，中国天然气水合物试开采连续试气点火60天，累计产气$3.09\times10^5m^3$，平均日产5151m^3，甲烷含量最高达99.5%。获取科学试验数据647万组，为后续的科学研究积累了大量的翔实可靠的数据资料。基于中国天然气水合物调查研究和技术储备的现状，预计我国在2030年左右有望实现天然气水合物的商业化开采。

3. 天然气水合物开采中的环境问题

天然气水合物藏的开采会改变天然气水合物赖以赋存的温压条件，引起天然气水合物的分解。在天然气水合物藏的开采过程中如果不能有效地实现对温压条件的控制，就可能产生一系列环境问题，如温室效应的加剧、海洋生态的变化以及海底滑塌事件等。

① 甲烷作为强温室气体，它对大气辐射平衡的贡献仅次于二氧化碳。一方面，全球天然气水合物中蕴含的甲烷量约是大气圈中甲烷量的3000倍；另一方面，天然气水合物分解产生的甲烷进入大气的量即使只有大气甲烷总量的0.5%，也会明显加速全球变暖的进程。因此，天然气水合物开采过程中如果不能很好地对甲烷气体进行控制，就必然会加剧全球温室效应。

② 除温室效应之外，海洋环境中的天然气水合物开采还会带来更多问题。一是进入海水中的甲烷会影响海洋生态。甲烷进入海水中后会发生较快的微生物氧化作用，影响海水的化学性质。甲烷气体如果大量排入海水中，其氧化作用会消耗海水中大量的氧气，使海洋形成缺氧环境，从而对海洋微生物的生长发育带来危害。二是进入海水中的甲烷量如果特别大，则还可能造成海水汽化和海啸，甚至会产生海水动荡和气流负压卷吸作用，严重危害海面作业甚至海域航空作业。

③ 开采过程中天然气水合物的分解还会产生大量的水，释放岩层孔隙空间，使天然气水合物赋存区地层的固结性变差，引发地质灾变。海洋天然气水合物的分解则可能导致海底

滑塌事件。研究发现，因海底天然气水合物分解而导致陆坡区稳定性降低是海底滑塌事件产生的重要原因。钻井过程中如果引起天然气水合物大量分解，还可能导致钻井变形，加大海上钻井平台的风险。

④ 如何在天然气水合物开采中对天然气水合物分解所产生的水进行处理，也是一个应该引起重视的问题。

天然气水合物呈固态，不会像石油开采那样自喷流出。如果把它从海底一块块搬出，在从海底到海面的运送过程中，甲烷就会挥发殆尽，同时还会给大气造成巨大危害。为了获取这种清洁能源，世界许多国家都在研究天然气水合物的开采方法。科学家们认为，一旦开采技术获得突破性进展，那么天然气水合物即会成为21世纪的主要能源。

第五章 非常规石油的生产与加工技术

根据石油的相对密度（或 API 重度，API=141.5/相对密度−131.5）和黏度可以把石油划分为常规石油和非常规石油两大类，常规石油是 API>20 和黏度<100mPa·s 的石油，除此以外统称为非常规石油。非常规石油具有黏度高、密度大、非烃（硫、氮、氧及金属）化合物含量高等特点，它们在开采、运输、加工和提炼方面与常规石油存在很大的不同。非常规石油包括重质油、高黏油、油砂、天然沥青和油母页岩等。

本章主要介绍油页岩和油砂的生产与加工技术。

第一节　油页岩的生产与加工技术

一、概述

1. 油页岩的定义

“油页岩”（oil shale）这一术语最早来源于苏格兰，当时用油页岩加工制造照明油脂。而在中国，油页岩在早期又被称为油母页岩。发展至今，油页岩已经有多种不同的命名，但至今还未有一个被广泛接受的定义。

联合国 1980 年召开的由十一个国家的专家参加的油页岩和油砂小组会议对油页岩的定义为：油页岩是一种沉积岩，含固体有机物质于其矿物质的骨架内。其有机物质主要为油母质（kerogen），不溶于石油溶剂。油页岩加热至 500℃左右，其油母质热解生成油页岩油（shale oil），油页岩热解通常也叫干馏。页岩油与石油近似，但不相同。

我国科学家侯祥麟指出，油页岩又称油母页岩，是可燃性矿产之一，油页岩由矿物质和有机质组成，有机质中氢含量较高，低温干馏可得碳氢比类似天然石油的页岩油。

联合国教科文组织（UNESCO）于 2003 年出版的《新世纪大百科全书》的油页岩条目关于油页岩的定义：油页岩是一种沉积岩，具有无机矿物质的骨架，并含固体有机物质，主要为油母质及少量沥青质（bitumen）。油页岩是一种固体化石燃料（solid fossil fuel）。作为一种能源，油页岩加热后，油母质热解产生页岩油。页岩油加工可制取油品。油页岩也可直接燃烧，产生蒸汽、发电。

地质学家刘招君等将油页岩定义为：油页岩（又称油母页岩）是一种高灰分的固体可燃有机沉积岩，低温干馏可获得页岩油，含油率>3.5%，有机质含量较高，主要为腐泥型和混合型（腐殖-腐泥型和腐泥-腐殖型），其发热量一般≥4.18MJ/kg。在油页岩开发利用过程中，其工业指标可能随经济和技术条件的变化而变化。

2017年10月27日，世界卫生组织国际癌症研究机构公布的致癌物清单初步整理参考，页岩油在一类致癌物清单中。

油页岩主要用于干馏炼油和燃烧产汽发电，还可用于制取水泥等建材。

2. 油页岩的特征

① 油页岩是少孔的固体，通常具有片理状，受打击时有可能按层分裂成薄片。不同产地油页岩的片理性有很大的差异，其颜色自浅灰至深棕色。

② 油页岩通常含有较少量的有机质、较大量的无机矿物质和数量不等的水分。其有机质含量通常少于总质量的35%，而无机矿物质的含量通常占总质量的50%～85%，高于其有机质的含量。

③ 油页岩的有机质主要是油母质和少量沥青，油母质是有机高分子聚合物，不溶于普通有机溶剂，但沥青可溶于有机溶剂，其含量通常不超过油页岩总质量的1%。

④ 油页岩在隔绝空气的情况下，被加热至400～500℃（即进行干馏），油母质热解，产生页岩油、干馏气、固体含碳残渣及少量的热解水。固体含碳残渣乃是原页岩矿物质和有机质受热后的反应产物。

⑤ 油页岩也可与煤一样，在锅炉内与空气燃烧，加热水，产生蒸汽，供热、发电。

⑥ 油页岩油母质的H/C原子比大于1.2，且油母质较均匀地分布于黏土质或泥土质的矿物基质内。

应该指出的是，油页岩实际上并不含油，而必须加热至一定温度时，油母质热解后才产生页岩油。而通常所述的某种油页岩的“含油率”是指将该油页岩试样置于标准实验室专用仪器设备——铝甑中，用规定的加热速率加热至500℃左右，所得的页岩油对油页岩的百分产率。故有时“含油率”亦称“铝甑含油率”。不同产地油页岩的含油率是不同的，通常同一矿区不同层位的油页岩含油率也不尽相同。

3. 油页岩与煤、油砂的区别

油页岩呈灰色、褐色或黑色，有片理状。褐煤呈褐色，烟煤、无烟煤呈黑色，有光泽。油砂呈褐色、黑色。油页岩的原生物质主要是藻类等低等生物，煤则由高等植物演化而成。

油页岩与煤都是由无机矿物质和有机高分子聚合物组成。油页岩油母质主要属腐泥质（sapropelic）或腐泥-腐殖质。煤的有机质主要属腐殖质（humic）。油页岩油母质占油页岩的质量不超过35%，而煤（干基）所含有机质通常大于75%。油页岩H/C原子比大于煤的有机质的H/C原子比，因此，油母质热解产生的油较煤的有机质生油多（以同样的有机质质量作为比较基准），但由于油页岩所含无机矿物质通常较煤的矿物质多，亦即油页岩所含有机质通常较煤的有机质少，故油页岩热解产生的油不一定比煤热解生油多。此外，油页岩的热值比煤要小很多（以同样的干基质量作为比较基准）

油页岩与油砂不同，油页岩的油母质是有机高分子三维聚合物，不溶于普通有机溶剂。油砂则是稠油包裹砂岩颗粒或石灰岩或其他沉积岩而成；油砂稠油通常可用热碱水溶液从砂粒等沉积岩粒中抽提分离出来；油砂稠油能溶于普通有机溶剂。

4. 页岩油与原油、稠油的区别

不同的页岩油与原油都会呈黄色、褐色和黑色。与原油不同，所有页岩油都有特殊的臭味。

由于页岩油是热解的产物，富含烯烃、二烯烃，故与原油相比较不稳定。页岩油通常还含有较多的含氮、含氧、含硫化合物。欲从页岩油加工生产合格的柴油等轻质油品，必须用加氢等工艺，其条件通常比原油加工苛刻。某些页岩油可与稠油调和，甚至不经调和直接用作燃料油。

稠油是一种黏度很大、馏分很重的原油，不宜用开采一般原油的方法自地下采出。稠油的较确切的定义是：在地下埋藏的情况下，其黏度大于10000mPa·s的原油。

二、全球油页岩资源

据美国《油气》公布的统计数字，全世界页岩油储量为$11\times10^{12}\sim13\times10^{12}$t，比煤炭资源量还多40%，远远超过石油的储量。全球页岩油主要分布于美国、俄罗斯、刚果、巴西、摩洛哥、加拿大、约旦、澳大利亚、爱沙尼亚、意大利、法国及中国12个国家，见表5-1。

表5-1 世界主要国家油页岩资源（换算成页岩油）统计表

国家	页岩油/($\times10^8$t)	评估日期	国家	页岩油/($\times10^8$t)	评估日期
美国	3035.7	2003	约旦	52.3	1999
俄罗斯	387.7	2002	澳大利亚	45.3	1999
刚果	143.1	1958	爱沙尼亚	24.9	1998
巴西	117.3	1994	意大利	14.3	2000
摩洛哥	81.7	1984	法国	10.0	1978
加拿大	63.0	1997	中国	476.4	2006

1. 美国油页岩资源分布

美国油页岩储量巨大，约占世界总量的70%，页岩油资源约3000×10^8t。

美国油页岩生成时代自前寒武纪至第三纪，广泛赋存，最重要的矿藏有两个。一个是科罗拉多州、怀俄明州及犹他州的第三纪始新世的绿河构造，是世界上最大的油页岩矿藏，为湖相沉积。原生物主要是蓝绿藻，还有多种鱼类、贝壳、昆虫、陆地植物等参与了其生成。绿河油页岩矿藏的面积广达65000km^2，生成于5000万～6000万年前的两个巨大的湖泊：一为科罗拉多州和犹他州之间的犹英塔湖，另一为怀俄明州的恪舒特湖。湖盆随后封闭，在咸、碱水环境中成矿。湖盆演变为4个盆地——毕逊斯盆地、尤因塔盆地、绿河盆地、瓦沙基盆地，总页岩油资源约2150×10^8t，油页岩厚度达180m，含油率3.8%～18.1%，平均10%。另一个是美国东部泥盆纪-密西西比世的黑色油页岩，该矿藏位于密西西比河东部，生成于晚泥盆纪、早密西西比年代，其分布广泛，从纽约州直至得克萨斯州，面积达725000km^2，东部黑色油页岩系海相生成，主要的原生物质是藻类等浮游生物，但大部分原生有机体已变成无定形物质。油页岩平均含油率9.5%，油页岩层很厚，部分可露天开采，

据估计，埋深小于200m的页岩油资源约300×10^{8}t。

2. 俄罗斯油页岩资源分布

俄罗斯已发现的油页岩矿藏有80多处，具有不同的勘查程度，已开采的矿藏仅数处，主要是圣彼得堡地区的波罗的海盆地的库克瑟特（Kykersite）油页岩。俄罗斯油页岩绝大部分（98%）系海相生成。俄罗斯油页岩矿藏大部分存在于亚洲部分。

著名的库克瑟特油页岩矿藏主要分布在爱沙尼亚，但矿藏的东部延伸于俄罗斯欧洲部分的圣彼得堡地区。库克瑟特油页岩生成于奥陶纪，赋存于波罗的海盆地，其原生物质主要是藻类。矿藏的油页岩是很多层的薄层，其间夹有石灰岩层，油页岩每层层厚仅0.01～2.4m，总厚约5m，埋深40～175m。库克瑟特油页岩含油率高达20%，页岩油资源约36×10^{8}t。

俄罗斯最大的油页岩矿藏在其亚洲部分西伯利亚地台的奥林尼克斯基盆地，生成于寒武纪，面积达100000km^{2}。油页岩预测资源高达8490×10^{8}t，含油率虽不高，仍相当于页岩油340×10^{8}t。但无探明储量的报道。

俄罗斯伏尔加盆地油页岩矿藏位于其欧洲部分的伏尔加河沿岸，生成于侏罗纪，面积达10000km^{2}，油页岩层厚5～50m，埋深10～150m。油页岩预测资源298×10^{8}t，探明储量32×10^{8}t，含油率15%。

3. 我国油页岩资源分布

根据2006年由国家发展改革委、国土资源部、财政部组织开展的新一轮全国油气资源评价报告，我国22个省发现有油页岩矿赋存，油页岩资源约7200×10^{8}t，页岩油资源476.4×10^{8}t，页岩油可采资源159.7×10^{8}t，页岩油可回收资源119.8×10^{8}t，遍布47个盆地和80个矿区，主要分布在松辽、鄂尔多斯、准噶尔、柴达木、伦坡拉、羌塘、茂名、大杨树、抚顺9个盆地。其中，松辽、鄂尔多斯、准噶尔3个盆地油页岩资源占全国的74.2%，可回收页岩油占全国的64.3%。吉林、辽宁和广东三个省份的储量最大，见表5-2。

表5-2　我国油页岩资源

时代		代表性矿床	盆地类型	沉积环境	油页岩特征			
					厚度/m	含油率/%	查明储量/($\times10^{8}$t)	
							油页岩	页岩油
新生代	新近纪	广东茂名	断陷	内陆湖	10～49	6.0～13.7	55.15	3.63
	古近纪	吉林桦甸	断陷	内陆湖	1～4.5	8.0～12.0	3.38	0.29
		辽宁抚顺	坳陷	内陆湖	70～119	6.0～10.0	43.94	2.65
		山东龙口	断陷	内陆河湖	2～15	9.0～22.0	2.78	0.41
中生代	晚白垩世	吉林农安	坳陷	内陆湖	1～10	3.5～7.0	168.94	9.51
	早白垩世	吉林汪清	断陷	内陆河湖	0.3～3	3.5～7.4	1.95	0.14
	中侏罗世	甘肃炭山岭	坳陷	内陆湖	0.7～35	5.0～17.0	2.56	0.19
		青海小峡	坳陷	内陆湖	1.2～6.3	5.2～10.5	0.17	0.02
	晚三叠世	陕西彬县	坳陷	内陆湖	0.5～15	4.2～8.5	1.57	0.14
晚古生代	早二叠世	新疆妖魔山	前陆盆地	近海相	2～25	4.6～18.9	2.17	0.15

三、油页岩的组成及结构

油页岩的物质组成包括有机组分、无机组分。有机组分包括腐泥基质（藻类等低等植物遗体经凝胶化作用而成）、藻类遗体及有机残骸。无机组分包括黏土、粉砂、碳酸盐岩。

1. 矿物质

（1）矿物质来源

油页岩的无机矿物质主要有两个来源。第一个来源是来自油页岩的原始生成物质在死亡沉积后，在其有机体分解、转化生成油母质的同时，其自身所含的无机物质，如硅藻类的硅酸骨骼形成的硅藻土，贝壳的碳酸钙等。这一类矿物质称为油页岩的内在矿物质，在油页岩形成过程中，这些矿物质通常与油母质紧密地结合在一起，因而很难用一般物理选矿的方法将这类矿物质与油母质分离。第二个来源则是在油页岩生成过程中，某些矿物质以固体状态或悬浮状态被流水带进来的，主要是黏土，有时也会有砂子，或开始时溶于水中，然后在那里沉淀出来的，如硬水中的某些盐类。这一类矿物质则称为油页岩的外在矿物质。此外，还会有第三类矿物质，乃是油页岩在开采的时候，从周围的岩层（如底板、覆盖层和夹层等）夹带到油页岩中来的，这些矿物质也属于油页岩的外在矿物质。油页岩的外在矿物质，尤其是第三类矿物质，可用物理选矿的方法较容易地分离出来。中国抚顺与茂名油页岩很难用浮选等物理选矿的方法把矿物质分离出来，爱沙尼亚库克瑟特油页岩可以用浮选的方法将一部分矿物质分离出来。

（2）矿物质含量

油页岩矿物质的组成较复杂，通常包括黏土类矿物（高岭石、蒙脱石、伊利石）、碳酸盐类矿物（白云石、方解石）、石英、黄铁矿等。此外，还会含有少量的铜、钴、钼、钒等金属化合物以及微量的稀有金属及放射性元素，如锗、钍、铀等。原华东石油学院（现中国石油大学）在20世纪80年代对抚顺和茂名油页岩矿物质含量、组成及其物理结构进行了较深入的研究，结果见表5-3。

表5-3 中国抚顺、茂名、绿河和库克瑟特油页岩矿物组成（%）

地区	高岭石	水云母	石英	蒙脱石	方解石	白云石	黄铁矿	伊利石	长石
中国辽宁抚顺	50	20	20	—	2	2	1～2	—	—
中国广东茂名	35	40	10	5	5	1	1	—	—
美国绿河	—	—	15	—	16	32	1	19	17①
爱沙尼亚库克瑟特		11～27②	5～15		50～69	1～10	1～4		

① 绿河油页岩的长石（17%）中包括曹长石（10%）、长石（6%）及方沸石（1%）。

② 库克瑟特油页岩矿物的水云母（11%～27%）中，还包括少量其他的黏土类矿物，有高岭石、长石等；库克瑟特油页岩矿物还包括褐铁矿2.5%、正长石4.5%～8.5%。

2. 油母质

（1）油母质含量

20世纪80年代，原华东石油学院（现中国石油大学）对抚顺和茂名油页岩油母质及其组成和结构进行了较系统深入的研究，取得了很多重要成果。

将油页岩用双氧水（H_2O_2）氧化，或用等离子氧化去掉有机质，剩下为矿物质的含量，以100％减去矿物质量，即为油页岩的有机质含量。测得抚顺油页岩矿物质含量为80.9％～81.3％，则其有机质含量应为19.1％～18.7％；茂名油页岩矿物质含量为79.2％～79.9％，则其有机质含量应为20.8％～20.1％。

也可简易地从油页岩工业分析灰分和二氧化碳等数据，估算得出油页岩矿物质的含量，以100％减去矿物含量，即为有机质含量。

油页岩有机质含量减去其沥青含量即为油母质含量。油页岩所含沥青很少，一般不到1％，最多2％。

（2）油母质元素组成

油母质的元素组成为：C、H、O、N、S。油页岩的H/C原子比为（1.38∶1）～（1.81∶1），比烟煤中的H/C原子比0.08∶1小得多。N和S含量较高，尤其是含硫量高（0.4％～3.0％），表5-4给出了世界各地主要油页岩油母质元素组成。

表5-4　世界各主要油页岩油母质元素分析

地区	油收率/％	元素分析(质量分数)/％					原子比	
		C	H	O	N	S	H/C	O/C
中国辽宁抚顺	6.5	79.07	9.93	7.02	2.12	1.86	1.51	0.067
中国广东茂名	7.0	79.41	9.64	8.23	1.63	1.09	1.46	0.078
中国吉林桦甸	10.1	76.94	10.34	8.77	1.21	2.54	1.64	0.085
中国山东龙口	12.0	71.00	8.65	15.14	1.58	3.63	1.46	0.159
爱沙尼亚库克瑟特	22.0	77.00	9.70	10.60	0.40	1.60	1.51	0.103
俄罗斯圣彼得堡	15.0	76.40	9.40	12.40	0.30	1.30	1.48	0.121
俄罗斯卡西尔斯基	11.0	66.10	7.90	17.10	2.69	6.30	1.43	0.194
俄罗斯伏尔加斯基	10.5	63.30	7.60	19.00	0.85	9.25	1.44	0.225
俄罗斯奥林斯基	5.0	74.00	8.50	13.40	1.60	6.90	1.38	0.135
美国绿河	10.0	80.50	10.30	2.39	1.04	5.75	1.54	0.053
美国新奥尔巴尼	—	82.00	7.40	6.30	2.30	2.00	1.54	0.053
巴西伊拉提	8.0	68.10	10.30	16.3	1.60	3.70	1.81	0.180
澳大利亚司道特	9.0	83.60	11.30	3.50	0.60	1.00	1.62	0.031
约旦拉琼	10.0	67.64	7.82	9.09	1.55	13.90	1.39	0.101

数据来源：钱家麟著《油页岩——石油的补充能源》中表6-6。

（3）油母质结构

油母质是一种聚合物。抚顺和茂名油页岩在355～400℃温度范围内用超临界甲苯分别在不同温度下抽提所得的多种抽出物沥青，其元素分析、红外光谱、冲洗色谱组成分析、氢核磁共振波谱分析的结果都十分近似。其H/C原子比和红外光谱又与油母质的相近似，这表明了抚顺和茂名油页岩的油母质主要组分是一种聚合物，而超临界抽提所得的沥青抽出物是油母质解聚所得的单体——沥青。因此，对抽出物解聚沥青的组成和性质的研究也就反映了其母体——油母质的组成和性质。

油母质的族结构组成：将抚顺和茂名油页岩用超临界抽提所得的沥青抽出物进行氢核磁波谱、元素分析等测定，计算出抽出物的族结构参数也反映了其油母质的族结构组成，见表5-5。表中还汇集了美国绿河油页岩数据，作为对比。

表 5-5　中国抚顺、茂名和美国绿河页岩油母质的结构族组成（%，质量分数）

地　区	链烷碳	环烷碳	芳环碳	羧基碳
中国辽宁抚顺	50～55	15～20	25～30	—
中国广东茂名	40～45	20～30	25～30	—
美国绿河	86～92		6～11	2～3

对抚顺、茂名和绿河油页岩油母质进行了红外光谱的脂碳结构分析，研究表明，这三种油母质以脂碳结构为其主要构成。核磁共振波谱法测定了抚顺、茂名、科罗拉多油母质的芳碳率各为 0.32、0.30 和 0.22。对抚顺和茂名油页岩超临界抽出物的色谱分离的各个族组分的核磁共振结构分析表明，主要族组分胶质和沥青中的芳碳原子，多以 3～4 个环的渺位稠合和 6～7 个环的迫位稠合的形式存在，它们在油页岩热解干馏过程中将主要生成焦炭，而不会生成页岩油，只能靠脂碳烃生油。因此，抚顺和茂名油页岩的热解油收率，以有机质为基准，将很难超过 65%。

油母质的平均结构单元：用显微光度计测定了抚顺和茂名两种油页岩的油母质的平均反射率，计算得到折射率。应用马尔斯范克雷维伦等关于煤的折射率-密度-元素分析-芳碳率-分子量的关联法，得到两种油母质的平均结构单元重，并由此推算了它们的化学式，结果见表 5-6。

表 5-6　中国抚顺、茂名和美国绿河油页岩油母质的化学式和平均结构单元重

地　区	化学式	平均结构单元重
中国辽宁抚顺	$C_{312}H_{458}O_{16}N_{7}S_{2}$	4800
中国广东茂名	$C_{302}H_{440}O_{23}N_{6}S_{2}$	4200
美国绿河	$C_{215}H_{330}O_{12}N_{5}S$	3204

综合以上研究结果，提出了茂名页岩油母质平均结构组合体的碳骨架模型，见图 5-1。研究表明，茂名平均结构单元：芳环总数为 20 多个，其中有 2 个为单环、3 个为 3～4 环的渺位缩合结构、2 个为 6～7 环的迫位为主的稠环结构，其直径约为 0.7nm；芳簇在空间排列上呈随机无规聚集，6～7 环的芳簇有较弱的平行层状聚集趋向。脂环系除偶有独立的萜烷、甾烷结构外，大多数与芳簇以渺位邻接，也有一些与环烯结构相连。脂链碳多以环系的侧链或环系之间的桥链形式而存在，均为无规聚集，平均链长约 20 个碳原子。一些 N、S、O 等杂原子参与结合于芳环、脂环之中，很大一部分则以各种基团形式或桥接各芳环与脂环，或与矿物质中的羟基及某些金属元素连接。少量结构碎片以单体化合物的形态被囿于空间网络的穴隙之中。各个结构单元之间互相又以多种形式连接，形成复杂的三维多孔隙的网络，构成了不溶性的多聚体——油母质。抚顺油页岩油母质的结构大致与茂名的类似，但其脂环较少，脂链较多。

美国曾对绿河油页岩油母质结构进行过较系统的研究，图 5-2 为晏德福提出的绿河油页岩油母质结构单元。

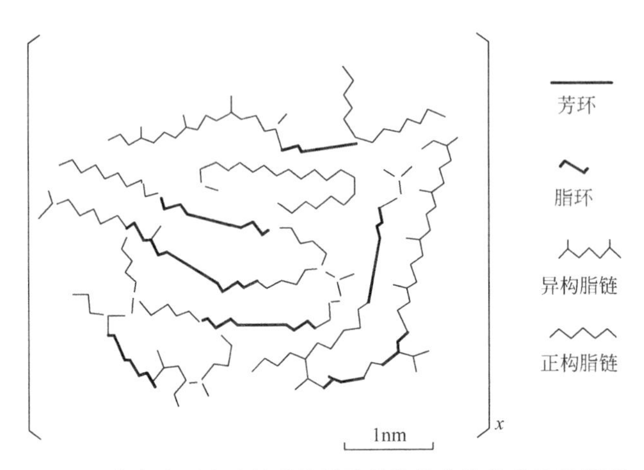

图 5-1 茂名油页岩油母质的平均结构组合体的碳骨架模型

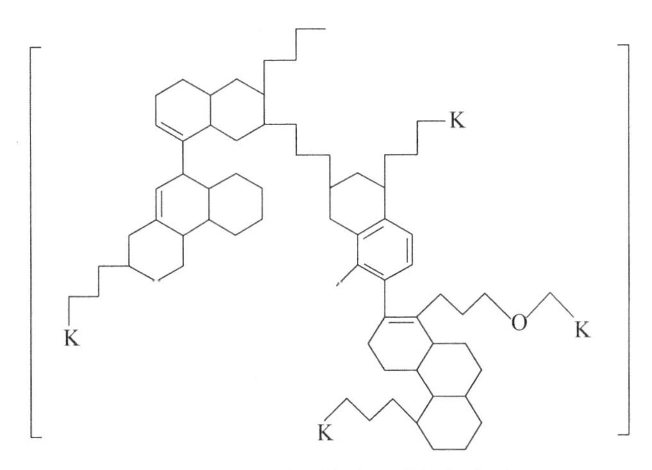

图 5-2 绿河油页岩油母质结构单元

3. 沥青

(1) 沥青含量

油页岩的有机质包括不溶于一般有机溶剂的油母质，还有一些可溶于一般有机溶剂的沥青，亦称可溶沥青，可溶沥青是将油页岩用有机溶剂在常压下用索氏抽提器抽提出的物质。通常，可溶沥青的量很少，占油页岩量的不到 1%。表 5-7 为中国抚顺、茂名，美国绿河、爱沙尼亚油页岩的可溶沥青的量。

表 5-7 中国抚顺、茂名、爱沙尼亚和美国绿河油页岩可溶沥青含量

地 区	有机质含量/%	不同溶剂抽出的可溶沥青量(以油页岩为基准)/%					
		苯	四氯化碳	丙酮	酒精	酒精-苯	氯仿
中国辽宁抚顺	21.27	0.37	0.36	0.56	0.58	0.85	0.52
中国广东茂名	25.95	0.57	0.40	0.79	0.58	1.14	0.44
爱沙尼亚	—	0.52	—	0.27	0.33	0.73	—
美国绿河	16.0	1.36	—	0.85	—	—	—

（2）沥青组成

对抚顺和茂名油页岩氯仿抽出物的研究表明，它们与不溶性的油母质的性质有较大差别。例如，其H/C原子比分别为1.80和1.79，远高于油母质的H/C（见表5-4），又如它们的芳碳率分别为14.0%和13.4%，明显低于油母质25%～30%的芳碳率（见表5-5）。其芳构化合物主要为单环和双环，很少有三环以上的稠环结构，这也与油母质的不同，而与油母热解生成的页岩油中的芳构化合物相近。抚顺油页岩氯仿抽提沥青的冲洗色谱分析结果如表5-8所示。

表5-8　抚顺油页岩沥青的族组成

组成	饱和烃	芳烃	胶质	沥青质
含量/%	42	10	40	8

用溶剂抽出的油页岩沥青的平均分子量约在1000以上，可以认为是油母的碎片或其同系物，其饱和烃和芳烃的平均分子量小于500，可以认为是包络在油母大分子网状结构中的化合物。

四、油页岩开采

油页岩的开采与煤的开采十分类似。

油页岩的开采分为露天开采和地下开采（井下开采）。当地下的油页岩层倾角较缓、埋深较浅，即岩土覆盖层较薄，例如在地面以下不深于500m，且油页岩层很厚，例如达数十米厚，则通常可以采用露天开采油页岩的方法，即剥离覆盖于油页岩层上面的岩土，使油页岩敞露于地表，而进行开采。当油页岩层面埋深大于500m时，通常须采用地下开采，即井下开采油页岩的方法。

露天开采油页岩较地下开采有很多优点：投资低、建设快、产量大、费用低、油页岩损失少（采出量可达90%以上）、生产效率高、作业较安全、易于一起开采伴生矿物等。但与地下开采油页岩相比，也有一些缺点，例如受气候影响较大、占用较多的地面等。

有些油页岩与煤共生，油页岩层位于煤层之上，油页岩成为采煤的副产，则其开采费用也可降低不少。

1. 露天开采

露天开采必须考虑的首要条件除油页岩在地下的埋深外，还须考虑剥采比，即覆盖于页岩层上应剥离的岩土量与可采出的页岩量之比，是露天开采经济性的重要因素。如果油页岩层较薄，而覆盖于其上的岩土又较厚，即剥离比很大，则即使油页岩层埋深较浅，油页岩开采费用会很高，会导致油页岩的干馏炼油或燃烧发电的成本过高。

露天矿开采的主要工序有：岩层穿孔、爆破、岩土和油页岩的采装、岩土和油页岩的运输。对坚硬岩石、中硬油页岩用钻机钻孔，进行爆破，以利于挖掘。如没有坚硬的地层，可能不需对其穿孔和爆破。岩土和油页岩的采装可用单斗挖掘机、轮斗挖掘机、吊斗挖掘机等采剥设备采挖岩土、油页岩，并装入运输设备。露天矿的岩土和油页岩的运输方式可以是铁路运输、载重卡车运输、皮带运输或几种方式的联合运输。

中国目前对于油页岩层很厚的露天开采，通常将矿场划分为若干水平分层，自上而下进行采掘。这些分层的采剥面相互保持一定的垂直距离，从而形成台阶，台阶高度一般为6～10m。

2. 地下开采

油页岩的地下开采是通过井巷进入地下工作面进行采掘，并将油页岩输送至地面。地下工作面是开采油页岩的工作场地，在工作面内进行油页岩的采掘、装运，以及支护、采空区处理等工序，与煤炭的开采相类似。地下开采的设备包括采矿机、输送机和提升机等。地下开采设置的巷道包括采区巷道、运输大巷、井底车场和井筒等。除开采系统外，还有掘进系统，为准备新的接替生产的工作面，包括凿岩、压风、运送矸石和巷道支护等。此外，还应具有通风系统，由进风井巷、回风井巷和通风机等组成。另外还应设有排水系统、供电系统、辅助运输系统、安全防治系统等。

地下开采的工艺主要有放炮采矿、普通机械化采矿和综合机械化采矿。放炮采矿系在工作面用打眼放炮爆破的方法破矿、人工装矿、输送机运矿和单体支柱支护的开采工艺，其投资少、机动灵活，但单产低、劳动强度大、安全较差，一般适用于小矿。机械化采矿系指工作面的五个主要开采工序（破矿、装矿、运矿、支护和控顶）都用机械完成。综合机械化采矿的工作面机械化程度高，运输巷和回风巷均设有机械化输送。机械化采矿生产能力大、投资高、适用于大矿。

3. 中国油页岩开采

当前，中国油页岩工业开采的有抚顺煤矿、桦甸油页岩矿，另有吉林汪清油页岩，规模不大，茂名金塘矿曾在20世纪60年代较大规模开采，于90年代初停产。

（1）抚顺煤矿油页岩开采

中国辽宁省抚顺市抚顺矿业集团公司拥有西露天矿、东露天矿和老虎台矿。

西露天矿和东露天矿都有油页岩覆盖于煤层之上，老虎台矿为地下采煤，但没有油页岩产出。抚顺煤矿总计煤的地质储量7.4×10^8t，油页岩地质储量35×10^8t，资源丰富。

西露天矿始采于1901年，是一个具有百年开采历史的大型露天开采的煤矿。西露天矿东西长6.6km，南北宽2.2km，面积10.9km^2。西露天矿矿区沉积平稳，以落差很大的断层与东露天矿分界。西露天矿油页岩赋存于煤层之上，生成于第三纪，是露天采煤的副产。油页岩呈黄褐色，致密、坚硬、呈片理状。矿区油页岩西厚东薄，厚度达70～150m。其中，下层油页岩含油率低（4.7%以下），厚度5～54m，平均30m；上层油页岩含油率高（4.7%～12%），被称为富矿，厚度50～110m，平均83m。西露天矿自地表向下剥离的岩土和矿产为土砂、褐页岩、绿页岩、油页岩、凝灰岩、玄武岩、煤层。矿区油页岩的开发已有100多年的历史，累计已采出油页岩约5×10^8t，当前可采储量富矿尚有约7000×10^4t，开采垂直深度达400m。

东露天矿始建于1956年，建成投产于1960年，主要开采油页岩，用以干馏炼油，后因大庆油田开发，油页岩炼油成本高于天然石油，东露天矿的油页岩于1965年停采。在此期间，曾累计采出油页岩2320×10^4t。东露天矿东西长5.9km，南北宽1.3km。矿区油页岩赋存于煤层之上，油页岩层厚74～142m，可采储量6.4×10^8t，平均含油率6.0%。油页岩矿的平均剥离比不大，约 0.92m^3/t。煤层厚 50m，可采储量 8100×10^4t，平均剥离比 2.72m^3/t。

由于西露天矿已进入开发后期，东露天矿成为抚矿集团公司西露天矿的后续重要资源。2000 年国家计委批准了东露天矿恢复工程立项，2006 年辽宁省煤管局批复了东露天矿初步设计，该工程现已开始建设。规模为年产油页岩 1200×10^4t，煤 $90\times10^4\sim150\times10^4$t，开采深度将达 362m，建成后将成为抚矿集团的支柱企业。

(2) 茂名金塘油页岩开采

茂名矿区分为羊角、金塘、石鼓、沙田、新圩和砥山 6 个矿区，油页岩可采储量约 50×10^8t。茂名金塘矿系曾为露天开采的矿藏，油页岩可采储量 8.5×10^8t，埋藏浅。金塘矿位于茂名矿区中部，沿走向长 7km，宽 3km，面积 21km^2。油页岩生成于晚第三纪，构造简单，倾角平缓，页岩层厚，为一单独矿层。茂名金塘矿于 1960 年建成投产，年开采能力为 800×10^4t 油页岩，提供茂名油页岩干馏炼油。曾与抚顺一起成为当时中国重要的人造石油（页岩油）产地。此后因大庆油田的开发，页岩油的生产成本无法与天然石油相竞争，茂名油页岩的开采和加工逐步萎缩，于 1990 年初，金塘矿和页岩油厂全部停产，茂名石油公司全部转向加工炼制天然石油。但茂名金塘矿部分地区有优质的造纸用刮刀涂布级的高岭土覆盖于油页岩层之上，目前还在开采。

(3) 桦甸油页岩开采

桦甸油页岩矿区位于吉林省桦甸市，主要有公郎头、大城子、北台子、庙岭等矿，总面积约 80km^2。公郎头矿位于桦甸盆地东部，大城子矿位于盆地中心，北台子矿位于盆地西端台地上，庙岭矿位于东南部。桦甸矿区油页岩探明储量 4.6×10^8t，可采储量 3.1×10^8t。但油页岩埋深大，须井下开采。公郎头油页岩储量 3.2×10^8t，大城子 0.84×10^8t，北台子 0.57×10^8t。

桦甸油页岩生成于第三纪，矿区地层倾斜较缓，地层由下而上分为三段，下部为黄铁矿段，中部为油页岩段，上部为含煤段。中部油页岩段，总厚 65～244m。有油页岩 3～14 层，一般层厚 1～2m，最厚 4.2m。经测试，油页岩的第 2 和第 3 层的含油率平均 6%～7%。第 4、第 5、第 6 层的含油率最高，平均 10%～13%。第 7 层 6.2%，以后几层逐渐减少至平均 5%。

当前公郎头、大城子和北台子矿区都有几个矿井由民营企业承包，进行小规模开采油页岩，采用长壁法打眼放炮，年产共数十万吨，进行干馏生产页岩油及供给油页岩电厂作为循环流化燃烧产蒸汽发电的原料。目前存在的问题在于小规模开采只采最好的油页岩层，而弃其他层次不顾，会造成资源的浪费。

2003 年吉林省桦甸油页岩综合开发项目得到国家发展改革委批准，该项目计划年采油页岩 276×10^4t（其中公郎头 150×10^4t，大城子 105×10^4t，北台子 21×10^4t），拟用先进干馏技术年产页岩油 20×10^4t，半焦用于燃烧，页岩灰制水泥、陶粒、砌块等综合利用。

五、油页岩干馏工艺

油页岩干馏分为地上干馏和地下干馏。地上干馏则指油页岩经露天开采或井下开采，送至地面，经破碎筛分至所需的粒度或块度，进入干馏炉内加热干馏，生成页岩油气及页岩半焦或页岩灰。

地上干馏所用的油页岩干馏炉分为外热式炉和内热式炉。

外热式干馏炉是指热气体的热量通过炉壁传热至炉内的油页岩而对其进行加热干馏。外热式炉的传热效率低，且不易放大，早期曾有几种外热式炉应用于西欧的页岩油生产。1931—1961年间，爱沙尼亚页岩油厂曾建有戴维逊水平回转式外热式干馏炉多台，日处理油页岩每台仅25t，因传热效率低，处理量小，故早已被淘汰。

内热式炉是指气体热载体或固体热载体在炉内直接与油页岩接触，进行加热干馏。当前世界上用于工业生产的炉子都属于内热式炉，都是连续进料和出料的运行方式。

美国、俄罗斯、爱沙尼亚、中国、澳大利亚等曾开发多种油页岩干馏炉型。当前，块状油页岩（工业上简称页岩）干馏炉用于工业生产的，有中国抚顺式干馏炉、爱沙尼亚基维特炉、巴西佩特罗瑟克斯炉等。当前颗粒状页岩干馏炉用于工业生产的有爱沙尼亚葛洛特炉，此外，加拿大开发的塔瑟克颗粒状页岩干馏炉曾在澳大利亚工业放大。

1. 抚顺式干馏炉

抚顺式干馏炉，又名抚顺内热式干馏炉，简称抚顺式炉。

抚顺式炉是油页岩干馏和页岩半焦气化过程连接在一起的直立圆筒形炉，上部为干馏段，下部为气化段。油页岩干馏所需的热量由两部分热源提供：①页岩半焦与从炉底通入的带饱和蒸汽的空气（主风）在气化段发生气化燃烧所产生的高温气体，向上进入干馏段加热页岩，为第一种热源；②另向干馏炉中部通入在干馏炉外被蓄热炉加热了的热循环气，向上进入干馏段加热页岩，为页岩干馏的第二种热源。抚顺式炉结构简单，设备耐用，维修和操作管理方便，能利用页岩半焦中的固定碳，加工低品位油页岩时热量能自给有余，并经过长期工业生产考验，是一种经济性好、可靠性高的油页岩干馏炉型。

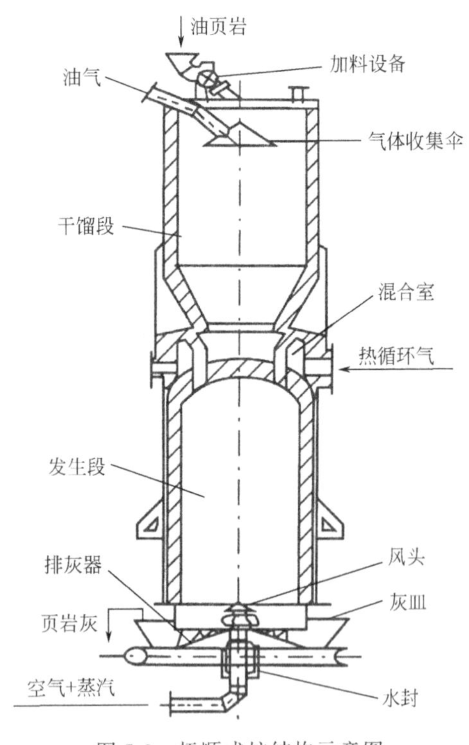

图5-3　抚顺式炉结构示意图

（1）抚顺式炉的结构

抚顺式干馏炉由加料设备、炉体及排灰设备三部分组成，如图5-3所示。炉体为干馏炉的主要部分，其外壳为钢板焊制的圆筒，外径为3～4m，内衬150～250mm厚的耐火砖，耐火砖与外壳之间用矿渣纤维或砂子填充保温和承受膨胀，以减少热损失。整个炉体安装在联合的钢筋混凝土或钢制的框架上，炉腔被中间的拱台分为上部干馏段和下部气化段两部分。炉体的中间部分，包括拱台、混合室及腰部。

拱台为十字形砖结构，与混合室相连形成四条腿支持炉壁四周，其下有椭圆形孔与混合室相连。一部分气化段的气体也可由此进入混合室。拱台的作用，一方面是降低炉内中心部分页岩的运行速度，另一方面是使拱台下面形成空间，减少气体阻力，有助于大量气化段气导入炉中心，提高中心温度。

混合室为耐火砖砌成的环形空间，气化段气与热循环气在此混合后，通过周围的喷孔喷入干馏段炉体的腰部。

干馏炉内页岩进料分配器的下方，装有气体收集伞。它是无底空心呈90°的伞形体，其外边与壁炉有适当的距离，使页岩不致卡住。其作用为收集干馏产物（页岩油气）并能均匀地导出炉外，保证炉内料层一定，使页岩油气由料层导出时能尽量减少粉尘夹带量，减少边壁效应。

干馏炉内的加料设备，目前应用较多的是由炉顶放料管和闸板及交叉式分配器组成。贮槽中的油页岩通过放料管进入干馏炉，经交叉式分配器均匀地分布于炉内。抚顺炉总体来说是连续运转的，但其加料则为间歇式操作。为了防止向炉内抽入空气，放料管装有闸板。

排灰设备由排灰器、风头、灰皿及铁锹四部分组成，安装在炉底炉盘之上，炉盘有上下球槽，灰皿的底部有3～4条曲线形的翅片铸件构成排灰器。

风头安装在排灰器中心，是锥形体。主风由两层风口喷出并分配于气化段中。采用这种风头是为了破碎与疏松页岩灰，增加炉中心的主风量，以达到均匀分配的目的。

灰皿周边由六块铸铁板并成，底部为排灰器。其中盛有一定高度的水，作为水封，以防止气化段气体泄漏。由于水的蒸发损失，必须随时补充冷却水以维持水封的高度。水封深度根据页岩块径和炉内气流阻力大小而定，而排灰空隙（指气化段底与灰皿底之间的距离）则和炉的处理量有关。

铁锹固定在炉壁的铁板上，与炉底成45°安装在炉的两侧。当传动机械带动灰皿转运时，随着排灰器翅片的慢慢回转，页岩灰即从炉内拨至灰皿边缘，经过铁锹被排至炉外。

灰皿的传动机械由蜗轮、蜗杆组成，每炉一套，十台炉为一组，分别由两侧的电动机及减速机带动。

（2）抚顺式炉的干馏工艺流程

抚顺式炉的干馏工艺流程如图5-4所示。

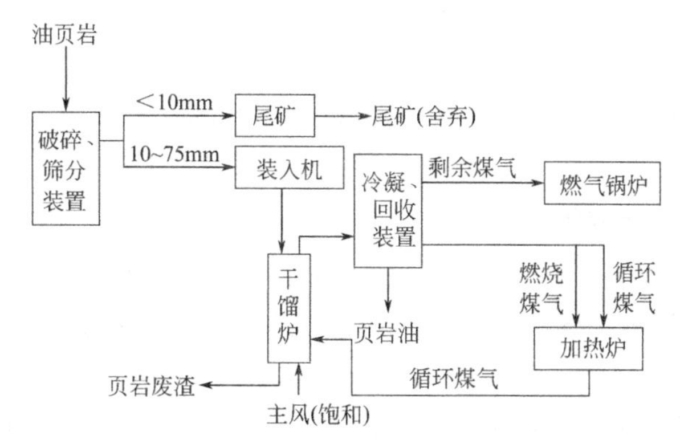

图5-4　抚顺式炉的干馏工艺流程

破碎筛分后的10～75mm工艺页岩，从干馏炉炉顶装入机加入炉内，在炉上部的干馏段中进行干燥、干馏。当油页岩下降到干馏段底部时，温度已达500℃左右，油页岩热解所产生的页岩油大部分已释放出来，干馏后的页岩半焦即进入干馏段下面的气化段，在气化段的上部，半焦一般为700～800℃，此时，半焦中的固定碳与上升气体中的二氧化碳、蒸汽进行还原反应而产生CO、H_2等。

在气化段中部，页岩半焦与上升的热主风相遇，进行剧烈的燃烧反应，形成高温的氧化层。氧化层的温度为800～1000℃，半焦通过氧化层氧化后成为页岩灰。页岩灰继续下降与风头通入的主风换热，并落入灰皿中，以其显热蒸发一部分蒸汽，也会在灰皿内被冷却至80℃左右。而蒸发的蒸汽和气化段的发生气则进干馏段。最后页岩灰随灰皿的旋转而连续被排灰铁锹排出炉外，并落入皮带运输机上，送出干馏装置，一部分作为矿井填充物和生产水泥等原料。

75～85℃的主风，通过炉底风头进入气化段后，经过页岩灰预热并与半焦中的固定碳反应而生成气体。生成的气体与未分解的蒸汽通过800～1000℃的高温层时，其中部分二氧化碳与半焦中的固定碳进行还原反应。由于此反应是吸热反应，使气体温度降低。一部分气化段的发生气通过炉中部拱台脚下的孔道进入混合室，与来自蓄热式加热炉的补充热载体（即热循环气）混合，再通过混合室上缘的喷孔喷入干馏段。另一部分气化段气则不经混合室直接从腰部上升进入干馏段。油页岩干燥及干馏所需要的热量即由这些气体热载体供给，最后并与干馏气（即干馏产物）一起通过上部收集伞导出炉外。此时，炉出口的干馏气温度已降至100℃左右。

干馏炉出口的干馏油气产物，经过一系列冷凝、冷却及页岩油回收之后，所得气体一部分送蓄热式加热炉进行加热，作为干馏炉循环气；一部分作为蓄热式加热炉的燃料；1t油页岩剩余气量约200m^3，用于燃气锅炉——内燃机发电。

抚顺式炉的特点：

① 能处理低品位（含油率为5%～6%）油页岩，充分利用固定碳，并做到热量自给有余。

② 页岩块度适应范围较广（10～75mm）。

③ 设备结构简单，维修方便，操作简单，能长期运转。

④ 页岩利用率仅有80%，装置采油率低（<70%）。

⑤ 单炉处理能力低（日处理页岩100t），干馏煤气热值低。

⑥ 页岩废渣及尾矿大部分被排弃，不仅增加运输负担，也占用了大片土地，并造成环境污染。

2. 爱沙尼亚基维特干馏炉

基维特（Kiviter）炉最早是由爱沙尼亚于1921年建造的，经过持续改进，于1981—1987年先后于科赫特拉雅尔佛建成两台日加工1000t油页岩的基维特炉，成功投入运转，于1990年设计了日加工1500t油页岩的干馏装置。

日加工1000t油页岩的基维特炉见图5-5。炉子由钢板外壳、耐火砖衬里制成，炉上部中间和炉中部两侧有长方形燃烧室，由烧嘴通入空气和干馏循环气进行燃烧，生成热烟气横向进入炉上半部的两个平行的长方形横截面的干馏室，加热自上而下的油页岩（形成薄层干馏)，生成的油气经抽气室导出，页岩半焦被炉下部进入的冷循环干馏气冷却后经水封排出，半焦潜热未充分利用，热效率不高（约 70%）。炉出口油气被炉内气燃烧生成的烟气所冲稀，热值不高。1000t 的基维特炉炉高 21m，其中干馏段高 12m，炉子内径 8m。页岩干馏室横截面宽 1.5m，中心燃烧室宽 1.2m，进气花墙厚 0.4m，抽气室宽 1.5m。

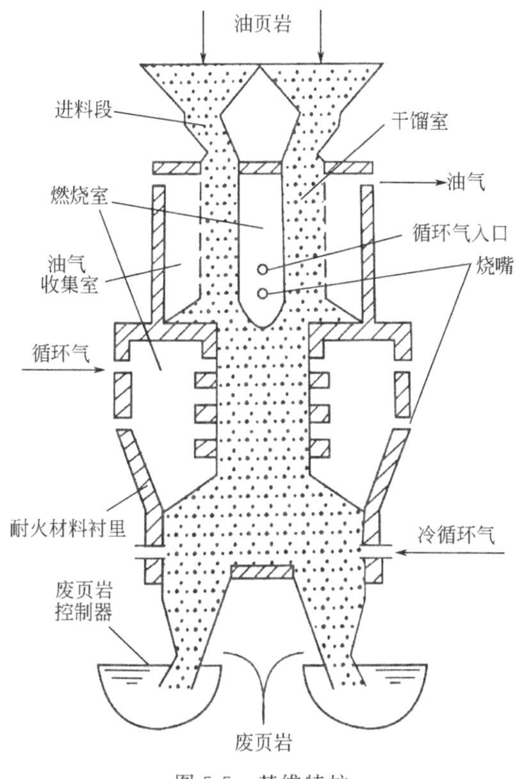

图 5-5　基维特炉

基维特炉操作条件：入炉页岩块径 25～125mm，气体热载体温度 750～950℃，炉出口气温度 150～250℃，每吨油页岩空气用量为 300～350m^3。基维特炉出口油气经二级旋风分离除尘后，进入冷凝回收系统，经油洗冷却得重油，再去三级空冷，冷却得重质油，油气再进分馏塔，分出轻油（约占 15%）、中油（约占 35%）和重油（约占 50%，铺路用)。

该炉型结构简单，投资不高，能加工一般的页岩，也能加工黏结性页岩和易崩碎的页岩，基维特炉适用于中型厂。

3. 巴西佩特洛瑟克斯炉

佩特洛瑟克斯（Petrosix）炉是由巴西石油公司开发，于 1956 年在索马修斯建成试验室装置，进行了小试。于 1972 年在柯里特巴建成一台 5.5m 直径的日处理 1600t 油页岩的原型炉（UPI)，于 1977—1981 年试验取得成功，正常运转。又于 1991 年建成一台 11m 直径的日加工 6000t 油页岩的佩特洛瑟克斯炉（MI)。两台炉子迄今正常运转。

佩特洛瑟克斯炉（UPI 及 MI 炉）为直立圆筒形，其炉型及流程见图 5-6 和图 5-7。炉子上半部为油页岩干馏段，下半部为页岩半焦的冷却段，入炉油页岩的块径为 6～75mm，炉子的处理强度为 2750kg/（h・m^2）。油页岩干馏温度约 500℃，炉出口油气温度为 150℃，干馏出口油气经旋分器、电气捕油器及喷淋塔冷凝回收页岩油。部分冷干馏气作为燃料气在

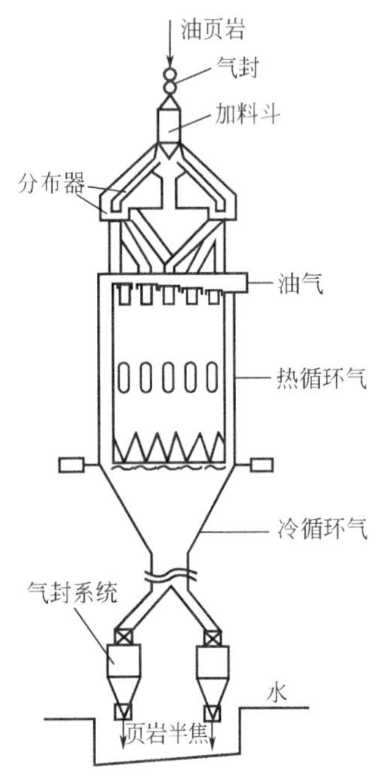

图 5-6　巴西佩特洛瑟克斯干馏炉

管式加热炉的炉膛内燃烧放出热量，另一部分冷干馏气经过管式加热炉的炉管被加热后作为热干馏循环气即气体热载体进入干馏炉中部加热并干馏页岩。一部分冷循环干馏气则进入干馏炉底部，回收页岩半焦热量，自身则被加热进入干馏炉上部作为页岩干馏所需的补充热源，页岩半焦被冷却后自炉底水封排出。剩余的干馏气为高热值气，经脱硫化氢后可作为城市煤气，硫化氢用克劳斯法制取硫黄。两台炉子年运转率超过 90%。

该炉优点是炉子处理量大，适宜于大中型页岩油厂，而且炉子不进空气，炉出口油气不被氮气冲稀，只是干馏油气，故干馏气热值高，且油收率高达实验室铝甑含油率的 90%。缺点是未利用半焦中固定碳的潜热，影响炉子热效率。

除了上述介绍的几种油页岩干馏炉外，还有美国加利福尼亚联合石油公司开发的岩石泵炉、德国开发的鲁奇-鲁尔盖斯中型试验炉和大连理工大学开发的固体热载体颗粒状页岩干馏试验炉。感兴趣的读者可自行查阅相关文献。

2015 年，由中国高科技产业化研究会吉林省科技成果转化推广综合服务平台成员单位汪清县龙腾能源开发有限公司与东北电力大学合作开发的油页岩干馏炼油半焦燃烧供热发电一体化综合利用技术项目，在北京通过国家科技成果评价，技术水平达到国内领先水平。

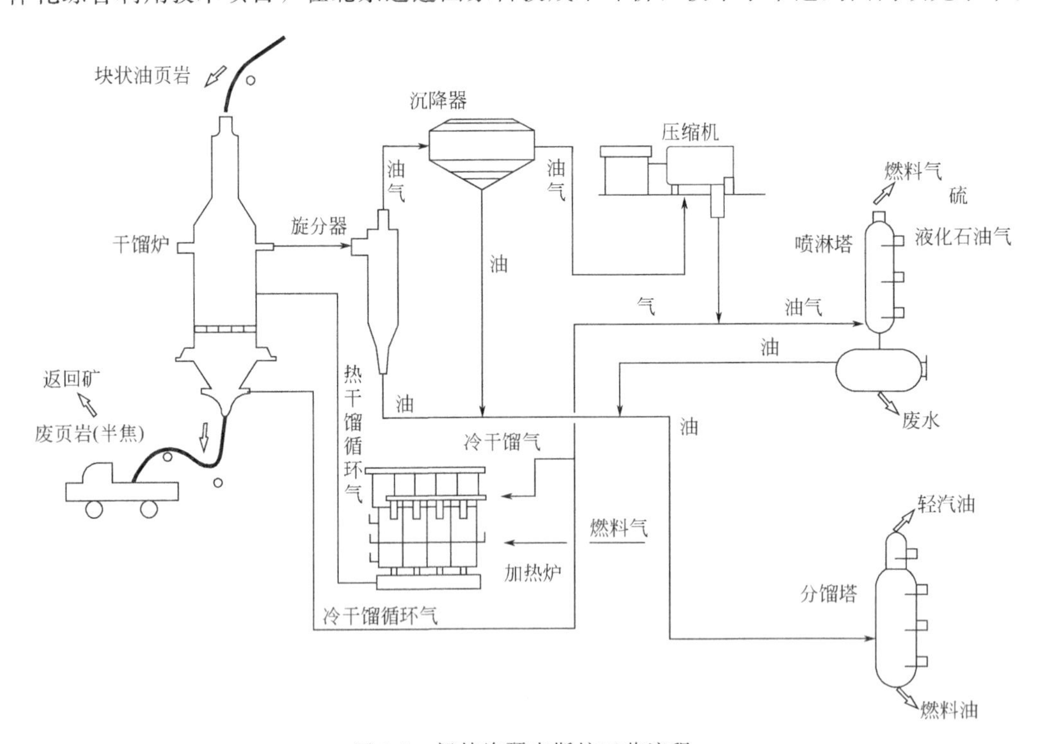

图 5-7　佩特洛瑟克斯炉工艺流程

据介绍，油页岩干馏炼油半焦燃烧供热发电一体化综合利用技术项目以10～100mm块状油页岩为干馏原料，采用干半焦、10mm以下小颗粒油页岩和干馏剩余瓦斯作为循环流化床锅炉燃料为干馏供热，还可用于发电。率先在国内实现了油页岩资源的充分利用，采油率超过90%。循环流化床锅炉排出的灰渣符合国家环保排放的标准，可用于生产建筑材料。据悉，油页岩干馏炼油半焦燃烧供热发电一体化综合利用技术项目为世界首创，该技术不仅提高了油页岩利用的经济效益，还为我国油页岩行业的发展开辟出了一条新技术路线，为推动我国油页岩行业发展做出了积极的贡献。

4. 地面干馏带来的环境问题

油页岩工业发展的最大"瓶颈"之一是环保问题，地面干馏采取的是直接开采方式，局限性比较大，对生态环境的破坏也十分严重，主要表现在以下几个方面。

（1）地下油页岩的开采率低

通常采取的露天和坑道开采，百米以内的油页岩层的开采率可达到80%，更深的油页岩层的开采率只有20%左右，其余的则不能开采出来。

（2）对生态及水质破坏严重

无论是露天采矿还是井下采矿，都需要把地下水位降低到含油页岩层的层位以下，开采$1m^3$油页岩，一般需要抽出$25m^3$的地下水。采矿水极大地增加了地表水和地下水中硫酸盐的含量。在巴西，油页岩采矿长期破坏着矿山及其附近的生态平衡和水位水质的稳定。

（3）生产过程中的环境保护问题

通过直接开采得到的油页岩用于提炼页岩油或直接燃烧，该过程中会产生大量的废气、废渣，若废气得不到回收利用，将会造成严重的空气污染。干馏、燃烧后的废渣不仅占用大量耕地，其中有害的金属元素和微量元素渗入地下水体，将危害人们的生产生活。

5. 油页岩地下干馏技术

采用传统技术开采中深层油页岩，过高的开采成本导致经济效益下降。而原位开采技术（in-situ technology）既可以避免油页岩开采后在干馏装置内热加工时生成的废水、废气和废渣所导致的环境污染，又可以开采中深部（大于500m）的油页岩，实现资源的最大化利用。原位开采技术研究的历史很早，发展至今主要有两种开采方式。

第一种方式是发展于20世纪60～70年代的原位干馏技术，先将地下的油页岩层采出小部分运至地面，使地下油页岩层形成一定的空间，并对油页岩层进行破碎或爆破，使其成为碎块，通入空气，进行加热干馏产生页岩油气，页岩半焦用于燃烧供热。由于油页岩层已被爆破成碎块，因此气流可较顺利地通过油页岩块与块间的空隙，从而使得地下干馏的过程能较顺利地进行。美国和德国在这方面开展了大量的研究，先后使用了垂向型原位干馏技术和水平型原位干馏技术对油页岩进行原位干馏开采。

第二种方式是原位转化技术，自20世纪80年代开始就有许多世界石油公司积极开发更为经济、环保的原位开采技术。目前，主要有壳牌、埃克森-美孚、EGL等公司正在进行原位开采工业试验，其中壳牌的地下转化过程（in-situ conversion process，ICP）技术相对成熟。

壳牌公司从1980年开始开发了电热法地下干馏油页岩工艺，称为壳牌地下转化过程，如图 5-8 所示。该过程是将干馏区周围每隔一定间距垂直钻孔，插入通有循环冷冻液的钢管，从而对干馏区周围的页岩层进行冷冻，使地下水冷冻，从而使其避免进入干馏区，也使干馏产生的页岩油气不致向周围外泄，此过程将耗时数年。待干馏区周围冻结后，在干馏区内的若干加热井内插入电热棒，使区内的油页岩被缓慢加热，自常温升至 440℃，油页岩被热解，生成的页岩油气则自若干产出井导出。1997 年开始在科罗拉多州马霍甘尼进行了多项试验。2004—2005 年一个试验区的中试结果表明，升温速率 2℃/d，2004 年 5 月开始出油，2004 年 12 月出油达到最多，然后减少，至 2005 年 6 月出油终止。共计产油 250t，为铝甑的 68%，页岩油较轻，计有石脑油馏分 30%、轻柴油馏分 30%、喷气燃料馏分 30%、渣油 10%。壳牌公司认为该过程的优点是：不需开采油页岩，用水少，可处理深层油页岩，可处理低品位油页岩。但也认为，该过程还有很多工作要做，其工业化最早还要几十年，据称还不能保证一定成功。

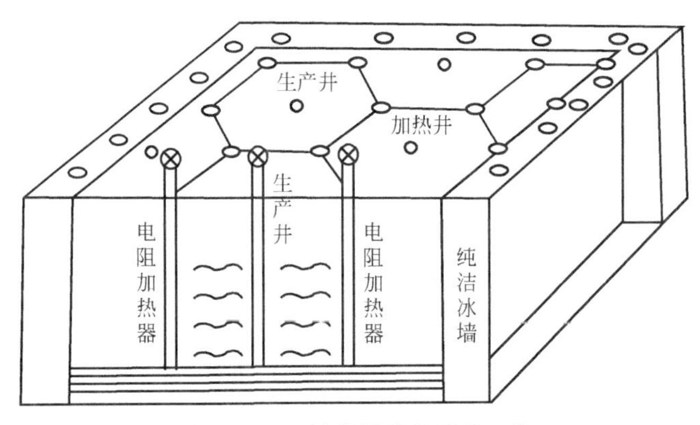

图 5-8 ICP 技术原理和开采工艺

原位开采技术尤其是壳牌公司的 ICP 技术，与常规油页岩开采和页岩油提取工艺相比，具有以下优势：

① 不需要采矿；

② 消耗的水量少，是常规地面干馏工艺的 1/10；

③ 产油率和出气率较高；

④ 可以开发中深层的油页岩；

⑤ 资源利用率高，可以对整个油页岩层进行开采，不仅仅只开采富矿；

⑥ 产出油的品质高，产出的轻烃是常规工艺的 10 倍。

因此，ICP 技术在成本和环保方面具有很大的优势，并且该工艺具有商业可行性，具有极大的商业规模试验和推广价值，已经被美国能源部认定为非常有市场前景的工艺技术。

但是，ICP 工艺的成功与否主要取决于以下几个技术问题：

① 生产过程中地下水的控制；

② 防止地下环境污染，尤其是对地下水的污染；

③ 最佳生产区规模的确定和冷冻墙冷凝范围及对地下水控制效率的确定；

④ 试验中的冷冻墙是在地下 50m 深处，而商业开采需要在地下 305～610m 的深度进行，如何在这个深度范围形成冷冻墙并让冷冻墙起到控水作用，下一步还需要做很多工作；

⑤ 将油页岩层加热到 350～380℃的同时，开采区周围要有冷冻墙的存在，如何有效保

持两个条件同时具备还需进一步研究。

据壳牌勘探开发公司的计算结果，ICP工艺1英亩（1英亩≈$4047m^2$）可获得100万桶页岩油，$2590km^2$ 可获得10亿桶页岩油。因此有必要加强对ICP工艺的进一步研究和现场试验，ICP工艺也必将为全球的能源供应提供一条出路。从整个油页岩工业长远考虑，地下干馏技术应是最佳的发展趋势。

六、页岩油

页岩油是油页岩低温干馏时有机质热分解的产物，类似天然石油。油页岩热解后得到的页岩油富含烷烃和芳烃，同时也含有较多的烯烃，并含有氮、硫、氧等非烃类有机化合物。页岩油与天然石油不同之处就是页岩油中不饱和烃的含量极高；另一不同之处是页岩油中非烃化合物含量高。天然石油中不含烯烃，含氮化合物含量也不高，含氧化合物则更少。页岩油加氢裂解精制后，可获得汽油、煤油、柴油、石蜡、石焦油等多种产品。

页岩油常温下为褐色膏状物，带有刺激性气味。页岩油中的轻馏分较少，汽油馏分一般仅为2.5%～2.7%；360℃以下馏分占40%～50%；含蜡重油馏分占25%～30%；渣油占20%～30%。页岩油中含有大量石蜡，凝固点较高，含沥青质较低，含氮量高，属于含氮较高的石蜡基油。

世界各地所产的页岩油由于组成和性质不同，在密度、蜡含量、凝固点、沥青质、元素组成方面有很大差别，如表5-9所示。但各地页岩油的碳氢质量比一般在7～8，是最接近天然石油、最适于代替天然石油的液体燃料组成。

表5-9　页岩油的性质及组成

性质及组成		中国辽宁抚顺	中国广东茂名	美国绿河	爱沙尼亚库克瑟特
密度(20℃)/(g/cm^3)		0.903	0.912	0.911	0.904
凝点/℃		33	30	26	20
蜡含量/%		20.2	13.2	—	—
沥青质/%		0.85	1.54	—	—
胶质/%		42	43	—	—
元素组成/%	C	85.39	84.82	84.69	83.30
	H	12.09	11.40	10.72	10.00
	S	0.54	0.48	0.84	0.70
	N	1.27	1.10	1.85	0.30
	O	0.71	2.20	1.90	5.70

天然石油的加工技术一般都适用于页岩油的加工。目前页岩油的加工方法主要分为加氢处理和非加氢处理两种。加氢处理页岩油可得到液体燃料，包括柴油、石脑油和汽油，生产的柴油稳定性好，产品收率高，没有“三废”排放，但一次性投资大，所需设备费用及操作费用也很高，适合于大型炼油厂；而非加氢处理过程设备投资小，工艺操作简单，费用较低，适合中小型炼油厂，非加氢处理一般包括酸碱精制、溶剂精制、吸附精制和加入稳定剂等。

对页岩油的分析评价是为其工业利用提供初步的依据。通常，对页岩油进行蒸馏可以判断在直馏馏分中可以得到汽油、柴油等馏分的收率；对直馏馏分的基本性质测试可以为页岩油馏分改质提供参考。抚顺油页岩评价曲线如图 5-9 所示。

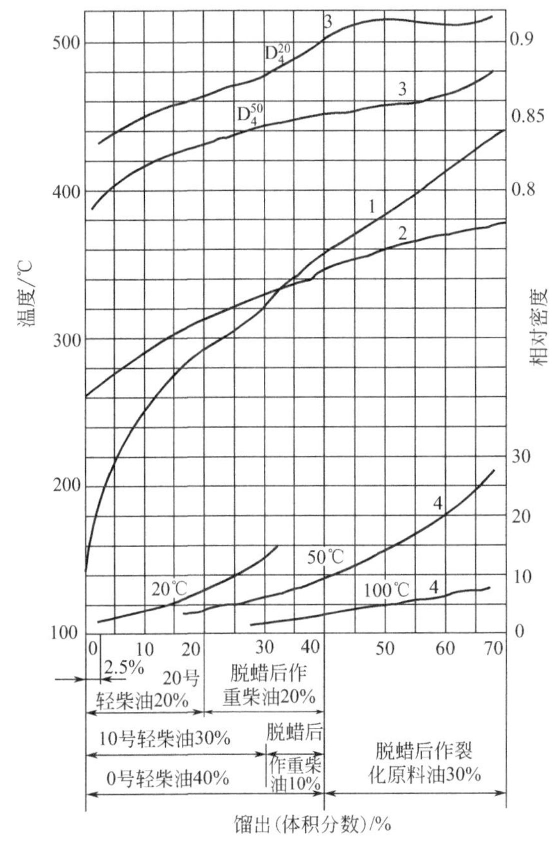

图 5-9　抚顺油页岩评价曲线

1—实沸点蒸馏曲线；2—平衡气化曲线；3—相对密度曲线；4—黏度曲线

页岩油中丰富的烷烃和烯烃可生产相关的高附加值化学品。

$C_6 \sim C_{10}$ 馏分被利用来生产增塑剂，$C_{10} \sim C_{13}$ 馏分可作为清洁剂原料，$C_{14} \sim C_{18}$ 馏分可作为脂肪醇和烷基硫化盐产品的原料，重质烷烃馏分通过裂化可以生产各种低分子量的烯烃，也可以获得沥青和碳纤维。

页岩油的硫化物主要为硫化氢、硫醇类、噻吩类及硫茚等有机硫及二硫化物。硫的资源广而廉价，硫和硫化物在工业、农业、医药、染织和合成材料等方面均有应用。单质硫的用途主要是制酸（主要是硫酸）。

页岩油中的含氮化合物可分为 3 类：碱性的、弱碱性的和中性的。碱性含氮化合物主要是叔胺类的吡啶系、喹啉系和异喹啉系化合物，弱碱性含氮化合物主要属于吡啶系化合物，中性含氮化合物则主要是腈类（R—CN）。

而页岩油中存在的含氮化合物主要为吡啶系氮化物。吡啶碱是多用途的化工原料，它能溶解一般溶剂所难溶解的有机物，尤其是轻质吡啶，广泛用于制药工业。重质吡啶除了氧化制取烟碱酸外，又是有色金属矿的浮选剂，尤其对硫化物矿具有优良的富集性能。

吡啶碱及硫酸吡啶络合物对稀酸腐蚀钢铁有一定的抑制作用，可用作钢铁腐蚀抑制剂。

页岩油中的含氧化合物有酸性含氧化合物和酚类，以及中性含氧化合物。而页岩油中含氧化合物的利用主要以酚类化合物为主。酚类化合物是塑料、染料、合成纤维、电气绝缘材料、防腐剂和药品等的主要原料。其中重质酚类可以作为铜、铅、锌磁铁等矿物的浮选剂，也是制造木材黏合剂、农药杀虫剂的原料。

第二节　油砂的生产与加工

一、概述

油砂（oil sand）又称沥青砂，或焦油砂、重油砂，是一种含有天然沥青的砂岩或其他岩石。通常是由油砂沥青、矿物质、黏土和水组成的混合物。

1980 年的世界石油大会首次对重油的国际定义进行了讨论，此后，美国能源部（DOE）通过联合国训练研究所（UNITAR，联合国的一个国际团体）继续开展该项工作，最终确定了这样的定义：重油就是 API 重度小于 21，在原始油藏温度下黏度为 100～10000mPa・s 的脱气原油（不含气原油）。

表 5-10　联合国训练研究所（UNITAR）推荐的重质油及沥青分类标准

分类	第一指标	第二指标	
	黏度①/(mPa・s)	相对密度(15.6℃)	API 重度(15.6℃)
重油	100～10000	0.934～1.00	20～10
沥青	>10000	>1.00	<10

① 油层条件下的黏度。

随后世界石油大会对 UNITAR 的定义稍加修改，于 1987 年采用，见表 5-10。此后委内瑞拉又将 API 重度小于 10、黏度低于 10000mPa・s 的原油自行定义为超重油。加拿大及美国等西方国家把油藏条件下黏度大于 10000mPa・s 的石油称为油砂油或天然沥青。当无黏度参数值可参照时，把相对密度大于 1.00 作为划分油砂油的指标。重质油（heavy oil）则是指相对密度变化在 0.934（API 重度 20）～1.00（API 重度 10）之间的石油。

苏联对稠油和天然沥青的定义和研究自成体系，黏度为 50～2000mPa・s，相对密度为 0.935～0965，油含量大于 65%的原油称为稠油，高于上述界限值的均称为沥青（软沥青、地沥青、硫沥青等）。

行业上认为 API 重度小于 10、黏度为 1000～10000mPa・s 的原油是超重油，黏度高于 10000mPa・s 的原油是沥青。

中国对油砂的界定如下：在油层温度条件下，黏度大于 10000mPa・s 的称为油砂油，或者相对密度大于 0.95 的原油称为油砂油。

油砂经开采，提取分离，进行改质，可以得到合成原油（synthetic crude oil）。

二、油砂的资源分布

世界油砂资源丰富的国家主要有加拿大、俄罗斯、委内瑞拉、尼日利亚、美国等。其中85%的油砂集中在加拿大阿尔伯塔省北部地区，包括阿萨巴斯克（Ashabasca）、和平河（Peace River）和冷湖（Cold Lake）三个油砂区，面积分别达 $430 \times 10^4 hm^2$、$97.6 \times 10^4 hm^2$ 和 $72.9 \times 10^4 hm^2$，总面积与比利时的国土面积相当。现已查明，加拿大的油砂中沥青的总含量达 $4000 \times 10^8 m^3$，是世界上最大的沥青资源，其中 $240 \times 10^8 m^3$ 分布在表层（地下 75m 以内），$3760 \times 10^8 m^3$ 分布在深层。加拿大的油砂由石英砂、泥土、水、沥青和少量的矿物质组成，其中沥青含量为 10%～12%。

加拿大政府高度重视油砂资源的开发和技术研究，联邦政府和阿尔伯塔省政府均设有多个油砂研究机构，如联邦政府的 Devon 研究部和阿尔伯塔省政府的阿尔伯塔研究理事会等。1996—2010 年期间，加拿大联邦政府共投资 340 亿加元于 60 个大项目中，改进和计划改进油砂开采与提炼技术，扩大生产规模。

我国有比较丰富的油砂资源，主要分布在西北地区的新疆、青海；西南地区的西藏、四川、贵州；此外，中南地区的广西，华东地区的浙江和华北地区的内蒙古也都有分布。据初步估算，我国油砂远景资源量为 $100 \times 10^8 t$。其中准噶尔盆地 $18.76 \times 10^8 t$，柴达木盆地 $5.36 \times 10^8 t$，松辽盆地 $9.4 \times 10^8 t$，鄂尔多斯盆地 $7.25 \times 10^8 t$，塔里木盆地 $12.36 \times 10^8 t$，四川盆地 $4.26 \times 10^8 t$，二连盆地 $1.54 \times 10^8 t$，吐哈盆地 $3.53 \times 10^8 t$。我国油砂发展规划分两个阶段实施：2020—2030 年，以地表油砂开采为主；2030—2050 年，地面油砂开采和地下开采并举。预计到 2030 年，我国油砂矿将达到年产 $500 \times 10^4 t$ 油的产能；到 2040 年，将达到年产 $1000 \times 10^4 t$ 油的产能；到 2050 年，将达到年产 $1800 \times 10^4 t$ 油的产能。

与世界非常规油气资源研究与利用相比，我国在非常规油资源的研究和开发方面相对比较滞后，对油砂矿的资源潜力研究与评价技术、开采技术及综合利用技术研究得比较少。但是，我国油砂矿点多面广，且含油率高，有的地区油砂含油率高达 12%以上，勘探前景十分喜人。在松辽盆地的西坡图牧吉农场处发现了大面积的油砂矿分布区，经勘测在 $400km^2$ 范围内的矿产资源区内可供开采的含油 10%以上的油砂储量为 $1.04 \times 10^8 t$，其中达到 B 级以上储量的矿床面积 $9.6km^2$，可供开采的油砂量为 $1350 \times 10^4 m^3$，含油量达 $357.5 \times 10^8 t$。该区油砂资源储量大，品质高，赋存浅，油砂层厚，宜于露天开采。

三、油砂的性质

1. 油砂组成、结构

油砂主要由沥青、沙、矿物质、黏土和水五部分组成，通常含 10%～12%的沥青，80%～85%的沙和黏土等矿物，3%～5%的水。通常油砂沥青是烃类和非烃类有机物质，是黏稠的半固体，约含 80%的碳元素，此外还含有氢元素及少量的氮、硫、氧以及微量金属，如钒、镍、铁、钠等。中国新疆克拉玛依、中国内蒙古二连浩特、加拿大阿萨巴斯卡（Athabasca）等地的油砂所含的沥青、水、无机矿物质的组成见表 5-11。

表 5-11　中国、加拿大油砂矿组成

油砂组分	中国新疆		中国内蒙古		加拿大阿萨巴斯卡		
	小石油沟	克拉扎背斜	吉尔嘎朗图泥岩	吉尔嘎朗图砂岩	高品位	中品位	低品位
油砂沥青/%	9.0	12.1	9.0	9.9	14.8	12.3	6.8
水/%	0.7	1.7	1.7	1.6	3.4	4.2	7.4
矿物质/%	90.3	86.2	89.3	88.5	81.8	83.5	85.8
小计/%	100	100	100	100	100	100	100

油砂油比一般原油的黏度高，由于流动性差，需经稀释后才能通过输油管线输送。

沥青不能在油藏条件下自由流动，但大部分溶于有机溶剂，生产过程中需要经过稀释才能通过输油管道输送。由于流动性差，所以不能采用开采常规石油的方法获取油砂沥青。

1982 年，Koichi 提出了加拿大阿萨巴斯卡油砂结构模型，见图 5-10。该砂粒主要是圆形或略带尖角的石英，每一个砂粒被水薄膜润湿，稠油层包围在水薄膜外层及充填空间，填满空间的还有原生水、少量空气或甲烷。

对阿萨巴斯卡油砂的显微结构进行了大量研究，结果表明，对于高品位的油砂，存在于砂粒表面水膜中的水为 2%～3%（质量分数），水的厚度约为 0.01mm，水膜由带负电荷的沥青和砂子相互排斥，稳定地存在于砂粒表面。对于低品位的油砂，由于细粒被水饱和，其含水量随细粒增加而直线上升。

加拿大阿萨巴斯卡油砂的粒径分布曲线见图 5-11。可以看出，阿萨巴斯卡油砂的粒径在 147～417mm 之间的约占 87%，呈正态分布特征。

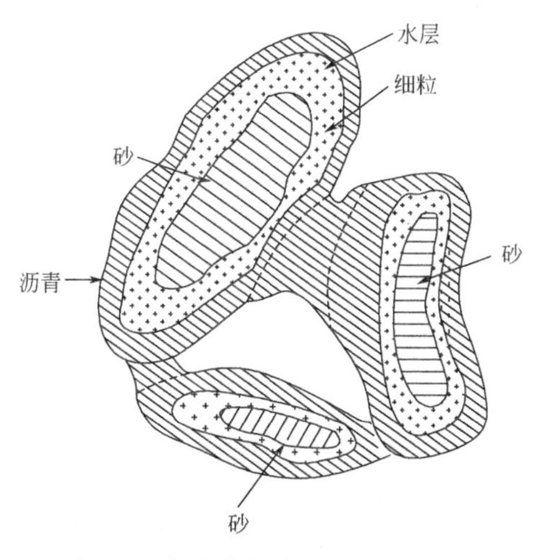

图 5-10　加拿大阿萨巴斯卡油砂结构模型示意图

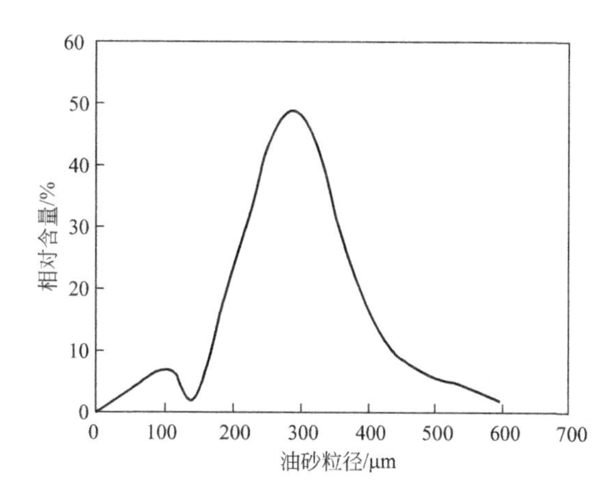

图 5-11　阿萨巴斯卡油砂粒径分布

美国犹他州油砂外表非常干燥，利用粉末接触角和电子显微镜分析方法未观察到油砂中的水膜及分散在沥青中的水，因而认为在油砂中沥青组分直接与油砂固体相接触。图 5-12 为犹他州油砂结构示意图。

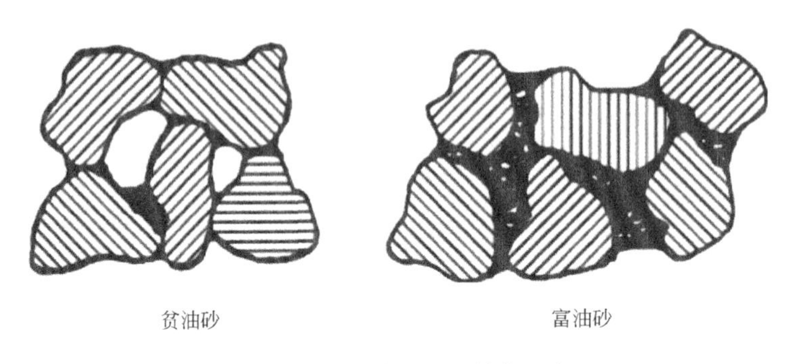

图 5-12 美国犹他州油砂结构示意图

对我国新疆和内蒙古的油砂，利用粉末接触角和显微镜测量法研究其润湿性表明，新疆小石油沟油砂为亲水性油砂，其固体颗粒与稠油之间存在一层约 0.015mm 的很薄的水膜，属于中等润湿性。新疆克拉扎背斜油砂对水相和油相亲和性都不强，属于中等润湿性。亲水性大颗粒部分也具有类似厚度的薄膜，而其亲油性细颗粒及黏土部分则直接与沥青相连，其间无水膜。内蒙古吉尔嘎朗图泥岩和砂岩油砂则为亲油性，其砂体与稠油直接相连，无水膜，新疆和内蒙古油砂的结构模型如图 5-13 所示。新疆亲水性的油砂由于水膜的存在有利于稠油从砂粒中抽提分离，内蒙古亲油性的油砂不利于稠油从砂粒中抽提分离。

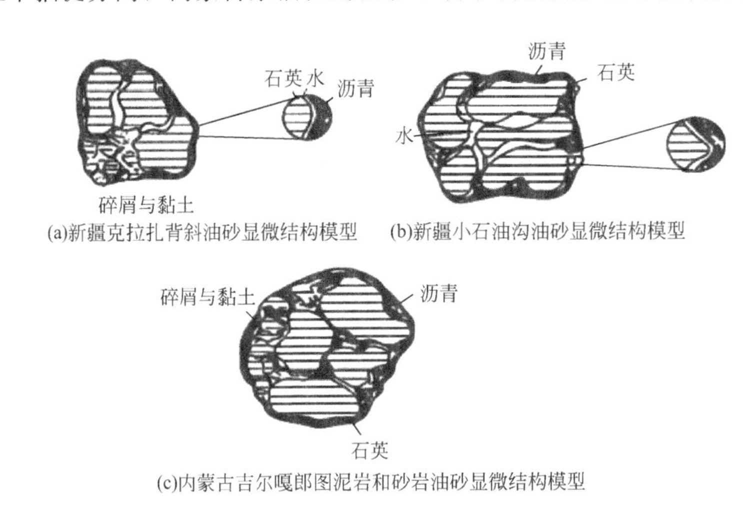

图 5-13 内蒙古和新疆部分地区油砂的结构模型

2. 油砂中的有机质

油砂中的有机质，即为沥青，可溶于有机溶剂。虽然其元素组成与天然石油及稠油相仿，但其分子量更大，组成也更复杂，含有数千种化合物，根据目前的分析水平，尚不能完全分成单个化合物予以鉴定。加拿大、委内瑞拉、美国和中国的油砂矿藏性质见表 5-12。

应用核磁共振、红外光谱、分子量测定及元素分析等，研究并测算了中国新疆和内蒙古共四种油砂沥青的结构参数，发现四种沥青都有 1/3 或超过 1/3 的碳原子在芳香烃中：新疆小石油沟沥青芳香烃属于二联苯，总环数为四个，芳香环与环烷环各两个；克拉扎背斜沥青属于渺位缩合组成，芳香环占三个，环烷环为两个；内蒙古吉尔嘎朗图砂岩和泥岩油砂沥青属于迫位缩合结构，泥岩沥青总环为九个，其中芳香环占六个，而砂岩沥青总环为十一个，芳环占八个。饱和烃部分结构参数表明，沥青中烷基碳链大部分与环烷烃直接相连，很少与芳香烃相连，在四种沥青中克拉扎背斜沥青的脂肪碳链最长，吉尔嘎朗图砂岩沥青的脂肪链最短。

表 5-12　加拿大、委内瑞拉、美国、中国的油砂矿藏性质

性质		加拿大				委内瑞拉		美国	中国	
		阿萨巴斯卡	皮斯河	冷湖	沃巴斯卡	摩利恰尔	匹龙	犹他	新疆克拉玛依	内蒙古二连浩特
密度/(g/cm^3)		1.000～1.014	1.007～1.014	0.986～1.014	0.979～1.014	1.061	1.011	0.96～1.12		
运动黏度/($mm^2 \cdot s$)	15℃	5×10^3	200	100	8×10^3			1×10^4～20×10^4		
元素分析（质量分数）/%	C	83.1	82.2	83.7	83.0			84.5	86.05	80.80
	H	10.6	10.1	10.5	10.3			11.3	11.21	9.80
	O	1.1	2.1	0.9	0.8			2.20	1.99	4.91
	N	0.4	0.1	0.2	0.4	0.53		1.14	<0.3	<0.3
	S	4.8	5.6	4.7	5.5	2.1	3.7	0.86	0.45	4.23
	C/H	7.8	8.2	7.9	8.1			7.5	7.69	8.22
	分子量	570～620	520	490	600				950	1700
烃类组成（质量分数）/%	饱和烃	22		33					41.98	13.94
	芳香烃	21		29					14.71	7.77
	胶质	39		23					37.90	54.39
	沥青质	18	19.8	15	18.6	10.8	8.6		6.2	23.9
金属含量/(μg/g)	钒	250		240	210	250	390	7		
	镍	100		70	75	65	106	96		

加拿大油砂沥青一般包括多种烃，其属性在油藏之间或同一油藏内部都不相同。这类沥青中，大多数烃比戊烷重；近半数是很重的分子，沸点超过 525℃。轻的部分环烷烃多，重的部分沥青质含量高。沥青质分子量很大，包括非烃物质，如氮、硫、氧和金属，特别是镍和钒。

油砂沥青除了直链、支链、饱和及不饱和烃，还有氧、氮、硫等杂原子化合物及微量元素。

3. 油砂中的矿物质

油砂颗粒较大的可达 1000mm，小的可小于 2mm。小于 44mm 的大部分是砂屑和黏土。加拿大阿萨巴斯卡油砂矿物中，99%是石英和黏土，1%是钙铁化合物。加拿大和中国的油砂矿物组成分别见表 5-13、表 5-14 和表 5-15。

表 5-13 加拿大阿萨巴斯卡油砂矿物组成

矿物	含量(质量分数)/%	矿物	含量(质量分数)/%
SiO_2	98.4	MgO	0.2
Al_2O_3	0.8	TiO_2	0.1
Fe_2O_3	0.1	ZrO_2	痕量
CaO	0.2		

表 5-14 中国内蒙古和新疆油砂的矿物组成

组成			内蒙古二连浩特(质量分数)/%	新疆克拉玛依(质量分数)/%
碎屑颗粒	石英		22.5	26.1~27.0
	长石		45.0~49.5	17.4~22.5
	岩屑		18.0~22.5	38.3~44.1
	云母		<1	0.87~0.90
	合计		90.0	87~90
胶结物	非黏土矿物		2.7	3.0~3.5
	黏土矿物	蒙皂石	6.0	0.45~0.63
		伊利石	0.4	0.65~0.97
		高岭土	0.5	2.6~3.6
		绿泥石	0.4	1.3~1.8
		小计	7.3	5~7
	合计		10.0	10~13

表 5-15 新疆和内蒙古图牧吉油砂中沥青、水、矿物质的质量百分含量

样品名称	沥青/%	水/%	矿物质/%
新疆油砂	12.10	1.70	86.20
内蒙古油砂 1	12.50	0.55	86.95
内蒙古油砂 2	13.60	0.65	85.75

四、油砂开采技术

油砂的开采分为露天开采和原地开采。

油砂矿藏的厚度及埋深的差异决定了开采方法的不同。当油砂层厚度达 30～45m，上面覆盖层厚度不超过 100m，含油率超过 8%～9%，适合露天开采；对于埋藏较深的油砂矿则不适于露天开采，世界范围内的油砂矿平均有 10%可进行露天开采。

露天开采所需的设备及费用、沥青回收率较其他方法好，技术上较为成熟，在加拿大及委内瑞拉等都已形成工业大规模开采。露天开采工艺流程示意图如图 5-14 所示。

加拿大 Syncrude 公司是全世界最大的从油砂中生产石油的制造商，在阿萨巴斯卡从事油砂的露天开采活动，其油砂的露天开采技术在世界上处于领先地位。

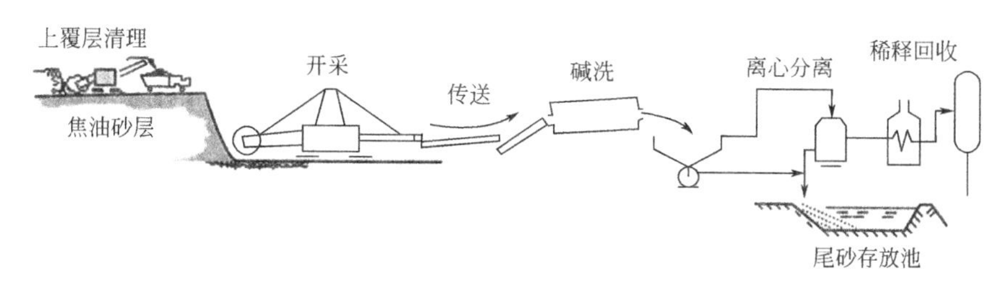

图 5-14 油砂矿露天开采工艺流程示意图

油砂处理过程大致为四个环节：露天采掘油砂，重油沥青抽提，重油沥青改质和废物处理。

对于埋藏较深的油藏（或油砂），特别是 300m 以下的油藏，挖掘成本很高，因此采用地面开采的方法是不可行的。原地开采包括：蒸汽辅助重力排泄法、蒸汽吞吐法、注入溶剂法、携砂冷采法、火烧油层法、井下就地催化改质法、水热裂解法等。原地开采工艺大规模应用于稠油的开采。对于原地开采，广泛采用的方法主要有以下几种：

1. 蒸汽辅助重力排泄法

蒸汽辅助重力排泄法（SAGD）技术最早是 Butler 等人提出来的，并将其作为蒸汽驱的特殊形式，如图 5-15 所示。在施工过程中，将一口水平井置于另一口水平井之上（上部为注入井，下部为生产井）。通过注入井将蒸汽注入重油油藏中，原油从注入井正下方与之平行的水平生产井中采出。注入井和生产井垂向间距通常为 5～7m，并且位置接近油藏底部，油藏深度在 300～600m 之间，两口井的水平段长度在 1000～1500m 不等。

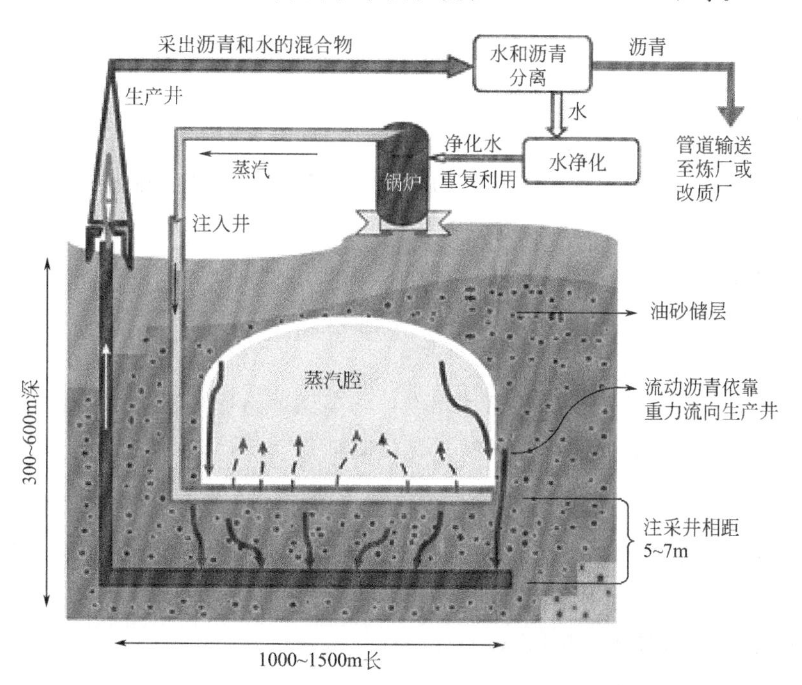

图 5-15 蒸汽辅助重力排泄法（SAGD）技术原理图

SAGD 技术实施过程中，在注入井的水平段的上部形成一个蒸汽腔，随着蒸汽腔向油藏上部空间扩大，其中的重油被加热开始流动，特别是在蒸汽边缘部位，通过热传导使蒸汽冷凝，同时加热重油带。流动的原油和冷凝水在重力作用下向蒸汽腔底部的生产井方向移动，最后在生产井汇聚而开采出来。蒸汽注入速度和采油速度受蒸汽腔控制，在生产过程中一定要确保生产井位于蒸汽腔底部的合适位置，以便将流动的原油采出，同时生产井最好远离油藏底水层。通常情况下，两口水平井之间建立有效的连通关系常常需要 3 个月或更长时间。

SAGD 技术的关键是在蒸汽腔的形成阶段，通常是在初始阶段，同时向注入井和生产井注入高压蒸汽。开始注入时，蒸汽会在每口井内独立循环，通过热传导将井周围的重油层加热，蒸汽在单井内独立循环一直持续到注采井间流体建立有效连通。这种连通保持稳定之后，则注入井继续负责注入蒸汽，而生产井则改为只负责采油。

为了达到注蒸汽重力泄油效果，通常是在温度 200℃以上、饱和蒸汽压 30MPa 以上条件下，将高质量蒸汽通过注入井注入油藏。沥青在 200℃时其黏度和水相当，足以通过生产井随采出水一同采出。在注蒸汽过程中，需要利用天然气将大量水加热变为蒸汽，在经历了注入采出各阶段后，会消耗大量天然气资源，同时排放出二氧化碳。

根据不同的油藏特点，需要确保足够的油藏压力将地层流体举升至地面。例如，为了将超过 300m 深处的流体（沥青和水的混合物）举升至地面，需要至少 14MPa 的压差。

2. 蒸汽吞吐法

将高压蒸汽注入油砂层中，停留几个星期，热量使沥青软化，水蒸气使沥青稀释并使沥青与砂子分离，然后将可以流动的沥青抽到地面。由帝国石油公司于 20 世纪 60 年代提出，是 SAGD 技术的简化版。

蒸汽吞吐只利用一口直井，它既是注入井又是生产井，这一过程包括 3 个步骤。

步骤 1：注入蒸汽。先将高压蒸汽注入油藏，并达到一定温度和压力，该过程一般需要 4～6 周时间，也被称为蒸汽吞入过程。

步骤 2：焖井。停止注汽，关井焖井，直到沥青具有流动性，这一过程需要 2～8 周的时间。在焖井过程中，油藏不断被加热，沥青黏度逐渐降低并开始流动。

步骤 3：开井生产。先前的注入井改为生产井，并开井将沥青举升至地面，这通常需要几个月到一年的时间，也被称为蒸汽吐出过程。

上述注汽过程不断重复，直到不再有经济效益为止。最大采收率可以达到原始沥青储量的 20%～25%。

蒸汽吞吐的主要作用是：①降低原油黏度；②高温解堵作用；③降低界面张力；④流体及岩石的热膨胀作用；⑤高温下稠油裂解，黏度降低。

3. 注入溶剂法

该流程是在 SAGD 技术基础上，再混合注入不同的溶剂。旨在提高采收率和能源应用效率，同时降低用水量。以下几种技术均对注蒸汽技术进行了改善：

① 溶剂辅助 SAGD 技术（ES-SAGD）；

② 低压溶剂 SAGD 技术；

③ 递减式溶剂辅助 SAGD 技术；

④ 蒸汽萃取过程。

尽管 SAGD 技术对于开采沥青是一种有效的方法，但是研究人员一直在试图通过加入有机溶剂来降低 SAGD 过程的汽油比。这样可以提高热效率和成本效益。它尤其适用于重油黏度低于 100mPa·s、需要足够压力（通常高于 20MPa）、举升高度超过 300m 的油藏条件。

有机溶剂，如乙烷、丙烷和丁烷都能够与原油部分混溶，当其溶解于原油中后，原油黏度会降低。将两种或多种有机溶剂按比例混合可以使其露点值接近油藏的温度和压力。这样，混合物溶剂部分为气相，部分为液相，气相能够保持地层压力，而液相可以降低原油黏度，综合起来便会提高沥青产量。

4. 携砂冷采法

携砂冷采是一种稠油油藏开采技术，起源于加拿大的稠油开采技术。它通过出砂形成“蚯蚓洞”，从而极大地提高了地层孔隙度和渗透率，并且改善了稠油的流动性。其工艺流程如图 5-16 所示。

携砂冷采是一种可行的稠油油藏开发方式，投资少、见效快，经过初期半年到一年的出砂，就会达到高峰产量。一般典型的携砂冷采过程分为三个阶段：第一阶段是“蚯蚓洞”初期形成阶段，这一阶段出砂量较少，产油量也相对较低，产出液含砂量低；第二阶段是“蚯蚓洞”快速增长阶段，这时随出砂量增多，原油也大量产出，含砂量很高；第三阶段是“蚯蚓洞”缓慢扩展阶段，此时已形成开放通道，产油量趋于稳定，而含砂量逐渐下降。

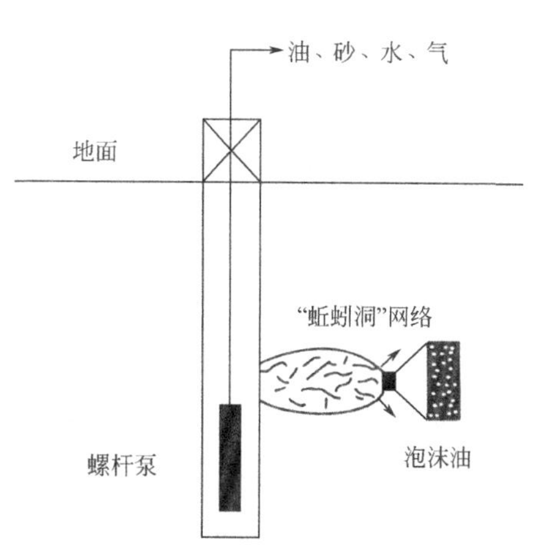

图 5-16　稠油携砂冷采工艺流程示意图

虽然携砂冷采有成本低、见效快、产能高等优点，但是由于它是利用天然能量进行衰竭式开采，所以采收率一般不高，在 10%～15%，而且有关携砂冷采的接替技术目前尚不成熟，如果转注蒸汽或注水开发，由“蚯蚓洞”带来的窜流问题不好解决，所以若想获得较高的采收率，携砂冷采法的选择就要慎重考虑。

另外还有火烧油层法、井下就地催化改质法、水热裂解法等。

五、油砂的分离与加工

国外油砂分离技术主要有 3 种：热水洗法、溶剂萃取法和热解干馏法。根据油砂结构不同所采用的分离方法不同，一般水润型油砂适合水洗分离，油润型油砂适合有机溶剂萃取分离或热解干馏分离。在国内，油砂分离技术还仅处于实验室研究阶段。

1. 溶剂萃取

利用化合物在两种互不相溶（或微溶）的溶剂中溶解度或分配系数的不同，使化合物从一种溶剂内转移到另外一种溶剂中。经过反复多次萃取，将绝大部分的化合物提取出来。

油砂的溶剂萃取采用相似相溶原理，油砂沥青在溶剂中的溶解传质过程有别于常规的固液传质。常用的萃取剂为甲苯、正庚烷、CS_2、重整汽油及轻石脑油等。

2. 热解干馏

油砂的热解反应主要发生在140～510℃之间，反应过程分为三个步骤：① 低温阶段，主要是外部水和内部水的分离、吸附的有机气体逸出和较弱化学键的断开；② 随着反应温度的升高，进入热解反应的主要阶段，油砂中有机物大量析出，部分大分子烃类因C—C链断裂分解成小分子有机物，以气态形式逸出；③ 温度达510℃时热解反应进入后期，主要反应是稠环芳烃的脱氢、缩聚及重排，这一阶段主要是油砂包裹油析出和大分子烃类继续裂解成小分子气态有机物。

热解干馏所得产品是小分子有机物，有利于油品的后续加工，但该技术所需温度较高，操作条件会因油砂样的性质不同而不同，造成能耗高、设备要求高、投资大，所以该技术很难得到推广。实际上油砂的热解干馏是一个催化裂化的过程，因为油砂中含有80%～85%的黏土矿物质，其中含有大量的SiO_2、Al_2O_3等物质，催化裂化是在500℃左右以硅酸铝为催化剂将大分子烃类裂解的过程，两者都是在高温条件下通过催化作用将大分子烃类裂解改质成小分子。所以我们应该从催化裂化的角度来研究油砂的热解分离。

3. 油砂地面抽提大规模生产精油工艺

加拿大森科尔（Suncor）公司和合成油（Syncrude）公司油砂地面抽提大规模生产稠油的工艺大致如下：

油砂露天开采出来，运送至稠油抽提装置，先破碎成较小块，将油砂加入盛有50～80℃热碱水（热水和NaOH）的容器中（森科尔公司用的是直立圆筒形容器，合成油公司用的是水平回转筒的形式），进行搅拌并通入空气气泡加以浮选，稠油会被空气气泡附着而从颗粒中分出，升至水面。稠油泡沫大约含60%的稠油、30%的水和10%的颗粒，再经处理除去夹带的水和细颗粒。由于稠油很稠，必须用轻油混合稀释，才能用管道输送至加工改质装置生产合成原油。在加拿大工业上，油砂中的稠油早期约有75%能抽提出来，大约2t油砂能生产1bbl❶（约1/8t）合成原油。如今由于工艺上的改进，例如抽提尾矿中残留稠油的回收、残余轻油自泡沫的回收以及离心机分油的应用等，使油砂所含稠油的总回收率提高到90%以上。稠油自油砂抽出后，残留的颗粒送回矿区回填。

森科尔公司在2007年生产油砂稠油23.9×10^4bbl/d，2011年生产油砂稠油、柴油及合成原油等共计30×10^4bbl/d。合成油公司在2007年生产稠油及合成原油30.7×10^4bbl/d，2009年生产稠油10×10^4bbl/d及合成原油27.2×10^4bbl/d。

4. 油砂地面干馏生产热解油工艺

油砂开采出来后，也可以在专门设计的干馏装置中将破碎后的油砂颗粒加热干馏至500℃左右，使所含的稠油热解生成热解油、热解气和固体焦（焦附着在砂砾上形成半焦）。该技术是加拿大Wlliam Taciuk于1977年发明的，并以其名命名，称为塔瑟克炉。该工艺亦称阿尔伯达塔瑟克工艺（Alberta Taciuk process），简称ATP工艺。其工艺流程如图5-17所示。将油砂颗粒的干燥、干油砂的加热干馏和油砂半焦的燃烧三个过程在一个水平回转式炉内完成。

---

❶ bbl，即“桶”，为原油计量单位。1bbl=0.159m^3。

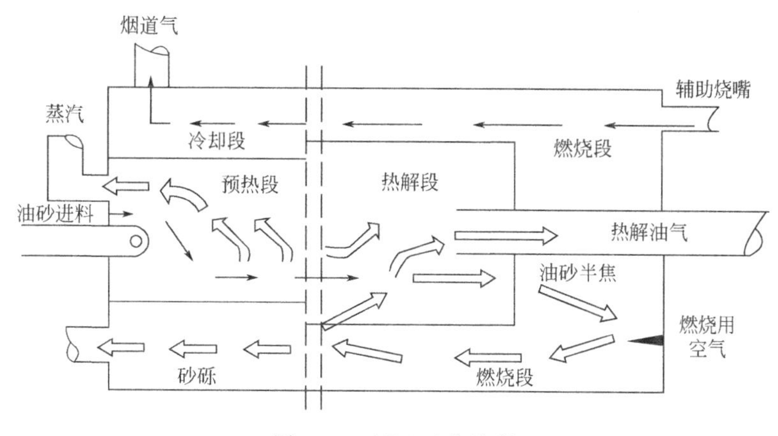

图 5-17　ATP 工艺流程

塔瑟克炉先后经间歇式的小试（4kg、250kg 装料）到连续式的中试，于 20 世纪 80 年代后期在加拿大阿尔伯塔省的卡尔加里市建设中型装置，规模 80t/d。中试装置为圆筒形回转炉，直径 3.35m，长 13.8m，转速 3.8r/min。1990—1994 年，曾先后在美国和加拿大等地处理过 10×10^4t 以上的烃类污染物和 2×10^4t 以上的油砂，还曾处理过 5000t 以上来自澳大利亚和约旦的油砂、油页岩和固体废渣。澳大利亚南太平洋石油公司/中太平洋矿业公司（SPP/CPM）于 1986 年采用 ATP 技术并进行了约 30 倍的放大，用于干馏澳大利亚昆士兰的颗粒油页岩，建设了一套 6000t/d 的塔瑟克炉，炉长 60m。由于比中试放大了很多倍，因此在装置试运中遇到很多工艺和工程方面的问题。该装置试运了几年，年开工率达 60%。至 2004 年 SPP 公司将该装置和有关油页岩资源出售给美国的昆士兰能源公司。我国抚顺矿务集团公司在 2003 年从德国克虏伯公司引进了塔瑟克工艺，日加工 6000t 油页岩的装置于 2010 年建成。

经过多年的运转及改进，可以认为该装置既可用于干馏油页岩，也可用于干馏油砂，特别是对于某种不能用热碱水抽提出稠油的油砂，应用干馏的方法应该可以生产出热解油。

5. 加拿大油砂稠油加工改质制取合成原油工艺

工业上油砂露天开采、经热碱水抽提制取的稠油，可以根据用户的需要直接出售，也可加工改质制成“合成原油”或轻质油品出售。当前世界上主要是加拿大已大规模工业开采油砂抽提出稠油，并将部分稠油用焦化和加氢工艺加工成合成原油，合成原油经轻油稀释后再用泵输送至加拿大和美国的几座常规炼油厂加工成轻质油品。

（1）森科尔公司稠油加工工艺

加拿大森科尔公司露天开采油砂矿，用热碱水抽提稠油，稠油进行加工改质，其改质的工艺流程为：稠油进入延迟焦化装置，得到的各产物的产率分别为焦化气 5%～10%、石脑油 20%～25%、焦化煤油 20%～25%、焦化瓦斯油 20%、油焦 15%～20%，油焦产率比流化焦化高。焦炭塔有多台，直径 12.2m、高 30m，焦化时间 21～24h。焦炭塔 2～2.5 个月检修一次。焦炭含硫 6%。

延迟焦化馏出油（石脑油、焦化煤油和瓦斯油）分别经加氢精制成为合成原油。石脑油加氢精制的压力为 6.0MPa，脱硫后含硫 200μg/g；煤油和瓦斯油加氢压力约为 10.0MPa，脱硫后含硫 600μg/g。加氢精制所用氢气由焦化气制得，不足部分用天然气制备。

（2）合成油公司的稠油加工工艺

加拿大合成油公司露天开采油砂，用热碱水抽出稠油并将大部分的稠油加工改质生产合成原油，其工艺流程为：稠油加工分为两部分，一部分进入流化焦化（有多套流化焦化装置，单套处理稠油能力为 9×10^4bbl/d），在 535℃下焦化，生产出约 8%的燃料气、20%的轻油、60%的瓦斯油及 10%的焦炭，另一部分送去加氢裂化得到馏分油及重油。重油也去流化焦化装置与第一部分油砂稠油一起去焦化。石脑油及瓦斯油分别经加氢处理后其液体产物混合得到合成原油。加氢过程所用氢气由天然气蒸汽转化得到。焦化气及加氢尾气经硫黄回收作燃料。油焦含硫 8%～9%，露天堆放没有利用。加拿大天然气很便宜，因此用天然气制氢气，再加氢制油品，等于天然气间接转化成石油产品。加拿大大力发展重油加氢工艺也是基于这个原因。

具体产率为：$1m^3$（约 2t）油砂约生产 0.21t 稠油，经加工改质生成焦 15kg、硫黄 5kg、合成原油 127kg、燃料气 $18m^3$。合成油公司所产稠油经加工改质生产的高质量合成原油及各种轻质油品的规格见表 5-16。

表 5-16　合成油公司合成原油及各种轻质油品规格

项目	合成原油	石脑油（C_5，约 177℃）	煤油（143～260℃）	轻瓦斯油（177～343℃）	重瓦斯油（>343℃）
API 重度	34	58.8	44.5	36.2	22.5
相对密度(60℃)	0.855	0.746	0.806	0.844	0.919
总硫/(μg/g)	1400	3	14	65	2330
总氮/(μg/g)	440	<1.5	4	25	1330
H_2S/(μg/g)	<5				
蒸气压/psi①	<8.5				
丙烷（体积分数)/%	<0.1				
丁烷(体积分数)/%	3				
99%馏出温度/℃	<550				
含颗粒/(μg/g)	<10				
芳烃(质量分数)/%		14	18	20	52
烟点/mm			19		
十六烷值				40	
占合成原油(体积分数)/%	100	14.9	24.8	42.1	40.4

① 1psi=6894.76Pa。

第三篇
新能源与可替代能源

第六章 氢能

氢分子（H_2）与氧分子（O_2）反应生成水（H_2O）时所释放出的能量，称为氢能。所以，严格地说氢能是指相对于 H_2O 的 H_2 和 O_2 所具有的能量。由于 O_2 在地球大气中大量存在，一般不被看成是反应物，所以单独强调 H_2 而称为氢能。1mol H_2 的氢能在数值上为 1mol H_2 和 1/2mol O_2 所具有的能量与 1mol H_2O（液态）所具有的能量差，在 100kPa 和 25℃条件下，标准焓变 ΔH 为 -285.830kJ/mol，标准吉布斯自由能的变化 ΔG 为 -237.183kJ。焓的变化是全部能量的变化，而吉布斯自由能的变化是在焓的变化中能够作为功而提取的那部分能量的变化。

氢气如同汽油和天然气一样，易燃性强，空气环境下含量达到 4%～96%均可燃，所以可用作燃料。氢气加氧气在火花点燃后产生热量，而其燃烧后的产物仅仅是水，所以氢被誉为是零排放燃料。其燃烧生成的水可进行收集或直接以水汽形式排入大气，而且燃烧生成的水与制氢所消耗的水量完全一样，所以从这个角度而言，氢是取之不尽、用之不竭的。

氢虽说取之不尽、用之不竭，但地球上单质氢含量微乎其微，只能由其他能源转化得到。当采用水电解的方式制氢时，制氢过程的副产品仅仅是氧气；而采用天然气、石油或煤制氢时，不可避免地要产生二氧化碳和其他温室效应气体。因此，使用氢能作为燃料仅能解决整个环保问题的一半。其实从氢的制取到使用，氢扮演着能量载体的角色，如果在氢气的制取上也能完全解决污染问题，那么整个氢能的利用过程就成为真正意义上的零污染过程。

第一节　氢气的性质

1766 年，英国的卡文迪许（Cavendish）实验室在金属与酸的反应产生的气体中发现了氢，以希腊语命名为“水的形成者”。1818 年，英国利用电流分解水制取了氢。1839 年，英国的威廉·格罗夫（William Grove）首次提出用氢气作为燃料的燃料电池。20 世纪 20 年代，英国和德国开始了对氢燃料的研究。1923 年剑桥大学的霍尔丹（J. B. S. Haidane）提出用风力作为电解水的能源，而这个设想直到半个世纪以后才得以实现。1928 年鲁道夫·杰仁（Ruldolph Jeren）获得了第一个氢气发动机的专利。20 世纪 50 年代意大利的塞萨尔·马切蒂（Cesare Marchetti）首次倡导将氢气作为能量的载体，提出原子核反应器的能量输出既可以电能的形式传递，也可以氢为燃料的形式传递，认为氢气形式的能量比电能更易稳定存储。20 世纪 60 年代，液氢首次用作航天动力燃料。20 世纪 80 年代，德国与沙特阿拉伯合作进行太阳能制氢的研究，示范项目的功率为350kW。1994年第一辆以氢气为燃料的燃料电池汽车问世。

一、氢气的物理性质

氢位于周期表中诸元素的第一位，原子序数为1，原子量为1.008，分子量为2.016。在通常情况下，氢气是无色无味的气体。氢极难溶于水，也很难液化。在标准大气压下，氢气在−252.77℃时变成无色的液体；在−259.20℃时能变成雪花状的白色固体。在标准状况下，1L氢气的质量为0.0899g，约是同体积空气的1/14。自然界中氢主要以化合状态存在于水和碳氢化合物中，地壳中氢的丰度为0.14%。氢气的物理性质见表6-1。

表6-1　氢气的物理性质

项目	量值
分子量	2.016
沸点(101.3kPa)	−252.77℃
熔点	−259.20℃
临界温度	33.19K
临界压力	1.315MPa
汽化热	0.903kJ/mol
密度(101.3kPa)	0.089kg/m^3
液氢密度	708kg/m^3
单位体积能量	0.267(kW·h)/m^3
单位质量能量	33.3(kW·h)/kg
体积膨胀系数	$3.668\times10^{-3}K^{-1}$
比定压热容 c_p	−14.32kJ/(kg·K)
比定容热容 c_V	−10.17kJ/(kg·K)
热导率	0.184W/(m·K)
着火温度	530～590℃
着火体积浓度	5%～96%(与氧气混合,氧气的浓度为4%～95%)
	5%～73.5%(与空气混合,空气的浓度为26.6%～95%)
爆炸体积浓度极限(常压,20℃)	4.0%～75.9%

氢气可以气、液、固三种状态存在。它的物理特性是：无毒、无刺激性、无气味、无腐蚀性、无辐射性、不致癌、易挥发、易燃易爆、会引起一些金属发生氢脆。

二、氢气的化学性质

由于H—H键的键能大，在常温下，氢气比较稳定。除氢气与氯气在光照条件下化合，氢与氟在冷暗处化合之外，其余反应均在较高温度下才能进行。虽然氢气的标准电极电势比铜、银等金属低，但当氢气直接通入这些金属的盐溶液后，一般不会置换出这些金属。在较高的温度下，特别是存在催化剂时，氢气很活泼，能燃烧，并能与许多金属、非金属发生反应，其化合价为1。氢的化学性质表现为：

1. 氢气与金属的反应

氢原子核外只有一个电子，它与活泼金属如钠、锂、钙、镁、钡作用而生成氢化物，可获得一个电子，呈－1价。它与金属钠、钙的反应为：

$$H_2+2Na \xlongequal{} 2NaH \tag{6-1}$$

$$H_2+Ca \xlongequal{} CaH_2 \tag{6-2}$$

在高温下，氢可将许多金属氧化物置换出来，使金属还原，如氢气与氧化铜、氧化铁的反应式为：

$$H_2+CuO \xlongequal{} Cu+H_2O \tag{6-3}$$

$$4H_2+Fe_3O_4 \xlongequal{} 3Fe+4H_2O \tag{6-4}$$

2. 氢气与非金属的反应

氢气可与很多非金属如氧、氯、硫等反应，均失去一个电子，呈＋1价，反应式为：

$$H_2+F_2 \xlongequal{} 2HF\text{(爆炸性化合)} \tag{6-5}$$

$$H_2+Cl_2 \xlongequal{} 2HCl\text{(爆炸性化合)} \tag{6-6}$$

$$H_2+I_2 \rightleftharpoons 2HI\text{(可逆反应)} \tag{6-7}$$

$$H_2+S \xlongequal{} H_2S \tag{6-8}$$

$$2H_2+O_2 \xlongequal{} 2H_2O \tag{6-9}$$

在高温时，氢可将氯化物中的氯置换出来，使金属和非金属还原，其反应式为：

$$SiCl_4+2H_2 \xlongequal{} Si+4HCl \tag{6-10}$$

$$SiHCl_3+H_2 \xlongequal{} Si+3HCl \tag{6-11}$$

$$TiCl_4+2H_2 \xlongequal{} Ti+4HCl \tag{6-12}$$

3. 氢气的加成反应

在高温和催化剂存在的条件下，氢气可与碳碳双键和碳氧双键起加成反应，可将不饱和有机物（结构中含有双键、三键等）变为饱和化合物，将醛、酮（结构中含有羰基）还原为醇。如一氧化碳与氢气在高压、高温和催化剂存在的条件下可生成甲醇，其反应式为：

$$2H_2+CO \xlongequal[\text{催化剂}]{\text{高温、高压}} CH_3OH \tag{6-13}$$

4. 氢原子与某些物质的反应

在加热时，通过电弧和低压放电，可使部分氢气分子离解为氢原子。氢原子非常活泼，但存在时间仅为0.5s，氢原子重新结合为氢分子时要释放出大量能量，使反应系统达到非常高的温度。工业上常利用原子氢结合所产生的高温，在还原气氛中焊接高熔点金属，其温度可高达3500℃。锗、锑、锡不能与氢气化合，但它们可以与原子氢反应生成氢化物，如原子氢与砷的化学反应式为：

$$3H+As \xlongequal{} AsH_3 \tag{6-14}$$

原子氢可将某些金属氧化物、氯化物还原成金属，原子氢也可还原含氧酸盐，其反应式为：

$$2H+CuCl_2 = Cu+2HCl \tag{6-15}$$

$$8H+BaSO_4 = BaS+4H_2O \tag{6-16}$$

5. 毒性及腐蚀性

氢无毒、无腐蚀性，但对氯丁橡胶、氟橡胶、聚四氟乙烯、聚氯乙烯等具有较强的渗透性。

氢气和氧气或空气中的氧气在一定的条件下，可以发生剧烈的氧化反应（即燃烧），并释放出大量的热量，其化学反应式为：

$$H_2+\frac{1}{2}O_2 = H_2O+\Delta H \tag{6-17}$$

式中，ΔH 表示氢气的反应热，$\Delta H=-285.830$kJ/mol。

三、氢气作为能源的特点

与常见的化石燃料煤、石油和天然气相比，氢气不仅像上述化石燃料一样可以作为燃料，而且可以作为能源的载体，在能量的转换、储存、运输和利用过程中发挥作用。氢气作为能源的优点：一是环境友好性；二是可作为能源的载体；三是可实现能源的可持续发展。氢气作为能源也有不足之处：一是成本高；二是易燃易爆。

氢气的燃点温度为574℃，但不能就此认为氢气不易着火和燃烧。实际上，氢气在空气中和在氧气中，都是很容易点燃的，这是因为氢气的最小着火能量很低。氢气在空气中的最小着火能量为 9×10^{-5}J，在氧气中为 7×10^{-6}J。如果用静电计测量化纤衣服摩擦产生的放电能量，则该能量比氢气在空气中的最小着火能量要大好几倍，这可从另一方面说明氢气的易燃性。氢气在空气中的着火能量随氢气的体积浓度变化而变化，氢气在空气中的体积浓度为28%时，其着火能量最小。随着氢气体积浓度的下降，着火能量上升很快。当氢气体积浓度减少到10%以下时，其着火能量增加一个数量级；当氢气的体积浓度增加时，其着火能量也随之增加；当氢气的体积浓度增加到58%时，其着火能量也增加一个数量级。氢气在空气中最容易着火的浓度为25%～32%。在常压下，氢气与空气混合后的燃烧浓度范围很宽，体积浓度为4%～75%，只有乙炔和氨的可燃浓度比氢气宽。氢气和氧气混合后，其燃烧体积浓度范围更宽，达到4%～94%。氢气与空气混合物的爆炸体积浓度极限也很宽，氢气在空气中发生爆炸的体积浓度为18%～59%。

氢气在自然界中的含量丰富，但很少以纯净的状态存在于自然界中，通常以化合物的形式存在于自然界中。纯氢气在自然环境状态下以气态存在，只有经过液化过程处理才以液态形式存在。氢原子与其他物质结合在一起形成化合物的种类很多，能作为能源载体的含氢化合物的种类并不多。常见的含氢化合物的储能特性如表6-2所示，这些化合物都和氢气一样，可以作为能量载体在能量的释放、转换、储存和利用过程中发挥重要的作用。

表6-2　含氢化合物的储能特性

储能特性	氢气(20MPa)	液氢	MgH	FeTiH	甲烷(液)	甲醇	汽油	煤油
含能量/[(kW·h)/L]	0.49	2.36	3.36	3.18	5.80	4.42	8.97	9.50
含能量/[(kW·h)/kg]	33.30	33.30	2.33	0.58	13.80	5.60	12.00	11.90

氢气与电力、水蒸气一样，都是二次能源载体，它们的异同见表 6-3。从表 6-3 可以看出，如果生产电能、蒸汽和氢气的一次能源是清洁能源，则电能、蒸汽和氢气对环境都是友好的。它们之间最大的差别在于氢气可以大规模存储，而且存储方式多种多样，这就决定了氢能是比电能和蒸汽更方便应用的二次能源载体。氢气的主要特点有如下 4 个方面。

表 6-3　氢气与电、蒸汽作为能源载体的比较

项　目	氢　气	电　能	水蒸气
来　源	一次能源＋反应器	一次能源＋发电机	一次能源＋锅炉
载能种类	化学能	电能	热能
输出的能量	电能和热能	电能	热能
输送方式	管道、容器(气、液、固相)	电缆	保温管道
输送距离	不限	不限	短距离
输送能耗	小	不太大	大
存　储	大规模存储(存储方式多样化)	小量存储(电容器)	很难存储(蓄热器)
能量密度	取决于气压	取决于电压	取决于蒸汽温度
使用终端	热机(机械能)、燃料电池(电能、热能)	电动机(电能)、电阻(热能)	热机(机械能)、发电机(电能)、换热器(热能)
再生性	可以	可以	可以
最终生产物	水	—	水
发现年代	18 世纪	19 世纪	18 世纪
工业应用年代	19 世纪	19 世纪	18 世纪

1. 氢是最洁净的燃料

氢是一种优质的燃料，热值高，燃烧性能好，与空气混合时有广泛的可燃范围，燃烧速度快。其最突出的优点是与氧反应后生成的是水，可实现真正的零排放，不会像化石燃料那样产生诸如 CO、CO_2、碳氧化合物、硫化物和粉尘颗粒等对环境有害的污染物质，是最洁净的燃料。氢在空气中燃烧时可能产生少量的氮化氢，经过适当处理不会污染环境，而通过燃料电池转换为电能则完全转化为洁净的水，而且生成的水还可继续制氢，反复循环使用，氢能的利用将使人类彻底消除对温室气体排放造成全球变暖的担忧。

2. 氢是可储存的二次能源

氢可通过各种一次能源（煤炭、石油、天然气）得到，也可以通过可再生能源（太阳能、生物质能、风能等）或二次能源（电）得到。氢能和电能、热能最大的不同在于能被大规模储存，氢能以气态、液态或固态的金属氢化物形式出现，能够储存运输，适用于各种不同场合。可储存携带的二次能源中氢能清洁无污染、能量密度高、可再生、应用形式多，是一种理想的能源载体，氢既可通过燃烧产生热量，在热力发动机中产生机械功，又可用于燃料电池高效供电，被能源界公认为最理想的化石燃料的替代能源。氢气与电、蒸汽等都能作为能源载体，但氢气有其独特的优势，如表 6-3 所示。

3. 氢能的效率高

根据热力学第二定律，所有将燃料的化学能转化为机械能的热机都伴随着一定比例的冷源损失，目前效率最高的火力发电厂的能源转化效率只不过在40%左右，内燃机的效率一般不超过30%。科学家一直在寻找不受热力学第二定律限制的能源转换方式，燃料电池就是其中一种。理论上燃料电池可以使用多种气体燃料，但目前真正技术上取得突破的只有氢气，这使得氢能成为目前转换效率最高的能源。目前燃料电池的转换效率为60%～70%，还有继续提高的潜力。

4. 氢的资源丰富

氢是宇宙中分布最广泛的物质，宇宙质量的75%都由氢构成，因此氢能被称为人类的终极能源。地球上的氢主要以其化合物，如水、碳氢化合物、石油、天然气等的形式存在。水是氢的大“仓库”，如把海水中的氢全部提取出来，其释放的热量将是地球上所有化石燃料热量的9000倍，而且在氢能的转换过程中，水是循环再生的，因此在理论上可以说氢是取之不尽、用之不竭的资源。生物质则是另一个巨大的氢源，植物通过光合作用，把太阳能和水转换成生物质，使之成为氢和能量的载体。

第二节　氢气的制备

工业上制备氢气的原料主要包括煤炭、天然气、液化气、汽油及重油等，表6-4列出了这些原料的含氢量。

表6-4　一次矿物能源中的含氢量

一次能源	天然气	液化气	汽油	重油	褐煤	烟煤	无烟煤
H/C原子比	4.0	2.6	2.2	1.4	0.9	0.7	0.4
含氢质量分数/%	25.0	18.0	15.5	10.5	7.0	5.5	3.2

据最新统计，2020年全球氢的年产量约为7000×10^4t，我国的氢气产量为2050×10^4t。我国氢气产量中，煤制氢占63.5%、天然气制氢占13.8%、工业副产氢占21.2%、电解水制氢仅占约1.5%。

一、煤制氢

工业煤制氢技术主要以煤气化制氢为主，此技术已经有近200年的历史，在我国也有近100年的历史。煤制氢过程可分为直接制氢和间接制氢。

煤的直接制氢包括：①煤的焦化（高温干馏），在隔绝空气条件下，在900～1000℃制取焦炭，副产品焦炉煤气中含氢气55%～60%、甲烷23%～27%、一氧化碳6%～8%，以及少量其他气体；②煤的气化，煤在高温、常压或加压下，与气化剂反应，转化成气体产物，气化剂为水蒸气或氧气（空气），气体产物中含有氢气等组分，其含量随不同气化方法而异。

煤的间接制氢过程，是指将煤首先转化为甲醇，再由甲醇重整制氢。

煤气化制氢主要包括造气反应、水煤气变换反应、氢的提纯与压缩三个过程。煤气化反应如下：

$$C(s)+H_2O(g)=CO(g)+H_2(g) \tag{6-18}$$

$$CO(g)+H_2O(g)=CO_2(g)+H_2(g) \tag{6-19}$$

图 6-1 是煤气化制氢工艺流程，首先将煤（分干法和湿法：干法原料为煤粉，湿法原料为水煤浆）送入气化炉，与分离空气得到的氧气反应，生成以一氧化碳为主的合成煤气，再经过净化处理后，进入一氧化碳变换反应器，与水蒸气反应，产生氢气和二氧化碳，产品气体分离二氧化碳、变压吸附后得到较纯净氢气和副产品二氧化碳。

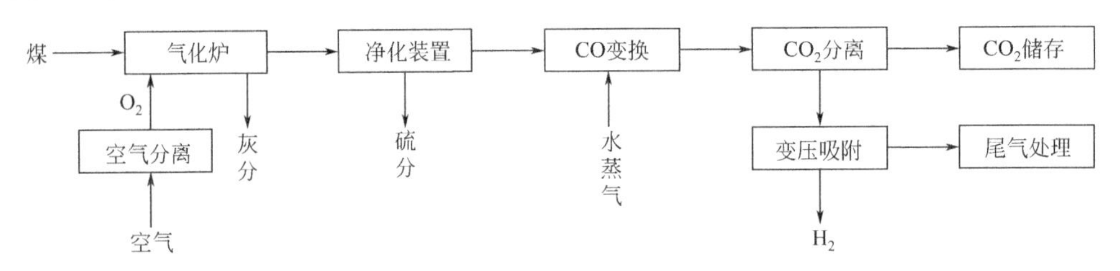

图 6-1　煤气化制氢工艺流程

由图 6-1 可以看出，传统的煤气化制氢不仅会排放灰分、含硫物质，而且生产过程烦琐，装置复杂，必然导致制氢投资大，制氢过程还会排放大量温室气体二氧化碳。

煤气化是一个吸热反应，反应所需的热量由氧气与碳的氧化反应（燃烧）提供。煤气化工艺有很多种，如柯伯斯-托切可（Kopper-Totzek）法、德士古（Texaco）法、鲁奇（Lurqi）法、气流床法、流化床法等。

煤气化技术制氢的产品，在我国的最大用途是作为原料气用于合成氨生产。目前主要使用常压固定床水煤气炉、鲁奇加压固定床气化炉和德士古加压气流床气化炉。下面介绍国内几种常用的煤气化工艺。

1. 常压固定床水煤气炉

水煤气炉以无烟块煤或焦炭块作入炉原料，该工艺要求原料煤的热稳定性高、反应活性好、灰熔融温度高等，采用间歇操作技术。从水煤气组成分析，H_2 含量大于 50%，如考虑将 CO 变换成 H_2，则 H_2 含量为 84%～88%，加之技术成熟，投资低，因此该工艺在中国煤气化制氢用于化工合成生产合成氨中占有非常重要的地位。中国曾有约 1500 家中小化肥厂使用该技术，目前国内仍有 600 多家中小化肥厂共计使用约 4000 台水煤气炉，典型的气化炉为 UGI 型和二段气化炉及国内改型炉。

2. 鲁奇加压固定床气化炉

该技术以黏结性不强的次烟煤块、褐煤块为原料，以氧气/水蒸气为气化剂，加压操作，连续运行。固定床加压气化煤气中 H_2+CO 含量较高，一般为 55%～64%，而且煤气中含量约 8%的甲烷可以经催化重整转换成氢气，因此使用加压鲁奇技术用于生产氢气是可行的。目前世界上最大的煤炭气化用户南非萨索尔公司使用了 97 台鲁奇炉，煤气用于费-托合成生产燃料油和化工产品等。目前国内某化肥厂采用 11 台第一代鲁奇气化炉和 1 台国产 2.8m 气化炉，山西化肥厂使用 5 台（1 台国产）Mark Ⅵ 型气化炉，年产约 55×10^4t 合成氨。粗略估计鲁奇加压固定床气化制氢量约为 $11.09\times10^8 m^3/a$。

3. 流化床气化炉

我国在20世纪50年代曾引进苏联的盖依阿帕型流化床气化炉，分别使用营城/舒兰煤及阿干镇煤为原料，采用富氧气化工艺用于合成氨生产，后因故停产。目前，在陕西建立了直径为24m的灰熔聚流化床气化示范装置，使用富氧连续气化生产用于合成氨的煤气，正常操作时产氢量约$6100m^3/h$。

4. 气流床气化炉

气流床气化技术是用气化剂将煤粉夹带入气化炉，进行并流气化。商业化的工艺主要包括干法加料的Shell、Prenflo和水煤浆加料的Texaco、E-gas等。目前我国已引进的Texaco气化炉有多台在运行，引进的Shell炉正在建设。

另外，近年来还研发了多种煤气化的新工艺、煤气化与高温电解结合的制氢工艺、煤热解制氢工艺等。

二、气体原料制氢

天然气的主要成分是甲烷。天然气制氢的方法主要有：天然气水蒸气重整制氢，天然气部分氧化重整制氢，天然气催化裂解制氢等。

1. 天然气水蒸气重整制氢

由于天然气储量巨大，近年来人们对天然气制氢进行了大量的研究工作。天然气蒸汽转化法制氢的研究工作是20世纪20年代后期开始的，到30年代美国建立了以天然气为原料的蒸汽转化法，初期都是生产催化加氢用的氢气，到第二次世界大战期间转而用于生产合成氨。

目前世界工业界中普遍采用的蒸汽转化法有英国帝国化学工业（ICI）化学工业法、丹麦拓扑索法、美国西拉斯法、美国凯洛格法、美国福斯特惠勒法等，在这些方法中，其工艺流程基本相同。经地下开采得到的天然气除甲烷外，还含有水、其他碳氢化合物、硫化物、氮气及碳氧化物等。因此，在天然气进入管网之前，要对其进行净化，净化的天然气再进入蒸汽转化炉，在一定条件下进行甲烷水蒸气重整制氢反应。在20世纪70年代，英国ICI公司又开发了弱碱催化剂用于天然气水蒸气转化制氢工艺。该工艺至今仍被广泛应用，在该工艺中发生的基本反应如下：

转化反应　$$CH_4+H_2O = CO+3H_2-206kJ \qquad (6\text{-}20)$$

变换反应　$$CO+H_2O = CO_2+H_2+41kJ \qquad (6\text{-}21)$$

总反应式　$$CH_4+2H_2O = CO_2+4H_2-165kJ \qquad (6\text{-}22)$$

转化反应和变换反应均在转化炉中完成，反应温度为650～850℃，反应的出口温度为820℃左右。若原料按下式比例进行混合，则可以得到$CO:H_2$摩尔比为1∶2的合成气。

$$3CH_4+CO_2+2H_2O = 4CO+8H_2 \qquad (6\text{-}23)$$

天然气水蒸气重整制氢反应是强吸热反应，反应过程需要吸收大量的热量。因此该过程具有能耗高的缺点，燃料成本占生产成本的52%～68%。另外，该工艺过程的反应速度慢，由于化学平衡及空速限制的原因，一段转化不能将天然气全部转化，通常反应后的气体中残余甲烷为3%～4%，有时高达8%～10%，因此需进行二段转化。残余的甲烷在二段转化炉中进行氧化反应。因而该法有装置规模大和投资高的明显缺点。

我国大多数大型合成氨、合成甲醇厂均采用天然气水蒸气重整制备合成原料气，并建有大批工业生产装置。但在特大型装置的技术核心蒸汽转化工序仍需要采用国外的先进工艺技术，而在变换和变压吸附（PSA）工艺技术方面，则采用国产化的先进技术。图 6-2 是天然气水蒸气重整制氢系统的基本工艺流程。

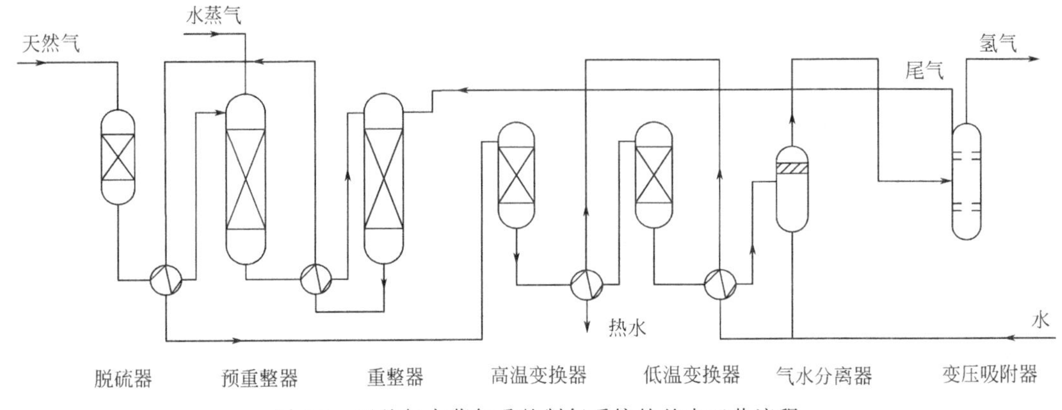

图 6-2　天然气水蒸气重整制氢系统的基本工艺流程

天然气中通常含一定的有机硫，要求进入转化炉的气体中硫和氯含量小于 0.2mg/kg。根据天然气含硫的多少来选择脱硫精制方案，通常在钴钼催化剂上将有机硫加氢转化为 H_2S，反应式如下：

$$R—SH+H_2 \longrightarrow R—H+H_2S \tag{6-24}$$

反应温度为 400℃左右。

将加氢后的天然气通过装有高比表面的氧化锌的床层，发生如下的吸附反应：

$$ZnO(s)+H_2S(g) \longrightarrow ZnS(s)+H_2O(g) \tag{6-25}$$

脱硫后的原料气与预热后的蒸汽进入辐射段转化反应器，在 Ni/Al_2O_3 催化剂作用下进行反应，转化管外用天然气或回收的变压吸附（PSA）尾气加热，为反应提供所需的热量，转化炉的烟气温度较高，在对流段为回收高位余热，设置有天然气预热器、锅炉给水预热器、工艺气和蒸汽混合预热器等，以降低排气温度，提高转化炉的热效率。转化气组成为 H_2、CO、CO_2、CH_4，该气体经过废热锅炉回收热量产生蒸汽，然后进入中温变换炉。在此转化气中大部分的 CO 被变换为 H_2，变换后的气体 H_2 含量可达 75%以上，该气体进入 PSA 制氢工序进行分离，得到一定要求的纯氢气产品。

2. 天然气部分氧化重整制氢

为了克服天然气水蒸气重整制氢强吸热且能耗高的问题，研究开发了天然气部分氧化重整制氢，变强吸热为温和放热。天然气部分氧化重整制氢的主要反应为：

$$CH_4+\frac{1}{2}O_2 \longrightarrow CO+2H_2+35.5kJ \tag{6-26}$$

在天然气部分氧化过程中，为了防止碳的生成，常在反应体系中加入一定量的水蒸气，这时除了上述主反应外，还会有以下反应：

$$CH_4+H_2O \longrightarrow CO+3H_2-206kJ \tag{6-27}$$

$$CH_4+CO_2 \longrightarrow 2CO+2H_2-247kJ \tag{6-28}$$

$$CO + H_2O \longrightarrow CO_2 + H_2 + 41kJ \tag{6-29}$$

天然气部分氧化重整是制备合成气或制氢的重要方法之一，与天然气水蒸气重整制氢方法相比，变强吸热为温和放热，具有低能耗的优点，可显著降低初投资。但该工艺具有反应条件苛刻和不易控制的缺点，另外需要大量纯氧，需要增加空分装置，增加了制氢的运行成本。在天然气部分氧化重整制氢中，氧化反应需要在高温下进行，有一定的爆炸危险。与部分氧化重整相比，天然气水蒸气重整与部分氧化重整联合制氢，可以获得更高的氢气浓度，同时反应的温度也有所降低。

3. 天然气催化裂解制氢

在天然气催化热裂解制氢中，首先将天然气和空气按理论完全燃烧比例混合，同时进入炉内燃烧，使温度逐渐上升到 1300℃时停止供给空气，只供给天然气，使之在高温下进行热解，生成氢气和炭黑。其反应式为：

$$CH_4 \longrightarrow 2H_2 + C \tag{6-30}$$

由于天然气裂解吸收热量使炉温降至 1000～1200℃时，再通入空气使原料气体完全燃烧升高温度后，再次停止供给空气进行热解，生成氢气和炭黑，如此往复间歇进行。该反应用于炭黑、颜料与印刷工业已有多年的历史，而反应产生的氢气则用于提供反应所需的一部分热量，反应在内衬耐火砖的炉子中进行，常压操作。该方法技术较简单，经济上也还合适，但是氢气的成本仍然不低。

三、液体化石燃料制氢

液体化石燃料如甲醇、轻质油和重油也是制氢的重要原料，常用的工艺有轻质油水蒸气转化制氢、重油部分氧化制氢、甲醇制氢等。

1. 轻质油水蒸气转化制氢

轻质油水蒸气转化制氢是在催化剂存在的情况下，温度达到 800～820℃时进行如下主要反应：

$$C_nH_{2n+2} + nH_2O \longrightarrow nCO + (2n+1)H_2 \tag{6-31}$$

$$CO + H_2O \longrightarrow CO_2 + H_2 \tag{6-32}$$

用该工艺制氢的氢气体积浓度可达 74%。生产成本主要取决于轻质油的价格。我国轻质油价格偏高，该工艺的应用在我国受到制氢成本高的限制。

2. 重油部分氧化制氢

重油包括常压渣油、减压渣油及石油深度加工后剩余的燃料油。部分重油燃烧提供氧化反应所需的热量并保持反应系统维持在一定的温度，重油部分氧化制氢在一定的压力下进行，反应温度在 1150～1315℃。重油部分氧化包括碳氢化合物与氧气、水蒸气反应生成氢气和碳氧化物，典型的部分氧化反应如下：

$$C_nH_m + \frac{1}{2}nO_2 \longrightarrow nCO + \frac{1}{2}mH_2 \tag{6-33}$$

$$C_nH_m + nH_2O \longrightarrow nCO + \left(n + \frac{1}{2}m\right)H_2 \tag{6-34}$$

$$H_2O+CO \xlongequal{} CO_2+H_2 \tag{6-35}$$

重油的碳氢比很高，因此重油部分氧化制氢获得的氢气主要来自水蒸气和一氧化碳，其中蒸汽制取的氢气占69%。与天然气蒸汽转化制氢相比，重油部分氧化制氢需要配备空分设备来制备纯氧。

3. 甲醇制氢

(1) 甲醇裂解-变压吸附制氢

甲醇与水蒸气在一定的温度、压力和催化剂存在的条件下，同时发生催化裂解反应与一氧化碳变换反应，生成氢气、二氧化碳及少量的一氧化碳，同时由于副反应的作用会产生少量的甲烷、二甲醚等副产物。主要反应为：

$$CH_3OH+H_2O \xlongequal{} CO_2+3H_2 \tag{6-36}$$

$$CH_3OH \xlongequal{} CO+2H_2 \tag{6-37}$$

$$CO+H_2O \xlongequal{} CO_2+H_2 \tag{6-38}$$

总反应为：

$$CH_3OH+H_2O \xlongequal{} CO_2+3H_2 \tag{6-39}$$

反应后的气体产物经过换热、冷凝、吸附分离后，冷凝吸收液可循环使用，未冷凝的裂解气体再经过进一步处理，脱去残余甲醇与杂质后，送到氢气提纯工序。甲醇裂解气体主要成分是 H_2 和 CO_2，其他杂质成分是 CH_4、CO 和微量的 CH_3OH，利用变压吸附技术分离除去甲醇裂解气体中的杂质组分，可获得纯氢气。

甲醇裂解-变压吸附制氢技术具有工艺简单、技术成熟、初投资小、建设周期短、制氢成本低等优点。

(2) 甲醇重整制氢

甲醇在空气、水和催化剂存在的条件下，温度处于250～330℃时进行自热重整，甲醇水蒸气理论上能够获得的氢气浓度为75%。甲醇重整的典型催化剂是 $Cu\text{-}ZnO\text{-}Al_2O_3$，这类催化剂也在不断更新使其活性更高。这类催化剂的缺点是其活性对氧化环境比较敏感，在实际运行中很难保证催化剂的活性，使该工艺的商业化推广应用受到一定限制。

四、水制氢

1. 水电解制氢

水电解制备氢气是一种成熟的制氢技术，到目前为止已有近100年的生产历史。水电解制氢是氢与氧燃烧生成水的逆过程，因此只要提供一定形式的能量，就可使水分解。水电解制氢的过程示意图见图6-3。

阳极反应：

$$4OH^- \longrightarrow O_2+2H_2O+4e^- \tag{6-40}$$

阴极反应：

$$4H_2O+4e^- \longrightarrow 2H_2+4OH^- \tag{6-41}$$

水电解制氢的工艺简单，无污染，其转化率一般为75%～85%，但消耗电量大，每立方米氢气的电耗为4.5～5.5kW·h，电费占整个水电解制氢生产费用的80%左右，使其与其他的制氢技术相比不具有商业竞争力，电解水制氢仅占总制氢量的4%左右。目前仅用于高纯度、产量小的制氢场合。

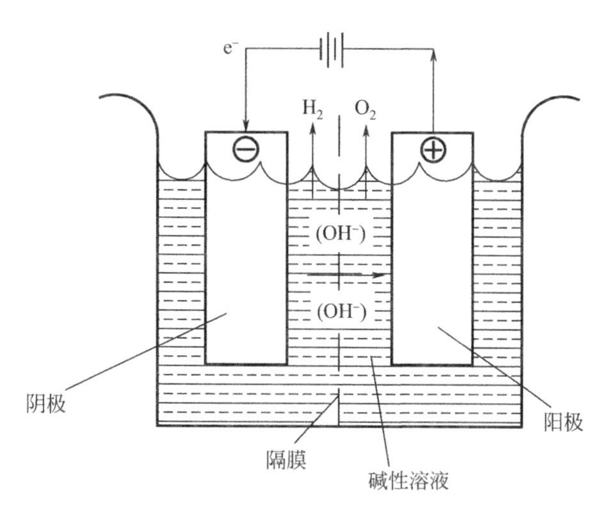

图 6-3　电解水制氢的过程示意图

2. 高温热解水制氢

水的热解反应为：

$$H_2O(g) = H_2(g) + \frac{1}{2}O_2(g) \tag{6-42}$$

这是一个吸热反应，常温下平衡转化率极低，一般在 2500℃时才有少量水分解，只有将水加热到 3000℃以上时，反应才加速到有实际应用的可能。高温热解水制氢的难点是高温下的热源问题、材料耐温问题等，突出的技术难题是高温和高压。

3. 热化学制氢

水的热化学制氢是指在水系统中，在不同的温度下，经历一系列不同但又相互关联的化学反应，最终分解为氢气和氧气的过程。在这个过程中，仅消耗水和一定的热量，参与制氢过程的添加元素或化合物均不消耗，整个反应过程构成一个封闭的循环系统。与水的直接高温热解制氢相比，热化学制氢的每一步反应温度均在 800～1000℃，相对于 3000℃而言，在较低的温度下进行，能源匹配、设备装置的耐温要求和投资成本等问题也相对容易解决。热化学制氢的其他优点还有能耗低（相对于水电解和直接高温热解水能耗低）、可大规模工业生产（相对于再生能源）、可实现工业化（反应温和）、效率高等。

热化学循环制氢过程按反应涉及的物料可分为氧化物体系、卤化物体系、含硫体系和杂化体系等。

氧化物体系最简单的过程是用金属氧化物（MeO）进行两步反应。

氢气生成：
$$3MeO + H_2O = Me_3O_4 + H_2 \tag{6-43}$$

氧气生成：
$$Me_3O_4 = 3MeO + \frac{1}{2}O_2 \tag{6-44}$$

其中金属（Me）可分别为 Mn、Fe、Co。

在卤化物体系中，如金属-卤化物体系，反应为：

氢气生成：
$$3MeX_2 + 4H_2O = Me_3O_4 + 6HX + H_2 \tag{6-45}$$

其中，金属（Me）可以为 Mn 和 Fe，卤化物（X）可以为 Cl、Br 和 I。

卤素生成：
$$Me_3O_4+8HX \longrightarrow 3MeX_2+4H_2O+X_2 \tag{6-46}$$
氧气生成：
$$MeO+X_2 \longrightarrow MeX_2+\frac{1}{2}O_2 \tag{6-47}$$
水　解：
$$MeX_2+H_2O \longrightarrow MeO+2HX \tag{6-48}$$

本反应体系中最著名的循环反应是东京大学-3 循环（University of Tokyo-3），其中金属为 Ca，卤素用 Br，循环反应由如下四步组成：

① 水分解成 HBr：气-固反应，反应温度 730℃，吸热。
$$CaBr_2+H_2O \longrightarrow CaO+2HBr \tag{6-49}$$

② O_2 生成：气-固反应，反应温度 550℃。
$$CaO+Br_2 \longrightarrow CaBr_2+\frac{1}{2}O_2 \tag{6-50}$$

③ Br_2 生成：
$$Fe_3O_4+8HBr \longrightarrow 3FeBr_2+4H_2O+Br_2 \tag{6-51}$$

④ H_2 生成：
$$3FeBr_2+4H_2O \longrightarrow Fe_3O_4+6HBr+H_2 \tag{6-52}$$

此循环反应的预期效率为 35%～40%，如果同时发电，总效率可提高 10%。循环中两步关键反应均为气-固反应，简化了产物与反应物的分离。整个过程所采用的材料都廉价易得，无需采用贵金属。

含硫体系中最著名的循环反应是由美国 GA 公司在 20 世纪 70 年代发明的碘-硫循环（iodine-sulfur cycle，IS），其反应为：

本生(Bunsen)反应：
$$SO_2+I_2+2H_2O \longrightarrow 2HI+H_2SO_4 \tag{6-53}$$
硫酸分解反应：
$$H_2SO_4 \longrightarrow H_2O+SO_2+\frac{1}{2}O_2 \tag{6-54}$$
氢碘酸分解反应：
$$2HI \longrightarrow I_2+H_2 \tag{6-55}$$

该循环的优点是闭路循环，只需要加水，其他物料循环使用；循环中的反应可以实现连续运行；预期效率可达 52%，制氢和发电总效率可达 60%。

在杂化体系中，它是水裂解的热化学过程与电解反应的联合过程，为低温电解反应提供了可能性。杂化包括硫酸-溴杂化过程、硫酸杂化过程、烃杂化过程和金属-卤化物杂化过程等。以甲烷-甲醇制氢为例说明杂化过程，其反应为：
$$CH_4+H_2O \longrightarrow CO+3H_2 \tag{6-56}$$
$$CO(g)+2H_2 \longrightarrow CH_3OH \tag{6-57}$$
$$CH_3OH \longrightarrow CH_4+\frac{1}{2}O_2 \tag{6-58}$$

该循环在压力为 4～5MPa 的高温下进行，反应步骤不多，原料便宜，效率可达 33%～40%，所采用的化工工艺也都比较成熟，具有实用价值。

总体来说，热化学制氢目前还不够成熟，还需进一步完善，才能达到商业化实用的技术水平。

五、生物质制氢

生物质能的利用主要有微生物转化和热化学转化两类。微生物转化主要是产生甲醇、乙醇等液体燃料，甲醇和乙醇可进一步转化为氢气；热化学转化是在高温下通过化学方法将生物质转化为气体或液体，主要是生物质裂解液化和生物质气化，产生含氢气的气体燃料或液体燃料。生物质制氢技术具有清洁、节能和不消耗矿物质资源等突出优点。作为一种可再生资源，生物质又能进行再生，可以通过光合作用进行物质和能量的转换，这种转换系统可在常温、常压下通过酶的催化作用而获得氢气。从能源的长远战略角度看，利用太阳光的能量制取氢气是获取一次能源的最理想的方法之一。许多国家正投入大量财力和人力对生物质制氢技术进行研发和进一步完善，以期早日实现生物质制氢技术向商业化生产的转变，也将带来显著的经济效益、环境效益和社会效益。

目前，生物质制氢技术主要分为两类：一类是生物质原料通过热化学技术制取氢气，另一类是利用微生物途径转化制氢，如厌氧发酵法制氢、光合微生物制氢等。

1. 生物质热化学制氢

生物质热化学制氢技术主要包括热裂解制氢、催化重整制氢、气化制氢、超临界水气化制氢、高温等离体制氢等技术。

(1) 生物质热裂解制氢技术

生物质热裂解是指在温度为400～600℃、压力为0.1～0.5MPa、隔绝空气的条件下，间接加热生物质使其裂解，然后对热解产物二次催化裂解，使烃类物质继续裂解以增加气体中氢含量，再经过变换反应将一氧化碳、甲烷也转换为氢气，增加气体中氢的含量，最后采用变压吸附或膜分离技术进行气体分离得到纯氢。该工艺过程可通过控制裂解温度、物料停留时间及热解气氛来达到多产氢气目的。由于热解反应不使用空气，得到的是中热值燃气，燃气体积较小，有利于气体分离。

(2) 生物质催化重整制氢

除热裂解产生的氢气外，还可以将生物质通过催化重整反应制氢。催化重整是指生物质经过高温裂解后生成的小分子与水蒸气在催化剂存在下发生水煤气变换反应生成富氢气体的过程，具体流程如图6-4所示。生物质催化重整反应主要包括两个步骤：一是生物质的快速热解转化为生物质热解油，二是利用热解油与水蒸气重整制备富氢气体。

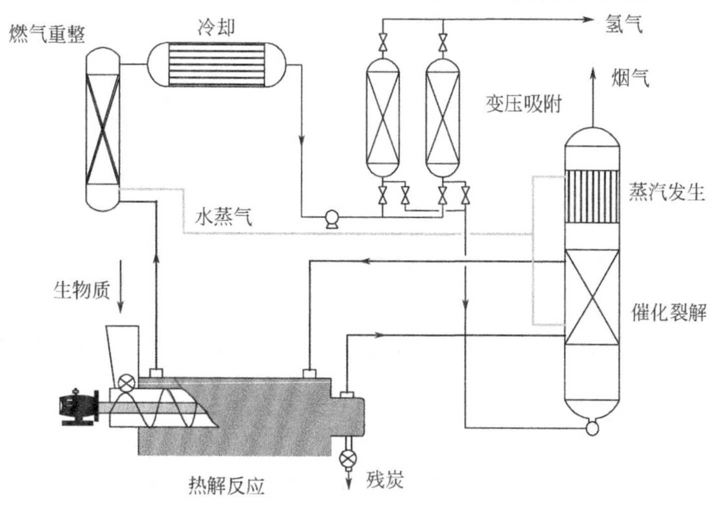

图6-4 生物质重整制氢

（3）生物质气化制氢

生物质气化制氢是指生物质在高温下与气化介质发生热化学反应后，获得富氢气体的过程（见图6-5）。生物质在气化介质中（空气、纯氧、水蒸气或这三者的混合物）加热至700℃高温以上，生物质将分解为氢、一氧化碳和少量二氧化碳的混合气，然后进行变换反应使CO转变为氢气和二氧化碳，以获得更多的氢气，最后分离氢气。生物质气化制氢一般采用循环流化床或固定化流化床作为气化反应器，目前用于气化的催化剂有白云石、镍基催化剂、方解石和菱镁矿等。气化剂不同则生成的可燃气体的成分及焦油含量也不相同。

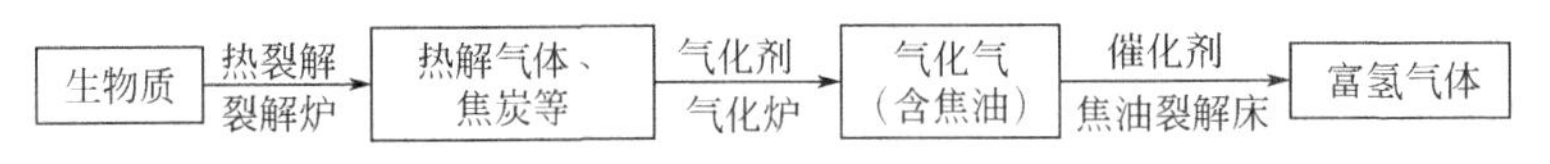

图6-5　生物质热气化制氢工艺流程

生物质气化制氢技术与煤气化制氢有相似的技术路线，但生物质作为气化原料比煤作为气化原料更具优势，生物质中的硫含量和灰分含量较低，氢含量较高，特别是秸秆类生物质，固定碳在20%左右，挥发组分则高达70%左右。而煤的挥发分一般在20%左右，固定碳在60%左右，400℃时生物质中大部分挥发组分可分解释放，而煤在800℃高温时才释放出30%的挥发组分；此外，生物质含硫量低，一般少于0.2%，生物质在催化气化过程中不需要气体脱硫装置，降低了成本，又有利于环境保护。

（4）生物质超临界水气化制氢

超临界水气化制氢是一种新型、高效的制氢技术。生物质超临界水气化制氢以生物质和水为原料，将生物质与一定比例的水混合后，在超临界条件下完成反应，产生含氢量高的气体和残炭，然后进行气体的分离得到氢。用超临界水气化法制氢时，一般生物质的含水量应在35%以上，反应压力22～35MPa，温度450～650℃。在超临界水中进行生物质的催化气化，生物质的气化率可达到100%，气体产物中氢气的含量可超过50%，并且反应不生成焦油、木炭等副产品。

（5）生物质高温等离子体制氢

高温等离子体制氢是指利用高温等离子体将生物质热解制备氢气的过程。用等离子体进行生物质转化是一项完全不同于传统生物质转化形式的工艺，其特点是温度极高，可达上万摄氏度，生物质在氮的气氛下等离子体热解后，产品气中的主要组分就是H_2和CO。在等离子体气化中，可通过水蒸气调节H_2和CO的比例，实现制氢的目的，该技术最大的问题是能耗很高。

2. 微生物法制氢技术

在19世纪，人们就发现了藻类和光合细菌具有产生分子氢的特性，微生物法制氢是指利用微生物的代谢活动来生产氢气的方法，该过程可在常温常压下进行，具有反应条件温和的特点。目前关于微生物法制氢的研究主要集中在光合细菌制氢、藻类制氢以及厌氧细菌发酵制氢。

（1）光合细菌制氢

光合细菌是地球上出现最早的具有光能合成系统的原核生物，产氢是光合细菌调节其机体内剩余能量和还原力的一种方式。在光合细菌内参与氢代谢的酶有两种——固氮酶和氢酶，光合细菌主要利用固氮酶产氢。蓝细菌作为一种典型的光合细菌，其产氢方式主要有固氮酶催化产氢和氢酶催化产氢两种。

固氮酶是一种能够将分子 N_2 还原成氨的酶，由铁蛋白和钼铁蛋白组成。只有钼铁蛋白和铁蛋白同时存在，固氮酶才具有固氮的作用。固氮过程必须是在严格的厌氧微环境中进行。因为钼铁蛋白和铁蛋白对氧极端敏感，一旦遇氧就很快导致固氮酶的失活。固氮过程中固氮酶能催化还原 N_2 成 NH_3，同时获得 H_2。

氢酶是一种含有金属的蛋白，主要负责调节氢代谢，可以分为镍-铁氢酶和铁-铁氢酶，前者活性中心由一个 Fe 原子和一个 Ni 原子组成，而铁-铁氢酶活性中心由两个 Fe 原子组成，氢酶能够催化质子与氢气的相互转化。

总体来说，利用光照产氢受到光照强度和光照时间的限制，产氢效率较低，产氢过程稳定性较差；在黑暗条件下，光合细菌主要依赖氢酶产生氢气，光合细菌以有机物（葡萄糖、有机酸、醇类）为底物，在氢酶代谢过程中产生氢气。

（2）藻类制氢

1939 年 Gaffron 在 *Nature* 上发表论文，介绍了斜生四链藻（*Tetradesmus obliquus*）具有在厌氧、光照条件下产氢的能力，首次发现了藻类具有产氢的特点。绿藻是目前研究较多的用于光解水制氢的藻类，如图 6-6 所示，它含有两个光合系统（PSⅠ和 PSⅡ），氢代谢主要由氢酶调节。其产氢方式有两种：一是光解水制氢，以太阳能为能源，以水为原料，通过光合作用及其特有的产氢酶系，将水分解为氢气和氧气；二是由内源性底物分解产生的电子，电子流向氢化酶进而产生 H_2。

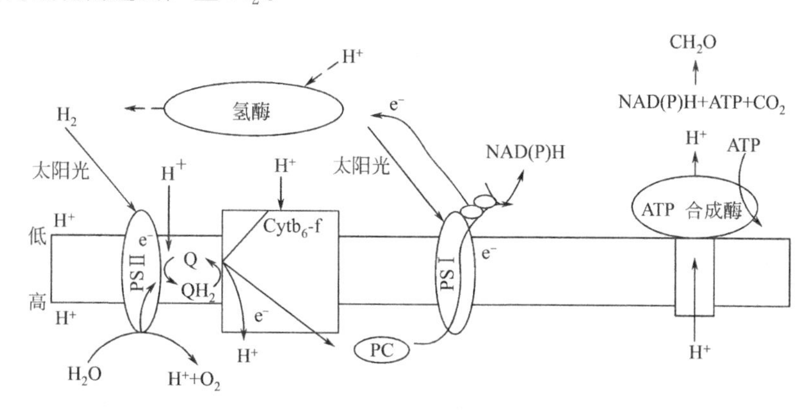

图 6-6　藻类光解水产氢过程电子传递示意图

总体来说，光合生物制氢的产氢能力低下、产氢稳定性不高、产氢条件限制因素多等问题会限制光合生物技术的发展。

（3）厌氧细菌发酵制氢

厌氧细菌发酵制氢是指在黑暗、厌氧条件下，通过微生物发酵作用，将有机物分解为挥发性脂肪酸、醇类等液体产物，同时释放二氧化碳，产生氢气的过程。

一些专性厌氧和兼性厌氧微生物具有厌氧产氢的能力，如丁酸梭菌、埃氏巨球型菌、大肠埃希菌、产气肠杆菌、褐球固氮菌等。厌氧发酵制氢的过程是在严格的厌氧条件下进行，在发酵制氢过程中，厌氧细菌利用固氮酶或氢化酶将底物分解制取氢气。主要底物包括甲酸、丙酮酸、短链脂肪酸以及糖类等有机物，同时硫化物也能作为反应底物。与前文介绍的光合细菌产氢、藻类产氢不同，厌氧发酵制氢无需光源，而且产氢过程不受天气、温度的影响，是一种持续稳定的产氢方法，由于发酵制氢可以借鉴成熟的发酵装置和发酵技术，与生物光解制氢相比，生物发酵法制氢更容易实现规模化生产。

六、其他制氢方法

随着氢气作为21世纪的理想清洁能源受到世界各国的普遍重视，许多国家重视制备氢气的方法和工艺的研究，使新的制氢工艺和方法不断涌现出来。除上述介绍的多种制氢方法和工艺以外，近年来还出现了氨裂解制氢、新型氧化材料制氢、硫化氢分解制氢、太阳能直接光电制氢、放射性催化剂制氢、电子共振裂解水制氢、陶瓷与水反应制氢等制氢技术。但这些技术都还处于研究和试验阶段，距商业化应用还有一定的距离。

目前，全世界各种制氢工艺主要以化学法制氢为主，其制备量每年达到 $5\times10^{11}m^3$，所分布的行业如表6-5所示。

表6-5　全世界化学法氢气制备量　　单位：$\times10^8m^3$

制备方法	天然气和石脑油蒸汽裂解	重油部分氧化	汽油裂解	乙烯生产	其他化学工业	氯碱电解	煤气化
数量	1900	1200	900	330	70	100	500

第三节　氢气的纯化

不论哪种制氢方法，所获得的氢气中都含有杂质，很难满足高纯度氢气应用的要求，需要对制氢过程中获得的氢气进一步纯化处理。氢气的工业纯化方法主要有低温吸附法、低温分离法、变压吸附法和无机膜分离法等。

一、低温吸附法

低温吸附法是利用在低温条件下（通常在液氮温度下），由于吸附剂本身化学结构的极性、化学键能等物理化学性质，吸附剂对氢气源中一些低沸点气体杂质组分的选择性吸附，实现氢气的分离。当吸附剂吸附饱和后，经升温、降低压力的脱附或解吸操作，使吸附剂再生，如活性炭、分子筛吸附剂可实现氢气与低沸点氮、氧等气体的分离。该法对原料气要求高，需精脱CO_2、H_2S、H_2O等杂质，氢含量一般大于95%，因此，通常与其他分离法联合使用，用于超高纯氢的制备，得到的氢气纯度可达99.9999%，回收率达90%以上。为了实现连续生产，一般使用两台吸附装置，其中一台运行，另一台处于再生阶段。该法设备投资大，能耗较高，操作较复杂，适用于大规模生产。

二、低温分离法

所谓低温分离法，是指在一定的低温下，含氢气体中所有高沸点组分被冷凝为液体而被分离，得到高纯度氢气的过程。低温分离能够在较大的氢浓度范围内操作，其氢的体积浓度可在30%～80%。

低温分离法的基本原理是在相同的压力下，利用氢气与其他组分的沸点差，采用降低温度的方法，使沸点较高的杂质部分冷凝下来，从而使氢与其他组分分离开来，得到纯度90%～98%的氢气。在20世纪50年代以前，工业制氢主要采用低温分离法，主要用于合成氨和煤的加氢液化。

低温分离法在分离前需要进行预处理，先除去CO_2、H_2S和H_2O，然后再把气体冷却至低温去除剩余的杂质气体，它适用于氢含量较低的气体，例如炼厂气中氢的回收，低温分离法可以获得较高的氢气回收率，但是在实际操作中需要使用气体压缩机及冷却设备，能耗高，在适应条件、温度控制方面存在着许多问题，一般适用于大规模生产。与低温吸附法相比，具有氢气产量大、纯度低和纯化成本低的特点。

三、变压吸附法

变压吸附（PSA）法纯化氢气的基本原理是利用固体材料对气体混合物的选择性吸附以及吸附量随压力改变而变化的特点，通过周期性改变压力来吸附和解吸，从而实现气体的分离和提纯。这一技术最早由美国联碳公司（Union Carbide Corporation，UUC）发明，并在全球推广使用。进入20世纪70年代后，该技术获得迅速发展，逐渐成为一种主要的气体高效分离提纯技术。变压吸附法在工业上通常使用的吸附剂是固相，吸附质是气相，同时采用固定床结构与两个或更多的吸附床系统，从而可以保证吸附剂能交替进行吸附与再生，因此能持续进行分离过程。

PSA法与低温吸附和膜分离法相比较有许多优点。PSA法装置和工艺简单，可一步获得纯度99.99%的氢气；要求原料气压力为0.8～3.0MPa，这对于许多氢气源，例如各种弛放气、变换气、炼厂气等，其本身的压力可以满足这一要求，这样就可以省去原料气加压所需能耗。PSA法对原料气中杂质组分要求不苛刻，这样就可以省去一些预处理装置。PSA提纯氢气已由最初的三床发展到五床和多床流程，氢纯度可达99.999%，氢回收率为86%。采用多床工艺，在床之间可进行广泛的气体互换和多次均压，系统运行可由计算机自动控制，使得生产能力大大提高。国外最大的PSA制氢装置处理气量已超过$10\times10^4m^3/h$。PSA法纯化的氢气大部分用于石油炼制工业。

变压吸附提纯氢工艺通常包括四个工序，即原料气压缩工序、预处理工序、变压吸附工序、脱氧干燥工序。以变压吸附焦炉煤气提纯氢气为例，其工艺流程如图6-7所示。

原料煤气经压缩机分段压缩、冷却、初分水分和部分油后，在压力1.8MPa、温度40℃下进入装有焦炭和活性炭的除油器除去气体中的机油、焦油及少量萘，进入正处于吸附步骤的PSA吸附器，除去C_5及C_5以上烃类、芳烃类等高沸点组分及硫化物。经PSA净化后的煤气温度约40℃，输入PSA工序中正处于吸附步骤的吸附器，在此除氢和少量氧外其余组分均被吸附剂吸附。经PSA工序后的气体压力为1.65MPa，含$O_2$0.3%左右，进入脱氧器中在钯催化剂作用下O_2与H_2反应生成H_2O，再经过PSA干燥后即可得到1.5MPa的纯氢。以PSA工序的低压脱附气作为脱除高沸点组分和硫化物吸附器的再生气，该气体最终在0.02MPa下送回焦化生产系统。以未经干燥的产品气作为脱氧PSA干燥工序的干燥器再生气，经加热后进入处于脱附步骤的吸附器，再经冷却除水后送入处于吸附步骤的干燥器。

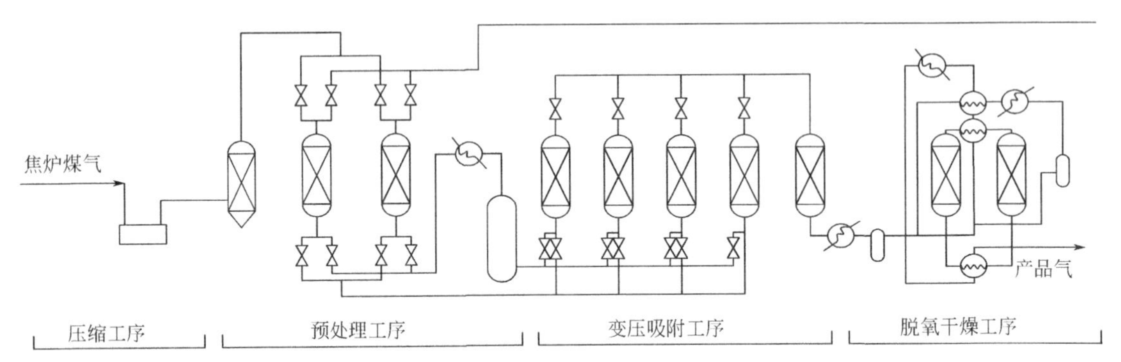

图 6-7　变压吸附焦炉煤气提氢工艺流程

变压吸附法具有低能耗、产品纯度高且可灵活调节、工艺流程简单并可实现多种气体的分离、自动化程度高、操作简单、吸附剂使用周期长、装置可靠性高的优点，最大的缺点是产品回收率低，一般只有75%左右。目前变压吸附的研究方向包括优化纯化流程、变压吸附与选择性扩散膜联用，主要是围绕提高氢气回收率展开的。

四、膜分离法

早在1866年就发现了钯具有选择性透氢性质，而其他所有气体在钯透过氢的工作温度下的透过率基本可以忽略不计，因此钯可以作为制取高纯氢（>99.9999%）的高效扩散体，随后就有研究人员利用这一性质发展钯纯化氢气的工业化应用。但是纯钯扩散体在氢的气氛中经过多次加热和冷却循环后容易发生起皱、扭曲和开裂，从而产生氢脆。将钯进行合金化则很好地解决了这一问题，如Pb-Ag合金膜，就有效缓解了纯钯的氢脆问题，并且提高了钯膜的氢透过率，使钯的透氢技术得到了实用性的突破。

钯或钯银合金膜的透氢机理为：

第一步，氢分子与钯合金膜开始接触；

第二步，氢分子在钯合金膜表面上吸附并在钯合金膜的催化作用下裂解为氢原子；

第三步，裂解后的氢原子通过钯合金膜的表面向膜内渗透和扩散，氢原子在钯合金膜内溶解，在浓度梯度作用下，浓度高的氢原子一侧会垂直扩散到浓度低的另一侧，该扩散过程处于非平衡状态；

第四步，膜中氢原子的扩散过程由非平衡态向稳态过渡，从而逐步达到了稳定状态；

第五步，氢原子在钯合金膜处浓度低的一侧穿透，然后吸附在其表面上；

第六步，氢原子重新结合成分子后脱附并离开膜表面，渗透速率达到稳定状态。

氢在钯或钯银合金膜里的渗透机制为原子扩散，符合Fick和Sievert定律，满足如下公式：

$$J=P\left(p_{H_{2,1}}^{0.5}-p_{H_{2,2}}^{0.5}\right)/d \tag{6-59}$$

式中，J 表示氢渗透速率，mol/(m^2·s)；P 表示氢渗透系数，mol/(m·s·Pa$^{0.5}$)；d 表示膜厚度，m；$p_{H_{2,1}}^{0.5}$ 和 $p_{H_{2,2}}^{0.5}$ 分别是氢气在进气端和出气端的分压，Pa。

从上式可知，氢在钯或钯银合金膜中的渗透速率与膜厚成反比，与两侧氢分压的平方根之差成正比，因此为了提高透氢速率，一方面可以减小膜的厚度，节省贵金属钯材料，还可减小材料应力；另一方面可通过提高膜两侧氢分压压差来实现，但由于钯膜的机械强度有限，压力过大会导致钯膜受损，影响钯膜的透氢性能，因此需要选用适当的压差；钯膜的透氢速率还会随温度的升高而增加，满足阿累尼乌斯定律，但随着温度的继续升高，透氢速率反而下降，存在着一个最大值，所以不能单纯通过升高温度来提高透氢速率；当有杂质气体存在时，例如 CO、CO_2、N_2、CH_4、H_2S、C_2H_4，透氢速率会减小；而氧一方面可以与钯形成氧化物，增加了钯膜的表面粗糙度，提高了透氢速率，另一方面又使钯膜形成微孔，影响氢的吸附，因此，少量的氧是有益的。

钯合金膜法纯化氢气有很大优点：纯化效率高，纯化后的氢气纯度可达 99.9999%；氢气回收率极高，可达 99%，几乎没有氢气的损耗；钯合金膜抗杂质气体中毒的能力强，能适用于多种气体类型下的氢气纯化。但是采用钯合金膜纯化氢气也有很明显的缺点，例如钯膜的透氢速度不高，导致生产量很小，而且钯金属膜极为昂贵，生产成本很高，因此无法实现工业上的大规模应用。

第四节　氢气的存储和运输

按照运输时氢气所处的状态不同，可以分为气态氢（GH_2）输送、液态氢（LH_2）输送和固态氢（SH_2）输送，目前大规模使用的是气态氢输送和液态氢输送。根据氢气的输送距离、用氢要求和用户的分布情况，气态氢可以用管网输送，也可以用储氢容器装在车、船等运输工具上进行输送。管网输送一般适用于用量大的场合，而车、船运输则适合于用户数量比较分散的场合。液态氢一般利用储氢容器用车、船进行输送。

氢能工业对储氢的要求总体来说是储氢系统要安全、容量大、成本低和使用方便。具体到氢能的终端用户不同又有很大的差别。氢能终端用户可分为两类：一类是民用和工业用气源，需要几十万立方米的存储容量；另一类是交通工具的气源，要求较大的储氢密度，达到储氢密度 $62kg/m^3$。目前的储氢技术主要有加压气态储存、液化储存、金属氢化物储存、非金属氢化物储存等。氢气加压气态储存方法适合于大规模存储气体时使用。由于氢气的密度太低，所以实际应用很少。氢气液化储存时，因氢气的沸点为 20.38K，汽化热为 448kJ/kg，由于液氢与环境之间存在很大的传热温差，很容易导致液氢汽化，即使储存液氢的容器采用真空绝热措施，仍使液氢难以长时间储存。金属氢化物储氢和非金属氢化物储氢主要用于交通工具的气源，其储氢性能还无法完全满足交通工具对气源的要求，新型储氢合金等储氢材料正在进行研究，有望在近期达到大规模商业化应用水平。

第七章
燃料电池

第一节　燃料电池的基本原理和特点

一、燃料电池的基本原理

燃料电池是一种能量转换装置，它是按照原电池如锌锰干电池的工作原理，等温地把燃料的化学能直接转化为电能。

对于一个氧化还原反应，如：

$$[O]+[R]\longrightarrow P \tag{7-1}$$

式中，[O] 代表氧化剂；[R] 代表还原剂；P 代表反应的生成物。

上述反应可分为两个反应，一个为氧化剂 [O] 的还原反应，一个为还原剂 [R] 的氧化反应。

用 e^- 代表电子，则有：

$$[R]\longrightarrow[R]^+ + e^- \tag{7-2}$$

$$[R]^+ + [O] + e^- \longrightarrow P \tag{7-3}$$

上两式合并为：

$$[R]+[O]\longrightarrow P \tag{7-4}$$

以氢氧反应为例，上述反应相应表示为：

$$H_2 \longrightarrow 2H^+ + 2e^- \tag{7-5}$$

$$\frac{1}{2}O_2 + 2H^+ + 2e^- \longrightarrow H_2O \tag{7-6}$$

上两式合并为：

$$H_2 + \frac{1}{2}O_2 \longrightarrow H_2O \tag{7-7}$$

燃料电池由阳极、阴极和电解质隔膜组成。燃料在阳极氧化，氧化剂在阴极还原，从而完成还原反应和氧化反应，构成一节燃料电池。燃料电池输出的电压等于阴极与阳极的电位差。在电池输出电流的开路状态下，电池的电压为开路电压 V_0。当电池对外输出电流做功时，输出的电压由 V_0 降到 V，这种电压降低的现象称为极化。电池输出电流时阳极电位电能损失称为阳极极化，阴极电位电能损失称为阴极极化。一个电池总的损失是阳极极化、阴极极化和欧姆电位降三者的总和。从极化的原因来分析，极化由活化极化（由化学反应速度限制引起的电位损失）、浓差极化（由反应物传质限制引起的电位损失）和欧姆极化（由电池组件，主要是电解质隔膜的电阻引起的欧姆电位损失）所组成。燃料电池工作原理和电池中的极化如图 7-1 所示。

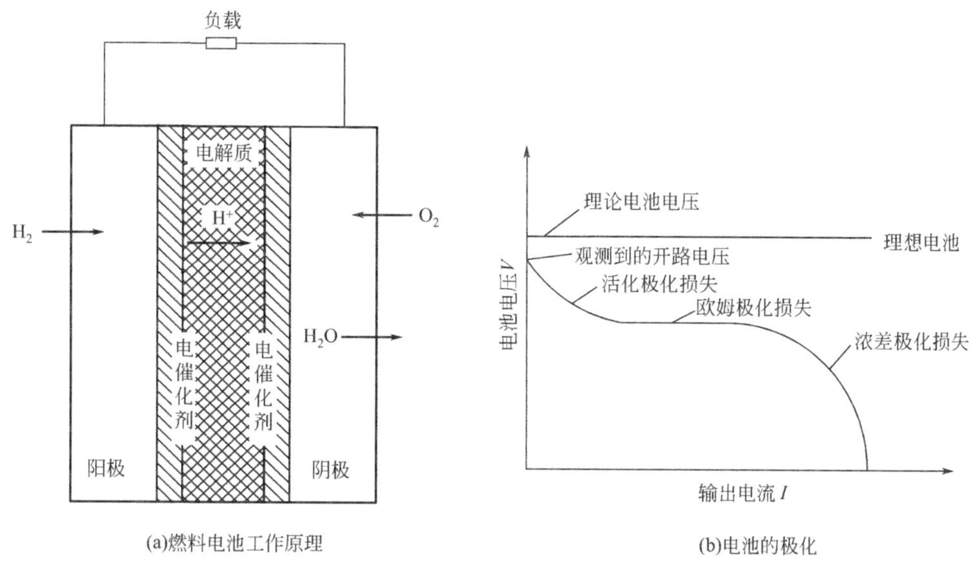

(a)燃料电池工作原理　　(b)电池的极化

图 7-1　燃料电池工作原理和电池中的极化

燃料电池与常规电池不同，它的燃料和氧化剂不是存储在电池内，而是储存在电池外的容器内。当燃料电池工作时，燃料和氧化剂不断输给燃料电池，并由燃料电池排出反应产物。燃料电池使用的燃料和氧化剂为液体或气体，最常用的燃料是纯氢、各种富含氢气的气体和某些如甲醇水溶液的液体。常用的氧化剂为纯氧、净化空气或某些如过氧化氢和硝酸水溶液的液体。按照电化学热力学计算的几种燃料和氧化剂所构成的燃料电池的理论电位见表 7-1。

表 7-1　几种燃料电池的理论电位

燃料/氧化剂	H_2/O_2	NH_3/O_2	N_2H_4/O_2	CH_3OH/O_2
理论电位 V_0/V	1.229	1.170	1.560	1.222

燃料电池效率是指燃料电池中转换为电能的那部分能量占燃料中所含化学能量的比值，是衡量燃料电池性能的重要指标。不同种类的燃料电池的效率是不一样的。氢氧燃料电池的理论能量转换效率可由氢气、氧气和水的热力学数据得出，其有关热力学数据见表 7-2。由表 7-2 中的数据可以计算出氢氧燃料电池的能量转换效率 η 为：

$$\eta=\frac{\Delta G^{\ominus}}{\Delta H^{\ominus}}=\frac{-237.19}{-285.84}\times 100\%=83\%$$

即氢氧燃料电池的最大效率为 83%。实际上由于电池内阻的存在和电极工作时极化现象的产生，燃料电池的实际效率为 50%～70%，比内燃机的实际效率 35%要高出很多。

表 7-2 氢气、氧气和水的热力学数据（$p=100kPa$，$T=25℃$）

项 目	$\Delta H^{\ominus}/(kJ/mol)$	$\Delta G^{\ominus}/(kJ/mol)$	$S^{\ominus}/(kJ/mol)$
$H_2(g)$	0	0	130.59
$O_2(g)$	0	0	205.30
$H_2O(l)$	−285.84	−237.19	69.94

当燃料电池的反应物和生成物不同时，其最大效率也不同，见表 7-3。

表 7-3 一些简单反应的最大效率

反 应	T/K	$\Delta H^{\ominus}/(kJ/mol)$	$\Delta G^{\ominus}/(kJ/mol)$	效率/%
$H_2(g)+1/2O_2(g)\longrightarrow H_2O(g)$	298	−241.7	−228.5	94.5
$H_2(g)+1/2O_2(g)\longrightarrow H_2O(l)$	298	−258.5	−237.2	83.0
$CH_4(g)+2O_2(g)\longrightarrow CO_2(g)+2H_2O(g)$	298	−889.9	−817.6	91.9
$CH_3OH(g)+3/2O_2(g)\longrightarrow CO_2(g)+2H_2O(g)$	298	−718.9	−698.2	97.1
$N_2H_4(g)+O_2(g)\longrightarrow N_2(g)+2H_2O(g)$	298	−605.6	−601.8	99.4
$C(s)+1/2O_2(g)\longrightarrow CO(g)$	298	−110.5	−137.2	124.7
$CO(g)+1/2O_2(g)\longrightarrow CO_2(g)$	298	−282.8	−257.0	90.9
$C(s)+CO_2(g)\longrightarrow 2CO(g)$	298	172.1	119.6	69.5

从表 7-3 中可以看出，当用碳作为燃料电池的燃料时，其能量转换效率超过 100%，这是由化学反应从反应体系外部获得能量所致。

二、燃料电池的特点

（1）高效

燃料电池按电化学原理等温地直接将化学能转化为电能。它不通过热机过程，因此不受卡诺循环的限制。在理论上它的热电转化效率可达 85%～90%。但实际上，电池在工作时由于各种极化的限制，目前各类电池实际的能量转化效率均在 40%～60%的范围内。若实现热电联供，燃料的总利用率可高达 80%以上。

（2）环境友好

当燃料电池以富氢气体为燃料时，富氢气体是通过矿物燃料来制取的。在制取过程中，其二氧化碳的排放量比热机过程减少 40%以上，这对缓解地球的温室效应是十分重要的。由于燃料电池的燃料气在反应前必须脱除硫及其化合物，而且燃料电池是按电化学原理发电，不经过热机的燃烧过程，所以它几乎不排放氮氧化物和硫氧化物，减轻了对大气的污染。当燃料电池以纯氢为燃料时，它的化学反应产物仅为水，从根本上消除了氮的氧化物、硫的氧化物及二氧化碳等的排放。

（3）安静

燃料电池按电化学原理工作，运动部件很少。因此它工作时安静，噪声很低。研究表明，距离 40kW 磷酸燃料电池电站 4.6m 的噪声水平为 60dB。而 4.5MW 和 1MW 的大功率磷酸燃料电池电站的噪声水平已经达到不高于53dB的水平。

(4) 可靠性高

碱性燃料电池和磷酸燃料电池的运行均证明燃料电池的运行高度可靠，可作为各种应急电源和不间断电源使用。

三、燃料电池的关键材料和部件

构成燃料电池的关键材料与部件包括：电极、隔膜与集流板（亦称双极板）。

1. 电极

电极是燃料（如氢）氧化和氧化剂（如氧）还原的电化学反应发生的场所。电极厚度一般为0.2～0.5mm，它通常分为两层，一层为扩散层或称支撑层，它由导电多孔材料制备，起到支撑催化剂层、收集电流与传导气体和反应产物（如水）的作用。另一层为催化剂层，它由电催化剂和防水剂（如聚四氟乙烯）等制备，其厚度仅为几微米至数十微米。早期为满足特殊要求，有时0.2～0.5mm厚的电极完全由电催化剂等组分制备。为了改善电极的导电性能，有时在电极内嵌入一定目数的导电网。对碱性电池多采用镍网嵌入。电极性能好坏的关键是电催化剂的性能、电极材料的选择与电极的制备技术。

① 电催化与电催化剂。电催化是电极与电解质界面上的电荷转移反应得以加速的一种催化作用，它的主要特点是电催化的反应速度不仅由电催化剂的活性决定，而且还与双电层内电场及电解质溶液的本性有关。由于双电层内的电场强度很高，对参加电化学反应的分子或离子具有明显的活化作用，使反应所需的活化能大幅度下降。所以，大部分电催化反应均可在远比通常的化学反应低得多的温度（如室温）下进行。例如在铂黑电催化剂上，丙烷可在150～200℃完全氧化为二氧化碳和水。电催化剂既要对电化学反应有良好的催化活性和高选择性，而且应能在一定的电位范围内耐受电解质的腐蚀，同时具有良好的电子导电性。早期对于酸性电池仅限于使用贵金属及其合金作电催化剂，对于碱性电池除贵金属外还可采用银与镍等作催化剂。目前电催化剂的研究取得了很大进展，相继发现并深入研究了雷尼镍、硼化镍、碳化钨、钠钨青铜、过渡金属与卟啉和酞化菁等的络合物、尖晶石型与钙钛矿型半导体氧化物以及各种晶间化合物等电催化剂。

② 多孔气体扩散电极。燃料电池通常以气体为燃料和氧化剂（如氢气和氧气）。由于气体在电解质溶液中的溶解度很低，为了提高燃料电池的实际工作电流密度，减少极化，一方面应增加电极的真实表面积，另一方面应尽可能地减少液相传质的边界层厚度。多孔气体扩散电极就是为适应这种要求而研制出来的。正是它的出现，才使燃料电池从原理研究发展到实用阶段。由于多孔气体扩散电极采用担载型高分散的电催化剂，不但比表面积较平板电极提高了3～5个数量级，而且液相传质层的厚度也从平板电极的0.1mm压缩到0.01～0.001mm，从而大大提高了电极的极限电流密度，减少了浓差极化。

2. 电解质隔膜

隔膜的功能是分隔氧化剂与还原剂（如氢和氧），并起离子传导的作用。为减小欧姆电阻，隔膜的厚度一般为零点几毫米。目前在电池内采用的隔膜分为两类。一类为绝缘材料制备的多孔膜，如石棉膜、碳化硅膜和偏铝酸锂膜等。电解质（如氢氧化钾、磷酸和熔融的锂-钾碳酸盐）靠毛细管力浸入膜的孔内，其导电离子为氢氧根离子、氢离子和碳酸根离子。另一类隔膜为离子交换膜，如质子交换膜燃料电池中采用的全氟磺酸树脂膜，其导电离子为氢离子。在固体氧化物燃料电池中使用的是氧化钇稳定的氧化锆膜，其导电离子为氧离子。隔膜性能的决定因素是隔膜材料与其制备技术。

3. 集流板材料与流场

集流板也称双极板，它起着收集电流、分隔氧化剂与还原剂的作用，并将反应物（如氢和氧）均匀分配到电极各处，再传送到电极催化剂层进行电化学反应。集流板涉及的关键技术是材料的选择、流体流动的流场设计与其加工技术。

集流板的功能与要求：

① 双极板用以分隔氧化剂与还原剂。因此，双极板应具有阻气功能，不能采用多孔透气材料制备。如果采用多层复合材料，至少有一层必须无孔。

② 双极板具有集流作用。因此双极板材料必须是电的良导体。

③ 双极板必须是热的良导体。以确保电池在工作时温度分布均匀并使电池的废热顺利排除。

④ 双极板必须具有抗腐蚀能力。迄今已开发出的几种燃料电池，电解质多为酸（含有氢离子）或碱（含有氢氧根离子），故双极板材料必须在其工作温度与电位的范围内，同时具有在氧化介质（如氧气）和还原介质（如氢气）两种条件下的抗腐蚀能力。

目前采用的双极板材料主要是无孔石墨和各种表面改性的金属板。采用无孔石墨材料作双极板的优点是它的导电及耐腐蚀性均好。缺点是无孔石墨的制备程序复杂而严格，耗工费时。由于无孔石墨质脆，流场加工困难，导致成本高，不利于批量机械化连续生产。无孔石墨双极板的厚度一般为3mm左右。由于质脆，其厚度难以进一步降低，不利于电池体积比功率的提高。采用金属材料作双极板，优点是可采用薄金属板（如0.1～0.5mm），并可采用冲压冲剪等机械化生产方法加工孔道与流场，有利于降低双极板成本。但必须解决金属板的腐蚀问题。为此，采用金属材料作双极板，其表面改性技术是必须攻克的难关。

流场是在双极板上加工的各种形状的沟槽，为反应物及反应产物提供进出通道。迄今在燃料电池流场的设计中已采用点状、平行沟槽、蛇形沟槽与网状等多种形状的流场。

四、电池组与相关技术

燃料电池通常将多节电池按叠压方式组合起来组成一个电池组。以氢氧燃料电池为例，一节单电池工作时，输出电压在0.6～0.9V之间。与所有电池一样，为满足用户对电池电压的要求，需将多节电池串接起来，提高电池组的输出电压。燃料电池通常将多节电池按压滤机方式组合起来，构成一个电池组。

电池组的设计首先要按照用户的要求和燃料电池的性能来决定单电池的工作面积和电池节数。以质子膜燃料电池为例，设某用户需要28V、1000W的一台燃料电池，按照这类电池目前的技术水平，其工作电流密度为300～700mA/cm^2，单节电池的工作电压为0.6～0.8V。选取工作电流密度500mA/cm^2、单节电池电压0.7V的电池，则电池组应由40节电池组成。当工作电压为28V时，电池输出电流应为40A，则电极的有效工作面积应为

$80cm^2$。据此设计的电池组的工作电压为28V±4V，输出功率为700～1000W，可满足用户的要求。在完成了电池组的设计加工后，还要依据严格的组装工艺完成电池组的组装。在组装过程中应注意确保电池组的密封，确保组装工艺不会造成各节电池双极板的流动阻力和共用管道阻力的大幅度变化，以免影响反应物在各节电池中的均匀分配。

五、电池系统

燃料电池在正常工作时，要连续供给燃料电池反应物，同时要将燃料电池反应产生的产物及时排出，以保证燃料电池的连续运行。燃料电池工作时还排出热量，应将此热量及时排出或加以利用。燃料电池的内阻较大，千瓦级质子膜燃料电池组的内阻在1000Ω左右。高内阻的优点是它的抗短路性能好，但当负载变化幅度较大时，输出电压的变化幅度也较大。因此，对负载变化要求电压稳定的用户，燃料电池系统需要配备稳压系统。燃料电池与各种化学电池一样，输出的电压为直流。对于交流用户或需要和电网并网的燃料电池发电系统，需要经过电压逆变系统将燃料电池输出的直流电转换成交流电。燃料电池是一个需要自动运行的发电装置，电池的供气、水热管理、电输出、电流调控均需要自动控制系统来控制燃料电池的自动运行。燃料电池发电系统示意图如图7-2所示。

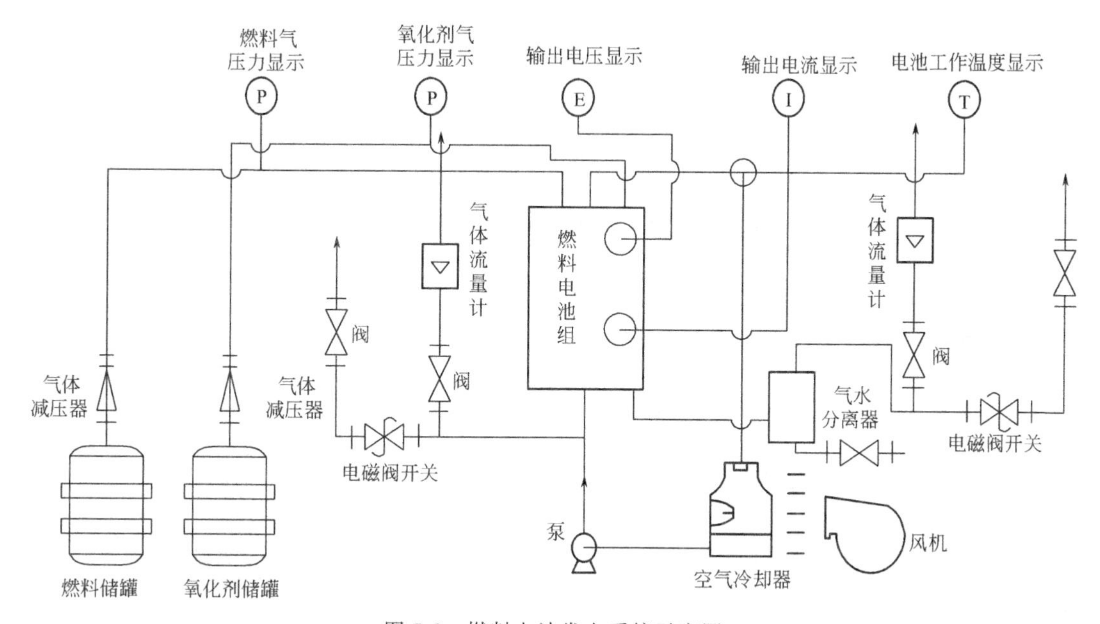

图7-2 燃料电池发电系统示意图

六、燃料电池的分类

燃料电池最常用的分类方法是按照所用的电解质进行分类，可分为：碱性燃料电池，一般以氢氧化钾为电解质；磷酸型燃料电池，以浓磷酸为电解质；质子交换膜燃料电池，以全氟或部分氟化的磺酸型质子交换膜为电解质；熔融碳酸盐型燃料电池，以熔融的锂-钾碳酸盐（或锂-钠碳酸盐）为电解质；固体氧化物燃料电池，以固体氧化物为氧离子导体，以氧化锆膜为电解质。燃料电池有时也按其工作温度的高低进行分类，可分为低温燃料电池，其工作温度低于 150℃，包括碱性燃料电池和质子交换膜燃料电池；中温燃料电池，其工作温度为 100～300℃，如磷酸型燃料电池；高温燃料电池，其工作温度为 600～1000℃，包括熔融碳酸盐燃料电池和固体氧化物燃料电池。各种燃料电池的分类和技术性能见表 7-4。

表 7-4　燃料电池的分类和技术性能

种　类	电解质	导电离子	工作温度/℃	燃料	氧化剂	技术状态	功率/kW	主要研制国家
碱性燃料电池(AFC)	KOH、NaOH	OH^-	室温～200	H_2	O_2	已在航天工业中使用	1～100	美国、日本、德国、加拿大、中国
磷酸燃料电池(PAFC)	H_3PO_4	H^+	100～200	重整气体	空气	已应用	1～12000	美国、日本、德国、加拿大、中国
质子交换膜燃料电池(PEMFC)	全氟磺酸膜	H^+	室温～120	H_2	O_2 或空气	已用于电动汽车	1～1000	美国、加拿大、意大利、日本、德国、中国
熔融碳酸盐燃料电池(MCFC)	$(Li\text{-}K)_2CO_3$	CO_3^{2-}	650～700	净化煤气、重整气体、天然气	空气	已应用，成本待降低	250～2000	美国、日本、德国、加拿大、中国
固体氧化物燃料电池(SOFC)	氧化钇、氧化锆	O^{2-}	800～1000	净化煤气或天然气	空气	已应用，成本待降低	100～500	美国、日本、德国、加拿大、中国

第二节　碱性燃料电池

一、基本原理

在 20 世纪 50～70 年代，碱性燃料电池（AFC）在世界范围内得到广泛重视，进行了深入研究开发，并成功应用于载人航天器。碱性燃料电池的能量转化率高于 60%，比功率比较高。碱性燃料电池原理示意图见图 7-3。

碱性燃料电池以氢氧化钾或氢氧化钠为电解质，导电离子为 OH^-。燃料（如氢）在阳极发生氧化反应：

$$H_2+2OH^- \longrightarrow 2H_2O+2e^- \qquad \text{标准电极电位：}-0.828V \tag{7-8}$$

氧化剂（如氧）在阴极发生还原反应：

$$\frac{1}{2}O_2+H_2O+2e^- \longrightarrow 2OH^- \qquad \text{标准电极电位：}0.401V \tag{7-9}$$

总反应为：

$$\frac{1}{2}O_2+H_2 \longrightarrow H_2O \tag{7-10}$$

电池理论标准电动势为：

$$E=0.401V-(-0.828V)=1.229V$$

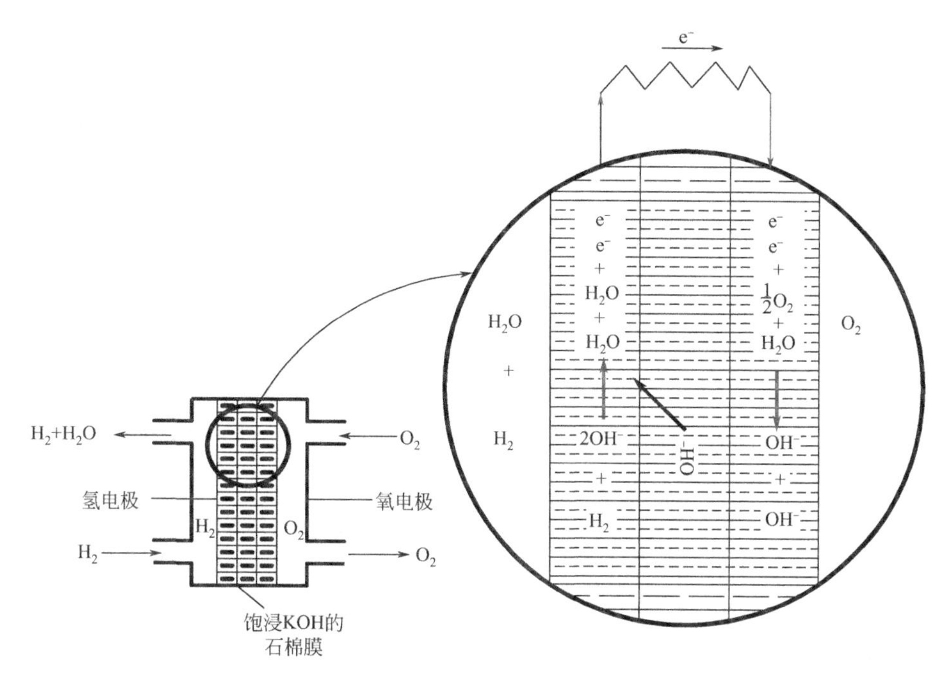

图 7-3　碱性燃料电池原理示意图

二、电催化剂与电极

1. 阳极催化剂

Pt、Pd 是常用的阳极催化剂，Pt、Pd 等对氢的电化学氧化具有较高的催化活性。但贵金属价格昂贵，为了降低成本，增大氢与催化剂的接触面积，通常把 Pt、Pd 等贵金属分散到碳表面，既使其活性表面积增大，同时碳载体还可为反应物提供物质传输通道，增大散热表面积，提高贵金属的热稳定性。

为了提高催化剂的电催化活性以及抗 CO 中毒能力，通常制备成 Pt 合金，如 Pt-Ag、Pt-Rh、Ir-Pt-Au、Pt-Pd-Ni 等，合金催化剂都表现出较好的氢电氧化催化活性，并可以降低 Pt 的负载量。

除贵金属外，人们对 Ni 系金属催化剂的研究也比较广泛。早在 20 世纪 40～50 年代，Bacon 就已采用 Ni 作为碱性燃料电池的催化剂，并对硼化镍、羰基镍、雷尼镍等 Ni 系金属催化剂对氢的电催化氧化性能进行了研究，但是镍对氧敏感，长时间使用会导致电池性能降低，影响电池寿命。

2. 阴极催化剂

对氧分子的电还原催化活性最高的催化剂仍然是 Pt、Pd 等贵金属，贵金属具有催化活性高、化学稳定性好的优点。由于氧在碱性电解质中具有较快的反应速度，因此 AFC 阴极催化剂既可以使用贵金属催化剂，也可以使用多种非贵金属催化剂，其中 Ag 是 AFC 中研究得最多的非贵金属催化剂，它具有良好的催化活性、稳定性和电子导电性，可以使氧迅速分解、还原，因此，在碱性、低温条件下可替代 Pt。

3. 电极结构

为了确保电极具有高度稳定的气、液、固三相反应界面，通常采用多孔气体扩散电极。为了增加电极的孔隙度，有时在电极制备过程中还要加一些造孔剂。根据电极表面性质的不同，将其分为疏水电极和亲水电极。

疏水电极是掺有聚四氟乙烯等疏水剂的黏合型电极。现代电极趋向于使用碳载催化剂，将其与聚四氟乙烯混合，然后压在镍网上面，制备成疏水电极。

亲水电极是由金属粉末构成的。这种电极的气体扩散层的孔径比反应层的孔径大。一般亲水电极结构又分双孔电极结构和雷尼金属电极结构。

双孔电极包含两种孔结构：粗孔层和细孔层。其粗孔层孔径≥30μm，细孔层孔径≤16μm，电极厚度约为1.6mm。其中细孔层与液体电解质相接触，粗孔层与气体相接触。

雷尼金属电极是20世纪60年代以来使用在AFC中的另一种多孔结构电极。这种电极是将活性金属（如Ni）和一种非活性金属（如Al）进行混合，形成以活性组分为骨架的明显的分区结构，然后经过碱溶除掉非活性组分，留下空孔区域。常用的雷尼镍是将质量比为1∶1的镍粉和铝粉经高温熔融后制成合金，然后用饱和KOH或NaOH溶液将大部分铝溶解，从而得到镍的多孔结构。雷尼金属结构的电极在低温时就表现出较高的催化活性，从20世纪60年代开发后一直沿用至今。

三、电解质

AFC使用的电解质为KOH水溶液，浓度一般为30%～45%。按照其流动方式可分为动态循环和静态两种类型。

由于空气中所含的CO_2会与KOH发生反应生成K_2CO_3而使电解液中OH^-的浓度降低，导致燃料电池效率降低。

动态电解质的主要优势在于电解质能够随时被去除和更换。循环电解质通过更新电解液，使KOH溶液在电池内进行循环流动，有利于去除电解液中生成的碳酸盐，并不断补充OH^-。除此之外，电解质的循环系统还可以作为AFC的冷却装置——电解质在循环过程中不断被搅拌和混合，可以避免阴极电解质浓度过高，有利于水和热的管理，从而使AFC可高效、长时间地工作。这种动态电解质的更换非常容易，而且氢氧化钾溶液的成本也极低。使用循环电解质的缺点是增加了AFC的复杂性，因为电解质循环系统需要一些附加系统，如泵和管路等。

静态电解质的管理方式是将KOH溶液固定在两个电极之间的隔膜材料里，如石棉隔膜。隔膜材料需要有很好的孔隙率、强度和抗腐蚀性能。饱浸碱液的石棉隔膜可以起到分隔氧化剂和燃料，提供OH^-传递通道的作用。由于静态电解质无法像循环电解质系统一样，可以随时更换电解质，所以，为了避免电解质受到CO_2的毒化作用，AFC必须使用纯氧为氧化剂。与动态循环电解质系统相比，静态电解质不需要进行循环处理，省掉了循环泵和管路等附属装置。

使用静态电解质管理系统的AFC的问题在于水、热管理。电池工作时，阳极产生水，阴极消耗水，因此，水管理的关键就在于如何使阳极产生的水及时排出，避免过量的水进入气体通道，导致电极被淹；另一方面还要确保阴极有足够的水进行补充。除此之外，还需要冷却系统对 AFC 进行冷却。

由于静态电解质系统较为简单，所以，使用这种系统的 AFC 常被应用在航天领域，而且，阳极生成的水还可以用于饮用并可充当冷却系统的冷却剂。地面上的应用则往往受到空气中 CO_2 毒化的影响，造成 AFC 的效率降低。另外，AFC 使用的石棉隔膜材料对人体有致癌作用，在很多国家已禁止使用。

第三节　磷酸型燃料电池

碱性燃料电池（AFC）具有高效、无污染发电的特点，当将其转变为在地面应用时，遇到了一系列问题。例如，由于 CO_2 对碱性燃料电池的毒化，各种富氢气体取代纯氢作为燃料气体时也必须去除燃料气体中所含的 CO_2，这导致系统的复杂化，也增加了发电的成本。

20 世纪 70 年代，世界各国就开始致力于研究以酸为电解质的燃料电池，其中，以磷酸为电解质的燃料电池首先获得了成功。这主要是因为磷酸是唯一的具有良好的热、化学和电化学稳定性的无机酸，最重要的是它能耐受空气和燃料气体中 CO_2 的存在。

自从美国开始研究磷酸燃料电池（PAFC）以来，它就越来越广泛地受到人们的重视，其他许多国家也已投入大量资金用于支持该项目的研究和开发。PAFC 是所有燃料电池中技术最成熟、最接近实用的一种，人们可以制造出从几十千瓦至数十兆瓦的多种规格的 PAFC 装置。目前全世界已经或正在示范运行或正在装机的 PAFC 发电系统的发电容量已经超过 75MW。PAFC 属于中温（180～210℃）燃料电池，不但具有发电效率高、清洁、无污染等特点，而且还可以以热水形式回收大部分的反应余热，电堆本身发电效率达到 40%，热电合并系统的效率可达到 60%～70%。

目前，磷酸燃料电池具有较高的效率，其发电系统具有比较好的环保性能，它的应用市场会进一步扩大。磷酸作为电解液是因为它在 200℃时仍然可以稳定工作，与低温碱性燃料电池（AFC）不允许含 CO_2 相比，它不怕燃料和氧化剂中的 CO_2，所以，PAFC 更能适应各种工作环境。

一、基本原理

磷酸型燃料电池的原理如图 7-4 所示。当以氢气为燃料，以空气为氧化剂时，在燃料电池中发生的电极反应和总反应如下：

阳极反应：
$$H_2 \longrightarrow 2H^+ + 2e^- \tag{7-11}$$

阴极反应：
$$\frac{1}{2}O_2 + 2H^+ + 2e^- \longrightarrow H_2O \tag{7-12}$$

总反应：
$$\frac{1}{2}O_2 + H_2 \longrightarrow H_2O \tag{7-13}$$

磷酸燃料电池的燃料既可以是天然气，也可以是从工业废弃物中得到的低热值气体，或者使用废甲醇作为燃料，甚至还可使用化石燃料以外的燃料。

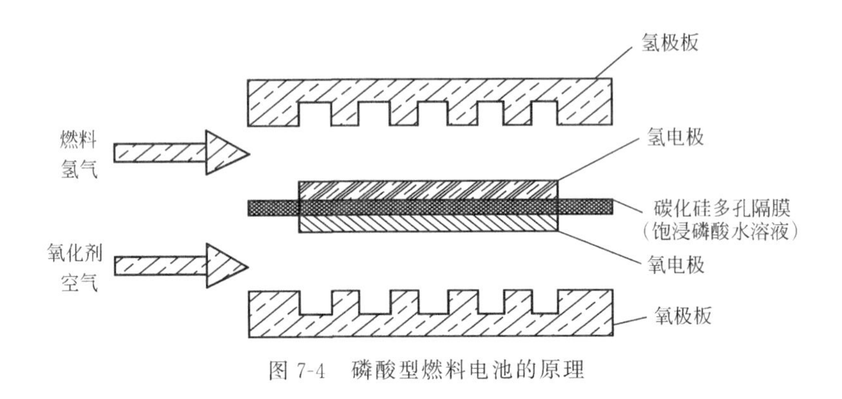

图 7-4　磷酸型燃料电池的原理

二、催化剂

1. 铂催化剂

Pt 催化剂是 PAFC 常用的电极活性材料。在 20 世纪 60 年代中期以前，PAFC 采用的基本上都是聚四氟乙烯（PTFE）黏合的铂黑，且 Pt 担载量很高，大约为 $9mg/m^2$。后来 Pt/C 催化剂开始替代铂黑，其中碳主要是分散铂催化剂，提高催化剂的利用率，同时增加催化剂的导电性。目前，Pt/C 催化剂的炭载体一般采用 XC-72 炭黑，其平均粒径为 30nm，比表面积为 $220 \sim 250m^2/g$。

2. 合金催化剂

由于高分散、大比表面积铂颗粒的表面自由能较大，很不稳定，需要掺入一些催化助剂以降低其表面自由能，或者掺入少量含有能与催化剂形成化学键或弱结合力的元素。

20 世纪 80 年代，铂与过渡金属（主要有 V、Cr、Co）的合金替代铂作为 PAFC 催化剂的研究开展较快。合金催化剂的制作方法主要有两种：一种是在已经制备好的纳米级 Pt/C 上浸渍化学计量的过渡金属盐（如硝酸盐或者氯化物），然后在惰性气体中高温处理，制备出合金催化剂；另一种方法是利用还原剂将氯铂酸与过渡金属的氯化物或硝酸盐水溶液共同沉淀到碳上，再焙烧制备合金催化剂。

3. 炭载体

碳是非金属元素，其单质（同素异形体）以多种形态存在，包括金刚石、石墨、富勒烯和无定形炭等。由于碳导带与价带的交叠，使其具有许多金属性质（如良好的导电性等），同时具有较好的化学稳定性。

碳材料的化学稳定性不仅与其存在形式有关，而且还与炭材前期史（如制备方法、热处理等）有关。实验证明，石墨化炭材（如乙炔炭黑）在 PAFC 工作条件下是相对稳定的。而作为 Pt/C 电催化剂的载体必须具有高的化学与电化学稳定性、良好电导性、适宜的孔体积分布、高的比表面积以及低的杂质含量。在各种炭材中仅无定形的炭黑具有上述性能。目前广泛用作 Pt/C 电催化剂载体的炭黑是 Cabot 公司由石油生产的导电型电炉黑 Vulcan XC-72。

三、电极结构

PAFC 使用的电极与 AFC 一样，均属多孔气体扩散电极。为提高铂的利用率、降低铂担载量，在开发 PAFC 过程中，在电极结构方面取得了突破性进展，研制成功了如图 7-5 所示的多层结构电极。该电极分为三层：第一层通常采用炭纸，炭纸的孔隙率高达 90%，在浸入 40%～50%（质量分数）的聚四氟乙烯乳液后，孔隙率降至 60%左右，平均孔径为 12.5μm，细孔为 3.4nm。它起着收集、传导电流和支撑催化层的作用，其厚度为 0.2～0.4mm，通称扩散层或支撑层；第二层为整平层，为便于在支撑层上制备催化层，需在炭纸的表面制备一层由 XC-72 炭黑与 50%（质量分数）聚四氟乙烯乳液的混合物所构成的整平层，其厚度仅为 1～2μm；第三层为催化层，在整平层上制备由铂炭电催化剂和 30%～50%（质量分数）聚四氟乙烯乳液构成的催化层，该催化层的厚度约为 50μm。

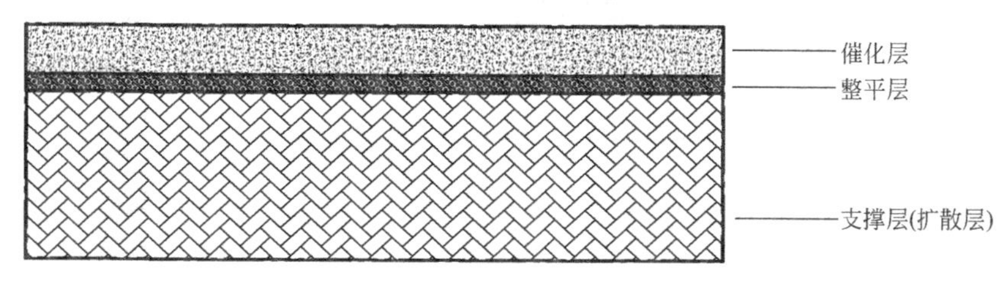

图 7-5 多层电极结构示意图

一般来说，电极制备好后需经过滚压处理，压实后在 320～340℃下烧结，以增强电极的防水性。这种多层电极的铂负载量对氢电极约为 $0.10mg/m^2$，对氧电极约为 $0.50mg/m^2$。

四、碳化硅多孔隔膜

在 PAFC 工作条件下，SiC（silicon carbon）是惰性的，具有很好的化学稳定性，PAFC 均选用 SiC 作为隔膜材料。在 PAFC 中碳化硅隔膜与其两侧的氢、氧多孔气体扩散电极构成阴极/膜/阳极“三合一”组件。饱浸磷酸的碳化硅隔膜一是起离子传导作用，为减少其电阻它必须具有尽可能大的孔隙率，一般为 50%～60%，为确保浓磷酸优先充满碳化硅隔膜，它的平均孔径应小于氢、氧气体扩散电极的孔径；二是还应起到隔离氧化剂（如空气）和燃料（如富氢气体）的作用。考虑到 PAFC 电池启动、停工和运行过程中气体工作压力的波动，碳化硅隔膜最小鼓泡压力应达到 0.05～0.10MPa，所以隔膜的最大孔径应小于几微米，其平均孔径应≤1μm。

碳化硅多孔膜的制备过程一般是先将小于 1μm 的碳化硅粉与 2%～4%聚四氟乙烯和少量（<0.5%）的有机胶黏剂（如环氧树脂胶黏剂）配成均匀的溶浆，用丝网印刷的方法在氢、氧气体扩散电极的催化层一侧制备厚度 0.15～0.20mm 的碳化硅隔膜，在空气中干燥，于 270～300℃烧结。在制备阴极/膜/阳极“三合一”组件时或组装电池时，将氢、氧电极上碳化硅隔膜压合到一起，得到 300～400μm 厚的碳化硅隔膜。为减小隔膜的欧姆电阻，随着制膜技术的进步，隔膜厚度逐渐减至 100～130μm。美国专利 US4000006 表述了采用丝网印刷法在电极表面制备薄而均匀的碳化硅膜的方法。

五、双极板

20世纪80年代初，美国联合技术公司（UTC）采用模铸工艺由石墨粉和酚醛树脂制备带流场的双极板，如图7-6所示。

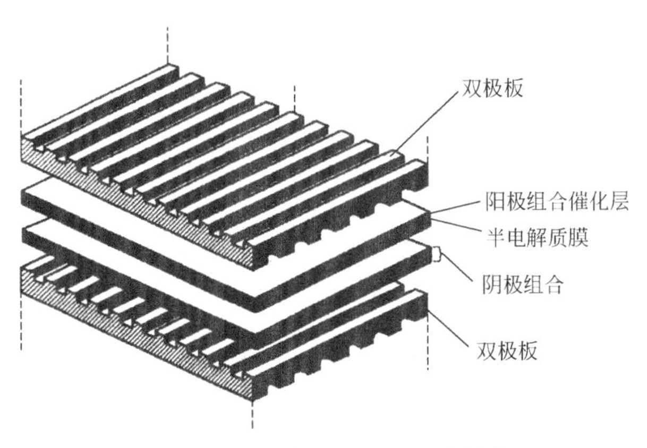

图7-6　UTC公司PAFC电池结构

一个典型的双极板是采用质量分数为17%～33%的酚醛树脂与两种粒度（50μm与6μm，其比例为11∶4）的石墨粉于177℃、2.96MPa下模铸，制备0.3mm带平行沟槽流场的石墨双极板，并经204℃后处理而得到双极板。

磷酸型燃料电池由多节电池按叠压方式组装以构成电池组。磷酸型燃料电池的工作温度一般为200℃左右，能量转化效率为40%左右。为了保证磷酸型燃料电池工作的稳定性，还必须连续排出电池本身所产生的热量，一般在每2～5节电池间加入一散热板，散热板内通水、空气或绝缘油以完成对电池的冷却，最常用的是采用水冷却。现已有磷酸型燃料电池运行多年，磷酸型燃料电池电站的制造技术有了很大的进步，电池组及辅助系统的可靠性也得到逐步提高，也进行了大规模商业化推广应用。但由于工作温度仅为200℃，用于固定电站时余热的利用价值偏低，在能量综合利用方面不如熔融碳酸盐燃料电池和固体氧化物燃料电池，所以磷酸燃料电池近年的研究投入显著减少，技术进展明显放缓。

第四节　质子交换膜燃料电池

20世纪60年代，美国首先将质子交换膜燃料电池（PEMFC）用于双子星座航天飞行器。1983年，加拿大国防部资助巴拉德动力公司进行质子交换膜燃料电池的研究。在加拿大、美国等国科技人员的共同努力下，质子交换膜燃料电池取得了突破性的进展。20世纪90年代以来，美国、加拿大、德国、日本、法国、意大利和中国等国家先后加大对质子交换膜燃料电池研发的投入，到目前为止，上述各国都生产了自己的以质子交换膜燃料电池为动力源的汽车，已逐步进入商业化应用阶段。

一、基本原理

质子交换膜燃料电池以全氟磺酸型固体聚合物为电解质，以铂/碳和铂-钌/碳为电催化剂，氢气或净化重整气为燃料，以空气为氧化剂，带有气体流动通道的石墨或表面改性的金属板为双极板。质子交换膜燃料电池的工作原理示意图见图 7-7。

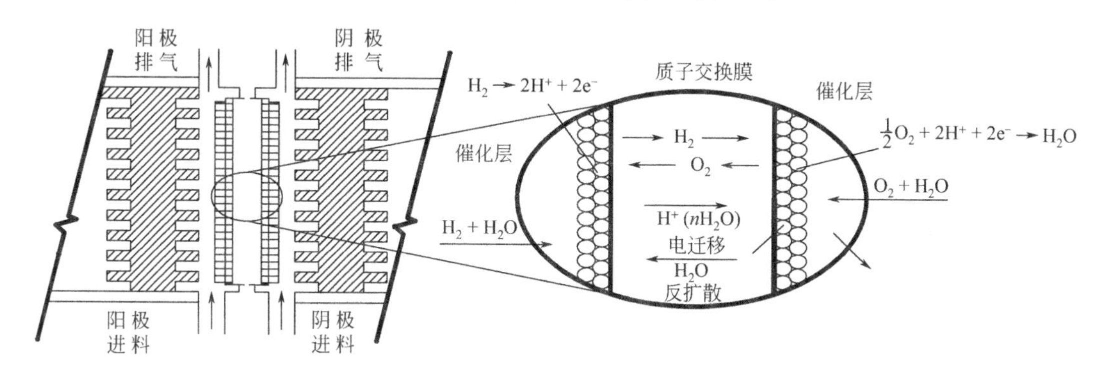

图 7-7 质子交换膜燃料电池的工作原理示意图

从图 7-7 中可以看出，构成质子交换膜燃料电池的关键材料和部件是电催化剂、电极、质子交换膜和双极板。

质子交换膜燃料电池中的电极反应类同于其他酸性电解质燃料电池。

阳极反应：
$$H_2 \longrightarrow 2H^+ + 2e^- \tag{7-14}$$

阴极反应：
$$\frac{1}{2}O_2 + 2H^+ + 2e^- \longrightarrow H_2O \tag{7-15}$$

总反应：
$$H_2 + \frac{1}{2}O_2 \longrightarrow H_2O \tag{7-16}$$

生成的水不稀释电解质，而是通过电极随反应尾气排出燃料电池。

二、电催化剂

电催化剂包括阴极催化剂和阳极催化剂两类，现在 PEMFC 的催化剂主要是 Pt。

20 世纪 60 年代美国通用电气（GE）公司研制的世界上最早的 PEMFC 电极是直接将铂黑与起防水和黏结作用的 Teflon 微粒混合后热压到质子交换膜上而制得的，Pt 的担载量高达 $28mg/cm^2$，但利用率非常低。后来，为了增加 Pt 的有效比表面积，同时也是为了降低电池成本，一般都采用 Pt/C 作为催化剂，到 20 世纪 80 年代中期，PEMFC 膜电极上 Pt 的担载量下降到 $4mg/cm^2$。

在阳极催化剂上，氢气是 PEMFC 的最佳燃料。Pt/C 催化剂是目前活性最高的氢氧化反应（hydrogen oxidation reaction，HOR）催化剂。如果使用重整气作为燃料，则存在 CO 中毒问题，PtRu 催化剂是目前为止研究最为成熟、应用最为广泛的抗 CO 催化剂，已应用于 PEMFC 和直接甲醇燃料电池中。其他还有 PtSn、PtMo 等二元催化剂，另外还有一些三元催化剂。

当前催化剂的研究重点一是制备高催化活性、高比表面、高导电性、高稳定性的催化剂；二是改进电极结构，提高催化剂利用率；三是开发新型、高效的非铂催化剂。

三、电极

一般 PEMFC 都采用气体扩散电极，它由催化剂层和气体扩散层组成。扩散层起到支撑催化剂层和扩散气体、水、电流和热传输等作用。催化剂层则是氢、氧发生电化学反应的场所，同时它也是进行电子、水、质子、热的生成与转移的场所。根据电极催化层制备工艺与厚度，主要分为厚层憎水电极、薄层亲水电极、复合型电极以及超薄层电极四类。

1. 气体扩散层

气体扩散层通常由导电的多孔材料构成，作用是收集电流、传导气体和排出反应产物——水。理想的扩散层应满足三个条件：良好的排水性、透气性和导电性。炭纸、炭布是目前较为广泛使用的扩散层材料，厚度为 100～300μm，但 20μm 的大孔不能实现水和反应气的有效传质，在炭纸或炭布和催化层之间添加由炭粉与聚四氟乙烯（PTFE）的混合物制成的 10～100μm 的微孔层，可以有效地改善 PEMFC 中水和气的传递，从而降低电池在高电流密度区的浓差极化，提高电池性能。

2. 催化剂层

针对不同的应用环境（包括电流密度、燃料及氧化剂种类、压力、流量等）和阴阳极气体组分，催化层可以分为憎水催化层、亲水催化层、复合催化层以及超薄催化层。不同类型以及不同催化剂种类和担载量的催化层的制备工艺也有很多种，如刀刮涂布、丝网涂布、辊涂、喷涂、胶印等。

（1）厚层憎水催化层电极

所谓厚层憎水电极是指将一定比例的 Pt/C 电催化剂与聚四氟乙烯乳液在水和醇的混合溶剂中超声振荡，调为墨水状，若黏度不合适可加少量甘油类物质进行调整。然后采用丝网印刷、涂布和喷涂等方法，在扩散层上制备 30～50μm 厚的催化层。采用 Pt 质量分数通常为 20%的 Pt/C 电催化剂，氧电极 Pt 担载量控制在 0.3～0.5mg/cm^2，氢电极在 0.1～0.3mg/cm^2 之间。聚四氟乙烯在催化层中的质量分数一般控制在 10%～50%之间。

至今组装的 PEMFC 电池组，采用的电极绝大部分为厚层憎水催化层。这种催化层至少还有两个问题需改进，一是催化层内由浸入 Nafion 树脂构成的离子传导网络导电能力低，当电极在高电流密度工作时，反应界面向催化层靠膜的一侧移动，Pt 利用率下降；二是由催化层至 Nafion 膜的变化梯度大，尽管经热压，也不利于 Nafion 膜与电极催化层黏合，导致在电池长时间运行时，电极与膜局部剥离，增加接触电阻。

（2）薄层亲水催化层电极

为了克服厚层憎水催化层离子电导低和催化层与膜间树脂变化梯度大的缺点，美国 Las-Alamos 国家实验室提出一种薄层（厚度小于 5μm）亲水催化层制备方法。该方法的主要特点是催化层内不加憎水剂聚四氟乙烯，而用 Nafion 树脂作黏合剂和 H^+ 导体。制备方法如下：首先将质量分数为 5%的 Nafion 溶液与 Pt/C 电催化剂混合，Pt/C 电催化剂与 Nafion 树脂质量比控制在 3∶1 左右。再向其中加入水与甘油，控制 Pt/C∶H_2O∶甘油质量比为 1∶5∶20，超声波振荡混合均匀，使其成为墨水状态。将此墨水分几次涂到已清洗过的聚四氟乙烯膜上，并在 130℃烘干，再将带有催化层的聚四氟乙烯膜与经过预处理的质子交换膜热压合，并剥离聚四氟乙烯膜，将催化层转移到质子交换膜上。

采用上述方法制备催化层，由 Pt/C 电催化剂构成的网络承担电子与水的传递任务，而由 Nafion 树脂构成的网络构成 H^+ 的通道，并且由于催化层中 Nafion 含量的提高，其离子电导会增加，接近 Nafion 膜的离子电导。但因无憎水剂聚四氟乙烯，催化层的孔应全部充满水，所以反应气（如氧）只能先溶解于水中或溶解于 Nafion 中，并在 Nafion 树脂构成的通道或由 Pt/C 构成的充满水的孔中传递。

（3）超薄催化层电极

超薄催化层一般采用物理方法（如真空溅射）制备，将 Pt 溅射到扩散层上或特制的具有纳米结构的炭须（whiskers）的扩散层上。Pt 催化层的厚度$<1\mu m$，一般为几十纳米。

（4）双层催化剂层电极

综合考虑憎水催化层和亲水催化层的优缺点，研究人员提出来一种亲、憎水双层催化层结构。该结构的工艺过程为：首先在扩散层表面制备一层由聚四氟乙烯和催化剂构成的憎水催化单层，然后再在其表面制备一层由 Nafion 和催化剂构成的亲水催化单层，两个催化单层共同组成完整的催化层。

在相同催化剂用量下，双层电极与传统憎水型或亲水型电极相比，表现出较好的传质性能和离子传导性能，催化剂利用率大大提高，电池性能相应提高。其缺点是制备工艺相对烦琐，催化层较厚。

四、双极板

质子交换膜燃料电池的双极板主要有石墨双极板、金属双极板、复合双极板等，其中用得最多的是石墨双极板。

石墨双极板的成型方法是将炭粉或者石墨粉与可石墨化树脂混合均匀后，加压成型，然后在高温还原气氛或真空条件下进行石墨化。其优点是耐腐蚀性强、导热导电性好，比许多金属材料更适合制作双极板，缺点是强度低、脆性大，不易加工成超薄双极板。目前采用的石墨双极板厚度大都在 0.8mm 以上，其体积比功率和质量比功率相对较低。目前多采用的办法是，先将石墨板进行浸渍封孔，然后用数控铣床或精雕机在石墨板上加工流道。在整个流程中，高温石墨化处理和机加工过程是双极板成本较高的主要原因。

金属双极板的导电和导热性非常好，易于加工，具备无孔结构，选用非常薄的极板就能达到隔离气体的目的，但其不足之处在于密度大、质量大，并且容易被腐蚀（阳极、酸性环境）和表面钝化（阴极），导致内阻急剧增大。常用的金属材料是铝、镍、铜、钛及不锈钢，但腐蚀后金属离子会污染膜，增加质子传递阻力，从而影响电池性能。为减轻腐蚀，需对金属表面进行处理，如 Ti 表面覆盖 TiN，不锈钢中常采用 316L 不锈钢。总之金属双极板的关键是金属的表面处理技术的进步，使得到的表面既能够保证导电需要，又能够保证防腐需求。其流场加工形式有机械加工、冲压模具加工。表面处理方法一般是物理气相沉积、化学气相沉积、电镀、化学镀、丝网印刷、真空磁控溅射等。

复合双极板是以金属薄片为基底，两面复合一层石墨材料，这种方法既利用了金属易成型、防漏性好等优点，又利用了石墨材料的耐腐蚀性。其缺点是在反复的温度变化过程中，两种材料的结合容易松动，进而导致接触电阻增大。另外一种是高分子材料与导电填料复合的双极板，其原理是利用热塑性高分子材料的可塑性，根据所设计模具的不同而制备出不同形状和流场的双极板，这种方法是目前制备低成本双极板最主要的研究方向之一，目前美国 DuPont 公司和 IFC 在此领域已有深入的研究。

五、质子交换膜

20世纪60年代，美国通用公司为双子星座航天飞行器研制的PEMFC，采用的是聚苯乙烯磺酸膜，在电池工作过程中，膜发生降解，电池寿命仅几百小时。1962年，美国DuPont公司研制成功全氟磺酸型质子交换膜，1964年开始用于氯碱工业，1966年开始用于燃料电池，从而为研制长寿命、高功率密度PEMFC创造了坚实物质基础。至今各国试制PEMFC电池组用的质子交换膜仍以DuPont公司生产、销售的全氟磺酸型质子交换膜为主，其商业型号为Nafion。但由于Nafion膜售价较高，为降低PEMFC成本，各国科学家正在研究部分氟化或非氟质子交换膜。

1. 全氟磺酸质子交换膜

至今DuPont公司的Nafion膜是仅有的商品化的质子交换膜。其制备过程为四氟乙烯与SO_3反应，再与Na_2CO_3缩合得到全氟磺酰氟烯醚单体，该单体与四氟乙烯进行共聚反应，获得不溶性的全氟磺酰氟树脂。将该树脂热塑成膜，然后水解并用H^+交换Na^+，最后获得Nafion系列质子交换膜。Nafion膜的化学结构如图7-8所示。

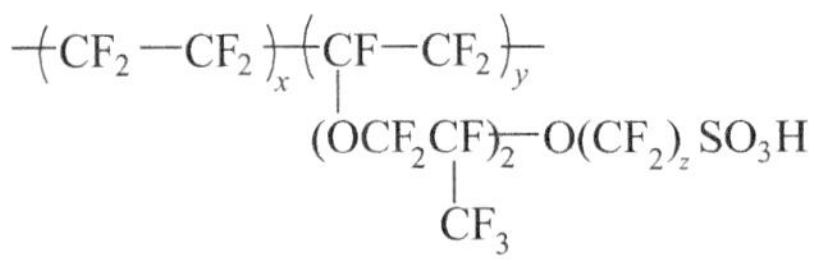

$$\left[CF_2-CF_2 \right]_x \left[\underset{\underset{\underset{CF_3}{|}}{(OCF_2\underset{}{CF})_2-O(CF_2)_z SO_3H}}{\overset{}{CF}}-CF_2 \right]_y$$

图7-8　Nafion膜的化学结构式

($x=6\sim10$，$y=z=1$)

2. 以PTFE多孔膜为基底的复合膜

为适应PEMFC的需求，许多研究者均在开发聚四氟乙烯多孔膜和全氟磺酸树脂构成的复合膜。这种复合膜不但能改善膜的机械强度、尺寸稳定性，而且由于膜可以做得很薄(5～50μm)，减少了全氟树脂的用量，降低了膜的成本；由于膜很薄，还改善了膜内的水传递与分布，增加了膜的导电性，提高了电池性能。

制备这种复合膜的技术关键是如何降低全氟磺酸树脂在PTFE多孔膜的孔中的表面张力和增加全氟磺酸树脂的浸润性，确保全氟磺酸树脂浸入到PTFE多孔膜的孔中，形成致密的复合膜。

Gore and Associates公司已推出这种复合膜，商业型号为Gore-select，并用于PEMFC，但至今未宣布其具体制备方法。

3. 非全氟磺酸膜

考虑到全氟磺酸质子交换膜的成本较高，近三十年来很多科研工作者对成本较低的部分氟化或非氟新型质子交换膜进行了广泛的探索与研究。目前开发的非全氟磺酸膜主要是部分氟化的高分子材料，如加拿大的巴拉德公司开发的BAM3G膜，由α,β,β-三氟苯乙烯与取代的同系物共聚，再经磺化获得，BAM3G膜的性能与全氟磺酸膜相近，连续运行寿命可达14000h。

非氟新型质子交换膜主要有聚苯磺酸硅氧烷以及芳香族高分子碳氢化合物等，这类膜在电导率、热稳定性、玻璃化转变温度、吸水性、溶胀性、气密性以及选择性、强度等方面与全氟磺酸膜相比，有着不同的特征。

第五节 熔融碳酸盐燃料电池

熔融碳酸盐燃料电池（MCFC）的概念最早出现于20世纪40年代。50年代，出现了第一台熔融碳酸盐燃料电池；80年代，加压工作的熔融碳酸盐燃料电池开始运行。MCFC的发电效率可达45%～48%，主要用在一些大型电站或用于热电联产、热冷联产，转换效率高达60%，联产效率高达80%以上。

美国在20世纪70年代着手开发熔融碳酸盐燃料电池，21世纪开始大规模运行示范电站，装机容量从0.3MW到2.4MW，平均发电效率可达47%。美国、日本、德国、韩国等均已开发运行250kW级常压内重整式碳酸盐燃料电池发电站。我国上海交通大学和大连化学物理研究所于2001年成功完成了1kW熔融碳酸盐燃料电池堆的发电试验。2015年MCFC电站的装机数量达100座，装机容量超过75.6MW。

一、基本原理

熔融碳酸盐燃料电池的工作原理及电池结构示意图如图7-9、图7-10所示。由图7-10可见，构成熔融碳酸盐燃料电池的关键材料与部件为阳极、阴极、隔膜和双极板等。

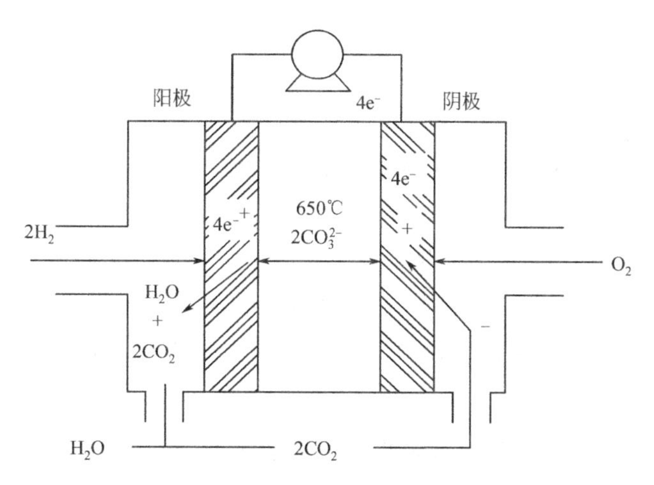

图7-9 熔融碳酸盐燃料电池的工作原理

熔融碳酸盐燃料电池的电极反应为：

阴极反应：
$$O_2+2CO_2+4e^- \longrightarrow 2CO_3^{2-} \quad (7\text{-}17)$$

阳极反应：
$$2H_2+2CO_3^{2-} \longrightarrow 2CO_2+2H_2O+4e^- \quad (7\text{-}18)$$

总反应：
$$O_2+2H_2 \longrightarrow 2H_2O \quad (7\text{-}19)$$

MCFC用碱金属（Li、Na、K）的碳酸盐作为电解质，电池工作温度600～700℃。在此温度下电解质呈熔融状态，载流子为碳酸根离子。典型的电解质为62% Li_2CO_3 + 38% K_2CO_3（摩尔分数）。MCFC的燃料气是 H_2，也可以是CO，氧化剂为 O_2。当电池工作时，

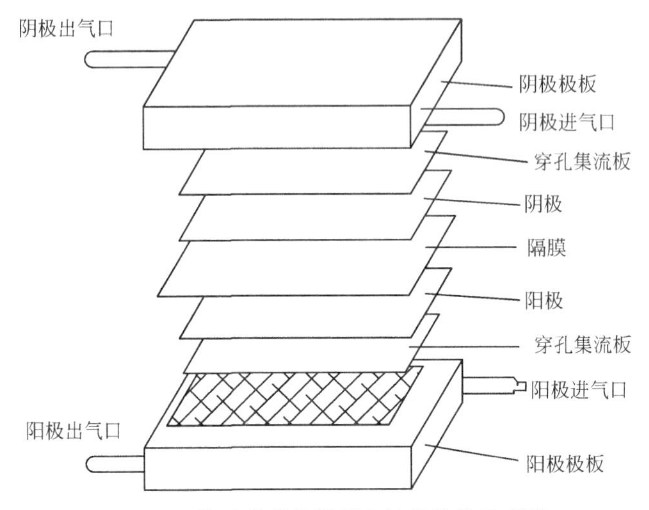

图 7-10 熔融碳酸盐燃料电池的结构示意图

阳极上的 H_2 与从阴极上通过电解质迁移过来的 CO_3^{2-} 反应，生成 CO_2 和 H_2O，同时将电子输送到外电路。阴极上 O_2 和 CO_2 与从外电路输送过来的电子结合，生成 CO_3^{2-}。

与其他类型燃料电池的区别是：CO_2 在熔融碳酸盐燃料电池的阴极为反应物，而它在燃料电池的阳极为产物，CO_2 在电池的工作过程中构成了一个循环。为了保证熔融碳酸盐燃料电池稳定地连续工作，要把在阳极产生的 CO_2 送回阴极，常用的方法是将阳极室所排出的尾气经燃烧消除其中的 CO 和 H_2 并进行分离除水后，再将 CO_2 送回到阴极。

二、电极

在 MCFC 的阳极和阴极上分别进行氢阳极氧化反应和氧阴极还原反应，由于反应温度高达 650℃，反应有电解质（CO_3^{2-}）参与，这就要求电极材料要有较高的电导率和很高的耐腐蚀性。阳极上燃料气和阴极上氧化剂均为混合气，尤其是阴极的空气和 CO 混合气在电极反应中浓差极化较大，因此电极均为多孔气体扩散电极结构。同时要确保电解液在隔膜与阳极、阴极间良好的分配，增大电化学反应面积、减小电池的活化与浓差极化。

1. 阳极

在 MCFC 中，阳极最早使用的是多孔烧结纯镍板，但纯镍在 MCFC 的工作温度与电池组装力的作用下会发生阳极蠕变现象，晶体结构产生微形变会破坏阳极的微观结构，减少电解质储存量，导致电极性能的衰减。因此，需要对纯镍阳极进行改性以克服其蠕变应力。在 Ni 中加入摩尔分数为 10%左右的 Cr、Co、Al 等金属与 Ni 形成合金，对电极起加固、对蠕变应力起分散作用。

阳极用带铸法制备，将一定粒度分布的电催化剂粉料（如碳基镍粉），用高温反应制备的偏钴酸锂（$LiCoO_2$）粉料或用高温还原法制备的镍-铬合金粉料与一定比例的黏合剂、增塑剂和分散剂混合，并用正丁醇和乙醇的混合物作为溶剂，配成浆料，用带铸法制备阳极。既可单独程序升温烧结制备多孔电极，也可在电池程序升温过程中与隔膜一起去除有机物而形成多孔气体扩散电极和阴极/膜/阳极“三合一”组件。

2. 阴极

在 MCFC 中，电极反应为高温反应，电极催化活性也较高，所以电极材料一般采用非贵金属。阴极一般采用多孔 NiO，多孔 NiO 的特点是在电池升温过程中原位氧化，部分晶格被原位锂离子取代，形成非化学计量比的 $Li_xNi_{1-x}O$ 缺陷化合物，具有电导率高和电催化活性高的优点，同时制备方便。因此 NiO 成为标准的 MCFC 阴极材料。但是在长期的运行中，NiO 易溶解于熔盐电解质中导致电极性能下降。NiO 在电解质中的溶解度与 CO_2 的分压有关。一般随 CO_2 分压的提高，NiO 的溶解先经历“碱性溶解”再经历“酸性溶解”过程，当 CO_2 的分压较高时，以“酸性溶解”为主，其反应机理为：

$$NiO + CO_2 \longrightarrow Ni^{2+} + CO_3^{2-} \tag{7-20}$$

产生的 Ni^{2+} 扩散进入隔膜，被电解质另一侧的阳极渗透过来的 H_2 还原为金属 Ni 而沉积在电解质中，这些 Ni 微粒相互连接成为 Ni 桥，最终可导致电池阴极和阳极的短路，成为 MCFC 技术的主要问题。

三、隔膜

1. 隔膜的性能

电解质隔膜是 MCFC 的核心部件，其中电解质被固定在隔膜载体内，它的使用也是 MCFC 的特征之一。电解质隔膜必须具有强度高、耐高温熔盐腐蚀、浸入熔盐电解质后能阻挡气体通过及良好的离子导电性能。早期采用 MgO 作为 MCFC 的隔膜材料，但 MgO 在高温熔融碳酸盐中会有微量的溶解，使隔膜的强度变差。目前，几乎所有 MCFC 使用的细颗粒材料都是偏铝酸锂，它具有很强的抗碳酸熔盐腐蚀能力。

偏铝酸锂（$LiAlO_2$）有 α、β 和 γ 三种晶型，分别属于六方、单斜和四方晶系。其外形分别为棒状、针状和片状。其中 γ-$LiAlO_2$ 和 α-$LiAlO_2$ 都适合于作为 MCFC 的隔膜材料，早期 γ-$LiAlO_2$ 用得多一点。但是由于在 MCFC 的工作温度以及熔融碳酸盐存在的情况下，β-$LiAlO_2$ 和 γ-$LiAlO_2$ 都会不可逆地转变为 α-$LiAlO_2$，同时伴随着颗粒形态的变化和比表面积的降低，因此目前 α-$LiAlO_2$ 用得更多一些。

隔膜的孔隙率越大，浸入的碳酸盐电解质就越多，隔膜的电阻率也就越小。综合考虑隔膜应尽可能承受较大的穿透气压和尽量减小电阻率，具有小的孔半径和大的孔隙率是判断隔膜性能的重要指标。一般熔融碳酸盐燃料电池隔膜的厚度为 0.3～0.6mm，孔隙率为 60%～70%，平均孔径为 0.25～0.8μm。

2. 隔膜的制备

目前，国内外已发展了多种偏铝酸锂隔膜的制备方法，如热压法、电沉积法、真空铸法、冷热法和带铸法等。其中带铸法制备的偏铝酸锂隔膜，性能与重复性好，而且适宜大批量生产。

制备流程为：将 $LiAlO_2$ 与有机溶剂、分散剂、黏结剂和增塑剂等按配方经球磨形成浆料，浇筑在一固定带上或连续运行的带上，待溶剂挥发后，从带上剥下 $LiAlO_2$ 薄层，将薄层中残留的溶剂、黏结剂在低于电解质熔点的温度（约 490℃）下烧掉，即得基底。电解质可在电池装配前通过浸渍进入基底的孔隙中，也可在浆料中先加入，后者所获得的基底孔隙率更大。为了减少制膜过程对环境的污染，在制膜过程中以水为溶剂，添加剂亦选择水溶性的有机物，如图 7-11 所示。

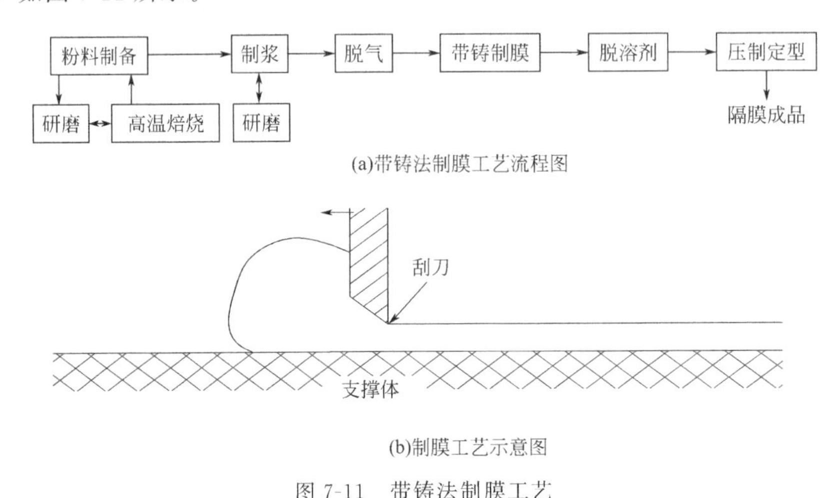

(a)带铸法制膜工艺流程图

(b)制膜工艺示意图

图 7-11　带铸法制膜工艺

四、双极板

MCFC 的双极板通常用不锈钢和镍基合金钢制成。目前使用最多的还是 316L 不锈钢和 310 不锈钢双极板。对于小型电池组，其双极板采用机械方法进行加工；对于大型电池组，其双极板采用冲压方法进行加工。

在高温电解质的环境中，双极板易产生腐蚀，腐蚀产物主要为 $LiCrO_2$ 和 $LiFeO_2$，其反应式如下：

$$2M+Li_2CO_3+\frac{3}{2}O_2 \longrightarrow 2LiMO_2+CO_2(M=Fe,Gr) \tag{7-21}$$

由上述反应式可知，在双极板受到腐蚀的同时，还消耗了电解质，同时在密封面的腐蚀易引起电解质流失，若不及时补充电解质，会导致电池性能的衰减。此外，腐蚀作用会导致双极板的电导率降低，欧姆极化增强，机械强度降低。为了提高双极板的防腐蚀性能，既可以采用防腐蚀性能更好的材料，如特种钢制备双极板，也可以对 316L 不锈钢双极板的表面进行防腐蚀处理，一般在阳极侧镀镍、在密封面镀铝来提高防腐蚀和密封性能。

第六节　固体氧化物燃料电池

固体氧化物燃料电池（SOFC）是 20 世纪 90 年代开始研发的一种新型燃料电池，全固态结构的固体氧化物燃料电池是能量转换效率最高的一种发电技术。其较高的工作温度使得利用电池内部产生的热能对燃料气进行重整成为可能，且其燃料种类选择较为广泛（如氢气、天然气、沼气等），因此，SOFC 作为分布式电源具有广泛前景。

目前，SOFC 在少数发达国家得到了良好的发展，并且实现了产业化。美国的 2020 年度 SOFC 计划完成了 200kW 的 SOFC 现场测试，随后，该系统被成功安装在宾夕法尼亚州匹兹堡的 NRG 能源中心并成功运行 3500h。中国科学院上海硅酸盐研究所、中国科学院大连化学物理研究所、中国科学技术大学、吉林大学等正在进行平板型 SOFC 的研发。中国科学院上海硅酸盐研究所在"九五"期间曾组装了 800W 的平板型高温固体氧化物燃料电池组。我国的 SOFC 技术现状与发达国家相比还有一定的差距，目前还停留在样机开发阶段，距离 SOFC 的产业化尚有一段距离，而产业化的核心因素是成本和寿命。

一、基本原理

固体氧化物燃料电池采用固体氧化物为电解质，这种氧化物在高温下具有传递 O^{2-} 的能力，在电池中起着传导 O^{2-} 以及分隔氧化剂（如氧气）和燃料（如氢气）的作用。其工作原理如图 7-12 所示。

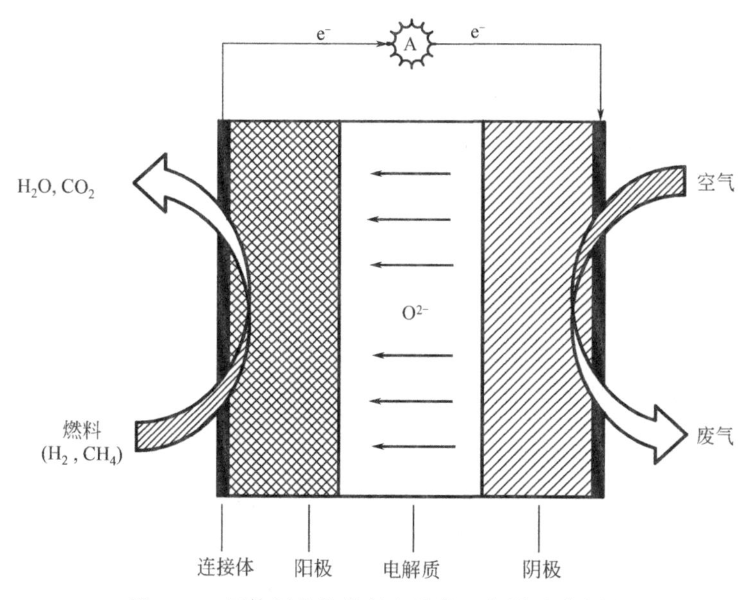

图 7-12 固体氧化物燃料电池的工作原理示意图

在阴极，氧分子得到电子被还原成氧离子：

$$O_2 + 4e^- \longrightarrow 2O^{2-} \tag{7-22}$$

氧离子在电解质隔膜两侧电位差和浓度差的作用下，通过电解质隔膜中的氧空位，定向跃迁到阳极侧，并与燃料如氢气进行氧化反应：

$$2O^{2-} + 2H_2 \longrightarrow 2H_2O + 4e^- \tag{7-23}$$

总反应为：

$$2H_2 + O_2 \longrightarrow 2H_2O \tag{7-24}$$

SOFC 的操作温度通常为 700～1000℃，如此高的温度对连接材料、密封材料的性能提出了很高要求，如何降低 SOFC 的操作温度已引起科技工作者的关注。但是，高温 SOFC 也有很多优点，其中最重要的是 SOFC 不需要复杂而昂贵的外部燃料气体的重整、分离及净化过程，可以直接输入碳氢燃料至 SOFC 的阳极。这一点对于 PEMFC 来说却是必须的。一般情况下，碳氢燃料在 SOFC 电堆内部催化重整为 CO 和 H_2，这些 CO 和 H_2 在 SOFC 的阳极上发生电化学反应被氧化为 CO_2 和 H_2O，同时产生大量的电能和热。

SOFC排出的高温余热可以与燃气轮机或蒸汽轮机组成联合循环，大幅度提高总发电效率。

二、电解质材料

在SOFC中，电解质材料的主要作用是在阴极与阳极之间传递氧离子和对燃料及氧化剂的有效隔离。为此，要求固体氧化物电解质材料在氧化性气氛和还原性气氛中均具有足够的化学稳定性、形貌稳定性和尺寸稳定性。具有足够致密性及在操作温度下具有足够高的离子电导率，且氧离子传递系数接近于1，并且电导率还必须能够长时间保持稳定。必须在高温下与其他电池材料（如电极等）在化学上相容，在电池组件烧制和操作温度下与其他电池材料间也要保持化学相容性。电解质的热膨胀系数必须与其他电池材料在室温至操作温度的范围内相匹配。电解质材料必须易于制备成致密的薄膜，以有效地隔离燃料与氧化剂（空气或氧气）。此外，SOFC电解质材料还应具有高强度、高韧性、易加工、低成本等特点。目前使用的电解质材料包括萤石（CaF_2）结构电解质材料、钙钛矿结构电解质材料和磷灰石结构电解质材料。其中研究最深入、使用最广泛的电解质材料是具有萤石结构的Y_2O_3稳定的ZrO_2（yttria stabilization zirconia，YSZ）

1. ZrO_2基固体氧化物

（1）ZrO_2基固体氧化物的结构

ZrO_2晶体有三种空间点阵型式：单斜结构（m相）、四方结构（t相）和立方结构（c相）。三种晶相的转变温度如下：

$$\text{单斜结构(m)} \xrightleftharpoons{1000℃} \text{四方结构(t)} \xrightleftharpoons{2370℃} \text{立方结构(c)}$$

立方ZrO_2具有萤石型结构。Zr^{4+}构成面心立方点阵，O^{2-}占据面心立方点阵的所有8个四面体空隙。ZrO_2的单斜/四方晶型转变在热力学上是可逆的。当c-ZrO_2转变为t-ZrO_2时，c轴拉长（$a=b<c$）。当t-ZrO_2转变为m-ZrO_2时，$a\neq b\neq c$，$\alpha=\gamma=90°\neq\beta$。三种晶型的密度分别为：m相5.65g/cm^3，t相6.10g/cm^3，c相6.27g/cm^3。纯ZrO_2冷却时发生的t→m相变为无扩散相变，并伴随有约7%的体积膨胀。相反，纯ZrO_2加热时发生的m→t相变会引起体积的收缩。掺杂一定量的异价氧化物可以在室温至熔点范围内将ZrO_2稳定在立方萤石结构。常用的用于稳定ZrO_2的氧化物包括CaO、Y_2O_3、MgO、Sc_2O_3和其他一些稀土氧化物。这些氧化物在ZrO_2中有很高的溶解度并与ZrO_2形成固溶体，从而使ZrO_2的立方萤石结构在较宽的组成与温度范围内得到稳定。研究比较深入，并在SOFC的研究与开发领域广泛应用的是Y_2O_3稳定的ZrO_2（YSZ）。Y^{3+}的离子半径为0.095nm，较Zr^{4+}的0.080nm要大。ZrO_2-Y_2O_3体系的晶胞参数在0%～35%（摩尔分数）范围内随Y_2O_3的掺入浓度线性增大，表明在此浓度范围内Y_2O_3与ZrO_2能够形成固溶体。异价态阳离子的引入，在ZrO_2的晶格中引入较高浓度的氧空位，使之成为氧离子导体。

YSZ中氧空位的形成过程可以用Kröger-Vink符号式表示：

$$Y_2O_3+2Zr_{Zr}^{x}+O_O^{x} = 2Y'_{Zr}+V_O^{''}+2ZrO_2 \tag{7-25}$$

式中，Y_{Zr}' 表示 Y^{3+} 取代 Zr^{4+} 并带有一个单位的负电荷，V_O'' 表示形成带 2 个负电荷的氧空位。从上式可以看出，在 ZrO_2 晶格中，每引入 2 个 Y^{3+}，就有 1 个氧空位产生。

（2）YSZ 粉体的制备

YSZ 粉体的制备方法有多种，常用的有共沉淀法、水解法、醇盐水解法、热解法、溶胶-凝胶法、水热法等。不同方法制备的粉体具有不同的特性。高活性、组成均匀、不同细度的 YSZ 粉体市场上均有销售。下面以水解共沉淀法制备 YSZ 为例进行说明。

以 $ZrOCl_2 \cdot 8H_2O$ 和 Y_2O_3 为原料，采用水解共沉淀法制备 YSZ 超细粉的过程如下：将 Y_2O_3 用盐酸溶解得到 YCl_3，然后将 $ZrOCl_2 \cdot 8H_2O$ 和 YCl_3 配制符合化学计量比的一定浓度的混合溶液，在混合溶液中加入 NH_4OH，以使 $Zr(OH)_4$ 和 $Y(OH)_3$ 沉淀缓慢生成。反应式如下：

$$ZrOCl_2+2NH_4OH+H_2O = Zr(OH)_4\downarrow+2NH_4Cl \tag{7-26}$$

$$YCl_3+3NH_4OH = Y(OH)_3\downarrow+3NH_4Cl \tag{7-27}$$

残留的氯化物会提高 YSZ 粉末的致密化烧结温度，因此要洗掉氯化物。共沉淀产物在 800℃煅烧，得到的 YSZ 超细粉，平均粒度为 0.5μm，比表面积为 $5.3m^2/g$。

（3）YSZ 致密薄膜的制备

在 SOFC 中，YSZ 最重要的用途是制备成致密的薄膜，用于传导氧离子和分隔燃料与氧化剂。因此，YSZ 薄膜制备技术在 SOFC 研发中具有举足轻重的作用。

SOFC 阴极/电解质/阳极“三合一”组件有两种基本结构：电解质支撑型和电极支撑型。两种不同结构“三合一”组件的电解质薄膜厚度不同。电解质支撑型“三合一”组件的 YSZ 薄膜厚度一般在 0.2mm 以上，而电极支撑型“三合一”组件的 YSZ 薄膜厚度一般在 5～20μm 之间。不同厚度的 YSZ 薄膜采用的制备方法不同。YSZ 薄膜的制备方法分为两类：一类是基于 YSZ 粉体的制备方法；另一类是沉积法。

基于粉体的致密 YSZ 制备技术包括 YSZ 粉料的成型和高温烧结致密化两个步骤。高温下 YSZ 薄膜的烧结致密化受材料和烧制过程因素的影响，如粉料特性（反应活性、纯度、颗粒形貌）、颗粒压实度（生坯密度）和烧制条件（温度、时间、气氛）等。高粒度（大比表面积）、窄粒度分布的球形颗粒有很高的烧结活性，并能获得很高的压实度，因此可以提高在较低温度下 YSZ 薄膜的烧结致密度。用纳米粒度粉末制成的 YSZ 薄膜生坯密度达到 50%的理论密度，并在 1125℃烧结后可以达到 95%的理论密度。微波烧结被证明同样可以降低 YSZ 的致密化烧结温度和缩短烧结时间。在 SOFC 研究与开发中，普遍采用的从粉体制备致密 YSZ 薄膜的方法有流延法和轧膜法。

在阳极基底上制备致密 YSZ 薄膜可采用湿化学法，将超细 YSZ 粉加入溶剂中制备成乳胶液，超声波振荡使 YSZ 粉分散均匀。取一定量乳液沉积于 NiO-YSZ 基膜的表面，自然干燥，再于空气气氛下 1400℃焙烧 2h，可制备 10μm 厚致密、均匀、无气孔的 YSZ 薄膜。

CeO_2 基复合氧化物在 600～800℃具有比 YSZ 高近一个数量级的电导率，如在 800℃下 Gd 掺杂的 CeO_2（GDC）电导率达到 0.1S/cm。但掺杂的 CeO_2 在还原气氛中 Ce^{4+} 被还原为 Ce^{3+} 而产生电子电导问题，从而限制了其在高温 SOFC 中的应用。虽然 GDC 的离子传递系数随着温度的降低有所增大，但在 600～800℃温度范围内燃料利用效率仍很低。

2. 钙钛矿型复合金属氧化物

典型的钙钛矿型氧化物（ABO_3，A、B为金属离子）具有氧离子和电子混合导电性。日本大分大学的石原达已博士发现掺杂的 $LaGaO_3$ 具有非常好的氧离子导电性，自此人们对钙钛矿型复合氧化物材料的认识发生了根本性的改变。掺杂 $LaGaO_3$ 的电导率与A位掺杂的碱土金属离子的种类密切相关，其电导率按下列顺序变化：Sr＞Ba＞Ca。因此，Sr最适合作为 $LaGaO_3$ 的掺杂剂。除了A位掺杂外，还可用低价态的阳离子对B位进行掺杂，以增大材料中的氧空位浓度。如以Mg的掺杂对提高材料的离子电导率最为有效。在B位的Mg掺杂浓度（摩尔分数）达到20%时，材料的电导率达到最大。总之，Sr、Mg掺杂的 $LaGaO_3$（LSGM）在中温下具有较高的离子电导率和离子传递系数，适于作为SOFC的电解质材料。

3. 磷灰石类电解质材料

由于萤石结构与钙钛矿类的电解质仍存在一些难以解决的问题，这促使人们开发性能优异的新型电解质材料。磷灰石类氧化物的导电性能和机理与萤石结构和钙钛矿类氧化物有明显的不同，磷灰石类氧化物是一种低对称性的氧化物，其 c 轴方向的电导率远高于其他方向，具有离子电导率高和热膨胀性能与电极材料相匹配等优点。如稀土硅酸盐 $Ln_{10-y}(SiO_4)_6O_z$（Ln＝La、Pr、Nd、Sm、Gd、Dy）就具有高的离子电导率，且随Ln离子半径的增大 $Ln_{10-y}(SiO_4)_6O_z$ 的离子电导率增大。其中 $Ln_{10}Si_6O_{27}$ 的离子电导率最大。$Ln_{10-y}(SiO_4)_6O_z$ 中的Ln部分用Sr取代可以提高其在低温段的离子电导率。目前，除了对稀土硅酸盐系列氧化物进行了研究，还对稀土锗酸盐系列氧化物以及稀土硅/锗酸盐系列氧化物进行了研究。

虽然磷灰石类氧化物在中低温段具有较高的离子电导率，然而它能否广泛应用于中低温SOFC中，还需对其化学稳定性以及与电极材料的相容性进行进一步研究。此外，磷灰石类氧化物的烧结温度太高，很难制得致密的电解质层，这也是阻碍其应用的一个主要因素。

三、电极材料

1. 阳极材料

在SOFC中，燃料在阳极被氧离子氧化，因此阳极材料必须对燃料的电化学氧化反应具有足够高的催化活性，同时具有足够高的孔隙率，以确保燃料的供应及反应产物的排出。对于直接甲烷SOFC，其阳极还必须能够催化甲烷重整反应或直接氧化反应，并能有效地避免积炭的产生。由于SOFC在中、高温下操作，还必须具备在室温至操作温度乃至更高的制备温度范围内化学上相容、热膨胀系数相匹配。所以，适合于作为阳极催化剂的材料主要有金属、电子导电陶瓷和混合导体氧化物等。常用的阳极催化剂有Ni、Co和贵金属材料。其中金属Ni由于其高活性、低价格的特点，应用最为广泛。在SOFC中，通常将Ni分散于YSZ或SDC（钐掺杂的氧化铈）等电解质材料中，制成复合金属陶瓷阳极。

Ni-YSZ金属陶瓷阳极的制备方法有多种，包括传统的陶瓷成型技术（轧膜法、流延法)、涂膜技术(丝网印刷、浆料涂覆)和沉积技术(化学气相沉积、等离子体溅射)。电解质自支撑平板型 SOFC 的阳极制备可采用丝网印刷、喷涂、溅射等多种方法,而电极负载平板型 SOFC 的阳极制备一般采用轧膜、流延等方法。管式 SOFC 通常采用化学气相沉积、浆料涂覆法制备 Ni-YSZ 阳极。

金属-陶瓷复合阳极中的 Ni 对氢气有很高的活性,当直接使用烃类(甲烷、乙烷、1-丁烯、正丁烷和甲苯)作燃料时,容易在阳极上产生积炭。积炭会使阳极的活性迅速降低、电池输出性能衰减及堵塞燃料的传输通道,使电池不能正常运行。而使用 Cu/CeO_2 催化剂时,Cu 在抑制积炭形成的同时,起到了电子导电作用,因此 $Cu/CeO_2/YSZ$ 阳极材料在直接以烃类为燃料的 SOFC 中得到了较好的应用。此外,在 Ni 中加入少量的 Cu 形成合金作为阳极催化剂,也表现出较好的抗积炭性能。

此外,一些金属复合氧化物对甲烷的水蒸气重整反应和部分氧化反应也具有较高的催化活性。在 $La_{0.8}Sr_{0.2}Cr_{0.93}O_3$ 作为阳极的 SOFC 中,以含水量在 10^{-2} 量级的甲烷为燃料时,阳极的极化过电位与氢相当,且没有积炭的产生。

2. 阴极材料

能够用于 SOFC 阴极的材料除了贵金属外,还有离子电子混合导电的钙钛矿型复合氧化物材料。贵金属材料因价格昂贵等限制了大量应用。我国拥有丰富的稀土资源,采用以稀土元素为主要成分的钙钛矿型复合氧化物作 SOFC 的阴极材料,既能降低电池系统的开发成本,又能带动我国稀土产业的发展。

目前,在高温 SOFC 的研究与开发中使用最广泛的阴极材料是 Sr 掺杂的 $LaMnO_3$ (LSM)。LSM 具有在氧化气氛中电子电导率高、与 YSZ 化学相容性好等特点,通过修饰可以调整其热膨胀系数,使之与其他电池材料相匹配。在 LSM 的合成与结构、物理性质方面人们做了大量研究工作,积累了丰富的实验数据。为了增加氧电化学还原反应的活性位-电极材料-电解质材料-反应气体三相界面,调整 LSM 的热膨胀系数,通常在 LSM 中掺入一定量的 YSZ 或其他电解质材料,制成 LSM-电解质复合阴极。

对于中温 SOFC,通常采用 Sr、Fe 掺杂的 $La_{1-x}Sr_xCo_{1-y}Fe_yO_3$ (LSCF)、$SrCoFeO_{3-x}$ (SCF)、Sr 掺杂的 $Sm_{1-x}Sr_xCoO_3$ (SSC)等离子-电子混合导电材料作阴极。这些材料在中温下均具有较高的电导率和对氧电化学还原反应的催化活性,但大多存在与电解质及其他电池材料的化学相容性、长期操作电极催化活性、微观结构稳定性、形貌尺寸稳定性较差等问题。

传统的制备陶瓷粉末的方法大多数能用于 LSM 粉体的合成。主要包括固相反应法和液相法。固相反应法的过程是:首先将各种氧化物按化学计量比混合,然后在高温下焙烧足够的时间,研磨后制得 LSM 粉末。比较经典的液相法是 Pechini 法,即柠檬酸法,具体过程是:首先按化学计量比配制 $La(NO_3)_3 \cdot 6H_2O$、$Sr(NO_3)_2$ 和 $Mn(NO_3)_2$ 的混合溶液,然后往混合溶液中加入柠檬酸和聚乙烯醇;将溶液中的水分逐渐蒸发至形成透明的无定形的树脂;继续加热使树脂分解,即可制成复合氧化物 LSM 的前驱物;将前驱物在一定的温度下焙烧,即可制得具有钙钛矿结构的 LSM 超细粉。由这种方法制备的 LSM 具有很高的比表面积和精确的化学计量比。

四、双极连接材料

双极连接体在 SOFC 中起连接相邻单电池阳极和阴极的作用，对于平板式 SOFC，双极连接材料称为双极板，它同时兼顾导电和传输气体的作用，是 SOFC 的关键材料之一。对于管式 SOFC 而言，双极连接材料称为连接体。因此双极连接体材料必须能在 800～1000℃ 的高温条件下，在氧化、还原的气氛中具备高的电导率、优良的力学性能和化学稳定性，从室温到工作温度下均具有良好的密封性，同时与电池的其他组件具有良好的化学相容性及相似的热膨胀系数。目前主要有两类材料能满足 SOFC 连接材料的要求。

至今在管型 SOFC 应用最成功的连接体材料是 $LaCrO_3$ 和掺杂的 $LaCrO_3$，一般采用 Ca 或 Sr 掺杂的 $LaCrO_3$ 作为连接体材料，如 $La_{1-x}Ca_xCrO_3$，这类材料具有很好的抗高温氧化性和良好的导电性，与其他 SOFC 组件的热膨胀系数也匹配；其不足是材料的价格较贵，且烧结性能较差，不易成型。

合金双极板材料则用于平板型 SOFC，中低温 SOFC 研发已取得重要进展，使得采用耐高温、抗氧化的合金材料制备双极板成为可能。和陶瓷材料相比，合金材料具有电导率和热导率高、机械加工性和稳定性好、易于成型、密封性好、成本低等诸多优点。铬-镍合金和铁-铬合金是最有可能用于 SOFC 双极板制备的材料。

五、密封材料

在平板式 SOFC 中，密封材料既要保证对燃料气室和氧化剂气室有效隔离，又要对环境具有良好的密封性，还要保证电池组具有一定的机械强度，同时密封材料要在 800℃ 左右的工作温度下保持 5 年。因此密封材料不仅需要在很宽的氧分压下不发生化学反应，并保持结构、形貌和尺寸的稳定性，且长期保持与相邻电池组件的紧密结合，还需要经受热循环而无泄漏或损坏，此外密封材料还要具有良好的绝缘性能。

目前，平板式 SOFC 用密封材料主要有玻璃和玻璃-陶瓷材料、金属材料及云母材料三大类。另外，少数耐热高分子材料也用来密封平板式 SOFC。密封材料按在使用过程中是否施加载荷可分为硬密封材料和压缩式密封材料。其中硬密封材料主要包括玻璃、玻璃-陶瓷密封材料和耐热金属材料；压缩式密封材料则包括 Au、Ag 等延性金属材料和云母基密封材料。

玻璃和玻璃-陶瓷基密封材料具有易于规模制备、封接简单、成本低廉等优点，是最常见的 SOFC 用密封材料。添加 MgO 的商品 BAS（$BaO-Al_2O_3-SiO_2$）玻璃能够满足 SOFC 组件的黏合与电池组的密封要求，特别是对于 SOFC 制备过程中需要黏合材料缓慢晶化的场合尤其适用。另一种密封材料是组成为 $BaO-Al_2O_3-La_2O_3-B_2O_3-SiO_2$ 的玻璃，其中 B_2O_3 和 SiO_2 为玻璃形成组分（B_2O_3/SiO_2 保持恒定，其数值范围为 0.33～0.71），BaO 组分用以提高热膨胀系数，Al_2O_3 用于提高玻璃的表面张力和避免在热处理过程中玻璃的快速晶化，La_2O_3 的作用是调节玻璃的黏度。组成为 $35BaO-10Al_2O_3-5La_2O_3-16.7B_2O_3-33.3SiO_2$ 的玻璃，在低于转变温度（约 670℃）下与 YSZ 的热膨胀系数不匹配程度最小。此外，该密封材料还具有较好的抗热循环能力。玻璃和玻璃-陶瓷基密封材料仍然存在一些难以解决的问题，玻璃和玻璃-陶瓷材料的脆性大，在转变温度以下时很容易造成开裂，这给密封材料的装配带来困难。同时其热循环性能以及经受热冲击的性能差，亦是其一大缺陷。此外，此类材料的高温稳定性和化学相容性仍有待进一步提高。

金属材料的脆性比陶瓷低，可经受一定的塑性变形，能够满足 SOFC 对密封材料热应力和机械应力的要求。但是，一般金属材料在 SOFC 工作环境下容易被氧化或腐蚀。因此，仅有 Au、Ag 等稳定金属和特殊的耐热金属材料作为 SOFC 密封材料。为避免金属材料直接连通金属连接体，在装配 SOFC 电堆时，必须与绝缘材料配合使用。

云母基密封材料是近年来研究较多的另一类密封材料。作为 SOFC 密封材料的云母主要是白云母[$KAl_2(AlSi_3O_{10})(F,OH)_2$]和金云母[$KMg_3(AlSi_3O_{10})(OH)_2$]，通常，白云母直接使用或制成白云母纸使用，而金云母仅以金云母纸的形式使用。在相互重叠的片状云母或云母微晶颗粒上施加应力即可实现 SOFC 的密封。可压缩式云母基密封材料主要的优点是它与相邻部件不是紧密地粘接在一起，不需要很精确的热匹配。但在工作时它需要有恒定的外加应力以保持良好的气密性。通常，增加外加载荷，可提高材料的密封效果。

六、电池组

单个燃料电池只能产生 0.75V 左右电压，其功率是有限的，为了获取大功率 SOFC，必须将若干个单电池以各种方式（串联、并联、混联）组装成电池组，目前主要发展的是平板式结构和管式结构两种形式。

1. 平板式结构电池组

图 7-13 为平板式 SOFC 电池的组装示意图，平板式 SOFC 的阳极电极/固体电解质/阴极电极烧结成一体，组成“三合一”结构膜电极组件，其间用开设导气沟槽的双极板连接，使相互串联构成电池组，双极板的两侧为气体提供传输通道，同时起到隔开两种气体的作用，图 7-14 为一种平板式 SOFC 电池堆的原型。

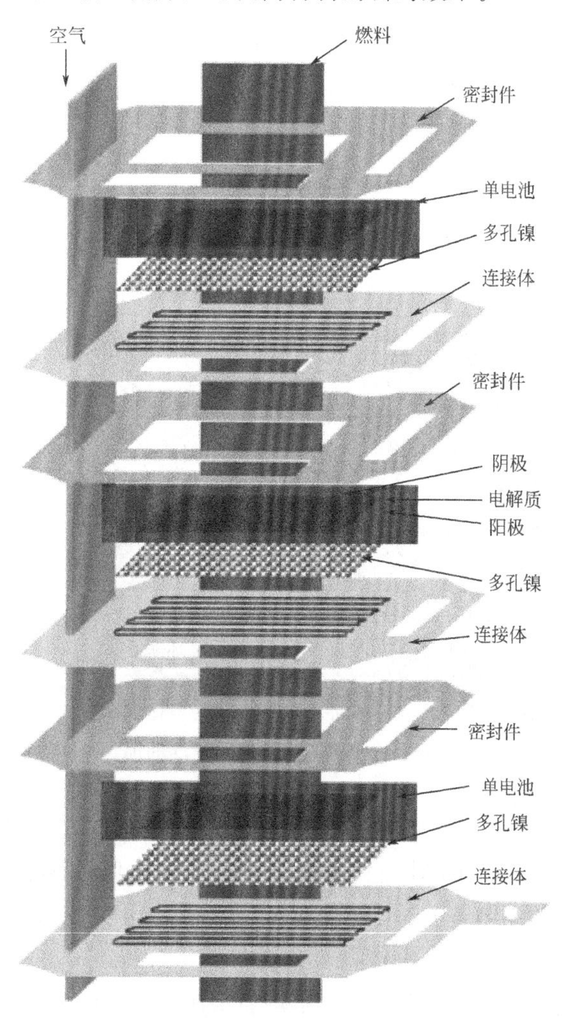

图 7-13　平板式 SOFC 电池的组装示意图

SOFC 平板式结构的设计使其制作工艺大为简化，电池的制备通常可以采用常见的陶瓷加工技术如带铸、涂浆烧结、丝网印刷、等离子喷涂等方法实现。平板式 SOFC 的突出特点是内阻欧姆损失小，功率密度高，体积小。缺点是电池堆密封困难，温度分布不均匀，不易做出大尺寸的单电池，抗热循环性能差。

2. 管式结构电池组

管式结构的 SOFC 最早是由美国西屋（Westinghouse）电气有限公司（现在的 Siemens-Westinghouse 动力有限公司，或 SWPC）在 20 世纪 70 年代后期开发的，也是较为成熟的一种形式。SOFC 管状设计的最大优点就是不用高温密封，而是采取电池堆高温区以外密封技术，见图 7-15。管状结构 SOFC 由一端密闭、一端开口的管子构成单电池。具体方法是每一根管就像一个大试管，其中一端是密闭的，管内置入一根氧化铝细管，管外用连接材料密封。燃料在管与连接材料间向管的开口一端流动。通过氧化铝管向管内供应空气。电池内部产生的热可将空气预热到工作温度，然后空气流过燃料电池，最后流向开口的一端。剩余的空气和未反应的燃料在管口燃烧，使电池出口的温度高于 1000℃，为预热空气供应管提供了额外的热量。管状的 SOFC 有一个内置的空气预热和阳极废气燃烧室，而且不需高温密封。最后，通过对管的周围进行不完全的密封，就可以实现阳极生成气体的再流通，燃烧产生的蒸汽可以对 SOFC 阳极燃料进行内部重整。

图 7-14　一种平板式 SOFC 电池堆的原型

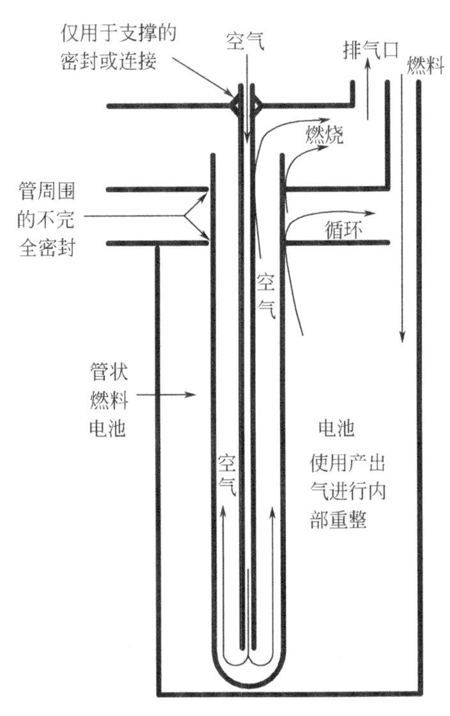

图 7-15　没有密封的管状 SOFC 的结构图

SOFC 管的制备采用挤压成型方法制备由氧化钙稳定的氧化锆（CSZ）多孔支撑管，在其上制备 LSM 空气阴极、YSZ 固体电解质膜和 Ni-YSZ 陶瓷阳极，单管输出功率为 24W。目前的制备方法是去掉 CSZ 支撑管，采用挤压成型法制备由 LSM 与 YSZ 构成的阴极自身支撑，即空气电极自身作支撑管（air electrode supporter，AES）。采用电化学气相沉积方法在 AES 上制备 YSZ 电解质薄膜和 Ni-YSZ 陶瓷阳极与掺杂的铬酸镧连接体，并且将 Ni-YSZ 陶瓷阳极和铬酸镧连接体改用溶浆沉积后烧结或等离子喷涂方法制备，单管输出功率提高到 210W，极大地改善了管状 SOFC 的性能。其结构如图 7-16 和图 7-17 所示。

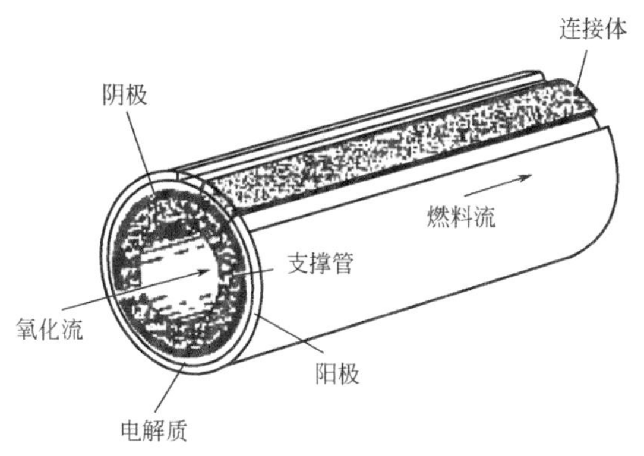

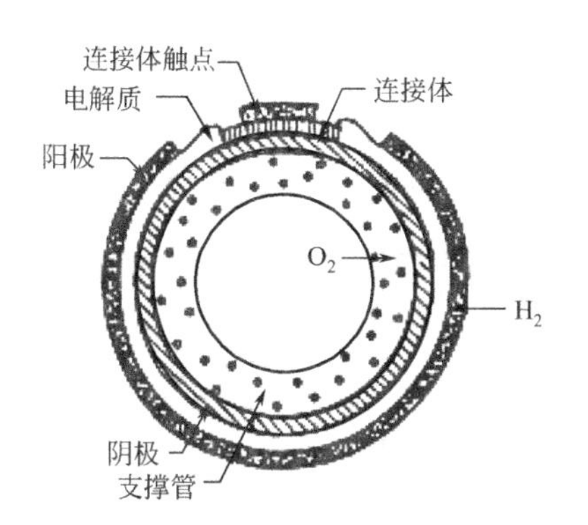

图 7-16　管状设计的单电池结构

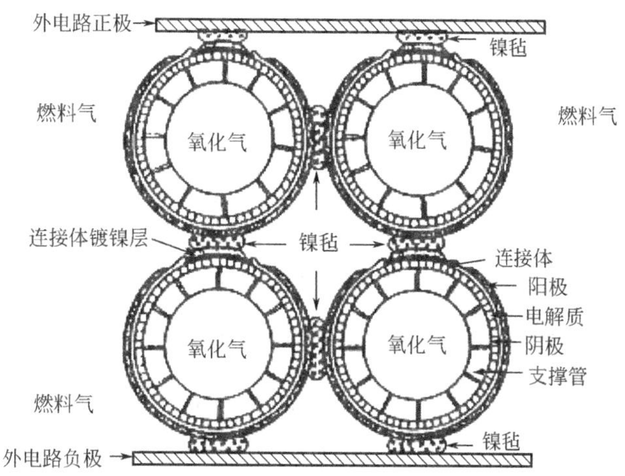

图 7-17　单电池间的连接

电化学气相沉积法制备致密金属氧化物薄膜，方法是在管的一侧通入金属氯化物蒸气，而管的另一侧通 O_2/H_2O 气体混合物，管两侧的气氛构成原电池，并依下述方程进行反应：

$$MeCl_y+\frac{1}{2}yO^{2-}\longrightarrow MeO_{y/2}+\frac{y}{2}Cl_2+ye^- \tag{7-28}$$

$$\frac{1}{2}O_2+2e^-\longrightarrow O^{2-} \tag{7-29}$$

$$H_2O+2e^-\longrightarrow H_2+O^{2-} \tag{7-30}$$

在管子通金属氯化物蒸气时侧表面生成致密氧化物薄膜。表 7-5 为 AES 型管型电池基本组件结构参数。

表 7-5　AES 型管型电池基本组件结构参数

项目	阳极	阴极	电解质膜	连接材料
材料	Ni-YSZ	Sr 掺杂锰酸镧(LSM)	8%(摩尔分数)Y_2O_3 稳定的 ZrO_2(YSZ)	掺杂铬酸镧
制法	溶浆沉积后烧结	挤压成型并烧结	电化学气相沉积	等离子喷涂
热膨胀系数(室温～1000℃)/℃$^{-1}$	12.5×10^{-6}	11.0×10^{-6}	10.5×10^{-6}	10.0×10^{-6}
厚度/μm	约 150	2000	30～40	100
孔隙率/%	20～40	30～40	致密	致密

第八章
核 能

核能（亦称原子能）是通过核反应从原子核释放的能量，符合爱因斯坦的质能方程：

$$E=mc^2$$

式中，E 为能量；m 为质量；c 为光速。

核能可通过三种核反应之一来释放：①核裂变，一个重核在中子的轰击下分裂成高能碎片的反应叫作核裂变，释放结合能；②核聚变，较轻的原子核聚合在一起释放结合能；③核衰变，原子核自发衰变过程中释放能量。

第一节 原子核的基本性质

一、原子核的组成及表示

世界万物都是由原子、分子、离子构成。每一种原子对应一种化学元素。例如，氢原子对应氢元素，氧原子对应氧元素。到目前为止，包括人工制造的不稳定元素，人们已经知道了一百多种。

原子由一个小而重的、带正电荷的原子核以及核外电子构成。原子核几乎集中了原子99.9%的质量，但其直径仅为原子直径的万分之一，为 $10^{-15}\sim10^{-14}$m。原子核周围是一个直径为 10^{-10}m 的近似真空的区域，在这个区域里带负电荷的电子绕核旋转。一个质子所带电荷即为元电荷，符号为 e，$e=1.602\times10^{-19}$C。一个电子的电荷为 $-e$。电荷是量子化的，即任何电荷只能是 e 的整数倍。电子的质量 $m_e=9.109\times10^{-31}$kg。

现代物理学认为，电子属于轻子的一种，是构成物质的基本单位之一。一个独立的原子，绕核旋转的电子数目同核所带的正电荷的数目相等，所以原子的总电荷为零，呈电中性。

原子核由若干带正电荷的质子和呈电中性的中子构成，两者的质量非常接近。原子核中的质子和中子统称为核子。原子核中的质子数决定了该原子所属的元素，称为原子序数，用符号 Z 表示。原子序数也同样决定了核外电子数目，从而决定了整个原子的化学特性。因此，具有相同原子序数的所有原子都是同一元素，无论其原子核的结构是否完全相同。故有：

原子序数 Z＝质子数＝核外电子数＝核电荷数

原子核中核子数用 A 表示，中子数用 N 表示，则有 $A=Z+N$。

1960 年国际上规定把一个处于基态的^{12}C中性原子的静质量的 1/12 定义为原子质量单位 u，1u≈1.6605×10^{-27}kg。以 u 为单位时，中子质量（m_n）、质子质量（m_p）和电子质量（m_e）分别为：

m_n=1.008664u；m_p=1.007276u；m_e=5.485799×10^{-4}u。

可见，电子的质量小到可以忽略的程度。

在确定原子核由中子和质子组成之后，任何一个原子核都可用符号$^{A}_{Z}X$来表示。元素符号 X 与质子数 Z 具有唯一确定的关系，例如，$^{4}_{2}He$、$^{16}_{8}O$、$^{238}_{92}U$等。具有相同质子数不同质量数的原子属于同一种元素，在周期表中的位置相同，具有相同的化学性质。例如，^{235}U和^{238}U都是铀元素，两者只相差三个中子，它们的化学性质及一般物理性质几乎完全相同，但是，它们是两个完全不同的核素，它们的核物理性质完全不同。

质子数相同而中子数不同或者说原子序数相同而原子质量数不同的一些原子之间互称同位素。例如，氢有三种同位素，即^{1}H、^{2}H、^{3}H，分别取名为氕（H）、氘（D）和氚（T）。某元素中各同位素天然含量的原子数百分比称为同位素丰度，氕（H）、氘（D）和氚（T）的丰度分别约为 99.985%、0.015%、微量。

二、原子核的大小

在历史上，最早研究原子核大小的是卢瑟福和查德威克。他们用质子或 α 粒子去轰击各种原子核，根据这一方法，发现原子核半径遵从如下规律：

$$R=r_0A^{1/3} \tag{8-1}$$

式中，R 为原子核半径；A 为质量数；r_0 为常数，r_0=1.20fm=1.20×10^{-15}m。

一个原子的线度约为 10^{-8}m，由卢瑟福用 α 粒子轰击原子的实验得知原子核的线度远小于原子的线度。若想象原子核近似于球形，则就有原子核半径的概念。由于原子核的半径很小，需要通过各种间接的方法进行测量，进而出现了许多其他更精确的测量方法，如用中子衍射截面测量原子核的大小，称为核力半径；用高能电子散射测量原子核的大小及电荷形状因子，称为电荷分布半径，等等。但无论用哪种方法测量，所得出的结果都是相近的。

总结以上的实验结果，原子核半径 R 与 $A^{1/3}$ 成正比，而其比例常数 r_0 的最新数据为：1.20±0.30（电荷半径）；1.40±0.10（核力半径）。这时原子核的密度——单位体积内的核子数为：

$$\rho_N=\frac{A}{V}=\frac{A}{\frac{4}{3}\pi R^3}=\frac{3}{4\pi r_0^3} \tag{8-2}$$

从上式可见，ρ_N 为一常数。表明只要核子结合成原子核，其密度都是相同的，这就形成核物质的概念。

三、原子核的稳定性

核素是指在其核内具有一定数目的中子和质子以及特定能态的一种原子核或原子。例如，$^{208}_{86}Tl$、$^{208}_{82}Pb$是独立的两种核素，它们有相同的质量数，但质子数不同；$^{90}_{38}Sr$、$^{91}_{39}Y$是质子数不同、中子数相同的独立的两种核素；$^{59}_{27}Co$和$^{60}_{27}Co$也是独立的两种核素，它们的质子数相同、中子数不同。

根据原子核的稳定性，可以把核素分为稳定的核素和不稳定的放射性核素。原子核的稳定性与核内质子数和中子数之间的比例存在着密切的关系。目前已发现天然存在的核素有332种（其中280多种是稳定的核素），自1934年以来人工制造的有放射性的核素1600多种，一共约2000种核素。

核素的稳定性与N和Z有关，对于轻核（一般指A较小的核素），$N=Z$时原子核是稳定的。在$Z<20$时，核素的N与Z之比约为1；当N、Z增大到中等数值时，N与Z之比约为1.4；$Z=90$左右时，N与Z之比约为1.6。相对于稳定的N/Z比，中子数偏多或偏少的核素都是不稳定的。中子数偏多的易发生β^-衰变，中子数偏少的易发生β^+衰变。如^{12}C最稳定，^{11}C、^{10}C、^{9}C易发生β^+衰变，半衰期分别是20.4min、19.4s和0.127s。^{14}C易发生β^-衰变，半衰期为5.730a（年）。

原子核的稳定性还与核内质子和中子数的奇偶性有关，自然界存在的稳定核素共270多种，若包括半衰期10^9a以上的核素则为284种，其中偶偶（e-e）核166种，偶奇（e-o）核56种，奇偶（o-e）核53种，奇奇（o-o）核9种。

根据核内质子数和中子数的奇偶性可以判断，偶偶核是最稳定的，稳定核最多；其次是奇偶核和偶奇核，而奇奇核最不稳定，稳定核素最少。

事实表明，当原子核的中子数或质子数为2、8、20、28、50、82和126时，原子核特别稳定，把上述数目称为“幻数”。

四、放射性衰变

1. 放射性现象

1895年，德国著名物理学家伦琴发现了X射线。1896年，法国科学家贝可勒尔发现自然界中的“铀”能不断地发射出一种穿透力很强的射线——贝可勒尔射线。接着，法国科学家皮埃尔·居里和其夫人发现这种自发射线并非铀所特有，而是原子的一种特有的性质，与物质的化学性质无关，于是将某些元素能够自发发射射线的性质命名为“放射性”。1903年，卢瑟福指出放射性的本质在于元素的自发衰变，他发现放射性物质所发出的“辐射”有三种类型——α、β、γ射线。

① α射线（α粒子）是高速的电离了的氦原子（带正电的高速氦原子核），穿透力较弱；

② β射线（β粒子）是高速电子（电子流），穿透力较强；

③ γ射线是一种类似X射线的、波长极短的电磁波辐射（光子），穿透力极强。

1932年，查德威克利用卢瑟福的实验方法发现了中子，中子是电中性的粒子，不受物质电磁作用的影响，当它入射到物质时只与原子核发生作用，其作用方式和概率大小取决于中子的能量和原子核的性质。自由中子寿命很短，半衰期是10.6min，自然界中几乎不存在自由中子。中子的产生必须依赖中子源——利用核反应获得。

重核（A较大的核素）一般具有α放射性，其衰变方式可以表示为：

$$^{A}_{Z}X \longrightarrow {}^{A-4}_{Z-2}Y + \alpha \qquad (8\text{-}3)$$

式中，X 为母核；Y 为子核。

核内中子数偏多而处于不稳定状态的核素，发生 β^- 衰变，核内一个中子就会蜕变为质子，同时放出一个电子 e^- 和一个反中微子 $\tilde{\nu}_e$，其衰变方式表示为：

$$^{A}_{Z}X \longrightarrow {}^{A}_{Z+1}Y + e^- + \tilde{\nu}_e \tag{8-4}$$

核内中子数偏少的核素，则发生 β^+ 衰变和轨道电子俘获（EC），分别表示为：

$$^{A}_{Z}X \longrightarrow {}^{A}_{Z-1}Y + e^+ + \nu_e \tag{8-5}$$

和

$$^{A}_{Z}X + e^- \longrightarrow {}^{A}_{Z-1}Y + \nu_e \tag{8-6}$$

式中，e^+、ν_e 分别为正电子和中微子。与 β^- 衰变相反，母核内质子数过多，核内一个质子蜕变为中子。

α 衰变、β 衰变过程中形成的子核往往处于激发态，原子核从激发态通过电子跃迁、发射 γ 射线转变为较低能态，该过程称为 γ 跃迁（或 γ 衰变）。

2. 放射性衰变规律

一个放射源包含大量原子核，它们不会同时发生衰变。我们不能预测某个放射性原子核在某个时刻将发生衰变，但是可以发现，随着时间的流逝，放射源中的原子核数目按一定的规律减少，这是由微观世界的粒子全同性和统计性决定的。本节只介绍单一放射性的指数衰变规律和多代连续放射性的衰变规律（递次衰变规律）。

（1）单一放射性的指数衰变规律

所谓单一放射性，是指放射性源是由单一的原子核组成，它的数目的变化单纯地由它本身的衰变所引起，并且衰变后的核是一个稳定核。

以 $^{222}_{83}Rn$（常称氡射气）的 α 衰变为例。把一定量的氡射气单独存放，实验发现，在大约 4 天之后氡射气的数量减少一半，经过 8 天减少到原来的 1/4，经过 12 天减到原来的 1/8，一个月后就不到原来的 1/100 了，经氡射气对时间作图，拟合得到如下关系式：

$$\ln N_t = -\lambda t + \ln N_0 \tag{8-7}$$

式中，N_0 和 N_t 是初始时刻和 t 时刻 $^{222}_{83}Rn$ 的核数；$-\lambda$ 为直线的斜率，是一个常数，称为衰变常数。

可见，$^{222}_{83}Rn$ 的衰变服从指数规律式。实验表明，任何放射性物质在单独存在时都服从相同的规律，只是具有不同的衰变常数 λ 而已。指数衰减规律不仅适用于只有一种衰变方式的放射源，对具有多种衰变方式，例如同时具有 α、β 衰变的放射源，仍然适用。

实验发现，用加压、加热、加电磁场、机械运动等物理或化学手段不能改变指数衰变规律，也不能改变其衰变常数 λ。这表明，放射性衰变是由原子核内部运动规律所决定的。

（2）递次衰变规律

当一种核素衰变后产生了第二种放射性核素，第二种放射性核素又衰变产生了第三种放射性核素……，这样就产生了多代连续放射性衰变，称为递次衰变。以 $^{214}_{84}Po$ 的衰变为例，递次衰变中各级衰变的衰变方式、半衰期和衰变产物如下：

$$^{214}_{84}Po \xrightarrow{\alpha,1.64\times10^{-4}s} {}^{210}_{82}Pb \xrightarrow{\beta^-,21a} {}^{210}_{83}Bi \xrightarrow{\beta^-,5.01d} {}^{214}_{84}Po \xrightarrow{\alpha,138.4d} {}^{206}_{82}Pb(\text{稳定})$$

在递次衰变中，任何一种放射性物质被分离出来单独存放时，它的衰变都满足指数衰变规律。但是，它们混在一起的情况却要复杂得多。

第二节　核反应

粒子（包括原子核）与原子核碰撞导致原子核的质量、电荷或能量状态改变的现象称为核反应。利用核反应探索原子核内部结构及其运动规律是对原子核进行研究的重要手段，核反应也是产生核能和制造放射性同位素的重要手段。核反应主要包括（n,n）散射反应、（n,γ）吸收反应、（n,p）吸收反应、（n,α）吸收反应和（n,f）裂变反应。在核能领域里，主要涉及的典型核反应是核裂变反应和核聚变反应。

一、核裂变反应

可裂变重核裂变成两个，少数情况下可分裂成三个或更多个质量为同一量级的核并放出能量的核反应称为核裂变反应。裂变反应包括用中子轰击引起的裂变和自发裂变。一般来讲，有意义的是指用中子轰击某些可裂变原子核时，引起重原子核发生裂变的核裂变反应。在裂变过程中有大量能量释放，且伴随着放出若干个次级中子。一般核裂变反应可用下式表示：

$$\mathrm{U}+\mathrm{n}\longrightarrow \mathrm{X}_1+\mathrm{X}_2+\nu \mathrm{n}+E \tag{8-8}$$

式中，U 表示可裂变核；n 是中子；X_1 及 X_2 分别代表两个裂变碎片核；ν 表示每次裂变平均放出的次级中子数；E 表示每次裂变过程中所释放的能量。

1938 年，德国化学家哈恩在化学分析被中子轰击过的铀材料的成分时发现了钡的同位素。钡的原子量是铀的一半左右，这就意味着铀原子核被分裂成了两块，按当时的理论是无法解释的。于是，哈恩求助于物理学家迈特纳，希望她能从物理上帮助找出其原因。物理学家伽莫夫提出了一个原子核液滴模型，如图 8-1，由此解释原子核像液滴一样变成椭球形进而发生分裂是完全可能的。

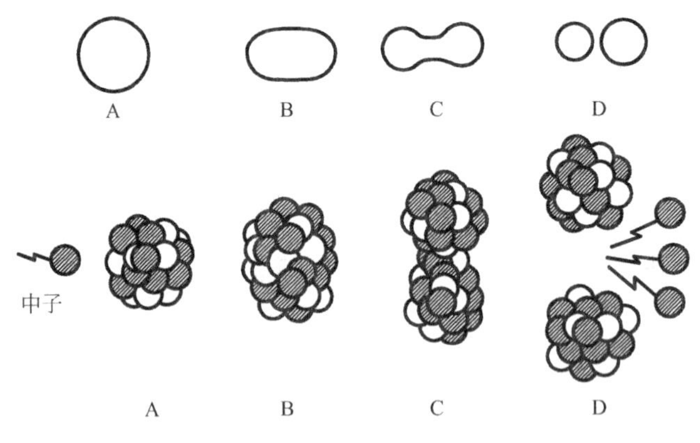

图 8-1　核裂变液滴模型

1939 年，玻尔和惠勒从理论上系统阐述了原子核裂变反应的过程和机制。迈特纳和弗里施通过计算发现，由于原子核中的质子是带电的，带电粒子多到一定程度会产生巨大的电磁斥力，使原子核自发地或在外界不强的影响下分裂成两块，并且带着 2×10^8eV 的动能相互高速飞离。他们还发现反应后的产物比反应前总质量少了质子质量的 1/5。按照爱因斯坦质能关系式：

$$E=mc^2=1.66\times10^{-27}\text{kg}\times(3.00\times10^8\text{m/s})^2\approx1.49\times10^{-10}\text{J}=9.31\times10^8\text{eV}$$

2×10^8eV 正好相当于 1/5 质子质量的等价能量。迈特纳和弗里施因此证明了原子核的分裂，并揭示出物质的一部分质量可以通过核反应直接转换成为巨大的可为人类所用的能量——核能。

能进行裂变的核素称为可裂变核素，其原子核一般都是质量数较大的重核。目前最重要的可裂变核素为 ^{233}U、^{235}U、^{239}Pu、^{232}Th、^{238}U 等。其中 ^{233}U、^{235}U 和 ^{239}Pu 属于易裂变核素。在自然界中，天然存在的易裂变核素只有 ^{235}U，但某些基本核素在俘获中子后，经过放射性衰变会生成一种新的人工易裂变核素。

用来轰击可裂变核素原子核引起裂变反应的中子的能量是有所不同的。对易裂变核素原子核，可以用任意能量的中子来轰击并引起裂变。在实用中按照中子速度的大小可把中子分为快中子（能量大于 0.1MeV）、中能中子（能量在 1eV～0.1MeV）和热中子（能量小于 1eV）三种。目前利用最多的是热中子轰击 ^{235}U 的裂变反应而放出的能量。

二、^{235}U 的裂变过程

用热中子轰击 ^{235}U，使之发生裂变反应，其过程如图 8-2 所示。

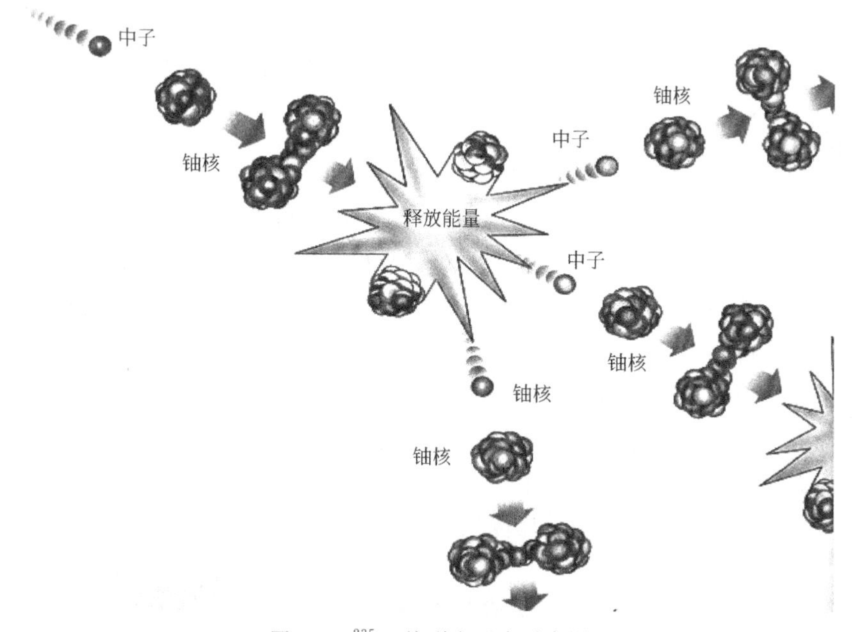

图 8-2　^{235}U 核裂变反应示意图

一个铀原子核被一个中子击中后，发生核裂变反应，其结果是：

① ^{235}U 裂变后产生的新核有 80 余种放射性同位素，质量数大多在 72～160 之间，以质量数为 95 左右和 139 左右的核生成率最大，如氙（Xe）、锶（Sr）核，分裂成相等两半的概率很小（约 0.01%）。这些新核是不稳定的，必须经过几次衰变（放出 β、γ 射线后）才能

转变为稳定的原子核，因此，反应系统中将有 200 种以上的核素。

② ^{235}U 核被轰击后释放出 2～3 个快中子，平均 2.43 个中子。这些快中子的能量大部分为 1～2MeV，最大能量可达 10MeV。其中有些快中子可能逃逸，有些慢化后成为热中子，这部分热中子中，有些可能被有害吸收（非裂变吸收），有些使其他^{235}U 核发生裂变。

③ 裂变反应放出巨大的能量，一个^{235}U 核裂变时释放的裂变能平均为 193MeV，加上裂变产物衰变释放的能量和过剩中子被俘获所产生的能量，每个^{235}U 原子核裂变平均释放的能量约为 200MeV。

例如，一个^{235}U 裂变成^{95}Y 和^{139}I，放出两个中子，则有：

裂变前：　$^{235}U(235.124u)+1$ 个中子$(1.009u)=236.133u$

裂变后：　$^{95}Y(94.945u)$和$^{139}I(138.955u)+2$ 个中子$=235.918u$

质量亏损：　$\Delta m=$裂变前$-$裂变后$=0.215u$

转化成能量：　$\Delta E=931\times\Delta m=200.2MeV$

其中，数字 931 为 1u（1 个原子单位）的能量，单位为 MeV/u

所以，1kg^{235}U 裂变后放出的能量：

$$\Delta E=\frac{1000\times6.023\times10^{23}}{235}\times200.2=5.13\times10^{26}MeV=8.22\times10^{10}kJ=2.28\times10^{7}kW\cdot h$$

若标准煤的发热量为 $2.93\times10^{4}kJ/kg$（7000kcal/kg），则 1kg^{235}U 裂变相当于标准煤的量为：

$$\frac{8.22\times10^{10}kJ}{2.93\times10^{4}kJ/kg}=2.81\times10^{6}kg=2810t$$

由此可见，核裂变放出的能量比煤完全燃烧放出的化学能要大得多。

三、核裂变自持链式反应

每个^{235}U 核裂变产生 2～3 个中子，在这种核反应过程中所产生的中子叫作次级中子，它又会引起铀核的裂变并同时释放出中子，如此不断地使核反应进行下去。但是，每次裂变释放的新中子有可能在逃逸时被其他非裂变物质吸收，或引起易裂变核素的辐射俘获，从而降低它引起裂变反应的概率，由此引入“增殖系数”的概念，表示某一时间间隔内所产生的中子总数（不包括由某些活度与裂变无关的中子源所产生的中子）与在同一时间间隔内由吸收和泄漏所损失的中子总数之比值。要维持链式裂变反应，铀块体积就要足够大。因为原子核非常小，所以如果铀块不够大，中子往往还没有同铀核相遇就跑出铀块了。我们把能够产生链式反应的铀块的最小体积称为临界体积。有限大的系统的增殖系数为：

$$k=\frac{中子产生率}{中子吸收率+中子泄漏率} \tag{8-9}$$

用 k 值能够衡量链式反应的程度。当 $k=1$ 时，系统内中子产生率正好等于中子吸收率加泄漏率之和，链式裂变反应能自行维持下去，这样的链式反应就是自持链式反应，也就是在单位时间内维持恒定的裂变数，反应堆功率会维持不变。此时核燃料处于临界状态。如果系统 $k<1$，则中子的产生率将会小于损失率，这表明系统内的中子数会随时间的延长而减少，中子密度就会不断下降，链式裂变反应所释放的能量就越来越少，直到最后停止，这种

状态称为次临界状态。然而，如果有外加中子源存在，则由于在系统内会引发重核裂变，故即使装置小于临界体积也会达到一个稳定状态。当 $k>1$ 时，系统内产生的中子多于损失的中子，中子密度以及裂变率不断增加，系统内的核裂变随时间的延长而加速，这种状态称为超临界状态。

中子引起铀原子核裂变只需要百万分之一秒的时间，当 ^{235}U 的纯度很高（大于 90%），铀的体积超过临界体积时，由一个中子在几十万分之一秒的极其短暂的一瞬间就会使几亿个铀原子核分裂，强大的核能在一瞬间就迸发出来，这就成了破坏力惊人的原子弹。

为减少链式反应系统内的中子损失以维持链式反应进行下去，必须尽量减少中子的逃逸和重核的辐射俘获。试验表明，增大装置尺寸就可以减少中子泄漏。在系统装置大小有限的前提下，利用核燃料和慢化剂的各种布置方式和组成成分，通过加大尺寸或添加更多的核燃料，建立一个达到临界状态的装置，这就是核反应堆。

四、核聚变

1. 核聚变与聚变能

两个或两个以上轻原子核结合成一个较重的原子核的核反应叫作核聚变反应，简称核聚变。生成核的质量比原始核的质量之和要小，在核聚变的过程中会发生质量亏损，释放出能量。核聚变放出的能量叫作核聚变能，简称聚变能。聚变能比裂变能更为强大。现在世界上一些国家正在研究聚变能的受控释放，称为“受控核聚变”或“受控热核反应”。这一目标迄今尚未实现。一旦实现这一目标，人类将会得到一种实际上取之不尽的新能源。

氢的同位素氘（^2_1H，重氢，符号为 D）和氚（^3_1H，超重氢，符号为 T）是基本的核聚变材料。最有希望的核聚变材料是 D。D 与 D 之间，以及 D 与 T 之间发生的核聚变反应是最重要的核聚变反应，一些重要的核聚变反应如下：

$$^2_1H+^2_1H \longrightarrow ^3_2He+n+3.27MeV \tag{8-10}$$

$$^2_1H+^2_1H \longrightarrow ^3_1H+^1_1H+4.05MeV \tag{8-11}$$

$$^2_1H+^3_1H \longrightarrow ^4_2He+n+17.58MeV \tag{8-12}$$

$$^2_1H+^3_2He \longrightarrow ^4_2He+^1_1H+18.34MeV \tag{8-13}$$

$$^1_1H+^6_3Li \longrightarrow ^4_2He+^3_2He+4.00MeV \tag{8-14}$$

$$^1_1H+^7_3Li \longrightarrow 2(^4_2He)+17.30MeV \tag{8-15}$$

比较而言，其中最容易发生的是氘-氚核聚变，即一个氘原子核与一个氚原子核碰撞，结合成一个氦原子核，并释放出一个中子和 17.58MeV 的能量，其放出的能量是核裂变燃料发生裂变反应释放能量的 4～5 倍。1kg 氘和氚的混合物全部发生聚变，将释放 80000t TNT 当量（吨 TNT 当量，即以 1t 的 TNT 炸药爆炸时释放的能量作为能量单位）的能量。

水中 D_2O 的丰度只有 0.015%，但由于地球上有巨大数量的水，所以可利用的核聚变材料几乎是取之不尽、用之不竭的。每升海水中含 30mg 氘，30mg 氘聚变产生的能量相当于 300L 汽油燃烧产生的能量。据估计，地球的海水中所含氘的量达 4.5×10^{13}t，这些氘通过核聚变释放的聚变能，可供人类在很高的消费水平下使用 50 亿年。更为可贵的是，核聚变能不像核裂变那样产生放射性，故是一种清洁的能源。

2. 核聚变的条件

由于原子核间有很强的静电排斥力，因此在一般的温度和压力下，很难发生核聚变反应。而在太阳等恒星内部，压力和温度都极高，所以就使得轻核有了足够的动能克服静电斥力而发生持续的核聚变。

核聚变是由两种聚变材料的原子核碰在一起发生的，由于原子核都带正电，存在库仑斥力，使两个原子核很难碰撞在一起。原子核间还有一种力，称为核力，是核子与核子之间相互束缚在一起形成原子核的作用力，与库仑力不同的是，无论是什么核子，它们之间的核力都是吸引力，并且核力约为静电力的 100 倍。但核力的作用范围很小，只有当两个粒子的距离小于 10^{-13}cm 时才会有核力的作用。

氘核是带电的，由于库仑斥力，室温下的氘核绝不会聚合在一起。氘核为了聚合在一起（靠短程的核力），首先必须克服长程的库仑斥力。当两个氘核之间的距离逐渐靠近时，需要克服 144keV 的库仑势垒高度，每个氘核至少要有 72keV 的动能。假如把它看成是平均动能 $\left(\frac{3}{2}kT\right)$，那么相应的温度为 5.6×10^8K。进一步考虑到粒子有一定的势垒贯穿概率和粒子的动能服从一定的分布，有不少粒子的平均动能比 $\left(\frac{3}{2}kT\right)$ 大，这样聚变的能量可降为 10keV，即相当于 10^8K，这仍然是一个非常高的温度。由于存在这种平均动能与温度的对应关系，核物理学中常将 eV 作为温度的单位使用。

当具备了这种超高温的条件，使原子核都具备了足够快的速度，只要把这些超高温的、高速的原子核约束起来，例如装在某种容器里不让它们逃掉，那么所有的原子核就都在这个密闭的容器里以极快的速度互相碰撞，只要温度不下降，速度就不会降低，它们就能发生碰撞而产生核聚变。在能够发生热核反应的极高温度下，所有参加反应的原子的核外电子都被剥离出去成为自由电子，原子核裸露出来，所有的核聚变材料成为由带正电的原子核和带负电的自由电子组成的高度电离的气体，其正负电荷的总量相等，这种正负电荷总量相等的高度电离的气体叫作等离子体。这是发生核聚变反应的必要条件。

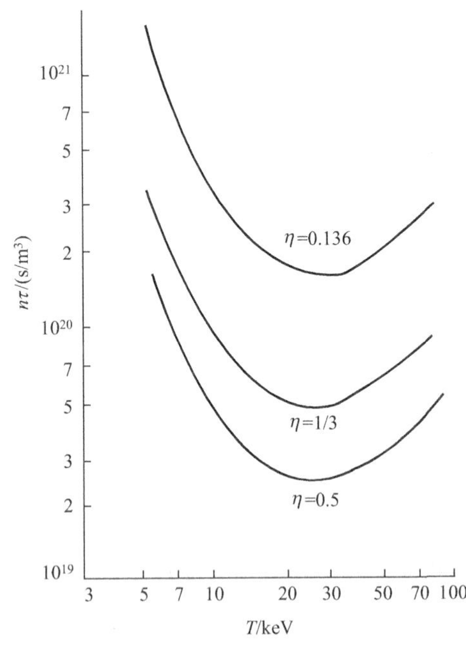

图 8-3　D-T 反应的劳森判据

为了实现受控热核反应，必须建立一个热绝缘的能容纳高温等离子体的聚变反应堆，在其中等离子体能够通过热动能克服聚变反应的库仑势垒，且所产生的聚变核能在考虑能量利用效率 η 后（如辐射和其他能量损失），必须大于维持等离子体所需要的能量，两个能量的比值称为能量增益因子 Q。这就要求等离子体有足够高的温度 T 和大的密度 n，并维持足够长的时间 τ。能够获得能量增益因子 $Q>1$ 的最小 $n\tau$ 值称为劳森（J. D. Lawson）判据，它与 T 有关。对 D-T 反应计算所得到的结果如图 8-3

所示，$\eta=1/3$ 的一组典型劳森判据是：$T=10\text{keV}$，$n\tau=8\times10^{19}\text{s/m}^3$。可见要实现劳森判据是很困难的，D-D 反应的劳森判据就更为苛刻。

普通的反应堆容器不可能在把等离子体约束一段时间的同时，又能承受上亿摄氏度的高温，因此人们研究了各种可能的聚变反应堆方案，使等离子体不直接与容器壁接触。其中有两种方案最有希望实现：一种方案是惯性约束装置，另一种方案是磁约束装置。

3. 惯性约束核聚变

氢弹是一种人工实现的、不可控制的热核反应，也是迄今为止在地球上用人工方法大规模获取聚变能的唯一方法。它必须用裂变方式来点火，因此它实质上是裂变加聚变的混合体，总能量中裂变能和聚变能大体相等。

氢弹是利用惯性力将高温等离子体进行动力性约束，简称惯性约束。其原理是在核聚变反应的温度下，使等离子体聚变燃料的原子核还没有逃逸掉，就能在极短的时间内完成对燃料的加热，并实现聚变反应。有没有一种用人工可控制的方法实现惯性约束？多年来人们对此进行了各种探索。激光惯性约束是其中一个方案：在一个直径约为 $400\mu\text{m}$ 的小球内充以 3～10MPa 的氘-氚混合气体，让强功率激光束均匀地从四面八方照射，使球内氘-氚混合气体密度达到液体密度的 $10^3\sim10^4$ 倍，温度达到 10^8K，而引起聚变反应。

除激光惯性约束方案外，还有电子束、重离子束的惯性约束方案。不过，惯性约束方案至今还没有一个获得成功，科学家们正在为此不懈努力。

4. 磁约束核聚变

磁约束就是用磁场来约束等离子体中的带电粒子使其不逃逸掉的方法。磁约束核聚变是目前国际上投入力量最大，也可能是最有希望的途径。

在磁约束试验中，带电粒子（等离子体）在磁场中受洛伦兹力的作用而绕着磁力线运动，因而在与磁力线相垂直的方向上就被约束住了。同时，等离子体也被电磁场加热。

磁约束装置的种类很多，其中最有希望的可能是环流器（环形电流器），又称托卡马克（Tokamak）。它的名字 Tokamak 来源于环形（toroidal）、真空室（kamera）、磁（magnet）、线圈（kotushka），最初是由苏联科学家阿齐莫维齐等在 20 世纪 50 年代发明的，如图 8-4 所示。

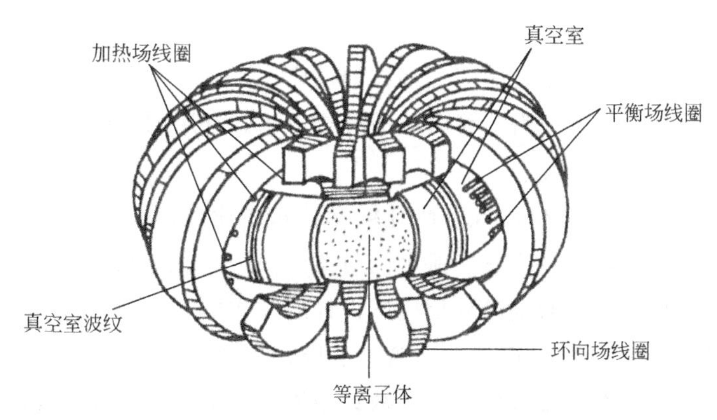

图 8-4　托卡马克原理示意图

托卡马克装置的主机主要由真空室、环向场线圈、加热场线圈和平衡场线圈构成。托卡马克装置的中央是一个环形的真空室，外面缠绕着线圈。在通电的时候托卡马克装置的内部会产生巨大的螺旋形磁场，将其中的等离子体加热到很高的温度，温度已达 2000×10^4℃，约束时间较长。托卡马克装置运行时首先将真空室抽空到 $1.33\times10^{-7}\sim1.33\times10^{-6}$Pa，然后充入 0.133～1.33Pa 的氘或氚，加热场线圈输入脉冲电流时，真空室内感生放电使气体电离成等离子体使温度升高，环向场线圈产生的磁场约束等离子体，平衡场线圈产生平衡场以防止等离子体因放电而造成的向外侧漂移。

目前世界上有许多台托卡马克装置，最大的有美国普林斯顿于 1982 年建成的托卡马克聚变试验堆 TFTR，日本 1985 年建成的 JT-60，欧盟 1995 年建成的 JET。成都西南技术物理研究所有一台超导托卡马克 HL-2A；中国科学院合肥等离子体物理研究所有一台超导托卡马克 HT-7，另外一台等离子体存在空间为非圆截面、纵场和极向场都用超导磁铁、可以稳态运行的试验型先进超导托卡马克 EAST 已在 2007 年建成。利用这些装置磁约束聚变的研究已取得很大进展，特别是全超导稳态运行的 EAST 的建成更有重大意义，2017 年已实现长达 101s 的高约束长脉冲先进模式的稳态等离子体运行，对未来先进聚变堆的工程技术和物理基础产生重要影响。1993 年美国在 TFTR 装置上使用氘、氚各 50%的混合燃料，温度达到 $3\times10^8\sim4\times10^8$℃，两次试验释放的聚变能分别为 3000kW 和 5600kW。

2006 年底，中、欧盟、美、日、俄、韩、印七方已决定在法国建造一台大型托卡马克装置“国际热核聚变实验示范堆”，即 ITER，作为一个以验证磁约束聚变点火和 D-T 等离子体持续燃烧的科学性和各种工程技术可行性为目标的试验示范反应堆，它可以获得 500MW 的聚变功率，能量增益大于 10、自持燃烧时间 400s 的等离子体放电脉冲，预计 2025 年建成开始试验，之后用 20 年运行以验证上述科学目标，为实现商业开发创造条件。

第三节 核反应堆

一、核反应堆种类

由于反应堆技术的发展，出现了多种多样的反应堆，其种类可以说是五花八门，名目繁多，分类方法也有很多种，但没有一种公认的分类方法。常用的是以用途、中子能量、核燃料、慢化剂、结构等来进行分类。

① 按用途可分为动力堆、生产堆、研究堆和特殊用途堆。动力堆用来发电、提供船舰动力和生产热能；生产堆用来生产钚、氚和同位素；研究堆用来进行基础研究或应用研究；特殊用途堆用于专门目的，如验证某种反应堆设计的模式堆。

② 按引起核裂变的中子能量可分为：热中子堆，核裂变主要由能量小于 0.1eV 的热中子引起，这种堆占世界已有反应堆的绝大多数；中能中子堆，核裂变主要由能量为 1～10eV 的超热中子引起；快中子堆，核裂变主要由能量超过 0.1MeV 的快中子引起。

③ 按核燃料可分为：天然铀堆（限于热中子堆）；低富集铀堆，或铀钚混合氧化物

（MOX）堆；高富集铀堆，或^{239}Pu堆。

④ 按慢化剂分为石墨堆、重水（D_2O）堆、轻水（H_2O）堆（轻水堆包括压水堆和沸水堆）或含氢物质堆、铍或氧化铍堆。

⑤ 按反应堆的结构可分为压力容器式堆、压力管式堆和泳池式堆。

二、核反应堆的基本结构

不管核反应堆的堆型怎样变化，但万变不离其宗，反应堆都是由核燃料元件、慢化剂、反射层、控制棒、冷却剂、屏蔽层等构成。快中子堆主要是利用快中子来引起核裂变，不需要慢化剂。目前运行的反应堆大都是热中子堆，热中子堆必须使用慢化剂。

1. 核燃料元件

核燃料元件是核反应堆堆芯的基本构件。其主要作用是：作为核燃料的基本单元，导出链式裂变反应产生的热量，阻留强放射性的裂变产物防止其泄漏。目前广泛应用的核燃料是铀，按铀中^{235}U的含量（称为富集度）大小分为天然铀（含^{235}U 0.72%）、低浓铀（含^{235}U 0.72%～20%）、高浓铀（含^{235}U 20%～90%）。动力堆采用低浓铀燃料。不同类型反应堆的燃料元件的结构、形状、核燃料组分各不相同。全世界运行的核电站，轻水堆占80%左右，使用的棒状燃料元件由核燃料和包壳材料组成。

2. 冷却剂（载热剂）

反应堆运行时，需要把核燃料裂变反应产生的大量热量用冷却剂及时输送出来。这是因为，首先，要冷却反应堆堆芯，使堆芯内各种部件的温度不超过允许温度，尤其是要防止燃料组件的损伤；其次，将这些热量引出堆外加以利用，变为有用的动力。反应堆常用的冷却剂有轻水、重水、某些气体（如CO_2、He）及液态金属（如Na、Na-K合金）等。水是最常用的也是极好的冷却剂和慢化剂。由于水的中子吸收截面较大，所以轻水反应堆要用低浓铀做燃料。重水的中子吸收截面小，可以用天然铀做燃料，但是重水比较昂贵。

气体冷却剂通常用于高温气冷堆，而液态金属钠则作为快中子堆的冷却剂。

3. 慢化剂

核裂变产生的中子是能量很高的快中子，而热中子堆主要是用热中子引起核裂变反应，因此需要用慢化剂将中子慢化为能量为0.025eV的热中子。

热中子堆目前广泛采用的慢化剂有普通水、重水和石墨。慢化剂是一种质量数小的核素。快中子通过这些核素的弹性散射释放出能量，改变运动方向，而变为能量低的热中子。重水从性能上讲是最好的慢化剂，但价格昂贵。石墨具有良好的力学性质和热稳定性，而且价格便宜，故是一种良好的慢化剂。

4. 控制棒

控制棒的作用是保证反应堆的安全，开、停反应堆和调节反应堆的功率。控制棒内装有能够强烈吸收中子的元素，这些元素叫作中子毒物。它有较强的吸收中子的能力，按吸收中子的多少对反应堆起控制作用，让反应堆按照人的意愿运行。

控制棒有棒形、片形、十字形等多种结构形式。通常把多根控制棒组合在一起制成控制棒组件。常用的控制棒材料有硼、镉、铪、银、铟等元素及其化合物或合金。现代压水堆控制棒材料通常用银-铟-镉合金（Ag、In、Cd 的质量分数依次为 80%、15%、5%）及碳化硼（B_4C）。

控制棒按其功能可分为补偿棒、调节棒、安全棒三种。补偿棒用于功率粗调，补偿剩余反应性；调节棒在反应堆运行时用于调节反应性微小的变化；安全棒用于停堆，特别在紧急事故情况下，它能在小于 2s 的时间迅速插入堆芯，确保反应堆停堆。

5. 堆内构件

对压水堆来说，主要有吊篮部件、压紧部件及堆内测量装置等，组成它的结构十分复杂。燃料组件、控制棒组件和堆内构件等组成反应堆的堆芯，在堆芯里有冷却剂和慢化剂在流动，保持裂变反应正常有序进行。

6. 反射层

反射层又称中子反射层。裂变产生的中子总会有一部分逃逸到堆芯外面去，为了减少中子的泄漏和减少对反应堆容器的辐照损伤，通常在堆芯周围设置一层由具有良好散射性能的物质构成的中子反射层，它把从堆芯逃逸的中子部分地散射回堆芯。热中子堆的反射层通常采用与慢化剂相同的材料，如轻水、重水或石墨。

7. 反应堆容器

反应堆容器是指安置核反应堆并承受其巨大运行压力的密闭容器，也称反应堆压力壳。例如压水堆的压力容器，就是一种具有特殊要求的反应堆容器。反应堆容器对其材料要求十分苛刻，其结构也相当复杂。

8. 屏蔽层

屏蔽层又叫生物屏蔽层。反应堆运行时，有大量的中子和 γ 射线向四周辐射，停止运行时，裂变产物也向周围放射 γ 射线。为了防止周围的工作人员受到这些辐射危害，并防止邻近的结构材料受到辐射损伤，在反应堆的四周要设置屏蔽层。屏蔽层为厚的钢筋比例很高的重混凝土，也可用铁、铅以及水、石墨等。

9. 冷却剂系统

冷却剂系统的功能是保持冷却剂在反应堆堆芯正常流动，及时将核裂变反应产生的热量输送出堆外，保持堆芯的温度在允许的范围之内。

冷却剂系统的主要设备是冷却剂循环泵（简称主泵）、热交换器和稳压器。主泵将反应堆出口处的冷却剂输送到热交换器冷却后返回到反应堆入口，完成一个循环。稳压器是用于稳定本系统的压力。

10. 自动控制系统和监测系统

由各种仪表、计算机、电气设备及电子元器件等组成。

第四节　压水堆核电厂

一、核能发电的历史

核能发电的历史与动力堆的发展历史密切相关。动力堆的发展最初是出于军事需要。1954 年，苏联建成世界上第一座装机容量为 5MW 的奥布宁斯克核电站。英、美等国也相继建成各种类型的核电站。到 1960 年，有 5 个国家建成 20 座核电站，装机容量 1279MW。由于核浓缩技术的发展，到 1966 年，核能发电的成本已低于火力发电的成本。核能发电真正迈入实用阶段。1978 年全世界 22 个国家和地区正在运行的 30MW 以上的核电站反应堆已达 200 多座，总装机容量已达 107776MW。截至 2019 年 12 月 31 日，世界运行核电机组共 442 台，总装机容量为 414070.16MW；我国运行核电机组数量达到 47 台（未计入台湾省数量），总装机容量为 48759.16MW，总运行堆年为 359.78 堆年（一个反应堆运行一年为一个堆年），机组数量及装机容量均列世界第三。

第一代核电站，核电站的开发与建设开始于 20 世纪 50 年代。1954 年苏联建成发电功率为 5MW 的试验性核电站；1957 年，美国建成发电功率为 90MW 的 Ship Ping Port 原型核电站。这些成就证明了利用核能发电的技术可行性。国际上把上述试验性的原型核电机组称为第一代核电机组。

第二代核电站，20 世纪 60 年代后期，在试验性和原型核电机组基础上，陆续建成发电功率 300MW 的压水堆、沸水堆、重水堆、石墨水冷堆等核电机组，他们在进一步证明核能发电技术可行性的同时，使核电的经济性也得以证明。目前，世界上商业运行的 400 多座核电机组绝大部分是在这一时期建成的，习惯上称为第二代核电机组。

第三代核电站，20 世纪 90 年代，为了消除三里岛和切尔诺贝利核电站事故的负面影响，国际核电业界集中力量对严重事故的预防和缓解进行了研究和攻关，美国和欧洲先后出台了《先进轻水堆用户要求文件》（即 URD 文件）和《欧洲用户对轻水堆核电站的要求》（即 EUR 文件），进一步明确了预防与缓解严重事故、提高安全可靠性等方面的要求。国际上通常把满足 URD 文件或 EUR 文件的核电机组称为第三代核电机组。对第三代核电机组的要求是能在 2010 年前进行商用建造。

第四代核电站，2000 年 1 月，在美国能源部的倡议下，美国、英国、瑞士、南非、日本、法国、加拿大、巴西、韩国和阿根廷共 10 个有意发展核能的国家，联合组成了“第四代核能系统国际论坛”（GIF），于 2001 年 7 月签署了合约，约定共同合作研究开发第四代核能技术。我国于 2006 年正式加入该组织。

二、压水堆电厂概况

1954 年，美国建成第一艘以压水堆为动力源的核潜艇“舡鱼”号。1957 年建成电功率 60MW 的希平港压水堆核电厂。1961 年美国西屋公司建成电功率 175MW 的杨基·罗压水堆核电厂。20 世纪 60 年代末至 70 年代初，陆续建造了一大批压水堆核电厂，单堆电功率有的可达 1200MW。西欧各国和日本均从该公司引进技术研制压水堆核电厂。其中法国发展比较快，核电容量达到世界第二位。美国燃烧工程公司研制的系统 80^{+} 压水堆，单堆功率达 1350MW。

1964 年，苏联建成电功率 27.6MW 的新沃龙涅兹原型压水堆核电厂。此后于 20 世纪 70 年代初建成一批电功率 440MW 的标准设计压水堆核电厂，并向东欧各国出口。20 世纪 80 年代开始建造电功率 1000MW 的压水堆核电厂。

目前，全世界已建成运行的压水堆有 260 多座，总电功率约 224385MW，预计在快中子增殖堆和其他先进堆型成熟以前，压水堆将仍然是核电厂的主要堆型。2019 年，世界在建核电机组 56 台，其中 46 台为压水堆。

我国运行的 47 台机组中，除秦山第三核电厂的两台机组为重水堆，其余均为压水堆。在建的 13 台机组中，有 12 台机组为压水堆。压水堆的优势主要体现在以下几个方面：

① 压水堆投资较低　压水堆采用普通水做冷却剂和慢化剂，水的价格便宜，慢化能力强，使压水堆结构紧凑、体积小。经验证明，在各类反应堆中，如果功率相同，则压水堆的基建成本较低。

② 压水堆技术上最成熟　自发明蒸汽机开始工业革命以来，人类早就积累了大量的使用水作为传热和工作介质的经验，对与水有关的循环泵、热交换器、阀门和管道等设备最为熟悉。用水蒸气做介质将热能转换成机械能从而带动发电机发电的技术已十分成熟。在核潜艇研制中，有关国家，包括我国在内都对压水堆技术开展了大量的研究，这些研究成果又推广使用于压水堆核电站。由于以压水堆型的核电站建造较多，人们在压水堆上积累的经验也较多，改进也较快。因此，与其他的堆型比较，压水堆在技术上也更加成熟。

③ 压水堆安全性较好　因为压水堆设有多道安全屏障，防范事故的能力较强，不易出事故。

压水堆核电厂主要由一回路系统（又称反应堆冷却剂系统）、二回路热力系统、核岛辅助系统、专设安全设施等组成，图 8-5 所示为压水堆核电站工艺流程示意图。反应堆产生的热量通过冷却剂在一回路系统循环，将热量传递给二回路的水蒸气，水蒸气推动汽轮机发电并输出给用户。

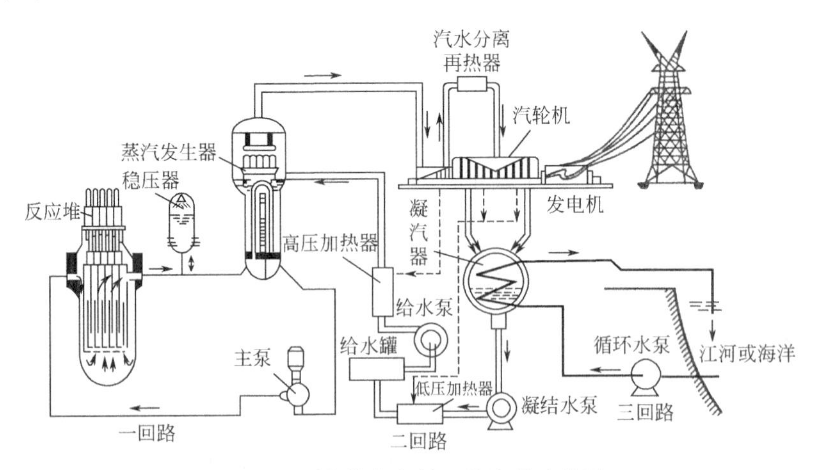

图 8-5　压水堆核电站工艺流程示意图

三、压水堆本体

压水堆本体是发生核裂变反应、产生并输出核蒸汽的核心，其结构由堆芯、堆内构件、压力容器以及控制棒驱动机构四大部件组成。压水堆本体纵剖面示意图如图 8-6 所示。

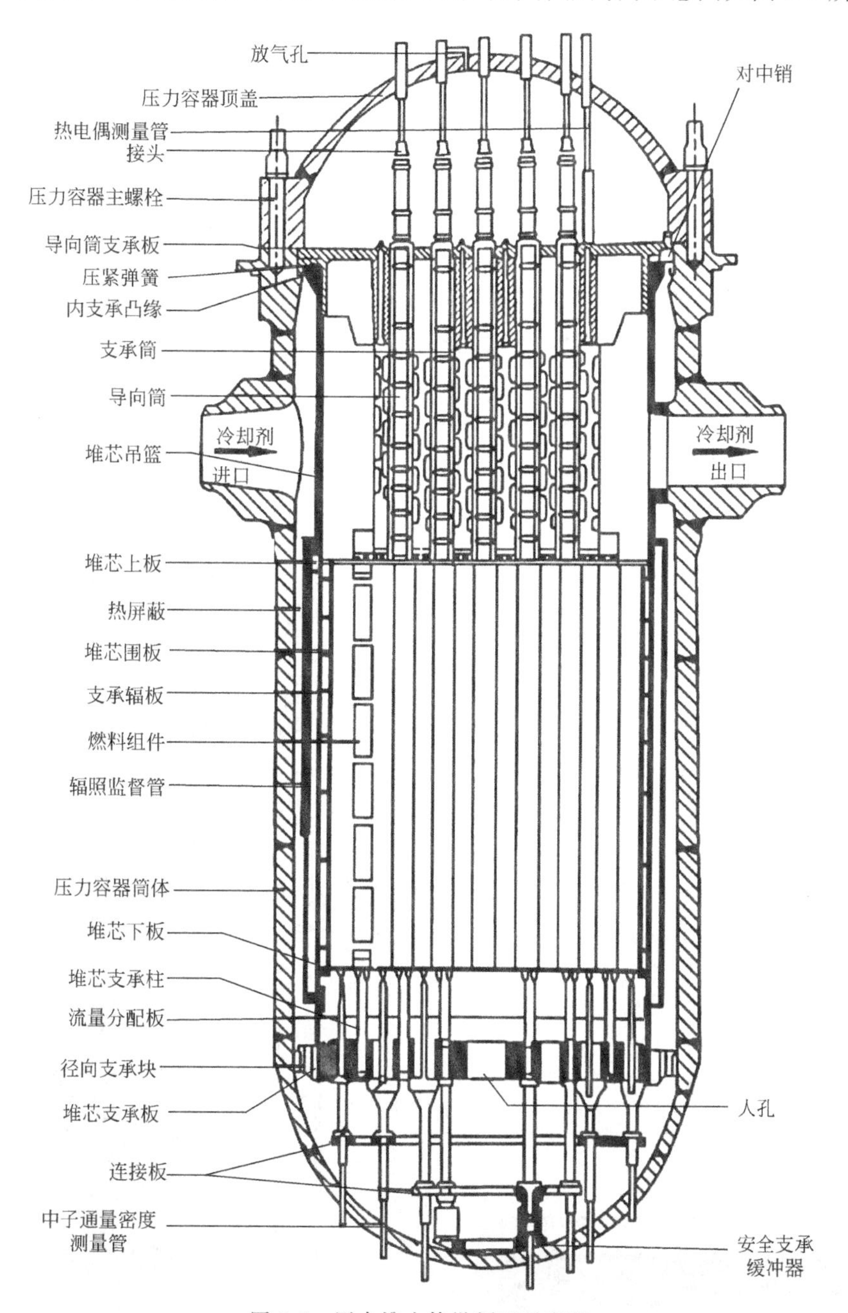

图 8-6　压水堆本体纵剖面示意图

1. 堆芯

反应堆内能进行链式裂变反应的区域称为堆芯，由燃料组件、控制棒组件、可燃毒物组件、中子源组件和阻力塞组件等组成。这些堆芯构件由上、下栅格板和堆芯围板包围起来后放在一个吊篮里，吊挂在反应堆冷却剂进出口接管的下方。堆芯近似于圆柱状，它的尺寸随反应堆电功率增大而加大，我国秦山 300MW 核电站堆芯直径 2.486m，高 2.9m。

（1）燃料组件

压水堆采用二氧化铀陶瓷（^{235}U 浓度约 2%～4%，直径约 8mm，高约 13mm）为核燃料，其优点是氧的热中子俘获截面非常小，燃料熔点非常高（2865℃），具有很高的辐照稳定性，而且制造费用低。二氧化铀陶瓷的缺点是导热性很差。二氧化铀燃料芯块的形状有平头块、蝶形块和倒角块的圆柱形三种。目前采用较多的是蝶形块，其上下面压制成凹蝶形，以适应辐照肿胀变形。芯块在管内叠合组成燃料柱，其上下端用氧化铝隔热片与两端头的支撑管隔开。支撑管和弹簧支撑留有足够的空间，用来容纳裂变产生的气体产物，以降低裂变气体在棒内产生的内压力，运行初期产生的裂变气体不多，为了平衡包壳所承受的外压力，这部分空间充以一定量的氦气。燃料棒两端以端塞与锆管密封焊接。用导向管、定位格架和上管座、下管座组成燃料组件骨架，使燃料棒插在定位格架中便构成无盒燃料组件，图 8-7 为压水堆燃料组件结构示意图。

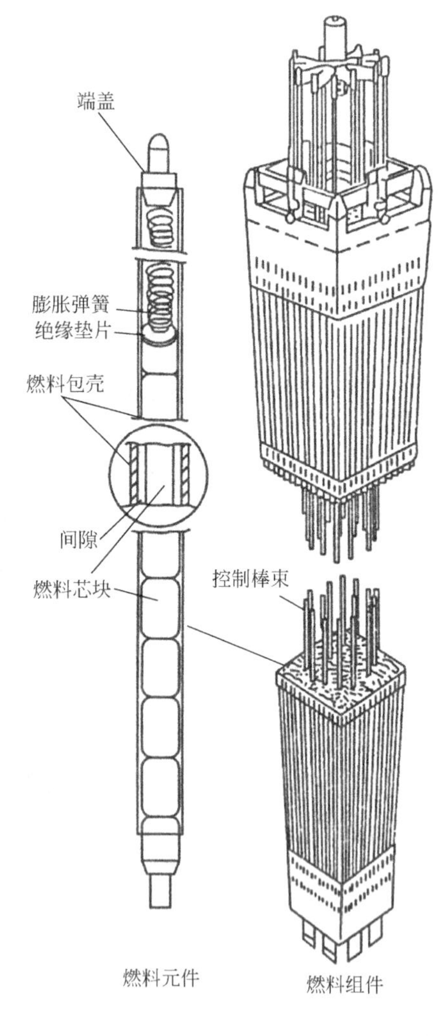

燃料芯块

图 8-7　压水堆核燃料组件结构示意图

（2）控制组件

控制组件是用于控制和调节反应堆反应性的部件。将强中子吸收材料（如银-铟-镉合金）封装在不锈钢包壳内形成控制棒，若干根控制棒固定在连接柄上构成控制棒组件，如图 8-8 所示。

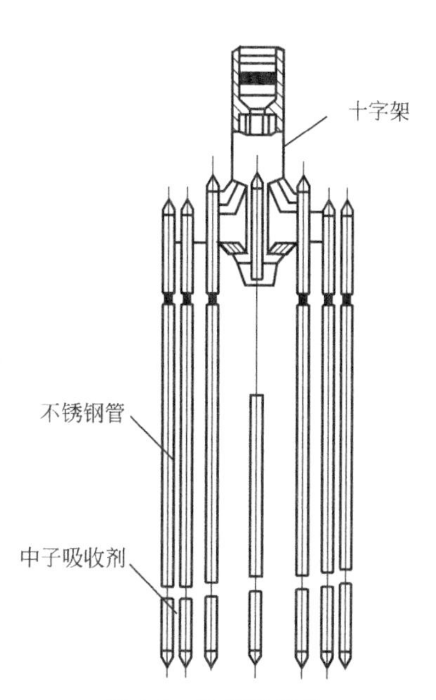

图 8-8　控制棒组件

控制棒的工作原理：

① 通过核反应压力容器外的一套机械装置可以操纵控制棒。控制棒完全插入反应中心时，能够吸收大量中子，以阻止裂变链式反应的进行。

② 如果把控制棒拔出一点，反应堆就开始运转，链式反应的速度达到一定的稳定值。

③ 如果想增加反应堆释放的能量，只需将控制棒再抽出一点，这样被吸收的中子减少，有更多的中子参与裂变反应。

④ 要停止链式反应的进行，将控制棒完全插入核反应中心吸收掉中子即可。

⑤ 当反应堆冷却剂的温度超过允许值时，温控系统将信号传给控制棒驱动机构，控制棒便会在几秒钟内迅速插入堆芯底部，使核反应堆停堆。

控制棒组件分为长棒束组件和短棒束组件两大类。

长棒束组件由 20 或 24 根吸收棒组成。吸收棒是在不锈钢包壳内全长度封装银-铟-镉合金（Ag 80%-In 15%-Cd 5%）。其中铟和银对超热中子吸收性强，对热中子的吸收性中等，而镉对超热中子吸收性弱，对热中子吸收性强。秦山一期压水堆所用控制棒包壳外径 10mm，壁厚 1mm，长度 2700mm。长棒束组件是调节棒组和安全棒组（停堆棒组）。

短棒束组件用于调节轴向功率分布、抑制氙振荡。短棒束组件是仅在包壳下部装有银-铟-镉合金，长度约为 700mm。放在堆中会对燃料燃耗产生屏蔽效应。

压水堆控制棒的驱动机构布置在压力壳顶盖上部，常见的有磁力提升型（用于长控制棒）和磁阻马达型（用于短控制棒）等。其驱动轴穿过顶盖伸进压力壳，与控制棒组件的连接柄相连。为了防止冷却剂泄漏，采用控制棒驱动机构的钢制密封壳与压力壳顶盖的管座一体化的结构。

（3）可燃毒物组件

在新反应堆首次装入核燃料后，堆内没有运行中才会产生的吸收中子的“毒物”（如氙、钐等裂变产物），故反应性特别高，光靠控制棒和硼溶液不足以抵消其过剩的反应性。为了抵消新堆芯的过剩反应性，要设置若干可燃毒物棒，如图 8-9 所示。

压水堆的可燃毒物组件通常是装在 304 不锈钢包壳内的硼不锈钢、硼玻璃（$B_2O_3+SiO_2$）、ZrB_2、Er_2O_3 或 Gd_2O_3 等，外形尺寸与控制棒相同，结构与控制棒相似，装入堆芯后不上下移动。可燃毒物中 B 的热中子吸收截面很大，它在堆内不断吸收中子，而变为

Li和He后就不再吸收中子。因此，可燃毒物棒内的“毒物”随反应堆的运行而不断减少，到反应堆换料时，将可燃毒物组件（这时吸收中子能力已消耗了90%）取走。

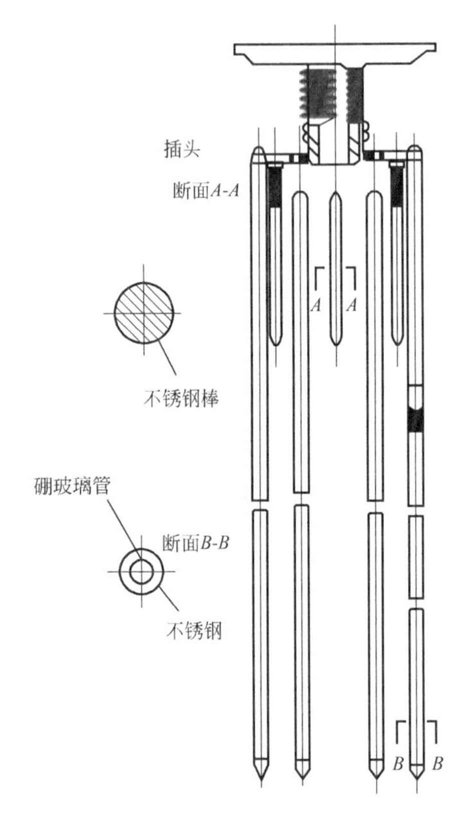

图8-9　可燃毒物组

（4）中子源组件

在反应堆启动时可以放出中子实现“点火”，以缩短启动时间，确保安全性。堆芯一般设置2个初级中子源组件（钋-铍源或锎源）和2个次级源组件（锑-铍源），初级源一般由直径1.06mm、长17.7mm的锎棒封装在两层钢套内制成，外形类似控制棒，位于堆芯内约1/4高度，工作期500～1000天，初级源在第一次换料时全部取走，换上阻力塞。次级源用非放射性的锑和铍混合物制成芯块封装在不锈钢管内，类似控制棒。经过辐照，^{123}Sb经过（n,γ）反应放出γ射线衰变为^{124}Sb，铍经过（n,γ）反应产生中子并放出α粒子。锑-铍源用于反应堆运行过程中临时停堆后再次启动。

（5）阻力塞组件

阻力塞棒是实心的短金属棒（不锈钢材料），直径比控制棒略粗1mm，能完全塞住控制棒导向管，结构与控制棒组件相似。阻力塞组件插在未插有控制棒组件、中子源组件和可燃毒物组件的燃料组件中，用于堵塞控制棒导向管内冷却剂的短路流失，使冷却剂能有效地冷却核燃料元件。

2.堆内构件

堆内构件由吊篮部件、压紧部件和堆内测量装置组成，其作用如下：

① 用于定位和固定堆芯各种组件，防止在运行中移动；

② 保证燃料组件和控制棒组件相互对中，对控制棒组件的运动起导向作用；

③ 分隔堆内冷却剂，使冷却剂按一定方向流动，及时导出堆芯热量，并冷却堆内各个部件；

④ 固定与导出堆内温度（从上部引出）和中子通量（从下部引出）；

⑤ 减弱中子和γ射线对反应堆压力容器的辐照及热效应，从而保护压力容器，延长使用寿命。

吊篮部件主要由圆筒形不锈钢筒体、下栅板组件、围板和幅板组件、热屏蔽组件、防断支承组件等构成，主要用于对中和固定堆芯各个组件。

压紧部件在吊篮部件上方，主要用于压住燃料组件，防止因水力冲击而上下跳动和左右摇摆；此外，还用于对控制棒导向，以保证控制棒在导向管内自由移动。

堆内测量装置，主要是温度测量装置和中子通量测量装置。测温用热电偶（用不锈钢套保护）由堆顶插入固定在堆芯的栅板上，用来测量燃料组件出口的温度分布，由此来监测反应堆功率输出，保证反应堆安全运行。中子通量（或 γ 射线）测量装置布置在反应堆底部，也用不锈钢密封套管，从反应堆底部一直插入燃料组件中心的通量测量管内，由通量测量可以判断堆芯中裂变功率分布以及确定燃料的燃耗情况等。

3. 反应堆压力容器

压力容器是放置堆芯和堆内构件，防止放射性外逸的圆柱筒形钢制高压容器，其上、下封头为球碗形，是防止核电厂放射性物质泄漏的第二道屏障。反应堆压力容器是核电厂的关键设备之一。

压力容器在高温、高压、强放射性辐照下工作，要求压力容器具有较高的强度极限和屈服极限、良好的塑性和冲击韧性、低的脆性转变温度（NDT）、良好的焊接性能及抗中子辐照性能。NDT 随着中子辐照量的增加而升高，因此必须在选材、制造及运行中采取相应的措施，使 NDT 始终低于压力壳的温度，避免钢材和焊缝发生严重脆化。目前广泛采用含 Mn-Mo-Ni 的低合金细晶粒钢，在压力壳各段拼焊后，必须在其内壁堆焊一层厚度为 6～8mm 的 304 不锈钢。压力壳是不能更换的，其使用寿命决定了整个反应堆的运行寿命，设计寿命一般为 40 年，目前已达到 60 年设计寿命（CNP1000MW 压水堆）。

秦山一期压水堆的压力壳总高 10.705m，筒体外径 3.732m，全部用锻件制造（SA-508-Ⅲ钢），避免了纵向焊缝。筒身壁厚 175mm。顶盖和筒体间的密封靠两个“O”形环及 48 个螺栓（直径 150mm）压紧来实现。法兰接管段上焊有四个冷却水进出口接管。

900MW 级压水堆（如大亚湾核电厂）的压力壳总质量 329.7t（筒体重 260t，顶盖重 54.3t，螺栓等重 15.4t），筒体外径 3.99m，总高 13m 以上，筒身壁厚 200mm，采用 C 形密封环，工作压力 15.5MPa，平均工作温度 305℃，冷却剂进口温度 300℃左右，出口温度 330℃左右，冷却剂流量约 6×10^{4} t/h。设计参数：压力 17.13MPa（工作压力的约 1.1 倍），温度 343℃。水压试验压力为 21.4MPa（设计压力的 1.25 倍）。

四、压水堆核电厂的一回路系统

压水堆核电厂的一回路系统，是利用反应堆核燃料裂变放出的热，使之产生蒸汽的装置。压水堆核电厂通常是单堆 2～4 条环路的配置形式，即一回路系统是由完全相同的、各自独立且相互对称、并联在反应堆压力容器接管上的密闭环路，如图 8-10 所示。其中每条环路都是由一台蒸汽发生器、一台反应堆冷却剂泵（又称主循环泵）、反应堆和连接这些设备的冷却剂管道组成。兼作反应堆慢化剂和冷却剂的高温、高压水，在反应堆冷却剂泵的驱动下，流经反应堆堆芯，吸收了核燃料裂变放出的热能后，强迫出堆，流经蒸汽发生器，通过蒸汽发生器的大量 U 形传热管壁面，把热量尽可能多地传到 U 形管外侧的二回路热力系统的蒸汽发生器给水，然后流回反应堆冷却剂泵，再重新被送进反应堆堆芯，吸收堆芯核燃料持续释放的热能，再出堆，如此循环往复而构成了密闭循环回路。

一回路冷却剂的工作压力通常为 15.2～15.5MPa。正常运行时由稳压器的电加热器、喷雾器和动力卸压阀控制，使压力保持在规定限值以内，并由安全阀提供超压保护。一回路冷却剂的平均温度通常为 300～310℃。其反应堆出口温度通常为 315～330℃，反应堆进出口温差在满功率时约为 30℃。

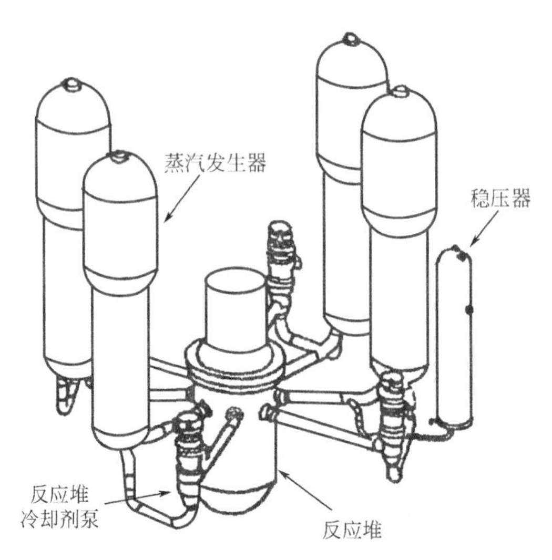

图 8-10　一回路系统设备空间分布图

压水堆核电厂还包括核岛辅助系统。它们不仅是压水堆核电厂正常运行必不可少的，而且在事故工况下为核电厂安全设施系统提供支持。核岛辅助系统包括化学和容积控制系统、反应堆硼和水补给系统、余热排出系统、冷却水系统、重要厂用水系统、反应堆换料水池和乏燃料池冷却和处理系统、废物处理系统等。

为了在事故工况下确保压水反应堆停闭、排出堆芯余热和保持安全壳的完整性，避免在任何情况下放射性物质的失控排放，保护公众和核电厂工作人员的安全，减少设备损失，核电厂设置了安全设施，包括安全注射系统、安全壳系统、安全壳喷淋系统、安全壳隔离系统、安全壳消氢系统、辅助给水系统和应急电源等。

五、压水堆核电厂的二回路热力系统

压水堆核电厂二回路热力系统是将蒸汽的热能转换为电能的动力转换系统。其系统的功能主要是构成封闭的热力系统，将核蒸汽供应系统产生的蒸汽送往汽轮机做功；汽轮机带动发电机，将机械能转变为电能。压水堆核电厂的二回路热力系统主要由蒸汽轮机、主冷凝器、冷凝水泵、给水加热器、除氧器、给水泵、循环水泵、中间汽水分离器和相应的阀门、管道组成。

二回路热力系统的蒸汽发生器给水，通过蒸汽发生器大量 U 形管的管壁，吸收了一回路高温高压水从反应堆载来的热量后，在蒸汽发生器里蒸发形成饱和蒸汽，蒸汽从蒸汽发生器顶部出口通过主蒸汽管，流进蒸汽轮机的主汽门和调节汽门，然后进入汽轮机高压气缸，推动叶轮做功后自高压缸出来的蒸汽流经中间汽水分离器，提高干度后的蒸汽再进入汽轮机低压缸。驱动低压汽轮机做功后的乏汽，全部排入位于低压缸下的主冷凝器，通过冷凝器的传热管壁，乏汽经过循环冷却水的冷却后凝结成水，冷凝水经除盐处理后由冷凝水泵驱动进入低压加热器加热，再到除氧器加热除氧，而后经给水泵送到高压加热器再加热，再提高温度后重新返回蒸汽发生器，作为蒸汽发生器给水，再进行上述循环。

为了保证反应堆的安全，将反应堆的衰变热及时带走，二回路还设置了一系列系统和设施，如蒸汽发生器辅助给水系统、蒸汽排放系统、主蒸汽管道上卸压阀及安全阀等。

第五节　核电厂控制和运行

一、核反应堆控制原理

1. 瞬发中子和缓发中子

反应堆的功率变化随着热中子通量或热中子密度的变化而改变，对核反应堆中的中子通量密度加以控制可以实现对反应堆功率的控制。在研究核反应之初，科学家就发现大约有99.34％的中子是在核裂变后约 10^{-14}s 内放出的，称为瞬发中子，其能量为 1～2MeV。另外大约有 0.6545％的中子是裂变产物在衰变时释放出来的，其平均能量为 0.5MeV，称为缓发中子。缓发中子的寿期从 0.332s 到 80.6s，平均缓发时间 0.085s。如果反应堆的有效增殖系数稍微大于 1.00，如 1.001，那么足够的缓发中子数就使中子密度不会马上升高到有害的高值，而是逐渐上升，这种时间延迟给链式核反应带来一种惯性效应，所以就有了对反应堆进行控制的机会，这一点对控制核反应十分有利。

2. 温度效应

反应堆温度变化引起反应性变化的效应，称为温度效应。反应堆内核燃料、冷却剂、慢化剂等的温度变化会引起相应物质的密度（指单位体积内的核数）或热中子吸收截面发生变化，从而导致反应性的变化。

温度效应用反应性的温度系数来衡量，它是指温度变化 1℃所引起的反应性变化量。正温度系数系指温度升高，反应性增强；负温度系数系指温度升高，反应性降低。

反应性燃料的温度效应主要是由于温度升高后，^{238}U 的共振吸收带加宽，使中子吸收系数增大，由于燃料中绝大部分成分是^{238}U，因此温度上升使燃料对热中子的有效吸收截面迅速增大，响应时间为零点几秒，因此，燃料呈现负温度系数。

慢化剂水的温度升高时，水膨胀，密度减小，对中子的慢化能力降低，使反应性下降，也是负温度系数，其响应时间为几秒。但是，如果慢化剂中含硼，温度升高使硼浓度下降，硼对中子的吸收能力也降低，反而使反应性增大，所以含硼溶液的反应性温度系数是正值。如果慢化剂水中的硼浓度足够高，慢化剂反应性温度系数将变为正值。在压水堆功率运行时，要求慢化剂的温度系数必须是负值。

若反应堆具有负的温度系数，则无论是什么原因使反应堆内温度升高时，负温度系数的作用是反应性降低，裂变反应的速度下降，功率降低，阻碍温度的进一步升高，因此反应堆对温度变化具有自稳定性。如轻水堆，温度升高使水的密度下降，中子慢化能力也随之下降，使反应性降低。

在设计时必须使反应堆具有负的温度系数，这样形成的内部负反馈机制使核反应堆具有自稳调节能力，或者说，当核电厂负荷发生变化时，反应堆靠自身的调节功能使其输出功率达到与负荷一致的水平。这是核电厂固有安全性的基础，也有利于反应堆外部控制系统的设计。举例说明：由于外界影响，汽轮机的负荷忽然上升，使得汽轮机的转速降低，调节器增大汽轮机的蒸汽阀门开度以增加流量，使得蒸汽压力降低，蒸汽饱和温度也相应下降，蒸汽发生器的一回路侧和二回路侧的温差增大，换热增强，使一回路冷却剂的平均温度下降，燃料温度降低，由于反应堆具有负温度系数，温度下降将使反应性提高，中子密度上升，从而使反应堆功率上升，各种下降的温度依次回升，导致反应性下降，与前面的正反应性相抵消，反应堆功率与负荷保持一致，最后使整个系统达到一个新的平衡。

3. 反应堆控制原理

反应堆的反应性在运行过程中会逐渐减小，这主要是由于核燃料的消耗和裂变产物的积累，同时反应堆功率、温度等的变化也会影响到反应性。因此反应堆堆芯的初始燃料装载量必须比维持临界所需的量多一些，即必须具备足够的剩余反应性，以满足反应堆长期运行、启动、停堆和功率变化的要求。反应堆堆芯内还必须同时引入适量的可随意调节的负反应性，以补偿反应堆长期运行所需的剩余反应性，以及调节反应堆的功率水平，还可作为一种停堆的手段。故反应性控制在反应堆控制中至关重要。

根据反应堆运行工况不同，反应性控制可分为三类：第一类是功率控制型，及时补偿由于负荷变化、温度变化和功率水平变动所引起的反应性变化；第二类是补偿控制型，用于补偿燃耗、裂变产物积累所需的剩余反应性，也用于改善堆内功率的分布；第三类是紧急停堆控制型，在反应堆内迅速引入负反应性。

通常采用中子吸收法、慢化剂液位控制法、燃料控制法、反射层控制法作为反应性控制的方法。其中用得比较多的是中子吸收法。中子吸收法是在堆芯中增加或减少中子吸收材料。最常用的是用控制棒控制，由镉、硼、镝或铪等对中子有较强吸收能力的材料制成棒状控制元件，利用快速传动机构，通过改变在堆芯中的插入深度来控制堆芯内的中子数目。现代核电厂压水堆的功率较大，燃耗较深，换料的周期趋向于加长，因而初始反应性较大。如果单独采用控制棒调节中子密度，则插入控制棒的地方中子密度较低，没有控制棒的地方中子密度较高，控制棒插得越多，这种现象越严重，堆内功率分布也越不均匀，这对反应堆的安全经济运行是不利的。所以，在采用控制棒的同时，配合使用化学溶硼控制的方法。用化学溶硼控制方法控制反应性，可以展平堆芯的中子注量，延长反应堆换料周期。

二、压水堆核电厂的运行

压水堆核电厂的运行目标是使反应堆的输出功率与负荷相匹配，同时在正常安全运行情况下，堆芯状态既要保证燃料包壳的完整性，又要避免出现设计基准事故。

压水堆核电厂在稳定运行条件下，以反应堆功率和负荷为核心，使各运行参数，如温度、压力和流量等遵循一定的相互关系，以保证反应堆的输出功率与负荷相匹配。对于一个运行中的反应堆，反应堆的输出功率主要受到一回路冷却剂流量和堆进、出口冷却剂温度差的影响，影响负荷的主要参变量为冷却剂平均温度和由二回路蒸汽压力决定的蒸汽发生器二次侧的饱和温度。因此可以有以下两种最基本的稳态运行方式，一种是二回路蒸汽压力恒定，调节冷却剂平均温度以改变负荷；另一种是冷却剂平均温度恒定，调节二回路蒸汽压力以改变负荷。

压水堆核电厂的基本负荷运行模式是“机跟堆”运行方式，即汽轮机负荷跟随反应堆功率运行，其功率控制系统只有平均温度定值通道、平均温度测量通道和功率补偿通道及主要部分，以平均温度定值通道为核心，只要完成反应堆启动与停机、抑制波动以维持反应堆功率运行水平即可。例如，当汽轮机的负荷下降，平均温度设定值降低，与平均温度测量值相比较后发现产生了偏差信号，控制棒控制单元根据这个偏差信号来驱动控制棒组件下降以减小反应堆功率，使其与负荷相匹配，当测量值与设定值的偏差为零时，控制棒组件停止移动，而功率补偿通道则在负荷降低的瞬间引进一个功率失配信号，这个信号超前作用于控制棒驱动机构，加快了控制系统的响应速度，提高了系统的稳定性。这种基本负荷运行模式适用于带基本负荷运行的机组，虽然功率调节性较差，但运行中设备所受的热应力较小，有利于延长机组寿命。

当核电在电网中占一定比重后，核电厂要采取负荷自动跟踪运行方式，即“堆跟机”运行方式，反应堆功率需要跟随电网的负荷需求而变化。电网需求的变化通过汽轮机控制系统反映为蒸汽流量的变化，反应堆需要具有从电网向反应堆的自动反馈回路，对功率变化作出响应。

第六节　核事故与核安全

一、核事故

从核能问世至今，全世界发生的核事故并不多。据不完全统计，1952—2011 年的 60 年间，国外研究堆、生产堆和发电动力堆发生的事故和事件严重的和较大的有 37 起，其中发生堆芯熔化的严重事故有 3 起，即 1979 年 3 月 28 日美国的三里岛核事故，1986 年 4 月 26 日苏联的切尔诺贝利核事故和 2011 年 3 月 11 日日本的福岛核事故。另外还有 1958 年 10 月 15 日南斯拉夫的零功率反应堆事故，1983 年 9 月 23 日阿根廷的零功率反应堆事故，1961 年 1 月 3 日美国 SL-1 研究反应堆事故，2004 年 8 月 9 日日本美滨核电站 3 号反应堆涡轮机房内蒸汽泄漏事故，这些事故都导致了人员的死亡。

20 世纪 40 年代至世纪末，全世界因核事故致死共 73 人（不包括核舰艇事故）。其中与核电站反应堆有关的核事故 1 起，死亡 56 人；研究堆 1 起，死亡 9 人；临界事故 10 起，死亡 14 人。其中 1945 年、1946 年发生在美国洛斯阿拉莫斯实验室的临界事故是因研究核武器核材料临界量控制不当引起的；1958 年发生在南斯拉夫、1983 年发生在阿根廷的临界事故是在零功率反应堆上进行研究引起的；其余都是在核燃料工厂中发生的。全世界发生致死的放射性同位素源辐射事故 15 起，死亡 32 人。据《国家核安全局》官网 2022 年 4 月 22 日报道，我国核安全总体状况良好。截至 2020 年底，我国核电机组安全稳定运行 407 堆年，未发生过国际核事件分级标准（INES）二级及以上事件或事故，且机组平均 0 级偏差和 1 级异常事件发生率呈下降趋势。放射源事故年发生率从 20 世纪 90 年代的 6 起/万枚下降到现在的 1 起/万枚以下。全国辐射环境水平保持在天然本底水平，未发生放射性污染环境事件。

1. 三里岛核电站事故

三里岛核电站位于美国宾夕法尼亚州首府哈里斯堡东南方向 16km 的地方。当地有一条萨斯奎哈那河，河心有一个叫三里岛的小岛，核电站就建在岛上。三里岛核电站为两个压水堆机组，总装机容量为1700MW。发生事故的二号机组反应堆堆芯由177个燃料元件棒束组成，每个棒束有208根燃料棒，共装有100t铀燃料。不锈钢压力壳厚21.6cm，高12.16m。安全壳由钢筋混凝土浇筑而成，厚1.22m，高58.8m，内壁有一层钢衬。

1979年3月28日凌晨4点，三里岛核电站二号机组反应堆发生了一起严重的失水事故，使堆芯冷却条件严重恶化，堆芯燃料元件损伤超过70%，其中35%～45%的元件熔化，有50%的气态裂变产物释放到安全壳中，其中挥发性裂变产物碘和铯绝大部分溶解于安全壳的水中，裂变气体产物氪和氙存留在安全壳的空气中。最终进入环境的^{133}Xe约为（1～5）$\times 10^{17}$Bq，占堆内总量的2%～10%；^{131}I为6×10^{11}Bq，占堆内总量的0.00003%。由于安全壳的良好屏蔽作用，事故后大气中^{131}I放射性浓度最大为1.2Bq/m^3，仅相当于安全标准的0.5%。这次事故核电站有3名工作人员受到略超过年规定限值（当时个人剂量为50mSv/a）的核辐射。在核电站周围80km范围内个人剂量平均为15μSv，最大有效剂量为850μSv，约等于天然本底对人产生年剂量世界平均值的35%。周围80km的200万居民中，平均每人增加的剂量还不如带一年夜光表或看一年彩电所受的剂量。2002年，美国匹兹堡大学研究人员的调查和研究表明，在三里岛核电站发生核事故20多年后，核电站附近居民的癌症死亡率并没有明显上升。

三里岛核电站事故是由机械设备故障和操纵人员连续误操作引起的，事故中反应堆发生损坏，经济损失十分巨大，仅反应堆设备损坏和长期清理费用就达约20亿美元。由于有安全壳保护，只有极少的放射性物质对外释放，对环境和公众的影响有限，没有超出电厂范围。核电事故没有导致人员死亡，但由于是世界核电史上第一次发生这样严重的事故，判断和处理缺乏经验，使8万人惊恐撤离，混乱中造成3人挤死。

2. 切尔诺贝利核电站事故

1986年4月26日凌晨1点24分，位于苏联基辅市东北130km处（现乌克兰、白俄罗斯和俄罗斯的边界附近）的切尔诺贝利核电站4号反应堆发生了堆芯熔化、部分厂房倒塌和大量放射性外逸的严重事故，是世界核电史上最严重的一次核事故。

切尔诺贝利核电站共有4个机组，每个机组的电功率都是1000MW。第一期两个机组于1977年建成发电，第二期两个机组于1983年12月投入运行。其反应堆为石墨水冷反应堆（石墨沸水堆），铀燃料棒用锆合金作包壳，水作冷却剂，石墨作慢化剂。石墨放置在燃料管的间隔处，冷却水流过燃料管被加热至沸腾，产生的蒸汽直接供给汽轮机。这种反应堆的发电效率较高，也比较经济，可以通过仪表发现燃料棒有问题并及时更换。但这种反应堆没有压力壳、安全壳和辅助设施，存在安全隐患。反应堆在设计上也存在两个主要的不安全因素：一是控制棒下端连接石墨制成的挤水棒，当整个控制棒提到堆芯以上位置时，挤水棒下端堆芯孔道内留有125cm的水柱，当控制棒插入堆芯时，石墨挤掉水柱，石墨的中子吸收截面比水的中子吸收截面小得多，因而导致正反应性效应；二是随着燃料燃耗加深，堆芯出现正汽泡反应性效应和正功率反应性系数。早在1983年同类型的立陶宛依格纳里娜核电站的反应堆上就发现了这些不安全因素，有关研究设计单位也进行了研究并提出过改进措施，但没有引起管理机构的重视，因而没有采取任何措施，甚至没有把这方面的信息通告各运行单位。

1986年4月25日，按计划对切尔诺贝利核电站的4号反应堆进行停堆检修，并在停堆过程中进行一次汽轮机惰转试验，目的是研究一项改善电站安全性的措施。操作人员安全意识不强和监测显示系统落后导致不当操作。从4月25日凌晨1点～26日凌晨1点，反应堆热功率曾降到30MW（中子功率为零），随后升高到200MW（按试验大纲规定应当在700MW进行）；为了克服当时反应堆严重的氙中毒使功率下降的缺陷，把原来插在堆芯中的控制棒大部分提升到堆芯之上以提高反应功率（按安全要求，堆内至少应有30根手动棒，而在4月26日1时2分30秒堆芯内仅有6～8根）；同时关闭了反应堆堆芯应急冷却水，切断了自动停堆的反应堆保护系统，关闭了与热工参数有关的反应堆保护系统，使得反应堆保护系统已经不可能防止事故的发生。

4月26日1时23分开始做汽轮发电机惰转试验时，反应堆处于正汽泡反应性效应占优势的状态，功率反应性系数为正值。1时23分40秒，值班长命令按下紧急停堆按钮，使所有控制棒和事故保护棒插入堆芯。但由于大多数控制棒高悬于堆芯之上，在初始插入时因挤水棒正反应性效应在堆芯下部功率峰值处（此堆轴向功率分布当时具有双峰）引入正反应性，与当时反应堆内的正汽泡反应性和正功率反应性效应相结合，结果反应堆瞬间处于超临界状态导致功率剧增，冷却水流量下降，燃料过热使核燃料熔化，堆内生成大量蒸汽使压力剧增，熔融的燃料与水发生剧烈化学反应，引起蒸汽和氢气爆炸，石墨燃烧，以致在很短的时间内就发生了化学爆炸，一回路系统和反应堆厂房被破坏，大量放射性物质被抛向上空，散入环境。爆炸飞溅出的灼热碎片散落到邻近汽轮发电机厂房和其他辅助设施上，引起30多处着火。石墨燃烧了9天，这是导致放射性逸出的主要原因。

苏联在处理这次事故中采取了一系列强有力的措施，组织了消防队、防化兵、直升机部队、工程兵部队等大批人员投入紧急救助，参加事故后应急处理的人员达20万人，参加清理的人员总共达80万人。经过消防人员的艰难扑救，10天内将大火扑灭。从爆炸后10mim救出第一批伤员4人开始，36h内共救出300多名受到辐射损害的伤员，其中129名重伤员被送往莫斯科医院。在30km的重灾区范围内迁移了27万名居民。向反应堆堆芯部分投下1000多吨砂子，5000多吨黏土、硼砂、白云石、石灰石和铅等，形成防护层。此后，在反应堆的六个面安装了6000多吨金属结构，用1m厚的混凝土封起来，被称为“石棺”。“石棺”的底部安装了冷却系统。“石棺”内封存了约180t的低富集度铀，1t钚，70000t有辐射的金属、混凝土和玻璃，35t放射性尘土。

切尔诺贝利核事故发生已经过了36年，其影响如何至今众说纷纭，切尔诺贝利核事故导致死亡人数的报道从几十人到几千人，更有甚者说几万人。联合国原子辐射效应科学委员会（UNSCEAR），在2008年上报给联合国大会的报告中做出的主要结论如下：

① 总计134名工厂职工和应急工作人员受到高辐射剂量照射，导致急性放射病，由于受到β辐射照射，其中很多人也存在皮肤损伤。

② 在事故后的几个月内，这些受到高辐射剂量的人群中有28人死亡。

③ 到2006年，虽然有19名急性放射病幸存者已经死亡，但这些人的死亡是各种原因引起的，通常与辐射照射无关。

④ 急性放射病幸存者的主要后遗症是皮肤损伤和辐射相关的白内障。

⑤ 除应急工作者之外，有几十万人参加了恢复工作，在这个人群中，除接受较高剂量的人群可察觉到白血病和白内障升高外，没有观察到因辐射照射而导致的可察觉的健康效应。

⑥ 在乌克兰、白俄罗斯和俄罗斯的4个受影响较大的区域，在1986年处于儿童期和少年期的人群中观察到甲状腺癌的发生率明显增加。在1991—2005年期间，报道了6000多例。其中，最可能的原因是1983年饮用了被^{131}I污染的牛奶。虽然甲状腺癌还存在上升的趋势，但到2005年仅有15人死亡。

⑦ 在一般的公众中，没有观察到因辐射照射而引起的任何其他健康效应。

经各方面专家全面分析，对切尔诺贝利4号机组1986年发生的核事故取得共识，主要原因有3个，即反应堆的设计缺陷、操作人员未经过良好的培训以及切尔诺贝利核电厂未形成良好的安全文化。

尽管切尔诺贝利核电站事故是一次灾难性的严重事故，但据核安全专家事后分析，三里岛事故和切尔诺贝利事故并未改变人们对核安全做出的结论。核科学家和工程技术人员做出的“核电站是清洁安全的能源”的结论也并没有发生改变。

3. 福岛第一核电站事故

2011年3月11日14时46分，日本发生里氏9级强烈地震（称东日本大地震）。地震引发巨大海啸，最高海浪达14m。强震和海啸引发了位于东京东北240km的福岛第一核电站发生核事故。核电站严重受损，1、2、3号机组堆芯熔化，放射性物质泄漏。此次核事故是超强自然灾害导致的超设计基准事故。

福岛第一核电站始建于1966年，共有6个机组，是世界上最大的25个核电站之一。采用美国通用电气（GE）公司的沸水堆技术，其中1～5号机组采用马克Ⅰ型（MARK-Ⅰ）反应堆，6号机组采用马克Ⅱ型（MARK-Ⅱ）反应堆。这些机组的反应堆使用带有锆合金包壳的氧化铀燃料棒，燃料组件长4m，每个组件有60根燃料棒。3号机组堆芯除了装有氧化铀燃料组件外，还装有32个混合氧化物（MOX）燃料组件。每个机组堆芯装有不同数量的燃料组件，具体参数和受损情况见表8-1。

表8-1 福岛第一核电站参数和受损情况

<table>
<tr><th colspan="2">项 目</th><th>1号机组</th><th>2号机组</th><th>3号机组</th><th>4号机组</th><th>5号机组</th><th>6号机组</th></tr>
<tr><td colspan="2">电功率/(×10^{4}kW)</td><td>46</td><td>78.4</td><td>78.4</td><td>78.4</td><td>78.4</td><td>110</td></tr>
<tr><td colspan="2">燃料组件/个</td><td>400</td><td>548</td><td>548</td><td>548</td><td>548</td><td>764</td></tr>
<tr><td colspan="2">投入运行时间</td><td>1970年3月</td><td>1974年7月</td><td>1976年3月</td><td>1978年10月</td><td>1978年4月</td><td>1979年10月</td></tr>
<tr><td colspan="2">地震时状态</td><td colspan="3">正常运行中</td><td colspan="3">停堆检修中</td></tr>
<tr><td rowspan="3">反应堆</td><td>燃料棒</td><td>熔毁</td><td>熔毁</td><td>熔毁</td><td>堆内无燃料</td><td>—</td><td>—</td></tr>
<tr><td>压力容器</td><td>可能受损</td><td>可能受损，
注入淡水</td><td>可能受损</td><td>—</td><td>—</td><td>—</td></tr>
<tr><td>安全壳</td><td>完整</td><td>疑有损伤，
与安全壳相连的
抑压室爆炸时
可能损伤</td><td>完整</td><td>安全</td><td>—</td><td>—</td></tr>
<tr><td colspan="2">受损程度</td><td>70%燃料
元件受损</td><td>33%燃料
元件受损</td><td>部分燃料
棒受损</td><td>—</td><td>—</td><td>—</td></tr>
<tr><td colspan="2">乏燃料池中的燃料</td><td colspan="4">乏燃料池中注水</td><td>—</td><td>—</td></tr>
</table>

地震发生时，1、2、3 号机组正处于运行状态。4 号机组反应堆正处于关闭维修状态，反应堆内没有核燃料，但卸出的核燃料在水池中还有相当的余热。5、6 号机组正处于大修状态，核燃料卸出放入冷却水池中。

9 级地震超出了核电站设计基准。由于地震，开关受损，输电塔倒塌，6 条输电线路全部停止输电。地震初期，3 台运行的机组立即自动安全停堆，其安全功能还是有效的，应急冷却系统也很快启动，由于失去了外电源，12 台应急柴油机也同时启动，电站的事故应对是正常的，并没有发生核泄漏事故，未对核电站造成致命破坏。

地震后引发的浪高 14m 的海啸大大超出了核电站 5.7m 洪水高程设防，导致全厂断电和应急柴油机停止运行。之后改由可维持 8h 的蓄电池对仪表和控制系统供电。13h 内移动式发电机到达，但因底层配电设备被水淹而无法接通，改由新接电源线给水泵供电。

1、2、3 号机组在全厂断电后，汽轮机驱动的堆芯隔离冷却系统投入。之后抑压池失效，安全壳超压，堆芯隔离冷却系统失效。由于堆芯冷却手段长时间丧失，燃料组件露出水面使堆芯裸露和损伤。同时燃料棒锆包壳温度急剧升高，导致堆芯燃料包壳的锆在高温下与水发生化学反应放出大量氢气，通过安全壳排气释放到反应堆厂房，累积在厂房顶部，从而使氢气浓度升高，进一步引发氢气爆炸而产生核泄漏。

2011 年 3 月 12 日 15 时 36 分（事故后 25h），1 号机组反应堆厂房发生爆炸；3 月 14 日 11 时 01 分（事故后 68.5h），3 号机组反应堆厂房发生爆炸；3 月 15 日 6 时 10 分（事故后 87.5h），2 号机组反应堆厂房发生爆炸；3 月 15 日 9 时 40 分（事故后 91h），4 号机组反应堆厂房起火；3 月 15 日 12 时（事故后 93.5h），4 号机组反应堆厂房发生爆炸；3 月 16 日事故后 115h，3 号机组出现白烟。

事故后期，管理人员向堆芯注入大量海水，使事故的后果得到了一定的缓解。3 月 20 日，事故后 204h，6 号机组部分临时发电机恢复工作，使同时处于大修状态的 5、6 号机组乏燃料水池冷却系统供电，开始冷却乏燃料池，5、6 号机组脱离危险。3 月 22 日，1～6 号机组已全部接通外部电源。

福岛第一核电站事故的关键在于失去了应急冷却，使堆芯余热无法导出，而造成致命打击的主要原因就是地震引发的海啸。

据日本媒体报道，3 月 12 日福岛第一核电站 1 号机组发生氢气爆炸时，有 4 名工人受伤。14 日晚，1 号机组再次发生氢气爆炸，造成 11 人受伤。除了 2 名因受伤可能死于出血性休克外，没有其他死亡人员的报告。

二、核安全

实际上，任何行业都存在着安全问题。与其他行业相比，核能是一个很安全的行业。据 1942—1975 年美国核工业的统计资料，其间共发生 10086 起事故，包括烧伤、触电、跌落等，其中放射性事故仅有 41 起，占千分之四。美国核工业每百万工时发生的各种事故，不及同期其他工业的 1/3。从整个发电的燃料链（即从采矿到发电的所有环节）考虑，每吉瓦发电装机容量每年的死亡人数（称为急性伤亡归一化死亡率），核电是最少的，见表 8-2。

表 8-2　各类电站每吉瓦发电装机容量每年的死亡人数

核电	天然气发电	煤发电	水电
0.001	0.170	0.340	1.410

为了防止放射性物质的外泄，压水堆核电站设计中考虑了多重和多样的安全措施，并考虑到万一发生堆芯失去冷却和堆芯熔化事故时，须使放射性物质向外部环境的释放量限制在安全许可的限度内。

1. 三道安全屏障

第一道屏障——燃料包壳。燃料芯块由陶瓷材料与^{235}U混合烧结而成，叠装在由耐高温、耐腐蚀、不溶于水、性能稳定的材料（锆合金管）制成的包壳中，这种包壳可将放射性物质密封在里面，核裂变所产生的放射性物质98%以上滞留在二氧化铀陶瓷芯块中不会释放出来，防止燃料裂变产物和放射性物质进入一回路水中。

第二道屏障——压力容器和一回路压力边界。由核燃料构成的堆芯封闭在壁厚175mm的钢制压力容器内，压力容器和整个一回路都是由耐高温、高压的材料制成，放射性物质不会泄漏到反应堆厂房中。

第三道屏障——安全壳。安全壳是一个顶部为球形的圆柱形预应力混凝土建筑物，十分坚固。反应堆及一回路的重要设备都安装在里面，它有良好的密封和耐压性能，能承受住内压和高温，即使反应堆堆芯被熔毁，它也能保证放射性物质不向周围环境泄漏。安全壳外部能承受各种外压，包括飞机的冲击。如秦山核电站安全壳的内径为36m，底面到顶面总高为63m，壁厚1m，内衬一层6mm厚的钢板。安全壳里设置有堆芯应急冷却系统（如果反应堆发生断管事故时，堆内水漏掉了，这个系统可以立即把水注入反应堆，使堆芯重新淹没在水中，不致过热而熔化）、安全壳喷淋系统（事故时水从顶部喷下，使安全壳内的蒸汽冷凝，压力降低，同时把悬浮在安全壳里的放射性物质都冲洗下来）等。即使堆芯熔化并烧穿了压力壳落到安全壳底部，安全壳仍可以把事故产生的放射性物质封闭在安全壳里。安全壳还能防止被破坏的设备、管道的零件向外抛射，厚厚的安全壳壁还可屏蔽射线；在发生龙卷风等严重自然灾害时，安全壳可以从外部保护反应堆。

2. 纵深防御原则

第一道防御，采用保守的工程规范和标准，强调对事故的预防、对设备的检验和试验以及在运行中的必要监督，以达到长期安全运行的目的。在设计、制造、安装和运行中按照质量第一的原则实施，例如厂房的抗震设计，是按历史记载的最大地震烈度提高一度予以考虑。

第二道防御，对各种设备故障、人为错误引起的事故有一套安全保护设施，这些保护设施能避免事故的扩大和保持反应堆的安全状态。如紧急自动停堆系统、应急堆芯冷却系统、两套独立外电源及备有快速启动的柴油发电机组及蓄电池组、备用的多重冷却系统和水源等。

第三道防御，为对付安全保护设施部分失效，以致出现最大假想事故的情况而配备的附加安全设施，其目的是限制事故的后果。这些设施包括安全壳隔离系统、安全壳喷淋系统、壳内空气循环过滤系统、为防止氢气爆燃的消氢系统。

3. 核安全监督与审查

以核反应堆为主的核设施推行全范围、全过程的质量保证体系，确保设计、施工、调试、运行的质量和安全；反应堆遵循纵深防御、多重保护、多样性的设计原则，确保核安全；建立严格的规章制度，实行严格的管理；核设施还执行高标准、严要求的“三废”处理和管理体制，实行国家环境法中规定的“三同时”制度，即建立项目中的污染防治工程必须与主体工程同时设计、同时施工、同时投产使用。

1991 年 8 月，中国正式成立了国家核事故应急委员会，逐步建立起了中国三级核事故应急系统，即国家核事故应急管理机构、地方核事放应急管理机构和核电厂营运单位应急管理机构。核事故应急组织实施三级制，即国家级应急组织、省（自治区、直辖市）级应急组织和核电站级应急组织，分别负责全国、省（自治区、直辖市）和核电站营运单位的核事故应急事宜。中国的核事故应急管理实行“常备不懈，积极兼容，统一指挥，大力协同，保护公众，保护环境”的方针。

1994 年 6 月，中国政府有关部门向国际原子能机构递交了中国参加《核安全公约》的批准书，使核安全工作与国际接轨。中国实行由国家核安全局独立进行的对民用核设施（主要是核电站动力堆和研究堆）的评审和监督制度，并推行安全许可证制度，确保核安全，民用核设施实行国际、国家和地方的严格监督。

4. 核安全文化

核设施是由人来管理、操作和运行的，因此核安全问题，归根结底是人的问题。研究分析国内外迄今发生的核事故可以发现，核事故的发生除了在设计上、技术上存在缺陷和隐患以及不可抗拒的重大自然灾害外，绝大多数是由人的种种失误而直接引起。前者可以通过总结经验教训，不断提高技术水平，更新设计观念，使核设施特别是核反应堆不断进步，使其尽量不受人为因素的影响来解决；后者就涉及如何不断提高核领域人员的全面素质，这就是核安全文化的问题。

1986 年，国际原子能机构国际核安全咨询组（INSAG）在《关于切尔诺贝利核电厂事故后审评会议的总结报告》中，首次使用了“安全文化”一词，正式将安全文化概念引入核安全领域。此后，国际原子能机构在 1991 年编写的“INSAG-4”《安全文化》一书中，定义了安全文化概念，阐述了其理念及评价标准，并建立了一套核安全文化建设的思想和策略。2004 年，在国家核安全局批准发布的《核动力厂设计安全规定》和《核动力厂运行安全规定》中，首次规定了对核电厂营运单位培养和提高安全文化的原则要求。核安全文化建设必须注重价值观的建立，注重制度建设，重视人员良好职业行为的培养，加强企业物质环境的建设。

核安全管理体系制定了一系列规章制度，只有全体核能工作者都严格地、自觉地遵守这些规章制度，并不断提高业务技能，形成总结经验教训、互相交流、互相学习、高度透明的习惯，才能保证核安全管理体系的正常运转，而不只是“挂在墙上”的规章制度。

规则、技能与习惯，就是安全文化。核安全文化在本质上表现为科学、严密而完整的规章制度，加上全体员工遵章守法的自觉性和良好的工作习惯，从而在整个核企业内形成人人自觉关注安全的氛围，而不只是喊喊口号。对涉及核安全的任何“细节”“小事”都不能忽视。

在核安全文化建设方面，管理层特别是领导人具有举足轻重的地位和作用，他们对安全的认识水平和重视程度，他们在安全立法和执法过程中的态度和执行力度，是核企业建立高水平的核安全文化、取得良好的核安全业绩的基本保证。每一个员工都要充分明确并正确理解安全要求，熟悉并严肃认真执行安全的规章制度，并形成一丝不苟的工作习惯和不断提高自己的业务水平，增加知识和技能，只有这样，才可做到熟能生巧、处变不惊。

核安全文化是民族文化和企业文化的具体体现，是团队的优良传统精神的具体反映。中国的核科技人员在漫长而艰辛的核能创业历程中，形成了非常优秀的传统精神，“两弹一星”精神是其核心。核安全文化是这种精神的一个组成部分，在新的历史条件下，在核能事业的进一步发展中不断发扬这种精神，建设好高水平的核安全文化，这是摆在每个中国核能工作者面前的历史责任。

第九章
生物质能

生物质燃烧作为能源转化利用形式是一项相当古老的技术。人类对能源的最初利用就是从木柴燃火开始的。在我国古代燧人氏和伏羲氏时代，人们就已经知道使用“钻木取火”的方法来获取能源了。

木柴燃火为原始人在漫漫的长夜带来了光明，使人类在严寒的冬日得到了温暖，品尝了熟食的美味，脱离了茹毛饮血的时代。火把成为原始人防御和围猎动物的工具，对人类从动物群中分化出来起到了重要作用。“木炭能源”曾经是人类生存和发展的重要动力，人类有关农业、制陶、冶铜、炼铁及蒸汽机的发明，无一不是从木柴燃火开始的。

燃料一般是指可以与氧发生激烈的氧化反应，释放出大量热量，并且此热量能有效地被利用在工业、农业或其他方面的物质。生物质固体燃料主要包括农作物秸秆、稻壳、果壳、果核、锯末、木屑、薪柴和木炭等。

生物质是由复杂的高分子有机化合物组成的复合体，其化学结构组成主要有纤维素、半纤维素和木质素等，它们存在于细胞壁中。还有一些用水、水蒸气或有机溶剂可以提取出来的物质，也称为提取物或萃取物，这类物质在生物质中的含量较少，大部分存在于细胞腔和胞间层中，所以也称为非细胞壁提取物。提取物的组分和含量随生物质的种类和萃取条件而改变。属于提取物的物质很多，其中重要的有天然树脂、单宁、香精油、色素、木质素及少量生物碱、果胶、淀粉、蛋白质等。生物质中除了绝大多数为有机物质外，尚有极少量无机的矿物元素成分，如钙、钾、镁、铁等。

生物质的元素组成包括碳、氢、氧、氮、硫、磷、钾等，其中碳、氢和氧是生物质的主要成分。在烘干的柴草中，碳含量约40%、氢含量约6%、氧含量20%～25%、氮含量0.5%～1.5%、硫含量0.1%～0.2%、磷含量0.2%～0.3%、钾含量1.1%～2.0%。

第一节　生物质直接燃烧

一、燃烧的基本类型

燃烧是指燃料中所含碳、氢等可燃元素与氧发生激烈的氧化反应，同时释放热量的过程。固体燃料的燃烧按燃烧特征，通常分为以下几类。

① 表面燃烧　表面燃烧是指燃烧反应在燃料表面进行，通常发生在几乎不含挥发分的

燃料中，如密度较大的木炭，就存在表面燃烧的现象。

② 分解燃烧　当燃料的热解温度较低时，热解产生的挥发分析出后，与氧进行气相燃烧反应。当温度较低，挥发分未能点火燃烧时，将会冒出大量浓烟，浪费大量的能源。

③ 蒸发燃烧　蒸发燃烧主要发生在熔点较低的固体燃料。燃料在燃烧前首先熔融为液态，然后再进行蒸发和燃烧（相当于液体燃料）。

二、生物质的燃烧过程

生物质燃料（秸秆、薪柴等）的燃烧过程是强烈的放热反应，燃烧的进行除要有燃料外，还要有足够的温度和适当的空气供应。以柴草等生物质燃料在灶膛内燃烧为例，燃料的燃烧过程可分为预热与干燥、挥发分析出燃烧及木炭形成、木炭燃烧、燃尽 4 个阶段。

① 预热与干燥　柴草送入灶膛后，当自身温度升高到 100℃左右时，所含的水分首先被蒸发出来，湿柴变为干柴。水分蒸发时需要吸收燃烧过程中释放的热量，会降低燃烧室的温度，减缓燃烧进程。蒸发时间的长短和吸收热量的多少，由柴草的干湿程度而定。含水率高的燃料，蒸发阶段的时间长，热量损失多。

② 挥发分析出燃烧及木炭形成　随着温度的继续升高，柴草开始转入析出挥发分阶段。生物质燃料一般含挥发分较高，所以热分解温度都比较低，如木柴的分解温度约为 180℃，此时，柴草中的挥发分以气体形式大量放出，并迅速与灶膛的氧气混合。当温度升高到 240℃以上时，这些可燃气体被点燃，并在燃料表面燃烧，发出明亮的火焰。此时燃烧产生的热量就会迫使燃料内部的挥发物不断析出燃烧，直至耗尽。这一过程需氧较多（燃料挥发分中的大部分也都参与），延续的时间较长。在气体挥发物燃烧时，柴草中的固定碳（木炭）被包着，不易与氧气接触，因此在柴草燃烧初期，木炭是不会燃烧的。

③ 木炭燃烧　当挥发物燃烧快结束时，木炭便开始燃烧。这时，由于挥发物基本燃尽，进入灶膛的氧气可以直接扩散到木炭表面并与之反应，使木炭燃烧。

④ 燃尽　木炭在燃烧过程中不断产生灰分，这些灰分包裹着剩余的木炭，使木炭的燃烧速度减慢，灶膛的温度降低。这时，适当抖动、加强通风，使灰分脱落，余炭才能充分燃尽，柴草燃烧后最终剩下的是灰烬。

燃烧反应是一个复杂的过程。应该指出的是，以上各个阶段虽然是依次串联进行的，但也有一部分是重叠进行的，各个阶段所经历的时间与燃料种类、成分和燃烧方式等因素有关。

三、燃烧的基本要素

从上述燃烧过程可知，要使燃料充分燃烧，必须具备三个条件——一定的温度，合适的空气量及与燃料良好地混合，足够的时间和空间，即燃烧“三要素”。

第一，一定的温度。温度是良好燃烧的首要条件。温度的高低对生物质的干燥、挥发分析出和点火燃烧有直接的影响。温度高，干燥和挥发分析出顺利，达到着火燃烧的时间也较短，点火容易。要使燃料着火燃烧，必须使温度达到其着火点（燃点）。燃料中所含的各种物质都有不同的燃点，例如，一氧化碳的燃点为 580～600℃，碳单质的燃点为 800℃。燃点不同，所需要的着火温度也不同。燃料不同，其燃点也不同，如秸秆的燃点为 200℃，木柴的燃点为300℃，烟煤为400℃，燃烧时析出的焦炭和甲烷气体的燃点分别为700℃和850℃。

另外，在燃烧过程中则必须保持燃料放出的热量不小于燃烧时所散失的热量，燃烧才能持续进行，否则就会熄火。炉灶或燃烧室内温度愈高，燃烧反应愈激烈。

第二，合适的空气量及与燃料良好地混合。由于燃料所含的元素组成不同，燃料所需要的空气量也不同。碳、氢、硫、磷等可燃质，完全燃烧时所需要的氧气量各异。可按照化学反应方程式计算燃烧中所需要的理论空气量。

燃料在灶膛或燃烧器中实际燃烧时，由于灶膛或燃烧器的结构及燃料与氧气混合不均等多种原因，实际供给的空气量要比理论空气需要量大一些，超出的部分称为过量空气。实际供给空气量（V）与理论空气需要量（V_c）之比称为过量空气系数（α），即

$$\alpha = V/V_c \tag{9-1}$$

过量空气的多少必须适当。进入灶膛或燃烧器的空气太少，燃烧过程中氧气不足，燃烧不完全，就会浪费燃料；进入灶膛或燃烧器的空气过多，冷空气降低了燃烧温度，同时高速烟气还带走过多的热量，也不利于燃烧。一般农村户用节柴灶过量空气系数α可选1.4～1.8。

不同燃料、不同燃烧装置的过量空气系数完全不同。过量空气系数一般用烟气分析仪分析烟气中的氧、二氧化碳和一氧化碳含量，加以计算求得。

第三，足够的时间和空间。燃料燃烧需要一定的时间：一是化学反应时间；二是空气和燃料或燃气的混合时间。前者时间很短，不起主导作用；后者是氧气扩散的时间，若无保证就会燃烧不完全，造成浪费。燃烧反应一般都发生在一定的空间中。如果燃烧空间较小，燃料的滞留时间则较短，燃料还没有充分燃烧时，就有可能进入低温区，从而使气体和固体不完全燃烧热损失增加。因此，为了保证充分的燃烧时间，就要有足够的燃烧空间。此外，还有燃烧空间是否充分利用的问题。如果燃烧空间有死角，即使空间再大，燃烧时间仍有可能不够，需要适当地设置挡墙或炉拱，改变气流方向，使之更好地充满燃烧空间，延长停留时间，并加强气流扰动。

燃烧三要素相互影响，掌握得好，可相互促进，燃烧旺盛；掌握不好，就会使燃烧不完全，浪费燃料。

四、省柴灶

我国农村炉灶（炕）的主要功能是炊事和供暖，主要燃料是生物质和煤炭，约各占40%，其余为型煤、液化石油气等。燃料均以直接燃烧方式转换为热能。我国民用柴灶虽然形式较多，各地也有差异，但热效率都比较低，柴草浪费严重，而且还造成一定程度的空气污染。随着农村的城镇化和农民生活水平的提高，传统的炊事供暖炉灶和其低效的燃烧方式已经不能满足需要，广大农民对燃煤和生物质能燃烧提出了更高的要求，迫切希望提供和使用更洁净、方便、廉价、造型美观的炉灶。

针对旧式柴灶存在的大灶膛、大灶门、大排烟口及没有炉箅等弊端，科技工作者及管理人员研制推广出了省柴灶，如图9-1所示。由图9-1可知，省柴灶由灶门、进风道、灶膛、炉箅、烟囱等部位组成。

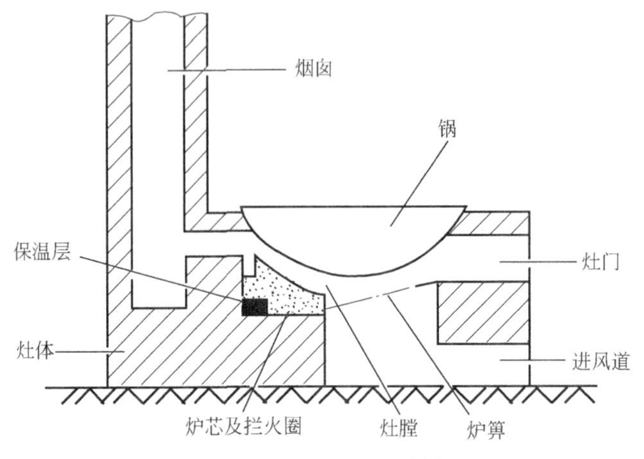

图 9-1　省柴灶的基本结构

① 灶门：添加柴草用，比旧式柴灶炉门小得多。

② 进风道：用于进风、储灰。

③ 灶膛：周围用黄泥或石灰、水泥等抹成燃烧和扩散的空间。围绕灶膛还有几个特殊部位。

燃烧室：指炉箅上方燃料燃烧的空间，其中锅底中心与炉箅之间的距离称为吊火高度。吊火高度在很大程度上影响着锅灶间的传热。测试表明，一般柴草灶适宜的吊火高度为14～16cm，硬柴灶为12～14cm，煤炭灶为10～12cm。

拦火圈：或称挡火圈，位于燃烧室上部和锅之间。拦火圈可以调整火焰和烟气的流动方向，控制烟气流速，延长可燃气体或烟气在灶内停留时间。拦火圈是省柴效果和柴灶好烧与否的关键所在。在拦火圈上部与锅底之间设置合适的间隙是非常重要的。一般在烟囱方向留5～10cm，然后向两边逐渐加大到20～40cm。拦火圈的高低是否合适，要通过多次试烧和修改确定。

保温层：用草木灰或珍珠岩填入，以保持灶膛的温度。

④ 炉箅：使燃烧的燃料层架空，利于空气经进风道穿过炉箅进入燃烧层，并能使最后燃烧的焦炭得到空气而燃尽，同时可使燃烧后的灰落到炉底。

⑤ 烟囱：将烟气排到室外较高处，避免污染周围环境；同时烟囱也可产生动力，促使空气经过灶膛流通。

各地燃烧的燃料不同，人们的燃烧习惯也大有差异，因此，上述柴灶基本结构的各个部位，各地常常有各不相同的具体形式，某一个地区同时还可存在多种形式。由于北方气温较低，除了炊事，广大农村的取暖也是非常重要的，省柴灶不太适合。

五、生物质燃烧发电

目前发达国家生物质燃烧发电占可再生能源（不含水电）发电量的70%。例如，在美国以木材为燃料的热电联产总装机容量已经超过了7GW，输出电力中的一部分销售给电网。此外，在偏远的地区也有相当数量以木材为燃料的自备热电联产。我国生物质燃烧发电也具有一定的规模，主要利用农作物秸秆、甘蔗渣等发电。

第二节　生物质压缩成型

我国农作物秸秆资源十分丰富，如稻秸、麦秸、玉米秆、棉秆和桑枝等。此外，在农副产品加工中产生大量的残余物，如稻壳、花生壳、甘蔗渣等，在林业生产、木材加工和园林绿化中产生大量的树枝、枝丫、树叶、木屑和边角料等废弃物。这些农林废弃物堆积密度低、运输和储存不便。将农林废弃物粉碎后用机械加压的方法压缩成具有一定形状、密度较大的固体成型燃料，便于运输和储存，能提高燃烧效率，且使用方便、卫生，可以形成商品能源。生物质成型燃料能替代煤炭，用作工业锅炉的燃料，也可广泛应用于农村区域采暖、热水供应、蒸汽供应、大棚种植、养殖供热及各种农副产品烘干场所，也可以进一步炭化处理，得到木炭和活性炭，用于冶金、化工、环保和餐饮烧烤燃料。

生物质成型燃料直接燃用是世界范围内进行生物质高效、洁净化利用的一个有效途径。推广应用生物质成型燃料，对发展循环经济和实施节能减排具有重要的现实意义。发展生物质成型燃料产业，有利于保障国家能源安全，增加农民收入，改善农民生活条件，为减少温室气体排放和控制雾霾作出贡献。

一、压缩成型原理和影响因素

早在 1962 年，德国学者 Rumpf 针对不同材料的压缩成型，将成型物内部的黏结力类型和黏结方式分成 5 类：①固体颗粒桥接或架桥；②非自由移动黏结剂作用的黏结力；③自由移动液体的表面张力和毛细压力；④粒子间的分子吸引力（范德华力）或静电引力；⑤固体粒子间的充填或嵌合。

影响生物质成型过程（能耗、产率等）和成型燃料性能（密度、耐久性等）的因素有三个方面：

① 原料特性：如原料的物理化学性能、原料粉碎粒度、含水率及是否添加黏合剂等。

② 成型工艺条件：如压缩方式、模具结构特征、填料量等。

③ 成型工艺参数：如成型压力、温度和模压时间等。

虽然成型燃料的密度和强度受诸多因素的影响，但实质上，都可以用 Rumpf 所述的一种或一种以上的黏结类型和黏结力来解释生物质的成型机制。

对物料施加压力的主要目的是：

① 使物料原来的物相结构破坏，组成新的物相结构。

② 加大分子间的凝聚力，使物料变得致密均实，以增强成型燃料的强度。

③ 为物料在模内成型及推进提供动力。

一般情况，成型燃料的黏结强度随着成型压力增大而增大。在不添加黏结剂的成型过程中，物料颗粒在外部压缩力的作用下相互滑动，颗粒间的孔隙减小，颗粒在压力作用下发生塑性变形，并达到黏结成型的目的。对大颗粒而言，颗粒之间以交错黏结为主；对很小的颗粒而言（粉粒状），颗粒之间以吸引力（分子间的范德华力或静电力）黏结为主。

升高温度可以使植物纤维物料内在的黏结剂熔化，从而发挥出黏结作用。木屑、秸秆能在不用黏结剂的条件下热压成型，主要是因为有木质素存在。植物细胞中都含有纤维素、半纤维素和木质素，它们互为伴生物。木材中的木质素是非晶体，没有熔点，但有软化点，当温度在70～110℃时其黏合力开始增大，温度在200～300℃时可以熔融，在植物组织中有增强细胞壁、黏合纤维素的作用。此时施压即可使粉碎的秸秆颗粒互相胶接，冷却后即固化成型。

压缩方式可分为“开式”和“闭式”两类。“开式”压缩是用一个柱塞或螺杆对压缩室（或模子）内的物料进行压缩，推动物料向压缩室出口方向移动，物料连续喂入并连续被挤压，被压缩后的成型燃料随压缩过程的进行自动离开压缩室。“开式”压缩适合于连续生产。“闭式”压缩，是指用一个柱塞对装入端封闭的压模内的物料进行压缩，使其成型并达到一定密度后取出，然后装入新物料再进行压缩的过程。“闭式”压缩适合于间歇生产。

二、压缩成型工艺

生物质压缩成型工艺可以分为加黏结剂和不加黏结剂的成型工艺，根据对物料热处理方式又可划分为常温压缩成型、热压成型、预热成型和炭化成型4种主要工艺。

1. 常温压缩成型工艺

纤维类原料在常温下浸泡数日水解处理后，纤维变得柔软、湿润皱裂并部分降解，其压缩成型特性明显改善，易于压缩成型。因此，该成型技术被广泛用于纤维板的生产，同样，利用简单的杠杆和模具，将部分降解后的农林废弃物中的水分挤出，即可形成低密度的成型燃料块。这一技术在泰国、菲律宾等国得到一定程度的发展，在燃料市场上具有一定的竞争能力。

德国Weima公司利用包含油缸和液压系统的高压成型设备，对木粉和秸秆类生物质在常温高压下致密成型生产块状成型燃料（俗称“木饼”），可用作锅炉燃料。我国俞国胜教授等研制的高压成型设备，也具有类似性能，其成型压力为15～35MPa，最高达40MPa，秸秆含水率为5%～15%，不超过22%。成型块燃料的密度达1.0～1.2g/cm^3。

2. 热压成型工艺

热压成型是国内外普遍采用的成型工艺，其工艺流程为：原料粉碎→干燥→挤压成型→冷却→包装等。热压成型的主要工艺参数有温度、压力和物料在成型模具内的滞留时间等。此外，原料的特性、粒度、含水率、成型方式、成型模具的形状和尺寸等因素对成型工艺过程和成型燃料的性能都有一定的影响。

热压成型工艺的主要特点是物料在模具内被挤压的同时，需对模具进行外部加热，将热量传递给物料，使物料受热而提高温度。加热的主要作用是：①使生物质中的木质素软化、熔融而成为黏结剂。由于植物细胞中的木质素是具有芳香族特性、结构单位为苯丙烷型的立体结构高分子化合物，当温度为70～110℃时软化，黏结力增大，达到140～180℃时就会塑化而富有黏性，在200～300℃时可熔融。②使成型块燃料的外表层炭化，使其通过模具时能顺利滑出而不会粘连，减少挤压动力消耗。③提供物料分子结构变化的能量。试验结果表明，木屑、秸秆和果壳等生物质热压成型，靠模具边界处温度为230～470℃，成型物料内部温度为140～170℃。

成型物料在模具内所受的压应力随时间的延长而逐渐减小，因此，必须有一定的滞留时间，以保证成型物料中的应力充分松弛，防止挤压出模后产生过大的膨胀。另外，也使物料有足够的时间进行热传递。一般，滞留时间应不少于 40～50s。为了避免成型过程中原料水分的快速汽化导致成型块的开裂和“放炮”，一般要求原料含水率控制在 8%～12%。

3. 预热成型工艺

与上述热压成型工艺不同之处在于，该工艺在原料进入成型机压缩之前，对其进行了预热处理，即将原料加热到一定温度，使其所含的木质素软化，起到黏结剂的作用，并且在后续压缩过程中能减少原料与成型模具间的摩擦作用，降低成型所需的压力，从而延长成型部件的使用寿命，降低单位产品的能耗。印度学者利用螺杆成型机，将预热和非预热成型工艺做了一个对比试验，结果表明，预热成型工艺整个系统能耗下降了 40.2%，成型部件寿命提高了 2.5 倍。

4. 炭化成型工艺

炭化成型工艺的基本特征是，首先将生物质原料炭化或部分炭化，然后再加入一定量的黏结剂压缩成型。生物质原料在高温下热裂解转换成生物炭，并释放出挥发分（包括可燃气体、木醋液和焦油等），因而其压缩性能得到改善，成型部件的机械磨损和压缩过程中的功耗下降显著。不足之处是炭化后的原料在压缩成型后的力学强度较差，储存、运输和使用时容易开裂或破碎。为提高成型块的耐久性，保证其储存和使用性能，所以采用炭化成型工艺时，一般都要加入一定量的黏结剂。

三、压缩成型生产流程

生物质成型燃料生产的一般工艺流程包含生物质原料收集、粉碎、干燥、压缩成型、成型燃料切断、冷却和除尘等主要环节。

1. 生物质原料收集

生物质原料收集是十分重要的工序。在工厂化加工的条件下要考虑三个问题：①加工厂的服务半径；②农户供给加工厂原料的形式，是整体式还是初加工包装式；③秸秆等原料在田间经风吹、日晒、自然风干的程度。另外，要特别注意原料收集过程中尽可能少夹带泥土，夹带泥土容易加速成型模具的磨损。

2. 生物质原料粉碎

对于颗粒成型燃料，一般需要将 90%左右的原料粉碎至 2mm 以下。木屑及稻壳等原料的粒度较小，经筛选后可直接进行压缩。秸秆类原料则需通过粉碎机进行粉碎处理，树枝、树皮及棉秆等尺寸较大的木质类农林废弃物，一次粉碎只能将原料破碎至 20mm 以下，经过二次粉碎才能将原料粉碎到 5mm 以下，有时必须进行三次粉碎。

对于树皮、碎木片、植物秸秆等原料，锤片式粉碎机能够较好地完成粉碎作业。对于较粗大的木材废料，一般先用木材切片机切成小片，再用锤片式粉碎机将其粉碎。

3. 生物质原料干燥

通过干燥作业，使原料的含水率减少到成型所要求的范围内。与热压成型机配套使用的干燥机主要有回转圆筒干燥机、立式气流干燥机等。

4. 压缩成型

生物质压缩成型是整个工艺流程的关键环节。生物质压缩成型的设备一般分为螺杆挤压式、活塞挤压式（或冲压式）和压辊成型机等几种。

为提高生产率，松散的物料需先预压缩，然后推进到成型模中压缩成型。预压多采用螺旋推进器或液压推进器。

对于棒状燃料热压成型机，一般采用模具外的电热丝（或电热板）对压缩成型过程中的生物质物料进行加热。压辊式颗粒燃料成型过程中，原料和机器工作部件之间的摩擦作用可以将原料加热到100℃以上，不外加热源加热，同样可使原料所含的木质素软化，起到黏结作用。

5. 成型燃料切断

为将生物质棒状成型燃料切割成所需要的长度，一种方案是设计一个旋转刀片切断机，将运到冷却传送带上的生物质棒状燃料切割成整齐匀称的长度，其切断面是平整光洁的。如果生物质燃料棒按小捆包装（6～10个/捆）出售，这样的切断方法是必要的。这样包装好的成型燃料通过超市和零售渠道销售在欧洲已经有多年了。另一种方案是让挤出的棒状燃料触碰到平滑而且倾斜的阻碍物，靠弯曲应力来使其断裂。这种方法切断的燃料，虽然长度是匀称的，但一般在断裂面处是不光滑的。如需要光滑的边缘，一捆8～10个的燃料棒可用两个锯刀将两个端面同时切割平整，但会产生废料，这些小块状的燃料可用作锅炉中的燃料。

如生物质棒状或者块状燃料是用作锅炉燃料，没有必要对燃料断面进行切割。

6. 成型过程的冷却和除尘

从热压成型机中挤出的生物质成型燃料表面温度相当高，有的超过200℃，从压辊式颗粒燃料成型机挤出的燃料温度也有100℃左右，必须经过冷却后传送到储存区域，以提高燃料的耐久性。直接将热压挤出后高温的成型燃料堆放在成型机边上是很危险的，因为有可能发生自燃现象。

对于热压成型机，需要一个长度合适的开放式钢辊轴输送带。输送带的长度应至少有5m，如条件许可，应尽量在成型机与燃料包装和储存区的间距采用更长的输送带。对于规模化生产的颗粒燃料的冷却，可采用逆流式空气冷却器，使燃料出机温度与周围环境温度一致。

生物质成型燃料加工车间会产生粉尘，热压成型工艺还会产生烟尘。为保障工人的身体健康，必须安装除尘设备，提供适宜的工作环境。

四、生物质压缩成型设备

常见的生物质压缩成型设备主要有螺杆挤压式成型机、压辊式成型机和柱塞挤压式（或冲压式）成型机等几种。本部分着重介绍国内应用较普遍的螺杆挤压式成型机。

螺杆挤压（热压）式成型机是最早研制生产的成型机，其原理是利用螺杆输送推进和挤压生物质。螺杆挤压式成型机又可分为加热和不加热两种。一种是在物料预处理过程中加入黏结剂（如生物炭粉添加黏合剂的成型），然后在螺旋输送器的压送下压力逐渐增大，到达模具压缩喉口时物料所受压力达到最大值。物料在高压下密度增大，并在黏结剂的作用下成型。棒状燃料从成型机的出口处被连续挤出。另一种是在成型机模子（成型套筒）外设置一段电加热器，加热器加温时由温控器自动控制在设定的温度值。生物质中的木质素受热塑化后具有黏性，使生物质原料热压成型。这类成型机具有运行平稳、生产连续、所产成型棒易燃（由于其空心结构及表面的炭化层）等特性。其主要技术问题是成型部件磨损严重，使用寿命短，单位产品能耗高。

螺杆挤压式成型系统示意图如图 9-2 所示，螺杆挤压式成型原理图如图 9-3 所示。螺杆挤压式成型机主要由电动机、传动部件、料仓、喂料机构、电加热器、成型机、冷却及切割台和控制箱等几部分组成。螺杆和成型套筒是螺杆挤压式成型机的主要工作部件，由于两者在较高温度（200～340℃）和较大压力（80MPa）下处于干摩擦状态，工作环境很差，使螺杆和成型套筒磨损严重。

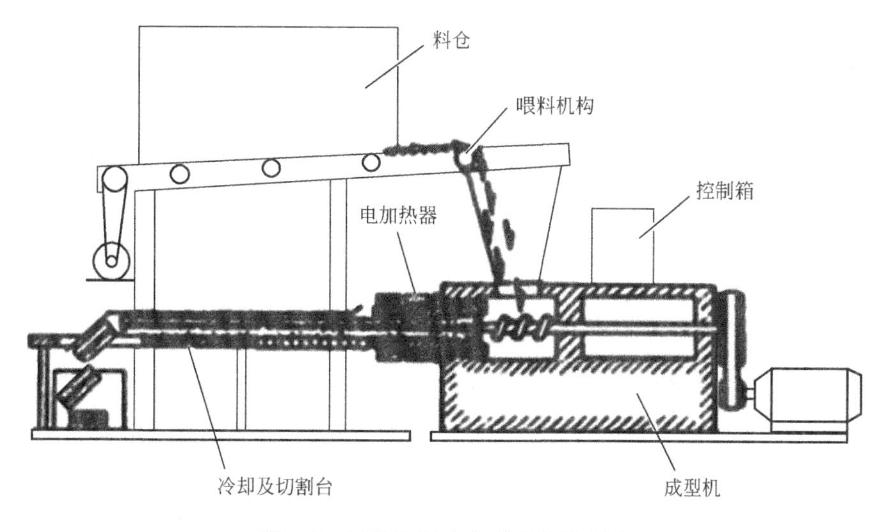

图 9-2　螺杆挤压式成型系统示意图

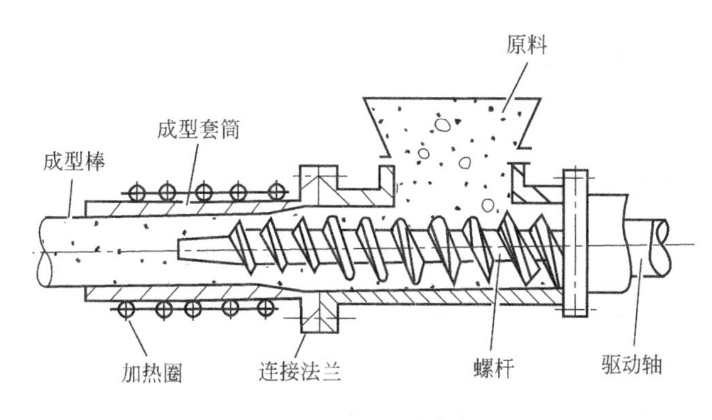

图 9-3　螺杆挤压式成型原理图

第三节　生物质热裂解

生物质热裂解是指生物质在完全没有氧或缺氧条件下热降解，最终生成生物油、木炭和可燃气体的过程。3 种产物的比例取决于热裂解工艺和反应条件。一般来说，低温慢速热裂解（低于 500℃），产物以木炭为主；高温闪速热裂解（650～1100℃），产物以可燃气体为主；中温快速热裂解（500～650℃），产物以生物油为主。如果反应条件合适，可获得原生物质 80%～85%的能量，生物油产率可达 70%（质量分数）以上。

生物质热裂解是在中温（500～650℃）、快加热速率（10^4～10^5℃/s）和极短气体停留时间（小于 2s）的条件下，将生物质直接热解，产物经快速冷却，可使中间液态产物分子在进一步断裂生成气体之前冷凝，从而得到高产量的生物质液体油。生物质热裂解有气、液、固 3 种产物。

一、生物质快速热裂解机理

生物质由纤维素、半纤维素和木质素组成，下面以纤维素的快速热裂解反应为例来讨论生物质的热裂解机理。

纤维素是由 D-葡萄糖通过 $\beta(1\rightarrow4)$-糖苷键相连形成的高分子聚合物。由于葡萄糖上带有多个羟基，所以，高分子链间容易形成氢键，从而使分子链易于聚集成为结晶性的原纤结构。纤维素在超过 150℃后就会缓慢地发生热裂解反应，在低于 300℃的温度范围内，纤维素的热裂解主要包括聚合度的降低、自由基的形成、分子间或分子内的脱水、CO 和 CO_2 的形成等反应，脱水后的纤维素容易发生交联反应，最终形成焦炭。总的来说，纤维素低温热裂解时的有机液体产物很少。

当温度超过 300℃后，纤维素的热裂解速度大幅提高，且开始形成较多的液体产物，并在 500℃左右的中温热裂解区域得到最大的液体产率。总的来说，在热裂解初期，纤维素聚合度降低形成活性纤维素，而后主要经历两平行竞争途径而形成各种一次热裂解产物；解聚形成各种脱水低聚糖、以左旋葡聚糖（LG）为主的各种脱水单糖及其他衍生物；吡喃环的开型以及环内 C—C 键的断裂而形成以羟基乙醛（HAA）为主的各种小分子醛、酮、醇、酯等产物。

基于纤维素快速热裂解的实验结果，科技人员提出了纤维素快速热裂解过程中形成主要产物的具体反应途径，如图 9-4 所示。

二、生物质热裂解液化工艺

生物质热裂解液化工艺包括六大基本环节：原料预处理、粉碎、热裂解、产物炭与灰的分离、气态生成油的冷却及生物油的收集，工艺流程如图 9-5 所示。

1. 原料预处理

破碎和干燥是生物质作为热裂解液化原料所需的基本预处理。快速热裂解要求生物质颗粒在反应过程中迅速升温，因此颗粒粒径越小，越有利于颗粒的快速升温。此外，生物质颗粒表面受热后首先生成炭，炭的存在会阻碍热量向颗粒内部传递，这也要求裂解使用小颗粒

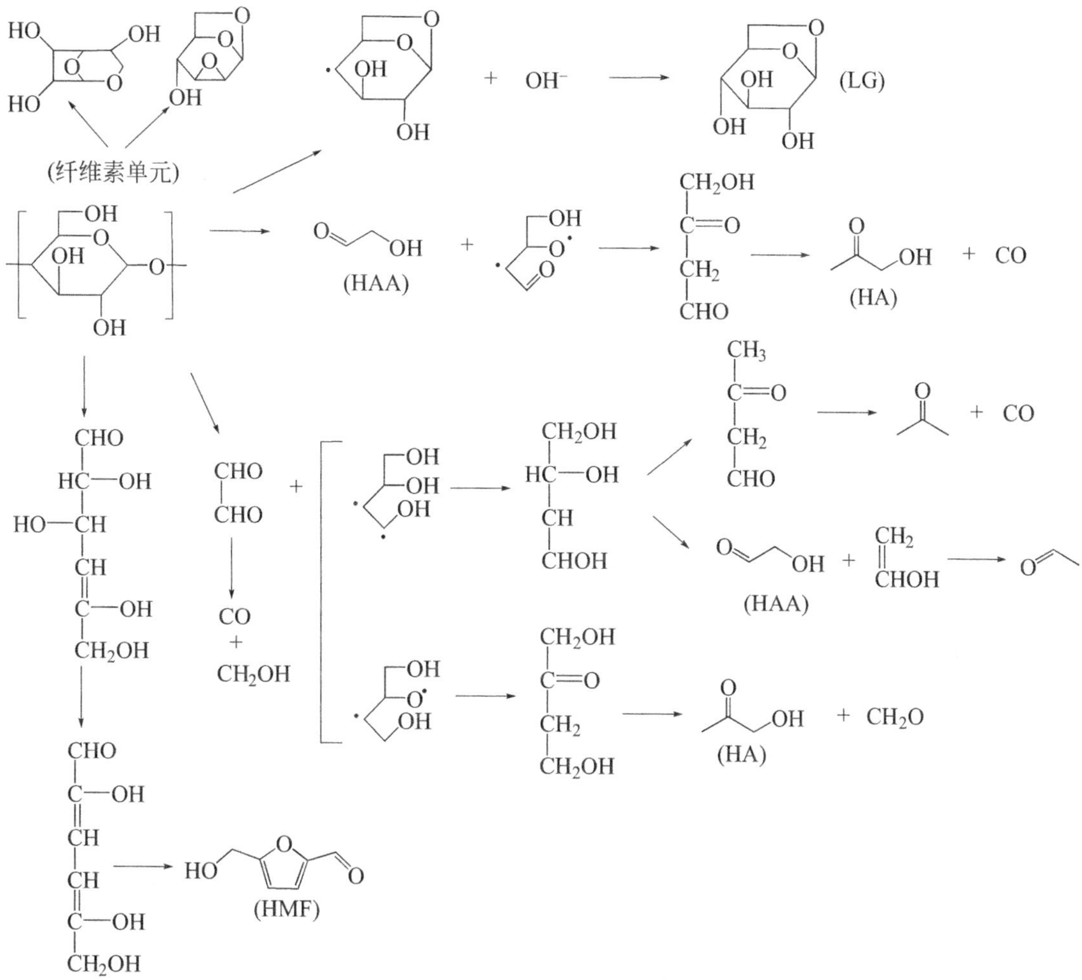

图 9-4　纤维素快速热裂解形成主要产物的反应途径

原料。生物质原料水分含量越少，越有利于颗粒的快速升温。原料大量的水分进入生物油中，会降低生物油的热值，导致生物油出现分层（水分含量上限一般为 30%左右），使生物油点火困难，着火滞燃期延长并降低燃烧火焰温度。为了控制生物油的水分含量并考虑原料的干燥成本，一般要求热解原料水分含量在 10%以下。

2. 粉碎

为了提高生物油产率，必须有很高的加热速率，故要求物料有足够小的粒度。不同的反应器对生物质粒径的要求也不同，旋转锥所需生物质粒径小于 200μm；流化床要小于 2mm；传输床或循环流化床要小于 6mm；烧蚀床由于热量传递机制不同可以采用整个的树木碎片。但是，采用的物料粒径越小，加工费用越高，因此，物料的粒径需在满足反应器要求的同时与加工成本综合考虑。

3. 热裂解

热裂解生产生物油技术的关键在于要有很高的加热速率和热传递速率，严格控制的中温，以及热裂解挥发分的快速冷却。只有满足这样的要求，才能最大限度地提高产物中油的比例。在目前已开发的多种类型反应工艺中，还没有最好的工艺类型。

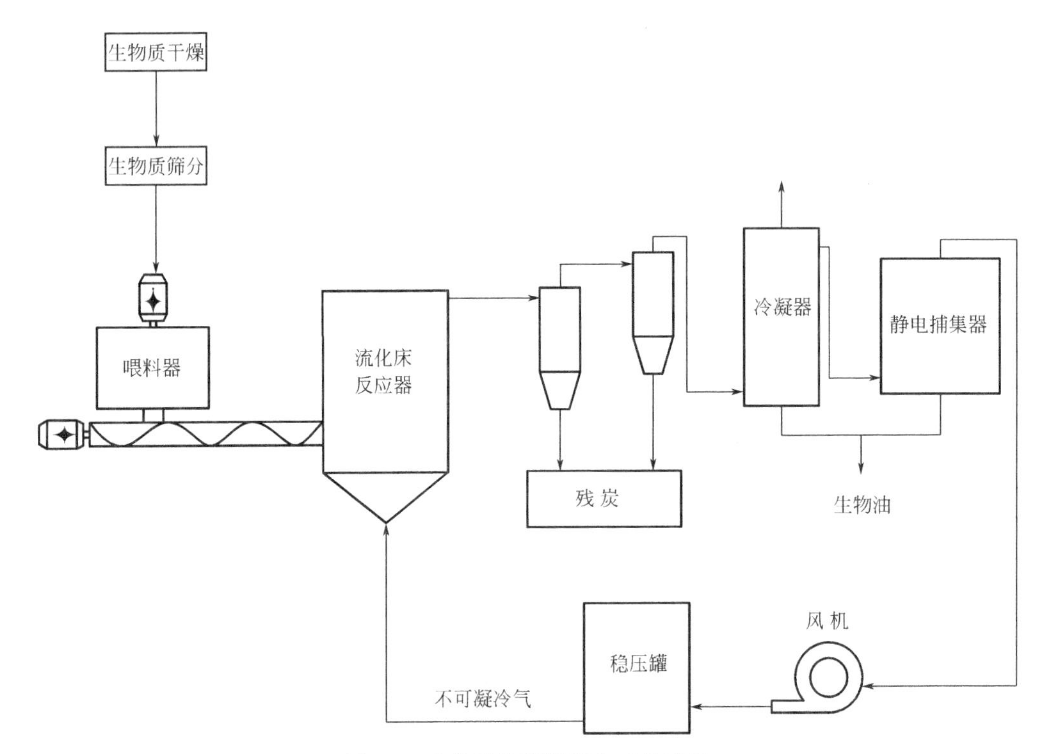

图 9-5　生物质热裂解液化工艺流程

4. 产物炭和灰的分离

几乎所有的生物质中的灰都留在了产物炭中，所以炭分离的同时也分离了灰。但是，炭从生物油中的分离较困难，而且炭的分离并不是在所有生物油的应用中都是必要的。

因为炭会在二次裂解中起催化作用，并且在液体生物油中产生不稳定因素，所以对于要求较高的生物油生产工艺，快速彻底地将炭和灰从生物油中分离是必需的。

5. 气态生物油的冷却

热裂解挥发分由产生到冷凝阶段的时间及温度影响着液体产物的质量及组成，热裂解挥发分的停留时间越长，二次裂解生成不可冷凝气体的可能性越大。为了保证油产率，需快速冷却挥发产物。

6. 生物油的收集

生物质热裂解反应器的设计除需保证温度的严格控制外，还应在生物油收集过程中避免由于生物油的多种重组分冷凝而导致的反应器堵塞。

三、流化床反应器生物质快速热裂解制取生物油装置

上海交通大学农业与生物学院生物质能工程研究中心刘荣厚教授领导的课题组分别研制出第一代、第二代、第三代、第四代生物质原料喂入率为 1～5kg/h 的流化床反应器生物质快速热裂解制取生物油装置。在热裂解装置研发、参数优化、生物油特性、生物油稳定性及生物油精制等方面做了大量研究工作，取得了有益的研究进展。

该装置是以流化床反应器为主体的系统。流化床反应器生物质快速热裂解制取生物油装置系统示意图如图 9-6 所示。该装置主要由 5 部分组成，各部分的组成及功能如下。

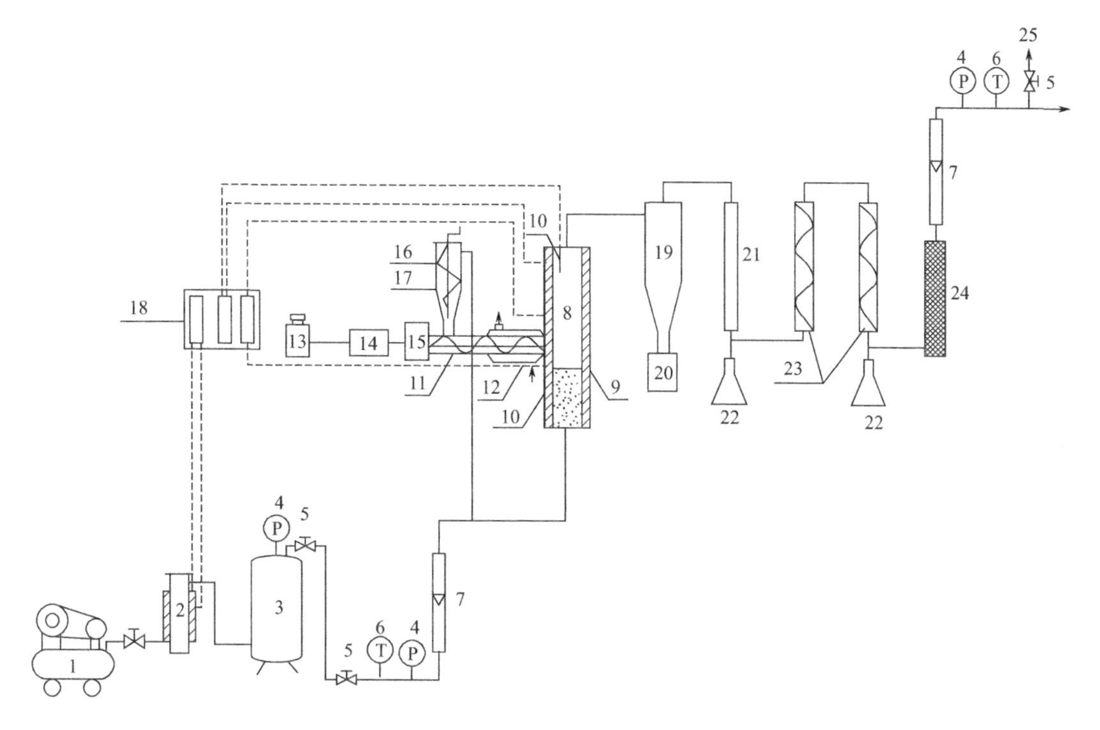

图 9-6　流化床反应器生物质快速热裂解制取生物油装置系统示意图

1—空气压缩机；2—贫氧气体发生器；3—气体缓冲罐；4—压力表；5—气阀；6—玻璃管温度计；7—转子流量计；8—流化床反应器；9—电加热元件；10—热电偶；11—螺旋进料器；12—套管式冷凝器；13—调压器；14—电机；15—减速器；16—搅拌器；17—料仓；18—温度显示控制器；19—旋风分离器；20—集炭箱；21—金属管冷凝器；22—集油瓶；23—球形玻璃管冷凝器；24—过滤器；25—气体取样口

1. 惰性载气供应部分

该部分由空气压缩机、贫氧气体发生器（炭箱）和气体缓冲罐组成。空气压缩机可将气体压缩，获得一定压力的气体流量。贫氧气体发生器为一不锈钢圆柱体，外部包有加热元件。在贫氧气体发生器中加入木炭，点燃，在这里发生木炭燃烧反应，消耗掉空气中的氧气，从而产生贫氧气体。气体缓冲罐可储存一定压力的贫氧气体，以供热裂解制取生物油试验用。

2. 生物质喂入部分

该部分主要包括料仓、螺旋进料器及调压器、电机和减速器等辅助设备。料仓内设有搅拌器和惰性气体入口。螺旋进料器由电机带动。因生物质颗粒的表面不光滑且形状不规则，颗粒之间容易搭接或粘着，会造成螺旋进料器绞龙空转而无物料进入反应器，因此，在料仓内设有搅拌器，防止物料搭接形成空隙，保证连续给料。同时，试验中为了防止反应器内的高压、高温气体反窜回料仓，通过料仓顶部的进气口，通入贫氧烟气，使料仓内也具有一定的压力。使物料能靠重力和惰性气体的输送作用及绞龙的旋转顺利进入反应器。

通过调节调压器电压，改变电机的速度，从而改变进料率。调压器为接触调压器，电机为单相串激电机，减速器为涡轮减速器。

由于螺旋进料器与反应器紧密连成一体，为防止接口处过热，导致过早地发生热裂解反应，产生的少量生物油和炭集结于此阻碍进料，在螺旋进料器接近于流化床部分焊接了一段冷却套管，通入循环的自然水降低该部分的温度。

3. 反应器部分

反应器由内径为100mm的不锈钢管制成。整体反应器高600mm。

4. 产物收集部分

该部分由旋风分离器、冷凝器和过滤器组成。生物炭由旋风分离器和集炭箱收集；热裂解蒸气中可冷凝的部分由金属管冷凝器和球形玻璃管冷凝器冷凝，收集于集油瓶中。过滤器将附着在不可冷凝气体分子表面的焦油滤掉，使得干净的不可冷凝气体流出，用胶皮质气袋收集后进行分析。剩余不可冷凝气体在大型热裂解制取生物油装置中可用于加热反应器等，在小型试验装置中，因量少而排空燃烧。

5. 测量控制部分

该部分包括热电偶、温度显示控制器、玻璃管温度计、转子流量计、压力表和气阀。热电偶可测温度范围为－250～1350℃，热电偶用于测量贫氧气体发生器和流化床反应器的温度。温度显示控制器与热电偶相连，显示贫氧气体发生器及反应器的温度。通过加热元件的电路控制贫氧气体发生器及反应器温度达到设定值。

玻璃管温度计、转子流量计和压力表分别测量贫氧气体进口和反应器出口气体的温度、流量和压力；气阀控制气体流量在所需要的范围内；台秤用于测量反应前后的生物质物料、集炭箱、集油瓶和过滤器的质量。

四、流化床反应器生物质快速热裂解制取生物油工艺流程

流化床反应器生物质快速热裂解制取生物油的工艺流程如图9-7所示。该工艺流程如下：生物质原料经粉碎、干燥后放入料仓中备用。空气由空气压缩机导入贫氧气体发生器，在贫氧气体发生器中加入木炭，点燃，产生贫氧气体。贫氧气体被压入气体缓冲罐，随着气体量的增加，气体缓冲罐内压力不断增大直到达到一定值以满足热裂解反应所需的正压需要。从气体缓冲罐出来的气体经转子流量计分成两路，流量较大的主路进入流化床反应器底部，在反应器底部预热，经气体分布板进入上部的流化床反应器中；流量较小的一路由料仓顶部通入，并顺着物料一同进入流化床反应器。两路气体在流化床内一起与流化砂子和物料的混合物作用，因反应器被加热到400～600℃，生物质在高温及缺氧条件下发生热裂解，生成热裂解蒸气和生物炭，进入反应器的惰性载气与生成的热裂解蒸气和生物炭混合在一起，统称为热裂解蒸气。热裂解蒸气离开反应器，切向进入旋风分离器，靠巨大的离心作用，生物炭被分离出来，由集炭箱收集。气体则通过两排4个球形玻璃管冷凝器，气体中可冷凝的部分形成生物油，收集在集油瓶中。余下的不可冷凝气体经过滤器和转子流量计流出，从气体取样口取出气体分析，其他气体排空燃烧。

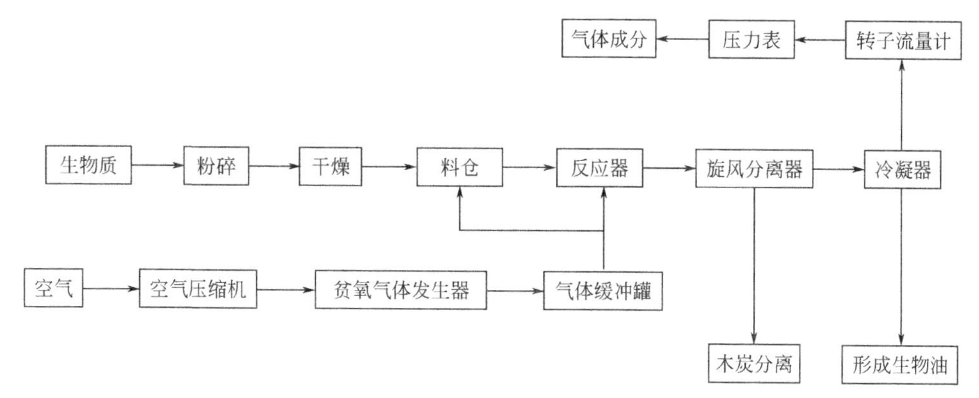

图 9-7 流化床反应器生物质快速热裂解制取生物油的工艺流程

第四节 生物质气化

一、气化基本原理

生物质气化是指在无氧或缺氧的高温环境下，使生物质固体原料发生热分解或不完全燃烧而转化为气体燃料和化工原料气（合成气）等气态物质的热化学转化过程。

现以常用的下吸式固定床常压气化炉的气化过程来说明生物质气化原理，如图 9-8 所示。生物质从顶部加入，气化剂（如空气）由顶部吸入，气化炉自上而下可以分成干燥区、热解区、氧化区和还原区 4 个区域，各个区域的气化过程如下。

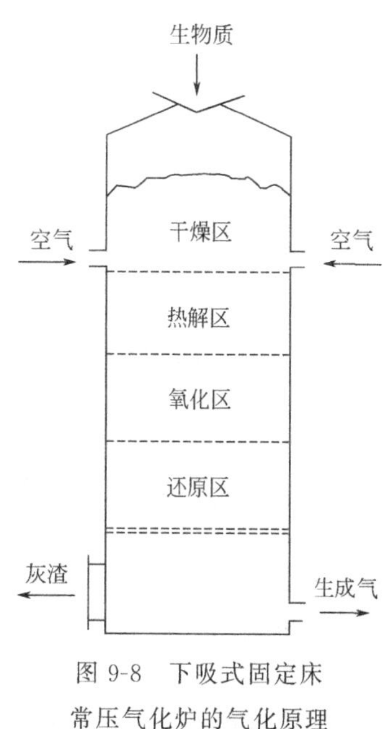

图 9-8 下吸式固定床常压气化炉的气化原理

1. 物料干燥

由于生物质燃料受燃料种类、当地气候状况、收获时间和预处理方式等因素影响，生物质水分含量变化范围较大。生物质进入热解气化装置后，湿物料与装置内的热气体进行换热，使原料中的水分蒸发出去，生物质物料由含有一定水分的原料转变为干物料。干燥区的温度为 100～250℃。干燥产生的水蒸气可以作为气化介质，促进生物质热解气化过程。

2. 热解反应

干燥后的生物质原料受热后发生裂解反应，生物质中大部分的挥发分从固体中分离出去。由于生物质的裂解需要大量的热量，在裂解区温度已达到 400～600℃。裂解反应方程式为：

$$CH_xO_y \longrightarrow n_1C+n_2H_2+n_3H_2O+n_4CO+n_5CO_2+n_6CH_4 \tag{9-2}$$

式中，CH_xO_y 为生物质的特征分子式；n_1～n_6 为气化产物的化学计量数。

当然，在裂解反应中还有少量烃类物质产生。裂解区的主要产物为炭、氢气、水蒸气、一氧化碳、二氧化碳、甲烷、焦油及其他烃类物质等。

3. 氧化反应

生物质热解产物连同水蒸气和气化剂在气化炉内继续下移，温度也会继续升高。当温度达到热解气体的最低着火点（250～300℃）时，可燃挥发分气体首先被点燃和燃烧，来自热解区的焦炭随后发生不完全燃烧，生成一氧化碳、二氧化碳和水蒸气，同时也放出大量热量。氧化区的最高温度可达1000～1200℃，是唯一发生放热反应的区域，为干燥、热解和还原提供了热量。

氧化区发生的主要化学反应如下。

$$C+O_2 = CO_2+393.51kJ \tag{9-3}$$

$$2C+O_2 = 2CO+221.34kJ \tag{9-4}$$

$$2CO+O_2 = 2CO_2+565.94kJ \tag{9-5}$$

$$2H_2+O_2 = 2H_2O+483.68kJ \tag{9-6}$$

$$CH_4+2O_2 = CO_2+2H_2O+890.36kJ \tag{9-7}$$

4. 还原反应

还原区已没有氧气，二氧化碳和高温水蒸气在这里与未完全氧化的炽热的炭发生还原反应，生成一氧化碳和氢气等。由于还原反应是吸热反应，还原区的温度也会相应降低，为600～900℃。

还原区发生的主要化学反应如下。

$$C+CO_2 = 2CO-172.43kJ \tag{9-8}$$

$$C+H_2O = CO+H_2-131.72kJ \tag{9-9}$$

$$C+2H_2O = CO_2+2H_2-90.17kJ \tag{9-10}$$

$$CO+H_2O = CO_2+H_2-41.13kJ \tag{9-11}$$

$$CO+3H_2 = CH_4+H_2O+250.16kJ \tag{9-12}$$

需要说明的是，将气化炉截然分为几个工作区与实际情况并不完全相符，仅仅是为了便于分析才这样做的。事实上，一个区域可以局部地渗入另一个区域，由于这个缘故，上述过程多少会有一部分相互交错进行。

二、生物质气化技术的分类

生物质气化技术有多种形式，不同的分类方式对应有不同的气化种类。目前主要按气化压力、气化温度、有无气化剂、加热方式及气化炉结构进行分类，共计5种气化技术分类方式。

1. 按气化压力进行分类

生物质气化按气化压力的大小可以分为常压气化和加压气化两种。常压气化时气化反应器内的压力实为微负压或微正压，其压力一般为-0.1～0.1MPa；加压气化时气化反应器内的压力多数为0.5～2.5MPa，少数情况下可达5MPa或更高。

加压气化的原理与常压气化相同，但加压气化装置的构造、操作、维护等都比常压气化复杂得多，设备加工制造的难度也大许多，且加压气化得到的气体组成也并不比常压气化的气体组成明显优异。唯一的优点是加压气化可以使气化炉的设计小型化，如在温度不变的情况下，气体的体积与其压力成反比，如在5MPa下加压气化，生成气的体积将是常压气化的1/5，故而在保证相同滞留时间的情况下可以实现气化炉相当大比例的小型化。

生物质气化通常采用的都是常压气化，主要原因是固体生物质物料实施加压密封供料的难度较大。

2. 按气化温度进行分类

生物质气化按气化温度的高低可以分为低温气化和高温气化两种。低温气化时气化反应器内的温度一般不超过700℃，而高温气化时气化反应器内的温度将会超过700℃。

气化反应温度与气化炉内部温度场的形成方式密切相关。一般而言，间接气化大多属于低温气化，而直接气化则多半属于高温气化。

3. 按有无气化剂进行分类

生物质气化按是否使用气化剂可以分为使用气化剂和不使用气化剂两种。

不使用气化剂的气化只有干馏气化一种。

使用气化剂的气化又可以分为空气气化、氧气气化、水蒸气气化和复合式气化等几种常见形式，不常见的尚有氢气气化和二氧化碳气化等，但由于使用氧气、氢气和二氧化碳作为气化剂时的反应条件相当苛刻，工程实践中很少应用。

4. 按加热方式进行分类

生物质气化按加热方式的不同可以分为直接气化和间接气化两种。直接气化采用的加热方式是向气化炉限量供应空气或氧气，使部分生物质原料发生氧化反应，用其所产生的热量直接为余下的生物质原料提供气化所需的反应热量；间接气化是采用外部加热的方式向气化炉内的生物质原料提供气化所需的反应热量。

5. 按气化炉结构进行分类

生物质气化按气化炉结构的不同可以分为固定床气化、流化床气化和携带床气化。

三、生物质气化工艺和设备

由固体生物质到可供用户使用的可燃气体，需要一系列设备完成，主要有气化炉、气体净化系统、气体输送和储存系统等。在整个生物质气化系统中，气化炉是核心设备。气化炉分为三类，即固定床气化炉、流化床气化炉和携带床气化炉。

1. 固定床气化炉

将经过切碎和初步干燥的生物质原料从固定床气化炉顶部加入炉内，由于重力的作用，原料自上而下运动，按层次完成各阶段的气化过程。反应所需的空气以及生成的可燃气体的流动靠风机所提供的压力差完成，有两种形式。第一种是风机安装在流程前端，靠压力将空气送入气化炉并将可燃气体吹出，系统在正压状态下操作。这时的风机称为鼓风机，经过鼓风机的气体为环境状态下的空气，因此对鼓风机的要求不高。但由于系统在正压下操作，不利于物料加入，因此这种送风形式通常为间歇操作。第二种是在流程的末端安装罗茨风机或真空泵，将空气吸入气化炉，将可燃气体吸出，系统在负压状态下操作。由于经过引风机的气体为燃气，对引风机的耐腐蚀等性能有一定的要求。负压操作还有利于将物料吸入气化炉，可实现连续操作。

按气体在气化炉内的流动方向，可将固定床气化炉分为下吸式、上吸式、横吸式和开心式四种类型。图 9-9 为下吸式固定床和上吸式固定床气化炉结构示意图。

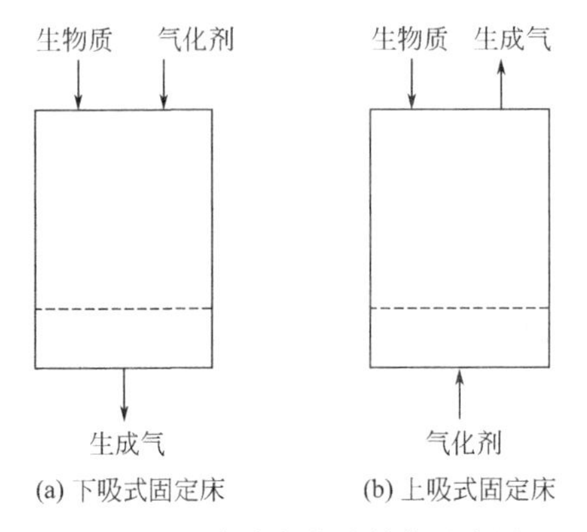

图 9-9　固定床气化炉结构示意图

下吸式固定床气化炉的工作过程是：生物质原料从顶部加入，然后依靠重力逐渐由顶部移动到底部；空气从上部进入，向下经过各反应层，燃气由反应层下部吸出；灰渣从底部排出。由于原料移动方向与气体流动方向相同，所以也称顺流式气化。刚进入气化炉的原料遇到下方上升的热气流，首先脱除水分；下移过程中当温度升高到 200～250℃时发生热解并析出挥发分；挥发分随之与空气一起向下流动，当进入氧化区时，挥发分和一部分生物质焦炭与空气中的氧气发生不完全氧化反应，并使炉内局部温度迅速升至 1000℃以上；在氧气耗尽后的还原区，剩余焦炭与气体中的二氧化碳和水蒸气发生还原反应而生成一氧化碳、氢气和甲烷等可燃气体；最后，这些混合气体由气化炉下部引出炉外。

下吸式固定床气化的最大优点是气化气体中的焦油含量比上吸式固定床气化低许多；最大缺点是炉排处于高温区，容易粘连熔融的灰渣，寿命难以保证。

上吸式固定床气化炉的工作过程是：生物质原料从顶部加入，然后依靠重力逐渐由顶部移动到底部；空气从下部进入，向上经过各反应层，燃气从上部排出；灰渣从底部排出。由于原料移动方向与气体流动方向相反，所以也称逆流式气化。刚进入气化炉的原料遇到下方上升的热气流，首先脱除水分；当温度升高到 200～250℃时发生热解反应，析出挥发分；挥发分和一部分生物质焦炭与空气中的氧气发生不完全氧化反应，使炉内局部温度迅速升至 1000℃以上；剩余高温炽热的焦炭再与气体中的二氧化碳和水蒸气发生还原反应而生成一氧化碳、氢气和甲烷等可燃气体；最后，这些气体与热解层析出的挥发分混合，由气化炉上部引出炉外。

上吸式固定床气化的优点有：①气化效率较高，主要是因为热解层和干燥层充分利用了还原反应后的气体余热；②燃气热值较高，主要是因为气化气直接混入了具有较高热值的挥发分；③炉排受到进风的冷却，不易损坏。

上吸式固定床气化的最大缺点是由于气化生成气直接混入了挥发分中的焦油而使气体中的焦油含量较高，故一般应用在粗燃气不需冷却和净化就可以直接使用的场合，如气化气体直接作为锅炉等热力设备的燃料气等。

2. 流化床气化炉

流化床广泛应用于化工、能源等领域，其高效的燃烧和气化过程使得生物质的气化速度和效率大大提高。一般选用砂子作为流化介质，将砂子加热到一定温度后，加入物料，在临界流化速率以上通入气化剂，物料、流化介质、气化剂相互接触，均匀混合，炉内各部分均匀受热，各部分温度保持一致，呈“沸腾”状态。流化床气化炉反应速率快，产气率高。

表 9-1 列出了各种不同类型的气化器对气化原料在形状以及组成方面的要求。可以看出，在原料尺寸的要求方面，固定床的适用范围比较广。

表 9-1　各种气化器对原料的要求

气化器类型	上吸式固定床	下吸式固定床	横吸式固定床	开心式固定床	流化床
原料种类	秸秆、废木	秸秆、废木	木炭	稻壳	秸秆、木屑、稻壳
粒度/mm	5～100	20～100	40～80	1～3	<10
含水量/%	<30	<50	<7	<12	<20
灰分/%	<25	<6	<6	<20	<20

按流化床气化炉结构又可分为单流化床气化炉、循环流化床气化炉和携带床气化炉等多种炉型。

(1) 单流化床气化炉

单流化床气化炉是最基本也是最简单的一种流化床气化炉。如图 9-10 所示，单流化床气化炉只有一个流化床反应器，反应器一般分为上、下两段，上段为气固稀相段，下段为气固密相段。气化剂从底部经由气体分布板进入流化床反应器，生物质原料从分布板上方进入流化床反应器。生物质原料与气化剂一边向上做混合运动，一边发生干燥、热解、氧化和还原等反应，这些反应主要发生在密相段，反应温度一般控制在 800℃左右。稀相段的作用主要是降低气体流速，使没有转化完全的生物质焦炭不致被气流迅速带出反应器而继续留在稀相段发生气化反应。

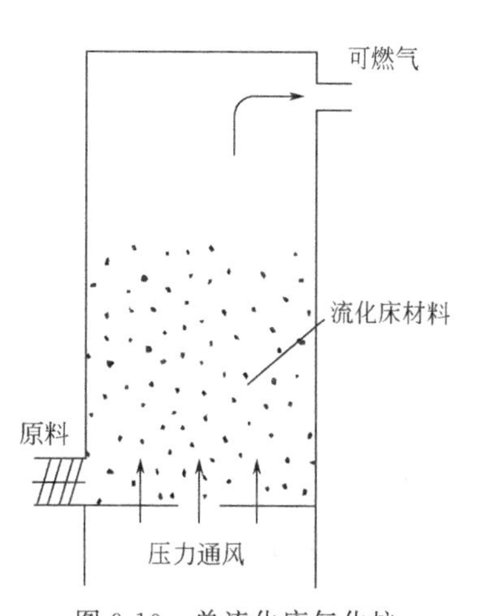

图 9-10　单流化床气化炉

与固定床气化相比，流化床气化的优点主要有：①由于生物质物料粒度较细和剧烈的气固混合流动，床层内传质传热效果较好，因而气化强度和气化效率都比较高；②由于流态化的操作范围较宽，故流化床气化能力可在较大范围内进行调节，而气化效果和气化效率不会明显降低；③由于床层温度不是很高且比较均匀，因而灰分熔融结渣的可能性大大降低。

与固定床气化相比，流化床气化的缺点主要有：①由于气体出口温度较高，故产出气体的显热损失较大；②由于流化速度较高、物料颗粒又细，故产出气体中的固体带出物较多；③流化床要求床内物料、压降和温度等分布均匀，故而启动和控制较为复杂。

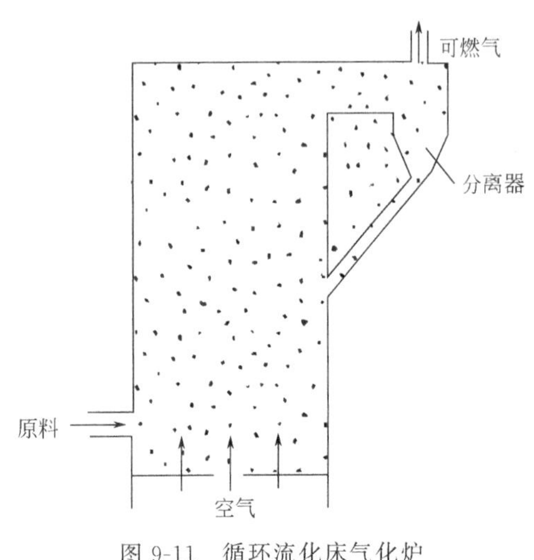

图 9-11　循环流化床气化炉

（2）循环流化床气化炉

图 9-11 为循环流化床气化炉。它与单流化床气化炉的主要区别是生成气中的固体颗粒在经过旋风分离器或滤袋分离器后，通过料脚再返回到流化床，继续进行气化反应。

与单流化床气化相比，循环流化床气化的优点主要有：①由于操作气速可以明显提高而不必担心碳的转化率，故气化效率尤其是气化强度可以得到进一步提高；②可以适用更小的物料粒径，在大部分情况下可以不加流化热载体，运行较为简单。其缺点主要是回流系统控制较难，料脚容易发生下料困难，且在炭回流较少的情况下容易变成低速携带床。

（3）携带床气化炉

携带床是流化床的一种特例，该气化炉要求将生物质原料破碎成粉体状颗粒，且不使用惰性床料，而是由气化剂直接将粉体生物质原料载入后进行燃烧和气化，运行温度高达 1100～1300℃，气化速度非常快，气体在炉内的滞留时间只需 1～2s 即可，生成气中的焦油及可冷凝物含量很低，碳转化率可达 100%。

第五节　燃料乙醇

燃料乙醇是指未加变性剂的、可作为燃料的、一般体积浓度达 99.5%以上的无水乙醇。变性燃料乙醇是指在燃料乙醇中加入变性剂，使其不能饮用。燃料乙醇与变性剂的体积比为 100∶1～100∶5。变性燃料乙醇与汽油按一定比例混合可制成车用乙醇汽油。变性燃料乙醇国家标准《变性燃料乙醇》（GB 18350—2013）规定，加入燃料乙醇的变性剂，应符合《车用汽油》（GB 17930—2016）的要求。

一、乙醇的性质

1. 乙醇的理化性质

乙醇（ethanol）又称酒精，分子式为 C_2H_5OH，分子量为 46.07。常温常压下，乙醇是无色透明的液体，具有特殊的芳香味和刺激味，吸湿性强，可与水以任何比例混合并产生热量。乙醇易挥发、易燃烧。含乙醇 99.5%以上的称为无水乙醇。含乙醇 95.6%、水 4.4%的乙醇是恒沸混合液，沸点为 78.15℃，其中少量的水无法用蒸馏法除去。制取无水乙醇时，通常把工业乙醇与生石灰混合后蒸馏获得。

乙醇能与 K、Na、Li、Ca、Mg 等活泼金属反应，生成乙醇盐和 H_2。乙醇与含氧无机酸或有机酸及其酸酐发生酯化反应，生成酯和水。乙醇在加热到 400～800℃时，发生分子内脱水，生成乙烯或乙醚，在浓硫酸、磷酸等催化下，脱水反应的温度可降低到 100～200℃。

乙醇在40℃时的饱和蒸气压为18kPa。但研究表明，乙醇调入汽油后，会产生明显的蒸气压调和效应，调和后的车用乙醇汽油蒸气压显著增大，直到乙醇在混合燃料中的比例达到22%时，饱和蒸气压才降低到和调和组分汽油相等的值。变性燃料乙醇的理化要求如表9-2所示。

表9-2　变性燃料乙醇的理化要求（GB 18350—2013）

项目	指标
外观	清澈透明，无肉眼可见悬浮物和沉淀物
乙醇(体积分数)/%	≥92.1
甲醇(体积分数)/%	≤0.5
实际胶质/(mg/100mL)	≤5.0
水分(体积分数)/%	≤0.8
无机氯(以Cl计)/(mg/mL)	≤8
酸度(以乙酸计)/(mg/mL)	≤56
铜/(mg/mL)	≤0.08
pH_e	6.5～9.0

2. 乙醇的燃料性质

乙醇在氧气中燃烧后生成CO_2和H_2O，同时放出大量热量，其单独或与汽油混合可以用作内燃机的燃料。但乙醇和汽油性质不同，在20℃时，无水乙醇的密度为0.7893g/cm^3，汽油为0.70～0.75g/cm^3；无水乙醇的比热容为2.72J/(g·K)，汽油为2.43J/(g·K)。无水乙醇的比热容比汽油大，会使发动机压缩行程末端温度低，启动困难。

无水乙醇的沸点为78.3℃，随含水率的增加而增高，汽油由多种烃类组成，其沸程为20～210℃。无水乙醇在沸点下的汽化热为839J/g，汽油为272J/g，乙醇的汽化热比汽油大得多，汽化时吸热量大，会使汽油机燃用乙醇时启动困难。

无水乙醇的燃烧热值为2967.7kJ/g，仅为汽油的2/3。但由于乙醇含有35%的氧，燃烧时所需的空气量比汽油少得多。

无水乙醇的辛烷值（RON）为111，抗爆性好，压缩比可提高到13～14，这是乙醇重要的燃料特性。乙醇的十六烷值为8，难于压燃着火，所以不能作为柴油机的代用燃料。

燃料乙醇的使用方法有两种：一种是添加到汽油中使用，添加量最高可以达到20%；另一种使用方法是用乙醇代替汽油，如巴西采用的就是这种方法。

二、生物质的发酵原理

乙醇在工业上可通过生物发酵法和化学合成法制得。生物发酵法是以生物质为原料，经微生物发酵作用将其中的碳水化合物转化成乙醇。化学合成法是以石油裂解产生的乙烯为原料，在酸催化作用下发生水合反应而生成乙醇；也可以经煤转化为合成气，再由合成气直接合成乙醇。目前，我国近90%的乙醇由生物发酵法生产，来源于石油和煤炭的乙醇仅占3.5%左右。本节主要讨论生物发酵法生产乙醇技术。

生物发酵法生产乙醇的生物质原料可以分为3类：糖质原料、淀粉质原料和木质纤维素原料等。

生物发酵的机制是：通过微生物作用，将原料中的己糖脱氢、脱羧、还原生成乙醇和CO_2。反应过程首先是$C_6H_{12}O_6$在己糖脱氢酶催化下脱氢分解，生成丙酮酸（$CH_3COCOOH$），丙酮酸在丙酮酸脱羧酶的作用下脱羧，生成乙醛和CO_2，随后乙醛在乙醇脱氢酶催化下由脱氢作用产生的氢还原生成乙醇，总反应式可以表示为：

$$C_6H_{12}O_6 \longrightarrow 2CH_3CH_2OH + 2CO_2 \tag{9-13}$$

由上述反应式可以计算出，每100g葡萄糖理论上可以产51.14g乙醇，每100g蔗糖可以产53.81g乙醇，每100g淀粉质原料可以产56.78g乙醇。但实际上，由于酵母生长和各种副产物都要消耗一定的碳源，实际乙醇的收率要比理论值低。

生物质发酵产物除了乙醇和CO_2，同时也产生40多种发酵副产物，主要是醇、醛、酸、酯四大类化合物，有些是由于酵母菌的生命活动过程产生的，如甘油、杂醇油、琥珀酸等；有些是由细菌污染所致，如乙酸、乳酸、丁酸等。这些发酵副产物在乙醇蒸馏时可以被收集或除去。

三、燃料乙醇发酵技术

从乙醇生产工艺的角度来看，乙醇生产所用原料可以这样定义：凡是含有可发酵性糖或可变为发酵性糖的物料都可以作为乙醇生产的原料。由于乙醇生产工艺和应用的发酵微生物范围不断扩大，技术不断改进，乙醇发酵的原料范围也不断在扩大。例如，木糖是半纤维素水解液中主要的糖分，过去一直认为是不可发酵的糖，但是现在木糖是可以发酵的了，半纤维素也变成了一种生产乙醇的原料。

生产燃料乙醇的生物质原料资源大致分为三类：糖类，包括甘蔗、甜菜、糖蜜、甜高粱等；淀粉类，包括玉米、小麦、高粱、甘薯、木薯等；纤维类，包括秸秆、麻类、农作物壳皮、树枝、落叶、林业边角余料等。

1. 淀粉类生物质原料

① 甘薯。在我国北方俗称地瓜、红薯，南方称山芋、番薯。新鲜甘薯可以直接作乙醇生产的原料。但是，为了便于储存，供工厂全年生产，一般都将甘薯干切成片、条或丝，晒成薯干。甘薯的主要成分是淀粉，此外，还含有3%的糊精、葡萄糖、蔗糖、果糖或微量的戊糖。蛋白质含量不多，其中，2/3为纯蛋白，1/3为酰胺类化合物。尚有少量脂肪、纤维素、灰分和树胶等。

② 木薯。多年生植物，属大戟科。木薯是世界三大薯类之一，广泛栽培于热带和亚热带地区。目前全世界木薯种植面积已达2.5亿亩（1亩$=666.67m^2$），是世界上5亿人口的基本粮食。如今，木薯已成为世界公认的综合利用价值较高的经济作物，也是一种不与粮食作物争地的有发展前途的乙醇生产原料。木薯块根的成分主要是糖类，还有少量的蛋白质、脂肪、果胶质。鲜木薯淀粉含量达25%～30%（木薯干可达70%左右），此外，还含有4%左右的蔗糖。

③ 玉米和小麦。国际上最常用的谷类原料为玉米和小麦。我国在20世纪80年代以

前，只有当薯干等原料不足，或谷类受潮发热、霉烂变质不能食用的情况下才采用谷类原料。

④ 野生植物原料。可用于生产乙醇的野生植物有橡子、土茯苓、菊芋等。

2. 糖类生物质原料

① 甘蔗。属于禾本科，甘蔗属，多年生热带和亚热带作物。甘蔗产量很高，一般可达75～100t/hm^2。目前，甘蔗的用途是制糖和直接食用，制糖用甘蔗的纤维较为发达，利于压榨，糖分较高，一般为12%～18%。

② 甜高粱。又称糖高粱、甜秆、甜秫秸等，是普通粒用高粱的一个变种，每公顷可产55～75t富含糖分（15%～20%）的茎秆，是制取乙醇的理想原料。

甘蔗和甜高粱中的糖分均存在于茎秆之中，工业生产通常采用压榨法榨取富含糖分的汁液，再用来制糖或乙醇。

③ 甜菜。古称忝菜，属藜科、甜菜属。甜菜分为野生种和栽培种，甜菜的栽培种有4个变种：叶用甜菜、火焰菜、饲料甜菜、糖用甜菜。糖用甜菜，俗称糖萝卜，通称甜菜，块根的含糖率较高，一般达15%～20%，是制糖工业和乙醇工业的主要原料。

3. 纤维素类生物质原料

纤维素是世界上最丰富的天然有机高分子化合物，它不仅是植物界，也是所有生物分子（植物或动物）最丰富的胞外结构多糖。纤维素占植物界碳含量的50%以上。纤维素是植物中最广泛存在的骨架多糖，是构成植物细胞壁的主要成分，常与半纤维素、木质素、树脂等伴生在一起。农作物秸秆、木材、竹子等均含有丰富的纤维素。尽管植物细胞壁的结构和组成差异很大，但纤维素的含量一般都占其干重的30%～50%。

世界上来源最为广泛的生产燃料乙醇的生物质原料是纤维素类，包括秸秆、麻类、农作物壳皮、树枝、落叶、林业边角余料等。纤维素类原料具有数量大、可再生、价格低廉等特点。中国是农业大国，每年有大量生物质废弃物产生，每年仅农作物秸秆就可超过7×10^8t，其中，玉米秸秆占35%，小麦秸秆占21%，稻草占19%，大麦秸秆占10%、高粱秸秆占5%、谷草占5%、燕麦秸秆占3%、黑麦秸秆占2%，相当于标准煤2.15×10^8t。此外城市垃圾和林木加工残余物中也有相当量生物质存在。

由于利用纤维原料生产燃料乙醇仍然存在原料预处理难度大、纤维素酶酶活低酶解速度慢、戊碳糖不能有效利用三大技术障碍，因此目前纤维类物质只能作为生产燃料乙醇的潜在原料。但从发展的角度看，最终解决燃料乙醇大量使用时的原料问题的方法将转向纤维素类，依靠现代生物技术、基因工程技术等高新技术，通过筛选种植高能、高产纤维素资源，利用我国大量的农业废弃物资源和工业废弃物资源，开发和实现利用纤维质生产乙醇技术的产业化，可以为燃料乙醇提供取之不尽、用之不竭的可再生植物原料。

4. 乙醇发酵技术

糖类原料乙醇的发酵方式很多，按发酵的连续程度可分为间歇式发酵、半连续式发酵与连续式发酵三大类；按发酵状态可分为固态发酵、半固态发酵和液态发酵。目前，生产中大多采用液态连续发酵法，其生产技术比较成熟，自动化程度和生产效率较高。也有一些产量较少的工厂采用间歇式发酵法。

以成熟的淀粉类和糖类制取燃料乙醇为例，对工艺流程进行阐述，工艺流程如图 9-12 所示。

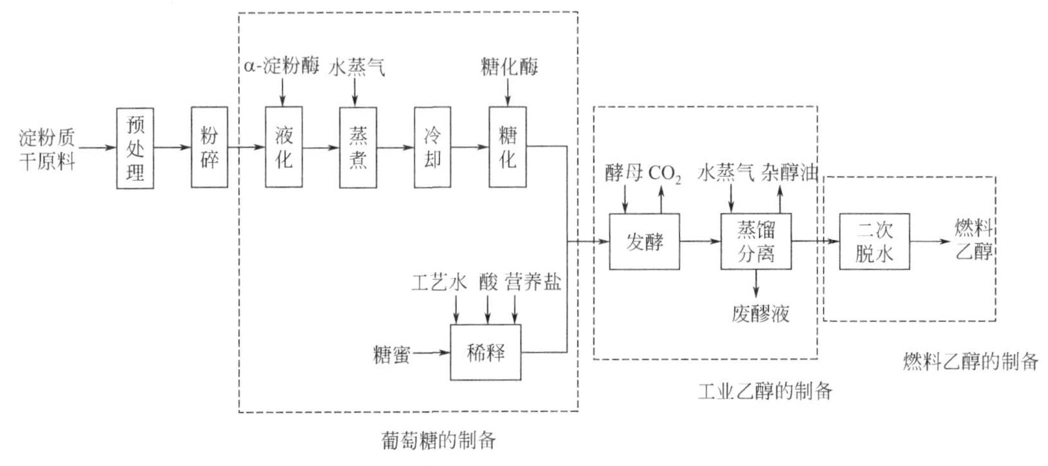

图 9-12　生物质制取燃料乙醇的工艺流程

第六节　生物柴油

一、生物柴油概述

生物柴油是以各种油脂（包括植物油脂、动物油脂、废餐饮油脂和微藻油脂等）为原料，经一系列加工处理过程而产出的一种液体燃料，其理化性质和燃烧性能与石化柴油相似，是优质的石化柴油替代品。生物柴油主要由 C、H、O 三种元素组成，分子式为 $RCOOCH_3$ 或 $RCOOC_2H_5$（$R=C_{12}\sim C_{24}$），主要成分是高级脂肪酸的低级醇酯，包括软脂酸、硬脂酸、油酸、亚油酸等长链饱和或不饱和脂肪酸同甲醇或乙醇等醇类物质所形成的脂类化合物。

与常规石化柴油相比，生物柴油还具有以下特性：

① 生物柴油具有良好的润滑性能。其润滑性能远高于石化柴油，长期使用能够减少发动机磨损。

② 生物柴油的十六烷值高和氧含量高，燃烧更充分，并且它的闪点高于石化柴油，容易运输、储存和使用。

③ 生物柴油具有可再生性能。作为可再生能源，与石油储量不同，其通过农业和生物科学家的努力，可供应量不会枯竭。

④ 生物柴油具有优良的环保特性。生物柴油中硫含量低，使得二氧化硫和硫化物的排放低，可减少约 30%（有催化剂时可减少 70%）。生物柴油中不含对环境会造成污染的芳香族烷烃，因而产生的废气对人体损害低于柴油。检测表明，与普通柴油相比，使用生物柴油可使空气中有害成分降低 90%，患癌率下降 94%。

⑤ 无需改动柴油机，可直接添加使用，同时无需另添设加油设备、储存设备及人员的特殊技术训练。

二、制备生物柴油的油脂原料

生物柴油的原料来源广泛，主要包括各类水生植物油脂、动物油脂、废餐饮油脂等原料，虽然现阶段利用这些原料生产生物柴油时仍存在生产成本过高等缺点，但是通过优化工艺和科学研究进行合理开发利用，可以有效缓解石化柴油供应紧张的局面。常见的生物柴油原料主要有植物油、微藻、麻风树、动物油脂和回收性废弃油脂等。

目前世界上超过95%的生物柴油制备是以植物油为原料。植物油是从植物的种子或果肉等压榨提取的油，包括亚麻油、大豆油、橡胶籽油、棕榈油、蓖麻油、棉籽油、葵花籽油、菜籽油等，基本上任何种类的植物油都可用于生产生物柴油，而实际上大量使用的是菜籽油和葵花籽油，分别占到84%和13%，而大豆油、棕榈油和其他油则各占1%左右。

三、生物柴油的制备方法

生物柴油生产技术主要有直接混合法、微乳化法、高温催化裂解法、酯交换法、酶法及超临界流体技术。

1. 直接混合法

在生物柴油研究初期，研究人员将植物油与柴油按一定的比例直接混合使用，以此降低植物油的黏度，并在不改变原料结构的情况下，将柴油、植物油、添加剂和降凝剂按一定的比例直接混合后得到生物柴油。该方法生产的生物柴油中含有大量的不饱和键，容易被氧化并发生聚合，导致不能充分燃烧而形成积炭，并且黏度、闪点和酸值偏高，低温启动性较差，在使用过程中会产生雾化不良、喷嘴堵塞等问题，从而对发动机造成损伤。

2. 微乳液法

微乳液法是利用低黏度乳化剂（如甲醇、乙醇和正丁醇）将植物油稀释，降低其黏度，从而满足其作为燃料使用的要求。但是发动机长期使用微乳化油会导致积炭、活塞环黏结、引擎积污等现象，容易对发动机造成损坏，从而限制了其广泛使用。

3. 高温催化裂解法

高温催化裂解法是将油脂原料在高温下，通过催化剂的作用，使油脂原料在空气或氮气中裂解从而得到生物质燃料的工艺方法。在高温下，油脂原料通常会被裂解为烷烃、烯烃、二烯烃、环烷烃、芳香族化合物等。利用 SiO_2-Al_2O_3 催化剂可以获得煤油构成的脂肪烃，再通过分子筛将这些植物油转化为类似汽油的轻质成分，得到的产品与石化柴油性质相近。该方法工艺流程复杂，对设备的要求较高，并且其产品组分中生物柴油的含量不高，以生物汽油为主。

4. 酯交换法

酯交换反应是动植物油脂在催化剂存在或超临界条件下，与低碳醇类发生醇解反应生成脂肪酸单酯的反应过程。酯交换反应过程中很多因素会影响生物柴油的生产工艺和生物柴油的质量，如原料脂肪酸的组成、脂肪酸的含量、催化剂的种类和用量、低碳醇的种类和用量、原料中水含量、反应温度、反应时间、搅拌等。酯交换反应由于催化剂选择的不同主要有酸碱催化法、酶催化法、超临界法。

酸碱催化酯交换法分为均相催化酯交换法和非均相催化酯交换法。均相催化主要包括酸催化和碱催化，常用的酸碱催化剂有 H_2SO_4、HCl、NaOH、KOH、CH_3ONa 和 CH_3OK 等，各种碱催化剂催化活性中心都是 CH_3O^-，CH_3O^- 可以由甲醇盐解离得到，也可以由 NaOH、KOH 等碱与甲醇反应得到，CH_3O^- 一旦形成，可以作为亲核试剂进攻甘油酯中的酰基部分生成甲酯。国内常使用 KOH 作为反应的催化剂。

酯交换是一个可逆的反应，通常采用将生成物从反应体系中取走的方法使反应向需要的方向进行。生物柴油生产中使用甘油三酸酯（油脂主要成分）和甲醇进行酯交换反应，生成甘油和脂肪酸甲酯（生物柴油）。反应方程式如图 9-13 所示。

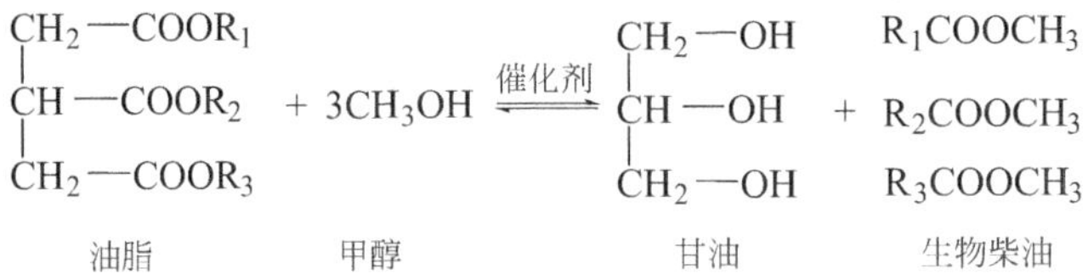

$$\begin{array}{l} CH_2-COOR_1 \\ | \\ CH-COOR_2 \\ | \\ CH_2-COOR_3 \end{array} + 3CH_3OH \xrightleftharpoons{\text{催化剂}} \begin{array}{l} CH_2-OH \\ | \\ CH-OH \\ | \\ CH_2-OH \end{array} + \begin{array}{l} R_1COOCH_3 \\ R_2COOCH_3 \\ R_3COOCH_3 \end{array}$$

油脂　　甲醇　　甘油　　生物柴油

图 9-13 油脂酯交换反应方程式

酸碱催化法生物柴油生产工艺可分为间歇法和连续化两种。间歇法生产规模小，设备投资费用低，操作灵活性大，可适用于不同的油脂原料。连续化工艺的生产能力大，能有效降低单位生物柴油的生产成本，且生产过程便于自动化控制。目前生物柴油生产装置的规模在不断扩大，连续化生产工艺逐渐取代间歇工艺。连续装置可以更好地实现热量利用、产品精制、过量甲醇的回收和循环，不仅使产品质量稳定，而且使生产成本大大降低。本节将主要介绍连续化生产工艺。

酸碱均相催化法中，代表性的工艺有德国 Lurgi 公司使用液体碱催化技术的两级连续醇解工艺，是目前世界上工业化装置最成熟、应用最广泛的技术。该工艺以精制油脂为原料，采用二段酯交换和二段甘油回炼工艺，催化剂消耗低。油脂、甲醇与催化剂在一级反应器中进行酯交换反应，分离出甘油；进入二级反应器与补充的甲醇和催化剂进行反应，反应产物沉降（或离心）分离出粗甲酯后，再经水洗和脱水得到生物柴油。Lurgi 生物柴油生产工艺流程见图 9-14。Lurgi 公司的两级连续醇解与普通的二段酯交换工艺相比，优势在于二级反应器后分离出的甲醇、甘油及催化剂的混合物作为原料返回一级反应器参加反应，提高了原料的利用率，同时减少催化剂的消耗。

5. 酶法

化学法生产生物柴油，存在工艺复杂、能耗高、醇必须过量、反应液色泽深、杂质多、产物难提纯和有废碱液排放等缺点，酶法生产生物柴油技术引发关注。在生物柴油的合成中，脂肪酶是一种适宜的生物催化剂，能够催化甘油三酯与短链醇发生酯化反应，生成相应的脂肪酸酯。

酶法具有提取简单、反应条件温和、醇用量小、甘油易回收和无废物产生等优点，且酶法还有高价值的副产品，包括可生物降解的润滑剂以及用于燃料和润滑剂的添加剂。用于催化合成生物柴油的脂肪酶主要有酵母脂肪酶、根霉脂肪酶、毛霉脂肪酶和猪胰脂肪酶等。

酶法合成生物柴油也存在一些问题：①甲醇及乙醇的转化率低，一般仅为 40%～60%，

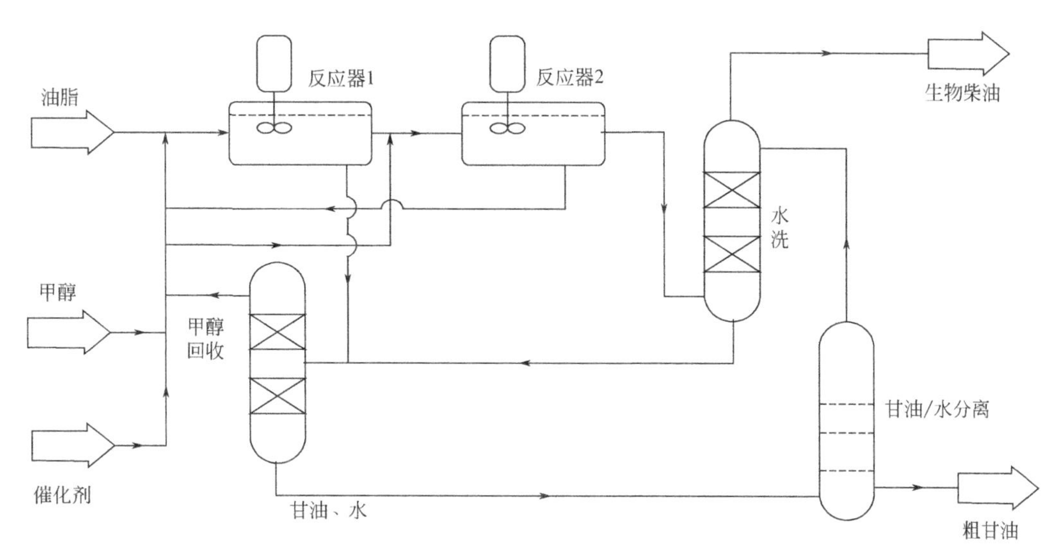

图 9-14　Lurgi 生物柴油生产工艺流程

由于目前脂肪酶对长链脂肪醇的酯化或转酯化有效，而对短链脂肪醇如甲醇或乙醇等转化率低，而且短链醇对酶有一定毒性，酶的使用寿命短；②副产物甘油和水难于回收，不但对产物形成抑制，而且甘油对固定化酶有毒性，使固定化酶的使用寿命缩短，故反应过程中必须及时除去生成的甘油

6. 超临界流体技术

超临界反应就是在超临界流体参与下的化学反应，在反应中，超临界流体既可以作反应介质，也可以直接参加反应。超临界反应不同于常规气相或液相反应，是一种完全新型的化学反应过程。

超临界流体在密度、黏度、溶解度及其他方面所具有的独特性质，使超临界流体在化学反应中表现出很多优异性能，如溶质的溶解度增大、反应物间接触容易、扩散速度快等。超临界流体对操作温度及压力的变化十分敏感，所以在反应过程中可以通过改变操作条件来调节临界流体的物理性质，如密度、黏度、扩散系数、介电常数和反应速率常数等，以进一步影响反应混合物在超临界流体中的传质、溶解度及反应动力学等性质，从而改善反应的产率、选择性及反应速率。

用植物油与超临界甲醇反应制备生物柴油的原理与化学法相同，都是基于酯交换反应。在超临界状态下，甲醇和油脂成为均相，均相反应的速率较快，故反应时间缩短，反应过程中不用催化剂，反应后续分离工艺简单，不排放废碱液，其生产成本与化学法相比大幅度降低，因而受到广泛的关注。

四、第二代生物柴油

甲酯化是第一代生物柴油的主要工艺路线，即利用甲醇与植物油进行转酯化反应，产物脂肪酸甲酯中依然含有氧原子和不饱和双键，生物柴油十六烷值就可能达不到标准。例如，利用油桐和乌桕油脂制备的生物柴油十六烷值分别仅为 37 和 43，而国家标准要求生物柴油十六烷值大于 49。生物柴油的黏度、热值、密度和石化柴油相比，还存在一定的劣势。为了克服第一代生物柴油的弊端，将临氢裂解技术应用于生物柴油的制备过程中，消除植物油中的氧和不饱和键，从而得到烷烃产品。这样获得的生物柴油称为第二代生物柴油，也称为绿色柴油。

加氢处理技术发展于20世纪50年代，是石油化工行业常用的工艺技术，它用于提高原油加工深度、改善油品质量，是清洁油品生产最主要的手段。通过加氢脱氧、异构化等反应将动植物油脂转化为类似柴油组分的烷烃，即形成了第二代生物柴油制备技术。

第二代生物柴油生产技术已发展成熟，大部分采用固定床加氢工艺，少数采用悬浮床加氢工艺。国外代表性商业化生产工艺有芬兰耐斯特石油（Neste Oil）公司的NExBTL（Next generation biomass to liquid）工艺、UOP公司与埃尼公司的Ecofining工艺、巴西石油公司的H-BIO工艺和Topsøe公司的Haldor Topsøe工艺等。国内代表性商业化生产工艺有三聚环保公司的MCT-B工艺、扬州建元公司的FHDO工艺、易高生物科技公司的双重脱氧工艺以及青岛能源所和常佑生物能源公司的ZKBH工艺等。

芬兰耐斯特石油公司开发的NExBTL工艺是以菜籽油、棕榈油和动物油脂为原料，通过脂肪酸加氢脱氧和临氢异构化制备生物柴油，2007年首次实现了工业化生产，工艺流程如图9-15所示。该工艺包括原料预处理、加氢脱氧和异构化三个步骤。首先原料油经过预处理除去钙、镁、磷化物等固体杂质。然后再进入加氢反应器，一是脱除原料油中氧、氮、磷和硫等杂质，并使不饱和双键加氢饱和；二是使原料油中的脂肪酸酯和脂肪酸加氢裂化为C_6～C_{24}的烷烃，主要是C_{12}～C_{24}的正构烷烃；三是通过加氢异构获得异构烷烃产品。目前，芬兰耐斯特石油公司可再生能源产能为2.7×10^6 t/a，为世界最大的生物燃料厂家，其中新加坡分部和鹿特丹分部产能均超过1×10^6 t/a，其余在芬兰波尔沃分部生产，2019年又投资16亿美元将新加坡炼油厂的产能提至1.3×10^6 t/a，使可再生产品的产能在2022年达到4.5×10^6 t/a。

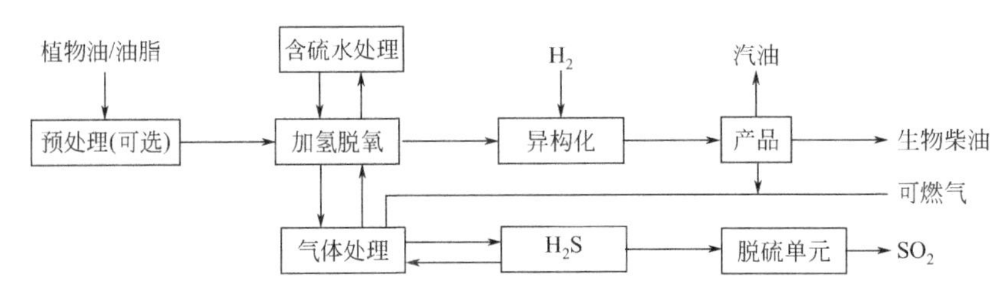

图9-15　NExBTL加氢法生物柴油生产工艺流程

参考文献

[1] 邹才能，赵群，张国生，等. 能源革命：从化石能源到新能源［J］. 天然气工业，2015，36（1）：1-10.

[2] 陈鹏. 中国煤炭性质、分类和利用［M］. 2版. 北京：化学工业出版社. 2007.

[3] GB 5751—2009. 中国煤炭分类［S］. 北京：中国标准出版社，2009.

[4] 陈砺，王红林，方立国，能源概论［M］. 2版. 北京：化学工业出版社，2019.

[5] 解维伟. 煤化学与煤质分析［M］. 2版. 北京：冶金工业出版社，2020.

[6] 何选明. 煤化学［M］. 2版. 北京：冶金工业出版社，2010.

[7] 张双全. 煤化学［M］. 4版. 徐州：中国矿业大学出版社，2015.

[8] 张双全. 煤化学［M］. 5版. 徐州：中国矿业大学出版社，2019.

[9] 卓建坤，陈超，姚强. 洁净煤技术［M］. 2版. 北京：化学工业出版社，2015.

[10] 周安定，黄定国. 洁净煤技术［M］. 2版. 徐州：中国矿业大学出版社，2018.

[11] 芩可法. 先进洁净煤燃烧与气化技术［M］. 北京：科学出版社，2014.

[12] 郭树才，胡浩权. 煤化工工艺学［M］. 3版. 北京：化学工业出版社，2012.

[13] 申峻. 煤化工工艺学［M］. 北京：化学工业出版社，2020.

[14] 孙启文. 煤炭间接液化［M］. 北京：化学工业出版社，2012.

[15] 孙鸿，张子峰，黄健. 煤化工工艺学［M］. 北京：化学工业出版社，2012.

[16] 肖瑞华. 煤焦油化工学［M］. 2版. 北京：冶金工业出版社. 2009.

[17] 吴秀章，舒歌平，李克健，等. 煤炭直接液化工艺与工程［M］，北京：科学出版社，2015.

[18] 史士东. 煤加氢液化工程学基础［M］. 北京：化学工业出版社，2012.

[19] 谢克昌. 煤的结构与反应性［M］. 北京：科学出版社，2002.

[20] Tanabe K，Hattor H，Yamasuchi T，et al. Function of metaloxide and complexoxide catalysts for hydrocracking of coal［J］. Fuel Processing Technology，1986，14：247-260.

[21] Bertolacini R，Gutberlet L C，Kim D K，et al. Catalyst development for coal liquefaction. Final report（R），1979：1-357.

[22] 舒歌平. 神华煤直接液化工艺开发历程及其意义［J］. 神华科技，2009，17（1）：78-82.

[23] 吴秀章，石玉林，马辉. 煤炭直接液化油品加氢稳定和加氢改质的试验研究［J］. 石油炼制与化工，2009，40（5）：1-5.

[24] 李伟林，朱晓苏，钟金龙，等. 煤直接液化油催化加氧脱硫脱氢的研究［J］. 洁净煤技术，2012，18（1）：53-57.

[25] 薛艳，王树雷，刘婕. 煤直接液化制取喷气燃料原料油的组成分析［J］. 石油学报（石油加工），2010（增刊）：264-267.

[26] 徐峰，段树林. 煤直接液化燃油在 1E150C 型柴油机上的试验研究［J］. 内燃机学报，1999，17（2）：104-107.

[27] Furimsky E. Catalytic hydrodeoxygenation［J］. Applied Catalysis A，2000，199：149-190.

[28] 韩来喜，齐振东. 煤直接液化与煤间接液化油品工业调和应用研究［J］. 煤化工，2021，49（4）：11-15.

[29] 柳广弟. 石油地质学［M］. 东营：中国石油大学出版社，2011.

[30] 中国化工博物馆. 中国化工通史（古代卷）［M］. 北京：化学工业出版社，2014.

[31] 马廷霞. 石油化工过程系统概论［M］. 北京：中国石化出版社，2014.

[32] 焦治源. 石油、原油之区别［J］. 河南石油，1995（3）：40.

[33] 徐春明，杨朝合. 石油炼制工程［M］. 4版. 北京：石油工业出版社，2009.
[34] 张之悦，王会珍，严德. 石油钻井［M］. 北京：中国石化出版社，2011.
[35] 郭建春，唐海. 油气藏开发与开采技术［M］. 北京：石油工业出版社，2013.
[36] 李海涛，李年银. 采油工程基础（富媒体）［M］. 北京：石油工业出版社，2019.
[37] 李颖川. 采油工程［M］. 北京：石油工业出版社，2009.
[38] 金潮苏，范昆仑，高书香. 采油工程［M］. 北京：石油工业出版社，2015.
[39] 孙骏. 石油加工技术经济分析研究［D］. 成都：西南石油学院，2002.
[40] 苏珊·斯特兰奇. 国家与市场［M］. 杨宇光，等译. 上海：上海世纪出版集团，2006.
[41] 钱兴坤，姜学峰，戴家权，等. “十三五”期间全球油气行业发展十大趋势［J］. 国际石油经济，2015，23（1）：44-50,100.
[42] 徐文渊，蒋长安. 天然气利用手册［M］. 北京：中国石化出版社，2002.
[43] 陈赓良，王开岳. 天然气工程系列丛书：天然气的综合利用［M］. 北京：石油工业出版社，2004.
[44] 张德义. 世界能源消费形势刍议［J］. 中外能源，2012，17（3）：1-11.
[45] 傅成玉. 关于中国能源战略的思考［J］. 当代石油石化，2012（9）：1-5.
[46] 林明彻，李晶晶，杨富强. 中国可持续能源政策分析［J］. 中国能源，2012，34（6）：6-16.
[47] 周学厚. 天然气工程手册（上）［M］. 北京：石油工业出版社，1982.
[48] 陈赓良. 加拿大天然气净化工业［J］. 石油与天然气化工，1981（4）：1-6.
[49] 王开岳. 天然气净化工艺——脱硫脱碳、脱水、硫磺回收及尾气处理［M］. 2版. 北京：石油工业出版社，2015.
[50] 蒋红，汤林. 天然气凝液回收技术［M］. 北京：石油工业出版社，2019.
[51] 周学厚. 天然气工程手册（下）［M］. 北京：石油工业出版社，1984.
[52] 王遇冬. 天然气处理与加工工艺［M］. 北京：石油工业出版社，1999.
[53] 石玉美，顾安忠，汪荣顺，等. 一种混合制冷剂循环（MRC）液化天然气流程的理论分析. 天然气工业，2000，20（3）：92-95.
[54] 朱利凯. 天然气处理与加工［M］. 北京：石油工业出版社，1997.
[55] 《油田油气集输设计技术手册》编写组. 油田油气集输设计技术手册（上）［M］. 北京：石油工业出版社，1994.
[56] 罗斌，王剑，喻泽汉，等. 分子筛脱水装置再生气中 H_2S 含量升高原因解析及整改措施［J］. 石油与天然气化工，2011，40（5）：460-463，428.
[57] 陈赓良，朱利凯. 天然气处理与加工工艺原理及技术进展［M］. 北京：石油工业出版社，2010.
[58] 张明，王春生. 超音速分离管技术在海上平台的应用分析［J］. 石油与天然气化工，2012，41（1）：39-42，47.
[59] 温艳军，梅灿，黄铁军，等. 超音速分离技术在塔里木气田的成功应用［J］. 天然气工业，2012，32（7）：77-79.
[60] 马国光，吴晓楠，王春元. 液化天然气技术［M］. 北京：石油工业出版社，2012.
[61] 苏现波，陈江峰，孙俊民，等. 煤层气地质学与勘探开发［M］. 北京：科学出版社，2001.
[62] 何岩峰，王卫阳，田树宝. 煤层气与页岩气概论［M］. 北京：石油工业出版社，2017.
[63] 崔凯华，郑洪涛. 煤层气开采［M］. 北京：石油工业出版社，2009.
[64] 杨宇，孙晗森，陈万刚，等. 煤层气采气工程［M］. 北京：科学出版社，2017.
[65] 刘成林. 非常规油气资源［M］. 北京：地质出版社，2011.
[66] 张金川，史淼，王东升，等. 中国页岩气勘探领域与发展方向［J］. 天然气工业，2021，41（8）:69-80.
[67] 周庆凡. 美国页岩气和致密油发展现状与前景展望［J］. 中外能源，2021，26（5）：1-8.
[68] 董大忠，邹才能，戴金星，等. 中国页岩气发展战略对策建议［J］. 天然气地球科学，2016，27（3）：397-406.
[69] 邹才能，董大忠，王玉满，等. 中国页岩气特征、挑战及前景（二）［J］. 石油勘探与开发，2016，43（2）：166-178.
[70] 董大忠，王玉满，李新景，等. 中国页岩气勘探开发新突破及发展前景思考［J］. 天然气工业，2016，36（1）：19-32.
[71] 董大忠，高世葵，黄金亮，等. 论四川盆地页岩气资源勘探开发前景［J］. 天然气工业，2014，34（12）：1-15.
[72] 王南，裴玲，雷丹凤，等. 中国非常规天然气资源分布与开发现状［J］. 油气地质与采收率，2015，22（1）：

26-41.
[73] 邹才能，赵群，丛连铸，等. 中国页岩气开发进展、潜力及前景 [J]. 天然气工业，2021，41 (1)：1-14.
[74] 刘玉山，祝有海，吴必豪. 天然气水合物：21 世纪的新能源 [M]. 北京：海洋出版社，2017.
[75] 陈光进，孙长宇，马庆兰. 气体水合物科学与技术 [M]. 2 版. 北京：化学工业出版社，2020.
[76] 于雯泉. 天然气水合物 [M]. 北京：中国石化出版社，2017.
[77] Ohgaki K, Takano K, Sangawa H, et al. Methane exploitation by carbon dioxide from gashydrates-phase equilibria for CO_2-CH_4 mixed hydrate system [J]. J Chem Eng Jpn, 1996, 29 (3): 478-483.
[78] 钱家麟，尹亮. 油页岩——石油的补充能源 [M]. 北京：中国石化出版社，2008.
[79] [美] 德维珍·班吉那. 油砂、重油和沥青：从开采到炼制 [M]. 杨建平，王宏远，郭二鹏，译. 北京：石油工业出版社，2019.
[80] 张永胜. 论非常规石油的替代性问题 [J]. 国土资源科技管理，2013 (3)：38-43, 50.
[81] 钱家麟，李术元. 油页岩干馏炼油工艺 [M]. 北京：中国石化出版社，2014.
[82] 吴启成. 油页岩干馏技术 [M]. 沈阳：辽宁科学技术出版社，2012.
[83] 刘招君，杨虎林，董清水，等. 中国油页岩 [M]. 北京：石油工业出版社，2009.
[84] 单玄龙. 油砂勘探开采技术及其应用 [M]. 上海：东华大学出版社，2015.
[85] 贾承造. 油砂资源状况与储量评估方法 [M]. 北京：石油工业出版社，2007.
[86] 李术元，王剑秋，钱家麟. 世界油砂资源的研究及开发利用 [J]. 中外能源，2011，16 (5)：10-23.
[87] 钱家麟，王剑秋，李术元. 世界油页岩资源利用与发展趋势 [J]. 吉林大学学报 (地球科学版)，2006，36 (6)：877-887.
[88] 钱家麟，王剑秋，李术元. 世界油页岩综述 [J]. 中国能源，2006，28 (8)：16-19.
[89] 毛宗强. 氢能——21 世纪的绿色能源 [M]. 北京：化学工业出版社，2005.
[90] 毛宗强，毛志明，余皓. 制氢工艺与技术 [M]. 北京：化学工业出版社，2018.
[91] 黄国勇. 氢能与燃料电池 [M]. 北京：中国石化出版社，2020.
[92] 刘建国. 可再生能源导论 [M]. 北京：中国轻工业出版社，2017.
[93] 肖楠林，叶一鸣，胡小飞，等. 常用氢气纯化方法的比较 [J]. 产业与科技论坛，2018，17 (17)：66-69.
[94] 衣宝廉. 燃料电池——原理·技术·应用 [M]. 北京：化学工业出版社，2003.
[95] 肖刚. 燃料电池技术 [M]. 北京：电子工业出版社，2009.
[96] 詹姆斯·拉米尼，安德鲁·迪克斯. 燃料电池系统：原理·设计·应用 [M]. 朱红，译. 北京：科学出版社，2006.
[97] 毛宗强. 燃料电池 [M]. 北京：化学工业出版社，2005.
[98] 彭珍珍，杜洪兵，陈广乐，等. 国外 SOFC 研究机构与研发状况 [J]. 硅酸盐学报，2010，38 (3)：542-548.
[99] Singhal S C. Solid oxide fuel cells [J]. Electrochem Soc Interface, 2007, 16 (4): 41-44.
[100] 桑绍柏，李炜，蒲健，等. 平板式 SOFC 用密封材料研究进展 [J]. 电源技术，2006，30 (11)：871-875.
[101] Jung H Y, Choi S H, Kim H, et al. Fabrication and performance evaluation of 3-cell SOFC stack based on planar 10cm × 10cm anode-supported cells [J]. J Power Sources, 2006, 159: 478-483.
[102] 朱华. 核电与核能 [M]. 杭州：浙江大学出版社，2009.
[103] 徐克尊，陈向军，陈宏芳. 近代物理学 [M]. 4 版. 合肥：中国科学技术大学出版社，2019.
[104] 都有为. 物理学大辞典 [M]. 北京：科学出版社，2017.
[105] 李建刚. 托卡马克的研究现状及发展 [J]. 物理，2016，45 (2)：88-97.
[106] 潘传红. 国际热核实验反应堆 (ITER) 计划与未来核聚变能源 [J]. 物理，2010，39 (6)：375-378.
[107] 潘垣，庄革，张明，等. 国际热核实验反应堆计划及其对中国核能发展战略的影响 [J]. 物理，2010，39 (6)：379-384.
[108] 范滇元，张小民. 激光核聚变与高功率激光：历史与进展 [J]. 物理，2010，39 (9)：589-596.
[109] 江少恩，丁永坤，缪文勇，等. 我国激光惯性约束聚变实验研究进展 [J]. 中国科学：G 辑，2009，39 (11)：1571-1583.

[110] 张灿勇，马明礼. 核能及新能源发电技术［M］. 北京：中国电力出版社，2009.

[111] 魏义祥，贾宝山. 核能与核技术概论［M］. 哈尔滨：哈尔滨工程大学出版社，2011.

[112] 马栩泉. 核能开发与应用［M］. 2版. 北京：化学工业出版社，2015.

[113] 欧阳予，于仁芬，缪宝书. 核能——无穷的能源［M］. 北京：清华大学出版社；广州：暨南大学出版社，2002.

[114] 中国核能行业协会. 中国核能年鉴（2020年卷）［M］. 北京：中国原子能出版社，2020.

[115] 潘自强. 切尔诺贝利和福岛核事故对人体健康影响究竟有多大？［J］. 中国核电，2018，11（1）：11-14.

[116] 徐卸古，甄蓓，杨晓明，等. 日本福岛核电站核事故应急处置的经验和教训［J］. 军事医学，2012，36（12）：889-892.

[117] 刘荣厚，可再生能源工程［M］. 北京：科学出版社，2016.

[118] 董长青，陆强，胡笑颖，生物质的热化学转化技术［M］. 北京：科学出版社，2017.

[119] 朱锡锋，陆强. 生物质热解原理与技术［M］. 北京：科学出版社，2014.

[120] 丁亮. 生物质气化反应特性研究［M］. 北京：中国石化出版社，2020.

[121] 翟秀静，刘奎仁，韩庆. 新能源技术［M］. 3版. 北京：化学工业出版社，2017.

[122] 冯飞，张雷. 新能源技术与应用概论［M］. 2版. 北京：化学工业出版社，2016.

[123] 赵罡. 新能源技术与应用研究［M］. 徐州：中国矿业大学出版社，2019.

[124] 刘建文，刘珍. 能源概论［M］. 北京：中国建材工业出版社，2021.

[125] 李为民，王龙耀，徐娟. 现代能源化工技术［M］. 北京：化学工业出版社，2011.

[126] Shafizadeh F. Introduction to pyrolysis of biomass［J］. Joumal of Analytical and Applied Pyrolysis，1982，3（4）：283-305.

[127] Evans R，Milne T A. Molecular characterization of the pyrolysis of biomass Ⅱ：Applications［J］. Energy and Fuels，1987，1：311-319.

[128] Shen D K，Jin W，Hu J，et al. An overview on fast pyrolysis of the main constituents in lignocellulosic biomass to valued-added chemicals：Structures，pathways and interactions［J］. Renewable & Sustainable Energy Reviews，2015，51：761-774.

[129] Shen D，Gu S. The mechanism for thermal decomposition of cellulose and its main products［J］.Bioresource Technology，2009，100（24）：6496-6504.

[130] 王树荣，廖艳芬，谭洪，等. 纤维素快速热裂解机理试验研究Ⅱ. 机理分析［J］. 燃料化学学报，2003，31（4）：317-321.

[131] 刘灿，刘静. 生物质能源［M］. 北京：电子工业出版社，2016.

[132] 陈冠益，马隆龙，颜蓓蓓. 生物质能源技术与理论［M］. 北京：科学出版社，2017.

[133] 骆仲泱，周劲松，余春江，等. 生物质能［M］. 北京：中国电力出版社，2021.

[134] 李海滨，袁振宏，马晓茜. 现代生物质能利用技术［M］. 北京：化学工业出版社，2011.

[135] 李春桃，周圆圆. 第二代生物柴油技术现状及发展趋势［J］. 天然气化工——C_1化学与化工，2021，46（6）：17-23，32.